计算机技术开发与应用丛书

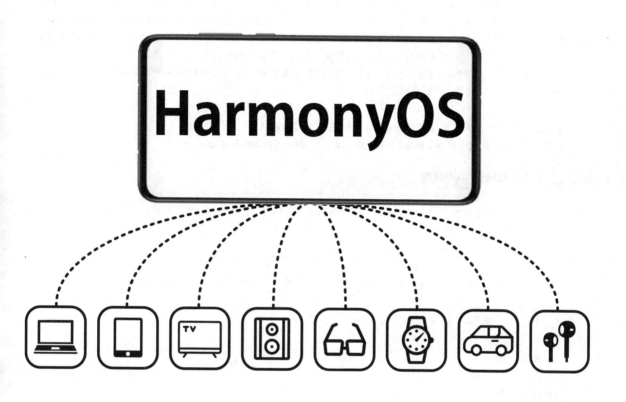

HarmonyOS

鸿蒙应用程序开发

董昱 ◎ 著

Dong Yu

清华大学出版社

北京

内 容 提 要

本书以基础知识和实例相结合的方式,成体系地介绍鸿蒙应用程序开发的常用技术。全书分为 10 章。第 1～3 章介绍鸿蒙应用程序开发的基础知识,从创建应用程序工程开始手把手介绍用户界面开发的基本流程。第 4 章和第 5 章按照 Java 和 JavaScript 这两种编程语言分别介绍用户界面开发的基本知识。第 6～10 章介绍鸿蒙应用程序开发的众多基础功能,包括通知、公共事件、Service Ability、数据持久化、Data Ability、网络访问、媒体访问、相机拍照、订阅传感器、获取地理位置等众多功能。

本书定位为鸿蒙应用程序开发的入门图书,成体系地介绍鸿蒙应用开发的基础知识,面向所有对鸿蒙操作系统感兴趣的学生、开发者和相关从业人员。

图书在版编目(CIP)数据

鸿蒙应用程序开发/董昱著.—北京:清华大学出版社,2021.6(2024.8重印)
(计算机技术开发与应用丛书)
ISBN 978-7-302-58199-4

Ⅰ.①鸿…　Ⅱ.①董…　Ⅲ.①移动终端－应用程序－程序设计　Ⅳ.①TN929.53

中国版本图书馆 CIP 数据核字(2021)第 096268 号

责任编辑:赵佳霓
封面设计:吴　刚
责任校对:郝美丽
责任印制:杨　艳

出版发行:清华大学出版社
　　　　网　　　址:https://www.tup.com.cn,https://www.wqxuetang.com
　　　　地　　　址:北京清华大学学研大厦 A 座　　　　邮　　编:100084
　　　　社 总 机:010-83470000　　　　邮　　购:010-62786544
　　　　投稿与读者服务:010-62776969,c-service@tup.tsinghua.edu.cn
　　　　质量反馈:010-62772015,zhiliang@tup.tsinghua.edu.cn
　　　　课件下载:https://www.tup.com.cn,010-83470236
印 装 者:小森印刷霸州有限公司
经　　销:全国新华书店
开　　本:186mm×240mm　　　印　　张:28.5　　　　字　　数:641 千字
版　　次:2021 年 7 月第 1 版　　　　　　　　　印　　次:2024 年 8 月第 4 次印刷
印　　数:4001～4500
定　　价:109.00 元

产品编号:091152-01

前 言
PREFACE

鸿蒙操作系统具备了包括分布式任务调度和分布式数据管理能力在内的分布式能力。这些特性让鸿蒙操作系统不再是简单的移动操作系统,而是打通了南向和北向开发界限的新一代全场景分布式操作系统,因此,鸿蒙操作系统不仅可以搭载到手机、智慧屏、车机及各类物联网设备之上,而且可以做到有效协同,寄托了华为乃至整个业界对中国操作系统行业的新希望。从应用开发的角度看,鸿蒙操作系统目前可以使用 Java 和 JavaScript 两种语言开发应用程序。使用 Java 语言时,其开发思路非常类似于 Android 应用的开发;而使用 JavaScript 语言时,其开发思路非常类似于微信小程序的开发,因此,许多 Android 和微信小程序的开发者能够迅速入手鸿蒙应用程序开发,以期快速建立鸿蒙的软件生态,快速推广到市场竞争中去。

本书定位为鸿蒙应用程序开发的入门图书,成体系地介绍鸿蒙应用开发的基础知识,面向所有对鸿蒙操作系统感兴趣的学生、开发者和相关从业人员。全书分为 10 章。第 1~3 章介绍鸿蒙应用程序开发的基础知识,从创建应用程序工程开始手把手介绍用户界面开发的基本流程。第 4 章和第 5 章按照 Java 和 JavaScript 这两种编程语言分别介绍用户界面开发的基本知识。第 6~10 章介绍鸿蒙应用程序开发的众多基础功能,包括通知、公共事件、Service Ability、数据持久化、Data Ability、网络访问、媒体访问、相机拍照、订阅传感器、获取地理位置等。相信通过对这些知识的学习,读者能够独立而完整地开发一个鸿蒙应用程序了。

在本书的写作过程中,得到了华为和 51CTO 的大力支持!非常感谢王雪燕、于小飞、钟洪发、李宁、张荣超、单霞、张益珲等老师给予的帮助,期待与你们的再次相会。还要感谢清华大学出版社赵佳霓老师对本书的检查,以及在出版方面的帮助。最后,感谢家人王娜、董沐宸松等日日夜夜的陪伴!虽然本书经过多次审查和校对,尽可能地避免错误的出现,但由于作者水平有限,难免出现疏漏,欢迎读者提供宝贵意见和建议。

最后,以华为消费者业务总裁余承东在 2020 年华为开发者大会上的名言与各位共勉:没有人能够熄灭漫天星光,每一位开发者都是华为要汇聚的星星之火!

祝愿读者身体健康,学有所获!

教学课件(PPT)

本书源代码

董 昱

2021 年 5 月

目 录

CONTENTS

第 1 章

一见倾心：鸿蒙操作系统

你好，鸿蒙！2020 年 9 月，华为发布了鸿蒙操作系统（HarmonyOS）2，并发布了其开源版本 OpenHarmony。从此，鸿蒙操作系统的面纱终于被揭开了。作为国人期待已久的操作系统，鸿蒙不仅仅承载着华为软件生态的未来，也代表着中国操作系统领域的一次重要尝试和突破。

鸿蒙的本意是指远古时代开天辟地之前的混沌之气，而鸿蒙操作系统则代表了华为从零开始开天辟地的决心和勇气。与学习 Android 和 iOS 不同，鸿蒙操作系统的软件生态刚刚起步，这是一片全新的领域等待你的探索。笔者相信，正在阅读这段文字的你一定对鸿蒙操作系统的未来充满信心。

鸿蒙操作系统针对物联网时代的来临而拥有了众多优秀特性，本章首先从宏观角度介绍其技术优势、特性和基本架构。希望广大读者对鸿蒙操作系统一见倾心。"工欲善其事，必先利其器"，学习鸿蒙应用程序的开发，还需要读者着手一些开发的准备工作，本章手把手带领读者搭建一个鸿蒙应用程序的开发环境。

1.1　伟大的里程碑：鸿蒙的诞生

28min

鸿蒙是"面向未来"的操作系统，拥有大量优秀的技术特性。本节简单扼要地介绍鸿蒙操作系统诞生的历史背景、设计理念及发展前景。关于鸿蒙操作系统本身及其未来的发展前景在互联网上有大量的资料，读者可选择性地查阅。

1.1.1　历史的机遇：物联网时代

开发一个完整的操作系统不是一件容易的事。华为消费者业务 CEO 余承东表示，鸿蒙操作系统在研发上已经投入了上亿元的资金，消耗了大量的人力和物力。然而，这些投入在短期内很难获得相应的收益回报。那么，华为为什么还要研发鸿蒙呢？

抛开政治因素和企业竞争不谈，鸿蒙操作系统具有一些其他操作系统所不具备的革命性创新，如分布式架构、微内核等。而这些创新正满足了目前物联网（Internet of Things，IoT）高速发展、移动设备互动互联等所带来的新需求。它们支撑着鸿蒙操作系统的未来，也是鸿蒙操作系统诞生的意义所在。

事实上，操作系统更迭的背后是设备能力与形态的革新。最初，PC图形显示能力的提升成就了macOS、Windows。21世纪，移动设备的发展成就了Symbian。随后，触摸技术的发展成就了iOS和Android。如今，似乎即将迎来物联网时代。根据Analytics的统计结果，截至2020年上半年，全球物联网设备数量达到了11.7亿，而中国的物联网设备连接数量占到了全球75%。

通过传统的操作系统构建物联网设备体系已经出现了许多弊端：利用RTOS进行物联网设备固件研发扩展性很低，且研发难度大。利用移动操作系统开发物联网设备固件则会出现占用内存大、启动慢、实时性低、高功耗、低能效等问题。另外，许多家庭已经拥有了不止一个物联网设备，这些设备之间的互联效率也很低。常常既没有统一的操作系统支持，也没有统一的指令和数据传输方案，碎片化非常严重，给用户带来较差的用户体验，因此，从操作系统层面解决设备间的有效协同是整个问题的重中之重，这主要包含以下几个方面：

（1）在操作系统层面，统一物联网设备的通信接口，为用户提供统一的使用体验，为开发者提供统一的开发方案。

（2）在设备通信层面，打通物联网之间的桥梁，构建多设备的统一体，方便进行数据和指令的互通。

（3）在应用程序层面，实现在多个物联网设备上进行应用协同。

这是来源于物联网世界的召唤。

1.1.2　鸿蒙操作系统的设计理念

响应了物联网世界的召唤，鸿蒙操作系统诞生了。鸿蒙操作系统是基于微内核的全场景分布式操作系统。这里面有3个关键词："微内核""全场景"和"分布式"，而这3项创新性理念可以说均是为了物联网设备而设计的。接下来，让我们仔细分析一下。

1. 鸿蒙操作系统的内核为微内核

微内核（Micro Kernel）是相对于宏内核（Monolithic Kernel）而言的，是一种内核的设计理念，即仅保留内存管理、任务调度和进程间通信（Inter-Process Communication，IPC）等内核基础性的必要功能，将所有能被移出内核的功能全部移出，保证内核的最小化，使其"粒度"最小。

不过，微内核并不是一个新鲜名词。早在20世纪80年代，微内核的概念就已经被提出来了。例如著名的minix就是典型的微内核操作系统。那么微内核有什么好处呢？由于内核精简，分配的任务少了，代码量也就少了，所以不容易出现系统漏洞和设计失误，因而提高了系统的安全性、稳定性和可维护性。另外，微内核通过网络可以方便地进行进程的统一调度，先天支持分布式操作系统。不过，微内核也存在一些缺点，其中最为重要的就是性能较低。这是因为许多重要且常用的系统组件（如硬件驱动、系统服务等）被移出内核，而这些组件的通信又需要内核IPC的支持，因此原先只需要在内核内部完成的事情，现在需要内核在中间进行调度，性能自然就降下来了。长期以来，由于计算机硬件性能的限制，微内核并没有成为主流。

如今，微内核的概念再次引领潮流。这主要因为随着物联网的发展，许多小型的物联网设备开始寻求一种安全、稳定且轻巧的操作系统。背负着大量历史包袱的 Linux 宏内核操作系统显然不是最佳选择，因此，许多科技公司开始研发微内核操作系统。无独有偶，不仅华为在研发微内核的鸿蒙操作系统，谷歌也开始研发使用 Zircon 微内核的 Fuchsia 操作系统。

不过，微内核的性能问题也需要解决，鸿蒙操作系统采用了确定时延引擎和高性能 IPC 两大技术弥补了微内核低性能的缺陷。确定时延引擎可以为请求 IPC 调度的系统组件设置优先级，优先调度用户界面更新等重要功能组件，从而提高系统的实时性和流畅度。高性能 IPC 可使进程通信效率较现有系统提升 5 倍左右。

综上所述，微内核具有高稳定性、高安全性、高可维护性和高实时性。由于轻便的内核设计使得系统保持低功耗和低内存占用，因此鸿蒙操作系统选择了微内核。

2．鸿蒙操作系统是全场景操作系统

鸿蒙操作系统不仅仅是可以运行在手机、手表上的移动操作系统，更是可以运行在各种各样的物联网设备上的全场景操作系统。目前，鸿蒙操作系统不仅支持了手机、手表、智慧屏等常规硬件，还支持了许多开发板，如海思 WiFi IoT 开发板、IMX6ULL 开发板等。今后，由于鸿蒙操作系统的开源性质，它将会支持更多的设备，如车机、平板计算机及各类开发板，成为真正的全场景操作系统。

全场景操作系统的一大优势就是可以利用其分布式的特征整合硬件资源。例如，在一个区域内，如家庭中，实现分布式任务调度、分布式数据管理等。跨地区的物联网设备也能形成集群提供统一服务。在物联网技术的推动下，鸿蒙操作系统可以实现跨设备的无缝协同和一次开发多端部署的要求。

3．鸿蒙操作系统是分布式操作系统

得益于微内核，鸿蒙操作系统从底层就具备了分布式操作系统的特性，包括分布式软总线、分布式设备虚拟化、分布式数据管理、分布式任务调度等关键技术。

1）分布式软总线

分布式软总线是鸿蒙操作系统分布式能力的最为基础的特性，其设计理念参考了计算机硬件总线：以手机为中心将总线分为任务总线（传输指令）和数据总线（同步数据），如图 1-1 所示。

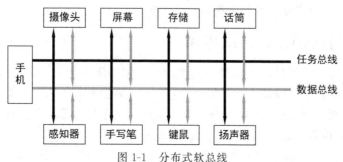

图 1-1 分布式软总线

分布式软总线的主要特征如下：

（1）分布式软总线针对不稳定的无线环境进行了优化，相对于传统的传输协议具有高带宽、低时延、高可靠、开放、标准等特点。

（2）通过分布式软总线可以实现设备间快速自动发现（同一网络且登录同一华为账号）。

（3）分布式软总线支持并可以整合 WiFi、蓝牙、USB 等多种有线/无线传输协议。通过手机等中转设备，可以打通蓝牙设备与 WiFi 设备之间的隔离，使其互联互通。

（4）分布式软总线具有极简 API 和极简协议，不仅方便了开发者，而且有效地提高了网络传输能力。开发者只需面对 1 个逻辑协议，而不感知其具体的传输协议。

通过分布式软总线，鸿蒙操作系统可以为处在统一网络内的设备提供高效通信能力，实现万物互联。

2）分布式设备虚拟化

分布式设备虚拟化建立在分布式软总线的基础上，可以实现多个鸿蒙设备性能和资源的整合，形成超级虚拟终端。例如，同一个家庭中的手机、路由器和智慧屏可以以单一的超级虚拟终端的方式共享硬件资源。

3）分布式数据管理

分布式数据管理建立在分布式软总线的基础上，可以实现多个鸿蒙设备之间进行高效数据同步和管理。

4）分布式任务调度

分布式任务调度建立在分布式软总线和分布式数据管理之上，可以实现多个鸿蒙设备间高效地进行应用流转和协同。

应用流转是指同一个应用程序在不同设备上的迁移和迁回。例如，用户正在使用手机进行视频通话，但是此时不方便拿手机了，在此种应用情景下可以将该应用界面迁移到智慧屏上继续进行视频通话。当然，用户还可以再将视频通话界面迁回到手机上。

应用协同是指在不同的鸿蒙设备上显示同一个应用程序的不同功能组件。例如，在手机上显示新闻列表，在智慧屏上显示新闻内容，通过手机的新闻列表就可以流畅地切换智慧屏上的新闻内容。

综上所述，鸿蒙操作系统响应了时代的召唤，微内核是前提，分布式是手段，全场景是目的。鸿蒙操作系统的上述特性让鸿蒙本身不仅仅是现有移动操作系统的替代品，而是全新的分布式操作系统，为鸿蒙未来的发展提供动力源泉。

1.1.3　鸿蒙操作系统的未来

鸿蒙操作系统非常年轻。2019 年 5 月 24 日，鸿蒙操作系统第一次与大众见面，随后华为首先将其应用在智慧屏设备上。同年 9 月，华为宣布鸿蒙开源。2020 年 9 月 10 日，华为发布了鸿蒙 2.0 操作系统，此时广大开发者才见到了鸿蒙操作系统的真面目：可用的虚拟机、可读的官方文档和由码云托管的 OpenHarmony 工程。

注意：OpenHarmony 工程的开源托管网址为 https://gitee.com/openharmony。鸿蒙

SDK 中的包名均以 ohos 开头，这是 OpenHarmony Operation System 的缩写。

事实上，鸿蒙操作系统并不孤单，许多企业早已预测到了物联网发展的广阔前景，并产出了适合于物联网设备的操作系统，其中典型的物联网操作系统包括谷歌的 Fuchsia、三星的 Tizen OS、小米的 Vela、腾讯的 TenCentOS tiny、阿里的 AliOS 等，可以说是百花齐放了。

相对而言，鸿蒙操作系统的设备支持性较强，且拥有众多自主研发的技术优势。例如，鸿蒙不仅仅支持物联网设备，而且可以适用于手机、智慧屏等多种设备，成为为数不多的打通"南向"和"北向"的操作系统。

注意：在互联网上，读者可能遇到过鸿蒙操作系统的"北向"开发和"南向"开发的概念。这里的"北向"开发就是指在应用层上的应用程序开发，而"南向"开发则是指针对运行在各种设备（或开发板）上的鸿蒙操作系统硬件功能开发。那么，为什么在学习 Android 或 iOS 等传统移动操作系统时很少遇到"南向"和"北向"的词汇呢？这是因为鸿蒙操作系统是全场景操作系统，是少有的打通"南向"和"北向"开发的操作系统。

为此，华为提出了 1＋8＋N 战略，其中 1 代表了手机，8 代表了 8 种常用设备（PC、平板、智慧屏、音箱、眼镜、手表、车机、耳机），N 代表了更加广泛的物联网设备。通过鸿蒙操作系统，这些设备可以有机地结合在一起，形成统一的"超级智能终端"。这个"超级智能终端"既可以实现软件的伸缩，也可以实现硬件的伸缩，如表 1-1 所示。

表 1-1　超级智能终端具有可变的硬件和软件

伸　缩　性	功　能　机	智　能　机	超级智能终端
软件可变	×	√	√
硬件可变	×	×	√

通过场景化的设计，依托微内核、分布式软总线等技术优势，鸿蒙操作系统的未来应当是光明的。华为消费者业务 CEO 余承东在 2020 年华为开发者大会上表示"没有人能够熄灭满天的星光，每个开发者都是华为要汇聚的星星之火。"希望广大开发者一起努力，创建属于鸿蒙操作系统的未来。星星之火，可以燎原。

1.2　鸿蒙操作系统的技术特性

14min

本节从技术层面剖析鸿蒙操作系统的基本架构和开发框架，并与常见的移动操作系统进行对比分析。

1.2.1　鸿蒙操作系统的基本架构

鸿蒙操作系统的基本架构包括内核层、系统服务层、框架层和应用层，如图 1-2 所示。

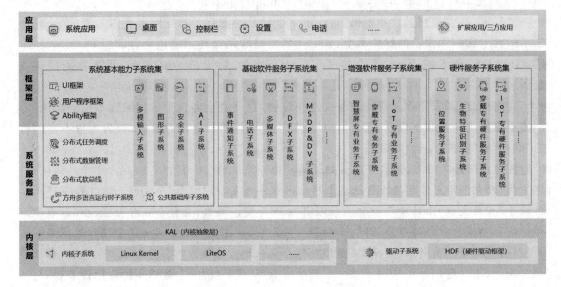

图 1-2   鸿蒙操作系统的基本架构

1．内核层

内核层包含了内核子系统和驱动子系统。鸿蒙操作系统支持多种不同的操作系统内核。其中，LiteOS 是华为针对物联网设备发布的轻量级操作系统，其内核也为微内核，最小存储容量仅为 6KB。鸿蒙操作系统为了统一这些不同的内核接口，在内核子系统的顶层设计了内核抽象层（Kernel Abstract Layer，KAL）。

驱动子系统包含了鸿蒙操作系统驱动框架（HarmonyOS Driver Foundation，HDF）。HDF 为多种不同的硬件提供了统一的访问接口。

2．系统服务层与框架层

系统基本能力子系统集、基础软件服务子系统集、增强软件服务子系统集、硬件服务子系统集横跨了系统服务层和框架层，为应用层程序提供了 API。对于具体的设备和应用领域，开发者可根据实际情况裁剪掉这些子系统集内部不需要的功能模块。

（1）系统基本能力子系统集提供了基础特征的功能模块，例如方舟多语言运行时、分布式框架、Ability 框架、UI 框架等。

（2）基础软件服务子系统集提供了具有公共性的软件服务，例如事件通知、电话通话、多媒体播放等。

（3）增强软件服务子系统集针对不同设备提供差异化的软件服务，包括为智慧屏设备提供的智慧屏专有业务子系统，为穿戴设备提供了穿戴专有业务子系统等。

（4）硬件服务子系统集为应用提供了硬件模块的访问能力，包括用于获取当前设备位置信息的位置服务子系统，用于指纹验证信息的生物特征识别子系统等。

其中，系统基本能力子系统集最为重要，主要包含了 4 个部分：

1）方舟多语言运行时子系统

在传统的 Android 体系中，Java 语言代码无法直接被编译为机器语言，因此需要 ART 虚拟机（或 Dalvik 虚拟机）支持。而上述虚拟机在运行时需要额外耗费大量硬件资源，从而使得 Android 没有了性能优势。在 Android 诞生的初期，其性能问题常常被广大用户诟病。为此，华为研发了方舟编译体系。方舟编译体系包含方舟编译器和方舟多语言运行时子系统。其中，方舟编译器（Ark Compiler）是 2019 年推出的完全自主研发的开源多语言静态编译器，可用于编译 Java、Kotlin、JavaScript、C/C++ 等语言程序，可直接将目标程序编译为机器语言。在鸿蒙操作系统中，通过方舟多语言运行时子系统的支持，可有效地提高 Java 等语言程序的运行效率，从而提高软件性能。方舟编译器的官方网站为 https://www.openarkcompiler.cn/，读者可登录该网站下载源代码进行学习和编译。综上所述，方舟多语言运行时子系统是鸿蒙操作系统中的重要一环，让鸿蒙操作系统拥有优秀的性能优势。

2）分布式框架

分布式软总线、分布式数据管理、分布式任务调度为鸿蒙分布式操作系统提供系统服务层基础，为分布式应用运行、调度、迁移操作提供基础能力。

3）用户程序框架、UI 框架、Ability 框架

这一部分构建了应用程序的主要框架模型，为应用程序的界面开发、Ability 能力开发等提供 API 基础。在每个鸿蒙应用程序中都少不了这些框架的身影。掌握这些框架是学习鸿蒙应用程序开发的核心内容。

4）公共基础库子系统等重要子系统

除了公共基础库子系统以外，多模输入子系统、图形子系统、安全子系统和 AI 子系统均属于重要的基础子系统。开发者在具体的开发实践中可以按需要使用这些子系统的功能。

3．应用层

应用层是指鸿蒙操作系统中各种系统应用和第三方应用。本书所进行的应用程序开发就是在应用层上的扩展开发。为了提高应用性能，内核层也提供了一些应用层可以直接调用的接口，在必要时应用可以按需要调用内核层的功能。

1.2.2　鸿蒙应用程序的编程语言

目前，鸿蒙应用程序可以通过两种编程语言进行开发：Java 和 JavaScript。Java 提供了细粒度的 UI 接口，采用命令式编程范式，并且提供了最为丰富的 API。JavaScript 提供了高层 UI 描述，采用声明式编程范式，目前其 API 较为有限。事实上，开发者可以采用混合编程的方式，同时使用 Java 和 JavaScript 进行应用程序设计。例如，可以采用 Java 语言进行功能类模块的编程，实现业务逻辑，使用 JavaScript 语言进行界面编程，实现数据内容的展示。

在编程语言的选择上还需要注意以下几点：

（1）JavaScript 编程是建立在鸿蒙能力跨平台环境（Ability Cross-platform Environment，

ACE)之上的,因此其性能可能略低于 Java。虽然这种性能差异用户可能体验不到,但是仍然不建议开发者使用 JavaScript 实现过于复杂的业务逻辑。

（2）在对轻量级可穿戴设备（Lite Wearable）进行应用开发时,只能使用 JavaScript 编程。

（3）可以通过 Native C++ 的方式编写对性能敏感的无界面功能模块。

推荐初学者使用 Java 语言开发鸿蒙应用程序。目前来讲,Java API 更为全面,而使用 JavaScript 最初是为了进行鸿蒙应用程序的 UI 设计,因此许多功能仍然需要 Java API 实现。

注意:从系统框架上,笔者并不认为 Java（及 JavaScript）语言是鸿蒙应用程序开发最佳的语言选择。事实上,这是构建鸿蒙软件生态、吸引潜在鸿蒙开发者、融入市场竞争的一次妥协。使用 Java 语言和 JavaScript 语言开发鸿蒙应用程序,分别类似于 Android 应用程序开发和微信小程序开发,可以让这些开发者轻而易举地适应鸿蒙应用程序开发环境。只有让市场选择了鸿蒙,鸿蒙才会有生命力,才会有进一步发展的可能。相信在未来,鸿蒙操作系统有了方舟编译器的加持,可以使用 C、C++ 等多种语言开发鸿蒙应用程序。

1.2.3　与常见的移动操作系统的对比

即使鸿蒙操作系统的诞生依赖了物联网设备的崛起,但是手机仍然会是所有物联网设备的核心枢纽,因此,有必要将鸿蒙操作系统与常见的移动操作系统进行对比。本节首先将鸿蒙与 Android 操作系统进行对比,然后通过列表的方式与常见的移动操作系统进行对比。

1. 与 Android 操作系统的对比

不得不说,鸿蒙操作系统的研发很大程度上参考了 Android 操作系统,这主要是为了开发者和消费者能够更快地接受鸿蒙操作系统。历史告诉我们,另辟蹊径需要付出更大的资源成本,并且难以构建和维持生态。Windows Phone、Ubuntu Touch 等前浪已经逐渐淹没在历史的长河中。目前,运行鸿蒙操作系统的手机实际上具备了鸿蒙操作系统和 Android 操作系统的双重架构,既可以运行鸿蒙应用程序,也可以完美运行 Android 应用程序。从用户体验角度来讲,这种双重架构是透明的。用户完全可以将鸿蒙手机当作一个普通的 Android 手机来使用。通过这一优势,鸿蒙完全可以杀出一条血路,逐步构建鸿蒙的软件生态,并最终剥离 Android 体系架构。

但是,鸿蒙操作系统的设计并非完全照搬 Android 操作系统,而是取其精华去其糟粕:一方面,Android 存在性能低下、框架复杂的固有缺陷,而鸿蒙操作系统经过底层的重新设计避免了这些问题。在 Android 体系中,使用 Java/Kotlin 语言开发的应用程序无法直接编译成为机器代码,因此需要 Dalvik、ART 等虚拟机的支持。虽然这些虚拟机针对移动设备经过了改造,但是其效率仍然远不及由 C、Objective-C 等语言编写的程序。鸿蒙操作系统的方舟运行时则可以直接将 Java 程序编译为机器代码,从而大大提高了其运行效率。另外,Android 操作系统的框架非常复杂。其底层的 Linux 内核根本不是针对当前主流的移动设备和物联网设备所设计的,存在着许多历史包袱。而 Android 的设计当初为了快速迭代适应潮流，对框架内许多模块的性能进行了妥协，因此造就了如今复杂的 Android 系统框架。鸿蒙操作系统针对移动设备、物联网设备重新进行了框架设计，从而在性能上、功耗上都优于 Android。

另一方面，在鸿蒙应用程序开发中，无论是集成开发环境的设计还是 Ability 的设计，都在很大程度上参考了 Android。例如，DevEco Studio 集成开发环境的使用方法类似于 Android Studio，Ability 的概念类似于 Android 中的 Activity。这使得现有的 Android 应用程序开发者能够迅速地进行角色转换，以极低的学习成本参与到鸿蒙应用程序开发中。另外，为了保证鸿蒙操作系统能够迅速建立软件生态，占据一定的市场优势，现阶段的鸿蒙操作系统仍然包含了许多 Android 操作系统的特征，使得 Android 应用程序可以直接运行在鸿蒙操作系统之上。

2．与常见的移动操作系统的对比

当前，常见的移动操作系统包括 Android、iOS 等。根据美国通信流量检测机构 StatCounter 的全球统计数据库，2020 年 11 月，Android 和 iOS 占全球操作系统份额分别为 71.18% 和 28.19%，而其他所有操作系统的全球份额总和不超过 1%。鸿蒙、Android 和 iOS 的对比如表 1-2 所示。

表 1-2　鸿蒙操作系统与常见的移动操作系统之间的对比

对 比 项 目	鸿　　蒙	Android	iOS
开发环境	DevEco Studio	Android Studio	XCode
开发语言	Java、JavaScript 等	Java、Kotlin	Objective-C、Swift
开发系统平台	Windows、macOS	Windows、Linux、macOS	macOS
是否需要虚拟机支持	否	是	否
是否开源	是	是	否
设备的支持能力	开放，包括手机、手表等常见移动设备及各类物联网设备	开放，多用于移动设备	仅 iOS 设备
分发平台	AppGallery Connect	各类应用商店	iTunes Connect

相信读者已经对鸿蒙操作系统有了初步的了解。接下来，读者可以打开计算机，以便着手搭建一个鸿蒙应用程序开发环境。

1.3　鸿蒙应用程序开发环境的搭建

DevEco Studio 集成开发环境（IDE）是鸿蒙应用程序开发的主要工具。DevEco Studio 是以 IntelliJ IDEA Community 开源版本为基础，针对鸿蒙应用程序开发框架而设计的 IDE。DevEco Studio 目前经历了两个大版本：DevEco Studio 1.0 版本用于对 EMUI 进行定制开发；DevEco Studio 2.0 版本用于鸿蒙应用程序的开发。本书使用 DevEco Studio 2.0 版本作为鸿蒙应用程序开发环境，其启动界面如图 1-3 所示。

注意：EMUI(Emotion UI)是对 Android 进行二次编译和分发的移动操作系统，广泛用于华为手机等移动设备产品上。鸿蒙操作系统的其中一个目的就是替代 EMUI 作为华为(甚至其他厂商)移动设备的操作系统。

图 1-3　DevEco Studio 2.0 启动界面

目前，DevEco Studio 2.0 支持 Windows 和 macOS 操作系统平台。在 Windows 操作系统中，需要满足 Windows 10 及以上版本，且为 64 位操作系统；在 macOS 操作系统中，目前支持 10.13、10.14 和 10.15 版本。另外，还需要计算机满足一些硬件需求，如内存在 8GB 以上，硬盘可用空间充足，且屏幕分辨率在 1280×800 像素及以上。准备好计算机和操作系统后，就可以搭建鸿蒙应用程序的开发环境了。

接下来，手把手介绍搭建鸿蒙应用程序的开发环境的步骤，共包括认证华为开发者、下载并安装 Node.js、下载并安装 DevEco Studio 2.0 等。

1.3.1　认证华为开发者

认证华为开发者的目的有 3 个：一是可以在其官方网站上下载最新版本的 DevEco Studio 2.0；二是可以通过互联网申请远程虚拟机资源；三是可以在华为官方的应用商店发布自己实现的鸿蒙应用程序。因此，这一步是十分必要的。读者可以按照以下方法认证开发者。

1. 注册并登录华为账号

在认证开发者之前，需要拥有一个华为账号。注册华为账号的方法如下：

在鸿蒙应用开发网站(https://developer.harmonyos.com/)的首页上单击右上角的【注册】按钮，进入华为账号注册界面，如图 1-4 所示。

注意：如果已经拥有华为账号，可单击上述页面右上角的【登录】按钮登录华为账号。

此时，输入手机号、验证码、密码、出生日期等相关信息，单击【注册】按钮会弹出"华为账号与云空间通知"，如图 1-5 所示，阅读后单击【同意】按钮即可完成注册华为账号。

随后，页面会跳转回鸿蒙应用开发网站，并提示"关于 HarmonyOS 网站与隐私的声明"，如图 1-6 所示，阅读后单击【同意】按钮即可通过华为账号登录鸿蒙应用开发网站。

2. 开发者实名制认证

为维护开发者权益，开发者需要进行实名制认证。首先，登录鸿蒙应用开发网站后，在首页的右上角将鼠标移入用户名信息处，会自动弹出如图 1-7 所示的弹窗，此时单击【实名认证】按钮即可跳转到开发者实名认证页面。

开发者实名认证包含个人开发者认证和企业开发者认证两类。由于本书读者多为个人学习目的，因此下面主要介绍个人开发者的认证流程。在如图 1-8 所示的界面中，在个人开发者下方选择【下一步】按钮。

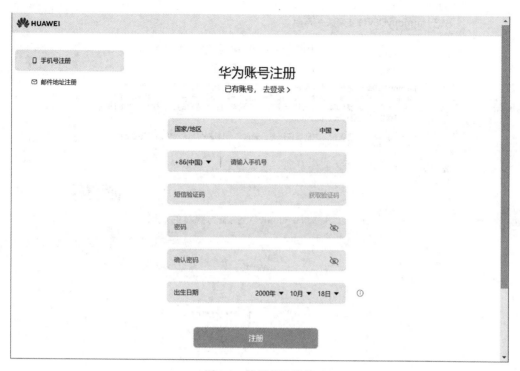

图 1-4　注册华为账号

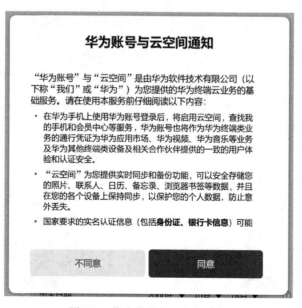

图 1-5　华为账号与云空间通知

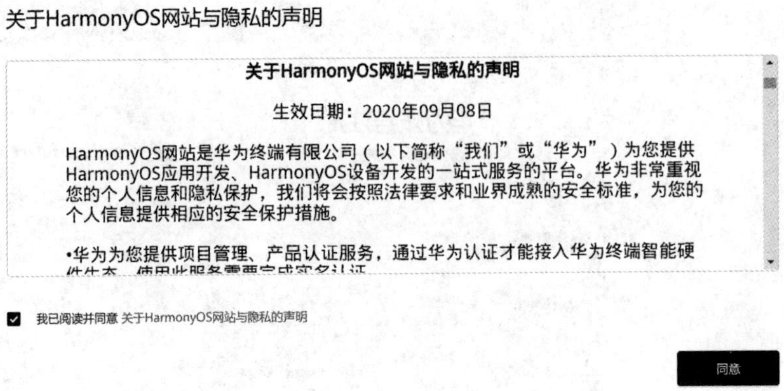

关于HarmonyOS网站与隐私的声明

关于HarmonyOS网站与隐私的声明

生效日期：2020年09月08日

HarmonyOS网站是华为终端有限公司（以下简称"我们"或"华为"）为您提供
HarmonyOS应用开发、HarmonyOS设备开发的一站式服务的平台。华为非常重视
您的个人信息和隐私保护，我们将会按照法律要求和业界成熟的安全标准，为您的
个人信息提供相应的安全保护措施。

•华为为您提供项目管理、产品认证服务，通过华为认证才能接入华为终端智能硬
件生态，使用此服务需要完成实名认证。

☑ 我已阅读并同意 关于HarmonyOS网站与隐私的声明

同意

图 1-6 关于 HarmonyOS 网站与隐私的声明

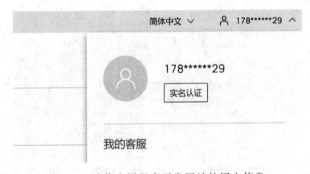

图 1-7 鸿蒙应用程序开发网站的用户信息

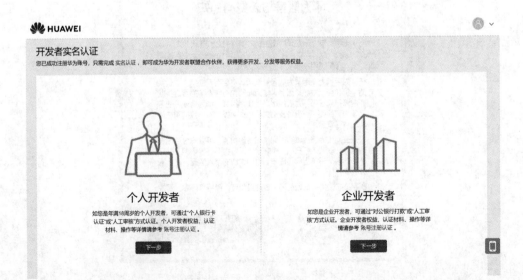

图 1-8 选择开发者类型

此时，需要在如图 1-9 所示的界面中【请问您是否有以下敏感应用上架到应用市场】选项的右侧选择【是】或者【否】，请按实际情况选择此选项，并单击【下一步】按钮。

图 1-9　选择是否有敏感应用上架到应用市场

随后，进入个人银行卡实名认证界面，如图 1-10 所示。输入真实姓名、身份证号码、银行卡号、联系人手机和验证码等信息后，单击【下一步】按钮即可在短时间(约 3 分钟)内完成个人开发者的实名认证。

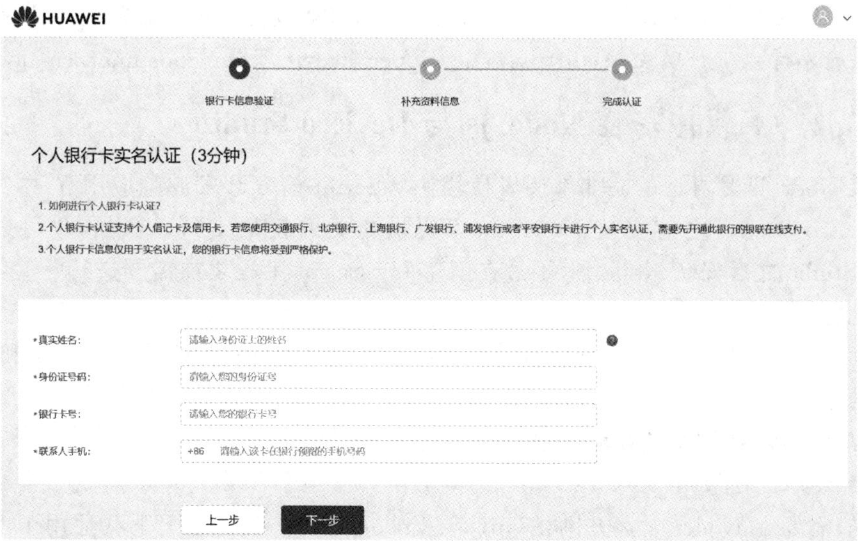

图 1-10　个人银行卡实名认证

最后,在弹出的补充资料信息界面中完善个人信息,包括真实姓名、身份证号码、银行卡号等,如图 1-11 所示。签署《华为开发者联盟与隐私的声明》和《华为开发者服务协议》,单击【提交】按钮即可完成认证(标有红色星号"＊"的选项是必填项)。

图 1-11　完善个人开发者的补充资料信息

注意:企业开发者认证与个人开发者认证类似,可通过对公账号打款进行快速认证,具体的方法可参考以下帮助文档:https://developer.huawei.com/consumer/cn/doc/20300。

1.3.2　下载并安装 Node.js 与 DevEco Studio

安装 Node.js 是可选的。如果读者使用 JavaScript 语言开发鸿蒙应用程序,则需要在安装 DevEco Studio 之前安装 Node.js,以提供相关的模块支持。当然,也可以在安装 DevEco Studio 之后安装 Node.js,不过在创建 JavaScript 工程之前需要进行一些额外的环境变量配置。

下面分别介绍在 Windows 和 macOS 操作系统中下载和安装 Node.js 和 DevEco Studio 的方法。

1. Windows 操作系统环境

1) 下载并安装 Node.js

首先,需要在 Node.js 官方网站(https://nodejs.org/zh-cn/)上下载适用于 Windows 的 64 位 Node.js 长期支持版本。本书以 Node.js 的 12.18.3 版本为例进行介绍。

下载完成后，打开 node-v12.18.3-x64.exe 安装文件，弹出如图 1-12 所示的对话框。

图 1-12　Node.js 安装界面（Windows）

此时，在该对话框和之后出现的对话框中，均单击 Next 按钮即可完成安装，不需要进行额外的配置操作。

值得注意的是，DevEco Studio 集成开发环境并不需要 Node.js 所提供的必要工具链（the necessary tools），因此，在如图 1-13 所示的界面中，可以取消勾选 Automatically install the necessary tools 选项，否则可能会占用大量的下载时间。

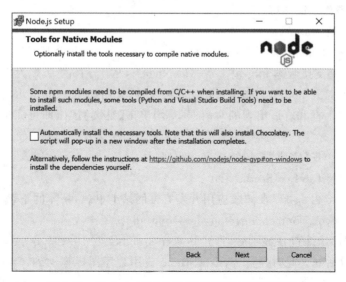

图 1-13　Node.js 安装界面（是否安装必要工具链）

安装完成后,单击 Finish 按钮结束安装程序。

2) 下载并安装 DevEco Studio 2.0

DevEco Studio 2.0 可以在鸿蒙应用开发官方网站上下载,具体的下载网址为 https://developer.harmonyos.com/cn/develop/deveco-studio。

下载安装程序压缩包并解压后,运行 devecostudio-Windows-tool-2.0.8.203.exe 安装文件,如图 1-14 所示。此时,在该对话框和之后出现的对话框中,均单击 Next 按钮即可完成安装。读者可根据实际情况调整部分选项,但一般情况下保持默认即可。

图 1-14　DevEco Studio 安装界面(Windows)

安装完成后,单击 Finish 按钮结束安装程序。

2. macOS 操作系统环境

1) 下载并安装 Node.js

首先,需要在 Node.js 官方网站(https://nodejs.org/zh-cn/)上下载适用于 macOS 的 64 位 Node.js 长期支持版本 pkg 包。本书以 Node.js 的 14.15.1 版本为例进行介绍。

下载完成后,打开 node-v14.15.1.pkg 安装文件,弹出如图 1-15 所示的对话框。

此时,在该对话框和之后出现的对话框中,均单击【继续】按钮即可完成安装,不需要进行额外的配置操作。

安装完成后,单击【完成】按钮结束安装程序。

2) 下载并安装 DevEco Studio 2.0

DevEco Studio 2.0 可以在鸿蒙应用开发官方网站上下载,具体的下载网址为 https://developer.harmonyos.com/cn/develop/deveco-studio。

下载安装程序压缩包并解压后,打开 deveco-studio-2.0.10.201.dmg 镜像文件,弹出如图 1-16 所示的对话框。此时,将 DevEco-Studio 应用程序图标拖动到 Applications 目录快捷方式中即可完成安装。

图 1-15 Node.js 安装界面（macOS）

图 1-16 DevEco Studio 安装界面（macOS）

在 Windows 和 macOS 环境中开发鸿蒙应用程序的各类操作几乎一致。在后面的章节中，本书均在 Windows 环境中进行截图和介绍。

1.3.3 尝试打开 DevEco Studio

接下来，打开 DevEco Studio 软件判断是否安装成功，并进行最后的配置工作。单击桌面上自动生成的 DevEco Studio 快捷方式。首先会弹出如图 1-17 所示的对话框,提示是否导入 DevEco Studio 配置。此时,选择 Do not import settings 选项,单击 OK 按钮即可。

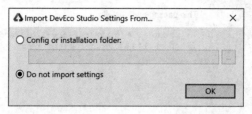

图 1-17　是否导入 DevEco Studio 配置

随后弹出的是 DevEco Studio User Agreement 用户协议,如图 1-18 所示,阅读后单击 Agree 按钮同意该协议。

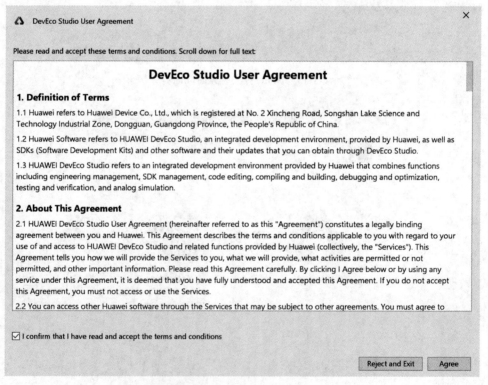

图 1-18　DevEco Studio User Agreement 用户协议

等待启动界面加载完成,弹出如图 1-19 所示的对话框,提示用户在 C:\Users\<用户名>\AppData\Local\Huawei\Sdk 目录中安装 OpenJDK 及鸿蒙 SDK 工具链。此时,单击 Next 按钮,弹出 SDK 协议对话框。

此时,在如图 1-20 所示的界面中选择 Accept 单选框同意鸿蒙 SDK 等许可,并单击 Next 按钮继续。

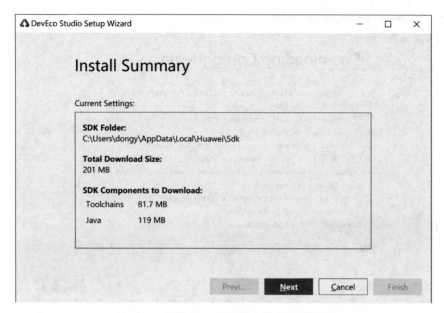

图 1-19　鸿蒙 SDK 工具链安装提示对话框

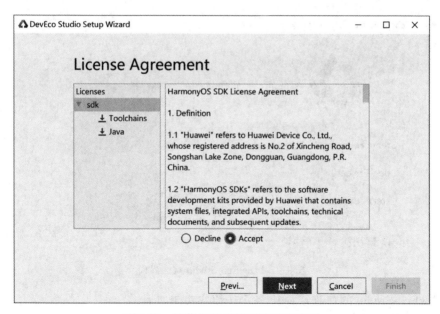

图 1-20　鸿蒙 SDK 工具链许可对话框

　　然后，程序会自动下载并安装 OpenJDK 和鸿蒙 SDK。安装完成后，单击 Finish 按钮，如图 1-21 所示。

　　终于，如愿以偿地看到了 DevEco Studio 的欢迎界面，如图 1-22 所示，配置工作也到此结束了，将在该页面创建鸿蒙应用程序。

图 1-21　鸿蒙 SDK 工具链下载与安装对话框

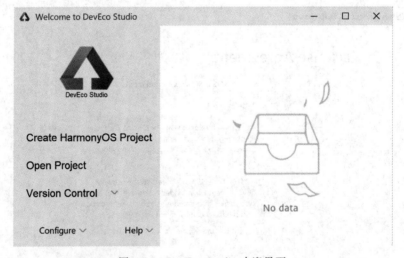

图 1-22　DevEco Studio 欢迎界面

在 DevEco Studio 的欢迎界面中,各个按钮的功能如下:

- Create HarmonyOS Project:创建鸿蒙应用程序工程。
- Open Project:打开鸿蒙应用程序工程。
- Version Control:版本控制,可通过 Git 等工具对鸿蒙应用程序工程进行版本控制。
- Configure:配置选项。
- Help:帮助。

1.4 本章小结

　　本章从鸿蒙操作系统的诞生开始讲解，介绍了鸿蒙操作系统的基本架构、编程语言，并与主流的 Android 操作系统进行了对比，从宏观角度介绍了鸿蒙操作系统。随后，手把手介绍了应用程序开发环境的搭建。本章的内容可以为后续的应用开发学习打下坚实的基础。

　　当今物联网行业发展的主要矛盾是物联网设备的多样性与现有的操作系统的特异性之间的矛盾。用户对于物联网设备的操作统一性、体验连续性、应用协同性等众多需求逐渐加深。鸿蒙操作系统的诞生就是为了解决上述矛盾和需求，这一矛盾和这些需求是前所未有的，因此在设计鸿蒙应用程序时尽量避免照搬 Android 和 iOS 操作系统中现有的应用程序。要以手机为中心，将物联网设备视为一个整体，突出场景设计。必要时，要让应用程序在不同设备上流转与协同，让用户"在合适的设备上做合适的事情"。

　　不过，分布式开发增加了开发难度。一方面，在开发者开发分布式应用时，需要考虑屏幕、交互的差异，并且给调试带来了不便。另一方面，各种设备的算力、内存、续航等方面存在差异，需要开发者设计可伸缩的应用程序以适配不同的设备。这些问题我们会在今后的章节中逐一解决。

　　从下一章开始，将会创建第一个鸿蒙应用程序工程，并开展运行和调试。你做好准备了吗？

第 2 章

第一个鸿蒙应用程序

学习任何一门编程技术应当先创建一个 Hello World 程序,以便于掌握这门技术的基本特性。本书也不例外,本章在简单介绍鸿蒙应用程序的一些基本概念之后,就带领大家一起创建一个在屏幕上输出 Hello World 的鸿蒙应用程序工程,并剖析该工程的基本结构。最后,介绍如何运行和调试鸿蒙应用程序。

35min

2.1 鸿蒙应用程序框架

本节介绍 Ability 等鸿蒙应用程序中的一些基本概念,以及如何创建第一个鸿蒙应用程序。万事开头难,读者并不一定能在第一遍学习时完全理解和掌握这些概念,但需要认真阅读这些文字,并按照步骤完成这些操作,等学完本书后,你的许多问题应该就迎刃而解了。

2.1.1 Ability 大家族

Ability 的中文含义为"能力",是应用程序所具备能力的抽象,也是应用程序的原子化基础组件。一个应用程序需要各种各样的能力,如显示界面的能力、播放视频的能力等。在鸿蒙应用开发中,开发者需要对应用程序所需要具备的各种能力进行抽象和剥离,并尽可能将能力的粒度进行细化、对应用逻辑进行原子化。在 Java 中,Ability 是一个类。事实上,鸿蒙应用程序的开发是对 Ability 进行继承并进行应用扩展。所有的应用程序的功能最终必须体现在开发者所创建的 Ability 的子类中。

因此,学习 Ability 的用法是学习的第一步。Ability 分为两大类:有用户界面的 Feature Ability(简称 FA)和没有用户界面的 Particle Ability(简称 PA)。FA 也被称为元程序,PA 也被称为元服务。

注意:Particle Ability 的旧称为 Atomic Ability(简称 AA)。PA 和 AA 是一个概念。Ability 所在的包名为 ohos. aafwk. ability,这其中 aafwk 的含义就是元能力框架(Atomic Ability Framework)。

FA 包含 1 个模板 Page Ability,用于提供用户的交互能力。由于 FA 只有 1 个模板 Page Ability,简称 Page。注意,Page Ability 并不能简称为 PA,否则会与 Particle Ability 混淆。

PA 包含 2 个模板,分别是 Service Ability 和 Data Ability。Service Ability 简称 Service,用于提供后台服务,例如播放音乐等。Data Ability 简称 Data,用于提供统一的数据访问接口,方便 FA 的统一调用。

几种不同类型 Ability 的关系如图 2-1 所示。

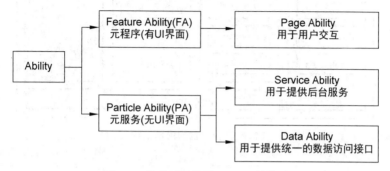

图 2-1　几种不同类型 Ability 的关系

注意:所有类型的 Ability 均由 Ability 类实现,并不存在 ServiceAbility、PageAbility 等子类。

2.1.2　HAP 与 Entry

一个完整的应用程序除了包含程序本身,还包括所依赖的类库、图片等各部分。鸿蒙将这些内容以压缩文件的形式组合在一起,形成一个鸿蒙应用程序包(Application Package,APP),并以.app 为后缀名。应用程序包包含了一个或多个 HAP(HarmonyOS Ability Package),即 Ability 的部署包。在 APP 中,通过 pack.info 配置文件管理所有 HAP。在每个 HAP 内部,通过 config.json 配置文件对 HAP 的基本属性进行配置。

HAP 分为主 HAP(Entry HAP,以下简称 Entry)和特征 HAP(Feature HAP,以下简称 Feature)两类:

(1) Entry:Entry 相当于针对特定设备的应用程序入口,一个应用程序包中针对一个设备类型有且仅有一个 Entry。并且,Entry 中必须包含 Ability。

(2) Feature:Feature 是应用程序的动态特征模块,因此,一个应用程序包中可以没有 Feature,也可以存在多个 Feature。Feature 不一定包含 Ability,可以仅用于提供类库,也可以仅用于提供资源。

注意:为了方便读者理解,Entry 类似于 Windows 中的.exe 文件,为应用程序的入口;Feature 类似于 Windows 中的.dll 文件,提供动态特征,并不是在每次使用该应用程序时都能被调用。

典型的应用程序包的内部结构如图 2-2 所示。

但是,对于初学者而言,DevEco Studio 默认所创建的工程并不复杂,通常只有一个 Entry 类型的 HAP,如图 2-3 所示。

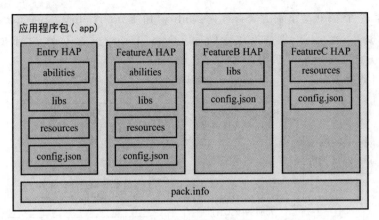

图 2-2　鸿蒙应用程序包的内部结构(多 HAP)

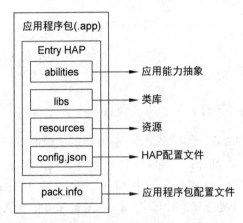

图 2-3　鸿蒙应用程序包的内部结构(单 HAP)

HAP 和 APP 是免安装的,在鸿蒙操作系统上可以直接运行,但是,只有被签名的 APP 和 HAP 才能被安装在真机上,具体的签名方法详见 2.3 节。

在应用程序分发时并不一定将 APP 中的所有的 HAP 下载到指定设备上。例如,针对类型 A 设备开发的 Entry 会下载到该类型的设备中,而不会被安装到类型 B 的设备中,类型 B 的设备会下载与其适配的 Entry。

2.1.3　创建一个鸿蒙应用程序工程

纸上谈兵,不如躬行,接下来动手创建一个鸿蒙应用程序工程。在 DevEco Studio 欢迎界面中,单击 Create HarmonyOS Project 按钮,创建一个新的鸿蒙应用程序工程,弹出 Create HarmonyOS Project 对话框,如图 2-4 所示。

在 Device 中选择该工程的目标设备,包括 Car、TV、Wearable、Lite Wearable、Phone、Smart Vision 等选项,分别对应了车机、智慧屏、可穿戴设备、轻量级可穿戴设备、手机、智能视觉等设备。

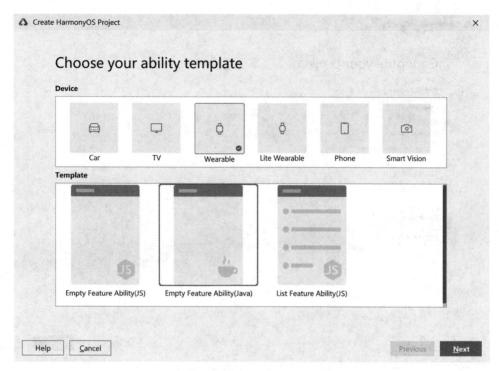

图 2-4 创建鸿蒙应用程序工程

在 Template 中选择 Ability 模板，即工程模板。在工程模板的选项最后用括号标明了使用语言，例如，Empty Feature Ability(JS)表示 JavaScript 语言下的空 Feature Ability 模板；Empty Feature Ability(Java)表示 Java 语言下的空 Feature Ability 模板；List Feature Ability(JS)表示 JavaScript 语言下的列表 Feature Ability 模板。

在 Device 中选择 Wearable，在 Template 中选择 Empty Feature Ability(Java)，并单击 Next 按钮即可创建一个运行在可穿戴设备上的空界面应用程序。

随后弹出工程配置界面，如图 2-5 所示。

此时进行应用程序工程的基本配置：在 Project Name 中输入工程名称 HelloWorld；在 Package Name 中确认应用程序包名 com. example. helloworld(可自动生成包名)；在 Save Location 中输入工程的保存位置；在 Compatible SDK 中选择 SDK 版本 SDK：API Version 3。最后，单击 Finish 按钮完成配置，并进入 DevEco Studio 主界面，如图 2-6 所示。

DevEco Studio 主界面由菜单栏(Menu Bar)、导航条(Navigation Bar)、工具条(Toolbar)、工具窗体条(Tool Window Bar)、代码编辑窗体(Editor Window)、状态栏(Status Bar)及各类工具窗体(Tool Windows)组成。

- 菜单栏：包含了 DevEco Studio 绝大多数的功能入口，并分为文件(File)、编辑(Edit)、视图(View)等菜单。
- 导航条：用于显示和切换当前代码文件所处工程的位置。

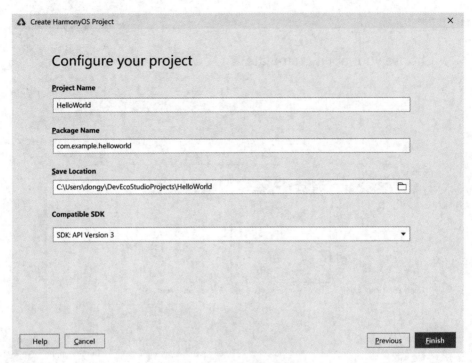

图 2-5　配置鸿蒙应用程序工程

图 2-6　DevEco Studio 主界面

- 工具条：包含了运行、调试、工程结构、搜索等常用工具。
- 工具窗体条：用于开闭和调整各类工具窗体。
- 代码编辑窗体：用于查看和编辑代码文件。
- 状态栏：显示当前工程的基本状态，以及代码编辑器的常用设置选项。
- 各类工具窗体：一个工具窗体是一组功能相似的工具组合，用于完成特定的功能。
  常见的工具窗体包括 Project 工具窗体、Build 工具窗体、HiLog 工具窗体等。

在首次创建工程时，DevEco Studio 会自动下载 Gradle 构建工具和相关依赖，如图 2-7 所示。下载过程可能较为漫长，网络不佳时读者可尝试使用合法途径的代理服务，并耐心等待。

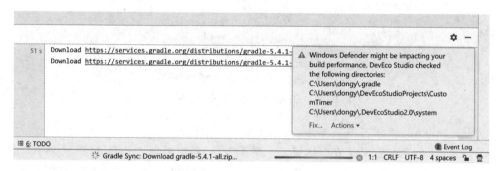

图 2-7 下载 Gradle

注意：Gradle 是一种自动化构建工具，可在后台帮助开发者对应用程序工程进行依赖管理、应用程序编译、打包和部署。

2.1.4 HAP 的配置与工程目录结构

本节介绍 HAP 配置文件和鸿蒙应用程序工程的目录结构。

1. HAP 配置文件

2.1.3 节中，在新建 HelloWorld 工程的同时默认创建了一个名为 entry 的 Entry。下文将对该 entry 的配置文件进行初步介绍。在 DevEco Studio 的 Project 工具窗体中选择 HelloWorld→entry→src→main→config. json，即可打开 Entry 的配置文件，如图 2-8 所示。

Entry 的配置文件为 json 格式，包含了 app、deviceConfig 和 module 共 3 个主要部分。这 3 个部分缺一不可。app 对象内部定义了应用程序的全局配置，同一个应用的不同 HAP 包的 app 配置必须保持一致。其中，bundleName 定义了应用程序的打包名称，也称为 Bundle 名称（BundleName）；vendor 定义了应用程序开发商的名称（可选）；version 定义了应用程序的版本号；apiVersion 定义了应用运行所需要的鸿蒙 API 最小版本（compatible）和目标版本（target）。

注意：Bundle 名称用于唯一性标识应用程序，在签名、发布应用程序时会通过 Bundle 名称识别应用程序。在将应用程序上传到华为应用商店时，BundleName 必须是全局唯一的。只有 Bundle 名称相同且签名信息相同的应用程序才会被鸿蒙设备认为是同一个应用

图 2-8　HAP 配置文件 config.json

程序。另外,Bundle 名称可以与具体的 Java 代码的包名不同。

deviceConfig 对象定义了在具体设备上的配置信息,可以包含 default 对象、car 对象、tv 对象、wearable 对象、liteWearable 对象和 smartVision 对象。上述这些对象分别对应了在所有设备、车机、智慧屏、智能穿戴、轻量级智能穿戴和智能摄像头上的配置信息。

module 对象定义了该 HAP 包的配置信息,包括包名对象 package、类名对象 name 和描述对象 description 等。比较重要的通用配置如下:

(1) deviceType:目标设备类型,包括 Phone(手机)、TV(智慧屏)、Car(车机)、Wearable(智能穿戴)、Lite Wearable(轻量级智能穿戴)等。

(2) distro:HAP 发布的具体描述信息。

(3) abilities:各 ability 的配置信息。

(4) js:使用 JavaScript UI 框架时,各 JavaScript 模块的配置信息。

(5) defPermissions:自定义 HAP 所需要的权限。

(6) reqPermissions:声明该 HAP 在运行时可能需要申请的权限。

在今后的学习中,会经常修改 config.json 文件用于配置应用程序及 HAP。

2. 工程的基本目录结构

在 Project 工具窗体中,显示了 HelloWorld 工程的结构,包含了众多目录和文件。值得注意的是,这些目录并不是存储在硬盘文件系统中的真实的目录结构。

注意:在 Project 工具窗体的上方,切换 Project 下拉选框为 Project Files 即可显示工程真实的目录结构,但是,真实的目录结构较为复杂,层级较多,并不利于工程管理。

接下来,介绍这些目录和文件的基本功能。

(1) .gradle 与 .idea 目录:存放 Gradle 和 idea 的配置文件和缓存等。一般情况下,这两个目录下的文件不需要读者过于关心，也不要去修改其内容。

（2）build 目录：编译目录，包含了应用程序编译后的结果。例如，当读者学完 2.2 节，运行了应用程序后，会在该目录下生成 .\outputs\hap\debug\wearable\entry-debug-unsigned.hap 文件。这个文件就是 entry HAP 的文件实体。

（3）entry 目录：名为 entry 的 Entry HAP 的目录。鸿蒙应用程序工程的代码和资源就放在这个目录里面，是应用程序开发的"主战场"。

（4）gradle 目录：该目录包含了 Gradle Wrapper 类库和相关配置文件。通过 Gradle Wrapper，DevEco Studio 可以自动下载所需要的 Gradle 版本用于应用程序构建。

（5）.gitignore：该文件是 Git 的忽略文件列表，而 Git 是常用的版本控制工具。

（6）build.gradle：该文件是工程的 Gradle 构建脚本，是非常重要的。

（7）CustomTimer.iml：源于 IntelliJ idea 的工程配置文件，一般情况下不需要修改这个文件。

（8）gradle.properties：Gradle 的全局配置文件。

（9）gradlew 与 gradlew.bat：Gradle 命令行工具，前者用于 Linux、macOS 等操作系统，后者用于 Windows 操作系统。

（10）local.properties：该文件用于指定鸿蒙 SDK 和 Node.js 环境的目录位置。

（11）settings.gradle：用于声明该工程中所有的 HAP。

在 entry 目录中，还包含许多子目录和文件。这些文件在开发中经常被使用。接下来，列举一些常见的目录和文件：

（1）build 目录：编译目录，读者一般情况下不需要了解其具体内容，但是，其中包含了在今后的学习中会经常遇到的 ResourceTable.java 文件。这个文件可以将 xml 文件所定义的控件、字符串等资源转换为 Java 对象。

（2）libs 目录：库目录，可以用于引用其他的 jar 文件。

（3）src 目录：源（source）目录，用于存放代码和资源。该目录下的 ./main/java/ 目录中存放了 Java 代码文件；./main/resouces/ 目录存放了布局、字符串、图像、图标等资源文件。

（4）build.gradle：该 HAP 构建所需要的 gradle 配置文件。

另外，在 entry 目录中，还包含了 Git 忽略文件列表 .gitignore 文件和源于 IntelliJ idea 的工程配置文件 entry.iml 等。

2.1.5　应用权限

鸿蒙操作系统拥有较为全面的安全机制，这是为了避免步入 Android 的后尘。在早期版本的 Android 操作系统中，应用程序可以几乎无限制地访问设备上的用户隐私和各种危险模块。例如，有些 Android 应用程序会在没有通知用户的情况下访问通讯录、短信和通话记录，或者偷偷获取设备的地理位置信息，亦或者打开话筒和相机记录现场状况，并偷偷地上传到服务器，甚至将其发送到其他用户手中，造成了严重的隐私泄露和系统安全问题。后来，Android 操作系统引入了权限机制，在一定程度上避免了上述情况的发生。

为了保护用户隐私与系统安全，鸿蒙操作系统在一开始就设计了完整的安全保障机制，同样具备权限机制。应用程序在默认情况下对于系统和设备的访问权限是十分有限的，因此，开发者有义务对应用的权限进行管理和控制。在开发一些涉及用户隐私和系统安全的功能时，需要开发者申请权限，甚至需要动态申请权限。

应用权限分为非敏感权限和敏感权限。非敏感权限会在应用安装时提示用户，一般不涉及用户隐私和危险性操作，如访问网络、使用震动发动机等。敏感权限不仅会在应用安装时提示用户，而且需要在应用运行期间通过弹窗的方式提示用户进行动态授权，如访问位置信息、访问相机、访问话筒等。

对于开发者来讲，非敏感权限仅需要在 config.json 中声明即可，而敏感权限不仅需要在 config.json 中声明，还需要在代码中动态申请。

1. 在 config.json 中声明权限

在 config.json 中，需要在 module 对象下的 reqpermission 数组中添加权限对象。权限对象包括 name、reason、usedScene 等属性，其属性的功能如下：

（1）name：权限名称。

（2）reason：申请该权限的原因。对于敏感权限来讲，弹窗请求用户授权时会提示该原因。

（3）usedScene：权限的应用场景，包括 ability 数组和 when 字符串属性。ability 属性指定了该权限所涉及的 Ability，离开相应的 Ability 将无法使用这个权限。when 属性指定了权限的使用时间，可以设置为 inuse（使用时）或 always（始终）。

name 属性是必填项，其他的属性是选填项。对于非敏感权限，通常只需使用 name 属性。例如，如果应用程序需要访问网络，则只需将 name 属性为网络访问权限名称字符串 ohos.permission.INTERNET 的权限对象添加到 reqpermission 数组中，代码如下：

```
//chapter2/RequestPermission/entry/src/main/config.json
{
  …
  "module": {
    "package": "com.example.JavaScriptui",
    "reqPermissions": [
      {
        "name": "ohos.permission.INTERNET"
      }
    ],
  }
  …
}
```

对于敏感权限，可以填写权限对象中的 reason 等属性，用作提示用户等。例如，如果应

用程序需要访问设备的地理位置,则可以填写访问原因和相应的场景信息,代码如下:

```
//chapter2/RequestPermission/entry/src/main/config.json
{
  …
  "module": {
    "package": "com.example.JavaScriptui",
    "reqPermissions": [
      {
        "name": "ohos.permission.LOCATION",
        "reason": "用于测试使用.",
        "usedScene": {
          "ability": ["com.example.JavaScript.MainAbility"],
          "when": "inuse"
        }
      }
    ],
  }
  …
}
```

2. 动态申请权限

对于敏感权限来讲,还需要在应用程序运行时动态申请权限。动态申请权限时通常需要以下几步:

(1) 判断权限是否已动态授权。通过 verifySelfPermission(String permissionName)方法可以查询权限是否已经被当前进程授权:传入权限名称参数 permissionName,如果返回值为 IBundleManager. PERMISSION _ GRANTED 则表示被授权,如果返回值为 IBundleManager. PERMISSION_DENIED 则表示未被授权。

(2) 判断权限是否可以被授权。通过 canRequestPermission(String permissionName) 方法即可判断当前进程是否可以被动态授权。不能动态授权的原因可能是该应用权限在系统设置中被禁用,也可能是用户在之前进行弹窗授权时选择了禁用选项,还可能是该应用权限没有在 config. json 中被声明。

(3) 弹框授权。通过 requestPermissionsFromUser (String [ ] permissions,int requestCode)即可实现弹窗授权,该方法的第 1 个参数是 permissions 数组,可以同时授权多个权限,即依次弹出多个授权窗口。开发者可以选择在应用第一次运行时提示用户对多个敏感权限统一进行授权,也可以在使用敏感权限时实时请求权限。

统一申请多个敏感权限的典型代码如下:

```
//chapter2/RequestPermission/entry/src/main/java/com/example/requestpermission/MainAbility.java
private void requestPermissions() {
    //需要处理的权限
```

```
String[ ] permissions = {
        "ohos.permission.LOCATION",
        "ohos.permission.LOCATION_IN_BACKGROUND"};
//可动态授权的权限
List < String > permissionsToProcess = new ArrayList <>();
//遍历需要处理的权限
for (String permission : permissions) {
//判断需要处理的权限是否可动态授权
    if (verifySelfPermission(permission) != 0
        && canRequestPermission(permission)) {
        permissionsToProcess.add(permission);
    }
}
//弹窗申请权限
requestPermissionsFromUser(permissionsToProcess.toArray(new String[0]), 0);
}
```

在上述代码中权限名称还可以使用 SystemPermission 类的常量字符串,例如 ohos.
permission. LOCATION 字符串还可以被 SystemPermission. LOCATION 常量代替。初
学者可先不用细究这段代码,直接应用在动态授权场景即可。

动态申请权限的弹窗如图 2-9 所示。

图 2-9　动态申请权限的弹窗

2.1.6　在鸿蒙设备虚拟机中运行程序

本节介绍如何在虚拟机中运行 2.1.3 节所创建的 HelloWorld 应用程序。鸿蒙设备虚
拟机是调试应用程序的有力工具。目前,鸿蒙设备虚拟机均为华为远程提供的虚拟机设备,
其用户界面需要通过视频流的方式传递到 DevEco Studio 中。请在使用虚拟机之前保证互
联网的通畅。接下来,介绍鸿蒙设备虚拟机的具体使用方法:

首先,在 DevEco Studio 的菜单栏中选择 Tools→HVD Manager 菜单,打开鸿蒙虚拟设
备管理器(HarmonyOS Virtual Device Manager)。在首次打开时会提示如图 2-10 所示的

download resources
You need to download emulator resources for the first time.
Ok
Cancel

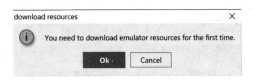

图 2-10 下载鸿蒙设备虚拟机资源

对话框，提示用户需要下载虚拟机所需要的资源文件。

此时，单击 OK 按钮开始下载资源文件，并弹出如图 2-11 所示的 Virtual Device Manager 对话框。该对话框显示了全部可用的虚拟机列表。此时，这个列表还是空的。

Virtual Device Manager
Your Virtual Devices
DevEco Studio
Remote Emulator
filter by device
Type
Device
App Store
Resolution
API
CPU/ABI
Source
Status
Actions
Failed to obtain devices, please click "Refresh" button to re-obtain its.
Help
Refresh

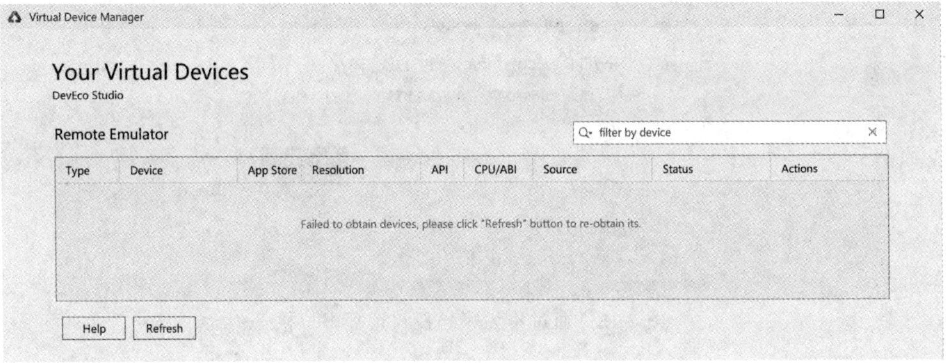

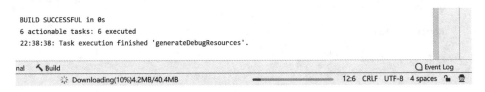

图 2-11 虚拟机管理器

在 DevEco Studio 的状态栏中可以查看虚拟机资源下载进度，如图 2-12 所示。

BUILD SUCCESSFUL in 0s
6 actionable tasks: 6 executed
22:38:38: Task execution finished 'generateDebugResources'.
nal
Build
Event Log
Downloading(10%)4.2MB/40.4MB
12:6 CRLF UTF-8 4 spaces

图 2-12 虚拟机资源下载进度提示

虚拟机资源下载完毕后，单击 Refresh 按钮即可弹出浏览器授权界面，如图 2-13 所示。如果在弹出的浏览器中没有登录华为账号，则首先会提示登录华为账号(该账号必须经过开发者认证)。

单击【允许】按钮，提示"你已经成功登录客户端。"，此时 DevEco Studio 已经登录了该账号。

注意： 在 DevEco Studio 未登录账号时，可以通过选择 Tools→DevEco Login→Sign in 菜单登录账号；在已登录账号时，可通过选择 Tools→DevEco Login→Personal Center 菜单进入个人中心，取消登录账号。取消登录账号后，远程虚拟机资源会自动被释放。

然后，可以看到，在 Virtual Device Manager 对话框中出现了 TV(智慧屏)、Wearable(穿戴设备)和 Car(车机)共 3 个远程虚拟机设备，如图 2-14 所示。

图 2-13　通过华为账号授权远程虚拟机

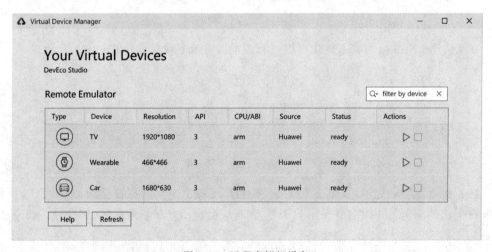

图 2-14　远程虚拟机设备

单击任何一个虚拟机设备右侧的 ▷ 按钮即可创建一个鸿蒙远程虚拟机。选择 Wearable(穿戴设备)右侧的 ▷ 按钮之后,在 DevEco Studio 界面的右侧会弹出 Remote Device 工具窗体,并显示远程虚拟机的界面,如图 2-15 所示。

注意:如果需要以单独的窗口显示虚拟设备,则可以单击 Remote Device 工具窗体右上角的 ✿→View Mode→Window 菜单选项。

此时,通过鼠标即可在表盘上进行触摸、滑动等虚拟操作。在 Remote Device 工具窗体的右侧,包含了 5 个主要按钮,其功能如下: ╳ 为释放远程设备(Release Remote Device)按钮; ▣ 为调整缩放比例(Adjust Display Size)按钮,包括 75%、100%、125%选项; ▢ 为选择虚拟机分辨率(Set Resolution)按钮,包括 480P、540P 和 720P 选项,在网络条件不佳时可通过降低视频流的分辨率以获得流畅的虚拟机体验; ○ 为进入桌面(Home)按钮; ◁ 为返回(Back)按钮。

注意:为了保证服务器资源的合理分配,每个华为开发者账号同一时间只能够打开一个虚拟设备,并且虚拟设备每经过 1 小时会释放一次。开发者可在释放后重新执行上述步骤请求分配虚拟设备。

图 2-15　Remote Device 工具窗体

2.2　应用程序签名与真机调试

如果希望将 APP 或 HAP 包安装在真机或者发布到华为应用商店,则需要对应用程序进行签名。应用程序签名是在 HAP 或 APP 包中加入数字证书和授权文件,以保证其完整性和安全性。数字证书由 AppGallery Connect(以下简称 AGC)签发,通过双向签名的方式保证应用程序不被非法篡改。授权证书包含了应用的基本信息,以及该应用所能够运行的设备 UDID,保证应用程序能够运行在被授权的设备上。

注意:AGC 是华为的应用程序分发市场。通过 AppGallery Connect,开发者可以发布鸿蒙应用(也可以发布 Android 应用、轻应用等),并可以用于监测和分析其下载和使用情况。

本节以调试证书和调试授权文件为例,详细介绍应用程序签名的方法,以方便读者可以真机调试。在正式将鸿蒙应用发布到 AGC 上时需要正式证书和正式授权文件,其方法与此类似,可以参考。

应用程序的签名流程主要包括申请证书文件和申请授权文件两个主要部分,其细分流程如图 2-16 所示。

图 2-16　应用程序签名流程

2.2.1　申请证书文件

申请证书文件包括生成密钥库文件(.p12)、生成证书请求文件(.csr)和通过 AGC 申请证书 3 个主要步骤。

1. 生成密钥库文件

在 DevEco Studio 的菜单栏中,选择 Build→Generate Key 菜单,弹出 Generate Key 对话框,如图 2-17 所示。

单击 Key Store Path (* .p12)选项下的 New 按钮创建密钥库文件,弹出如图 2-18 所示的对话框。

注意:如果存在已有的密钥库文件,则可以直接选择 Choose Existing 按钮选择相应的密钥库文件。

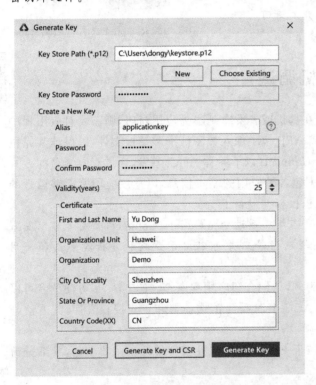

图 2-17　Generate Key 对话框

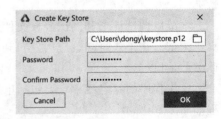

图 2-18　Create Key Store 对话框

在 Key Store Path 选项中选择密钥库文件存储位置,并在 Password 和 Confirm Password 选项中输入密码,单击 OK 按钮完成密钥库文件的创建,后缀名为.p12。

注意:密钥库和证书请求文件的密码均需要 8 位以上字符,且字符需要包括小写字母、大写字母、数字和特殊符号中的至少两类字符。另外,为了应用程序的安全请妥善保存私钥文件。

2．生成证书请求文件（Certificate Signing Request，CSR）

在 Generate Key 对话框的 Create a New Key 选项组中，输入别名（Alias）、密码（Password）、确认密码（Confirm Password）和有效期（Validity）。在 Certificate 选项组中，输入姓名（First and Last Name）、组织单位（Organizational Unit）、组织（Organization）、市（City or Locality）、省（State or Province）、国家码（Country Code）等信息。其中，国家码用两位字母表示，例如中国的国家码为 CN。

最后，单击 Generate Key and CSR 按钮，弹出 Generate Certificate Request File 对话框，如图 2-19 所示。

此时，在 CSR File Path 选项中选择 CSR 请求文件的存储位置，单击 OK 按钮即可生成证书请求文件，后缀名为 .csr。

图 2-19　Generate Certificate Request File 对话框

注意：密钥库文件中包含了一对公钥和私钥，而证书请求文件中包含了公钥和开发者的相关信息。为了保证应用程序的安全，请妥善保管上述文件。

3．通过 AGC 申请证书

进入 AGC 网站（https://developer.huawei.com/consumer/cn/service/josp/agc/index.html）并登录华为账号（需要经过开发者认证），进入【用户与访问】界面后，单击左侧【证书管理】按钮进入如图 2-20 所示的页面。

图 2-20　证书管理页面

单击右上角的【新增证书】按钮，弹出如图 2-21 所示的对话框。

图 2-21　新增证书

在【证书名称】中输入最多 100 个字符的名称；在【上传证书请求文件(CSR)】中选择上一步生成的证书请求文件；在【证书类型】中选择"调试证书"。最后，单击【提交】按钮。

证书申请成功后，单击证书管理列表中相应证书右侧的【下载】按钮即可下载该证书，后缀名为.cer。

注意：AGC 允许开发者最多申请 2 个调试证书和 1 个发布证书。另外，开发者需要在证书列表中注意证书的有效期。

2.2.2　申请授权文件

申请调试授权文件共包括注册调试设备、在 AGC 中创建鸿蒙应用程序、申请鸿蒙应用程序调试授权文件共 3 个主要步骤。

1. 注册调试设备

首先，需要通过 hdc 命令获取用于调试的真机设备 UDID。hdc 命令存放在鸿蒙 SDK 目录中。在 Windows 系统中，hdc.exe 文件的位置如下（需要将"<用户名>"替换为真实的 Windows 用户名）：

```
C:\Users\<用户名>\AppData\Local\Huawei\Sdk\toolchains
```

将上述目录添加到 Path 环境变量中，或者直接在命令提示符中进入该目录。然后，通过 USB 线连接并运行鸿蒙操作系统的真机，执行的命令如下：

```
hdc shell dumpsys DdmpDeviceMonitorService
```

此时，即可在回显中显示一串 JSON 字符串，其中 dev_udid 对象值即表示当前设备的 UDID，如图 2-22 所示。

图 2-22　获取运行鸿蒙操作系统的真机 UDID

接下来,在 AGC 网站中注册该调试真机。在 AGC 的【用户与访问】界面中,单击左侧【设备管理】按钮进入如图 2-23 所示的页面。

图 2-23 设备管理界面

单击右上角的【添加设备】按钮,弹出如图 2-24 所示的填写设备信息对话框。

图 2-24 填写设备信息

在【设备类型】中选择实际的设备类型;在【设备名称】中输入不超过 100 个字符的名字;在【UDID】中输入设备的 UDID。最后单击【提交】按钮即可。

2. 在 AGC 中创建鸿蒙应用程序

在 AGC 的管理页中,选择【我的项目】按钮,进入如图 2-25 所示的页面。

单击【添加项目】按钮创建项目,在如图 2-26 所示的对话框中输入项目名称,并单击【确认】按钮。

进入项目管理界面,选择左侧【HarmonyOS 应用】下的【HAP Provision Profile 管理】菜单,进入如图 2-27 所示的界面。

在 HAP Provision Profile 管理页中,单击【HarmonyOS 应用】按钮创建鸿蒙应用,弹出如图 2-28 所示的界面。

在【选择平台】选项中选择"APP(HarmonyOS 应用)";在【支持设备】、【应用名称】、【应用包名】等选项中选择相应的应用程序信息,单击【确定】按钮即可创建一个鸿蒙应用程序。

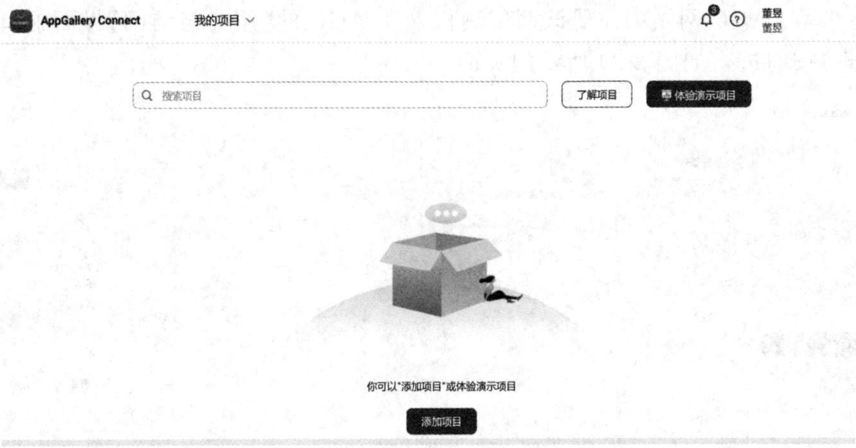

图 2-25　我的项目

创建项目

| * 名称: | 请输入项目名称 | 0/64 |

确认　　取消

图 2-26　创建项目

请先添加应用再使用服务

HarmonyOS应用

图 2-27　HAP Provision Profile 管理

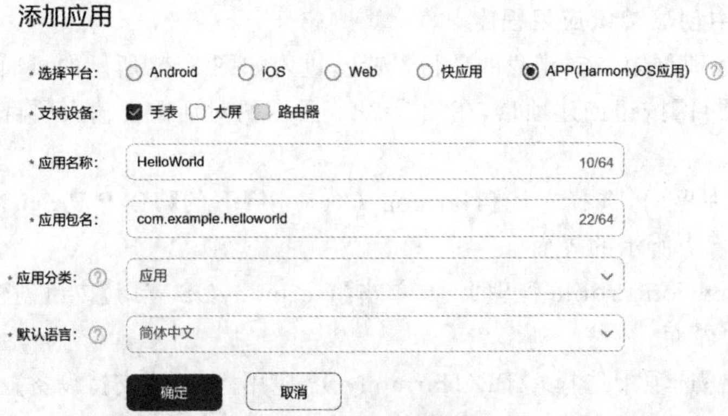

添加应用

- 选择平台:　○ Android　　○ iOS　　○ Web　　○ 快应用　　● APP(HarmonyOS应用) ⑦
- 支持设备:　☑ 手表　□ 大屏　☑ 路由器

· 应用名称:	HelloWorld	10/64
· 应用包名:	com.example.helloworld	22/64
· 应用分类: ⑦	应用	∨
· 默认语言: ⑦	简体中文	∨

确定　　取消

图 2-28　添加鸿蒙应用

3. 申请鸿蒙应用程序调试授权文件

在 AGC 上方的导航栏中选择刚才创建的应用，此时在 HAP Provision Profile 管理页面中即可出现授权文件列表，如图 2-29 所示。

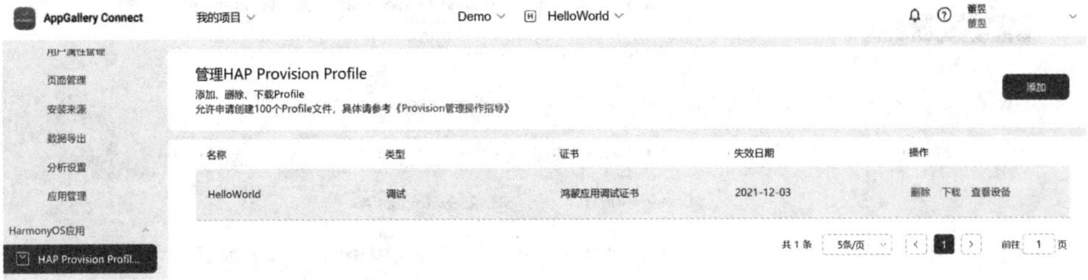

图 2-29　HAP Provision Profile 管理页面

单击右上角的【添加】按钮，弹出如图 2-30 所示的界面。

图 2-30　创建调试授权文件

在【名称】中输入授权文件名称；在【类型】中选择"调试"；在【选择证书】中选择 2.2.1 节创建的证书文件；在【选择设备】中选择需要调试的设备（最多 100 个）。最后，单击【提交】按钮即可创建调试授权文件。

此时，在 HAP Provision Profile 管理页面中，单击授权文件列表的相应项右侧的【下载】按钮即可下载该授权文件，后缀名为.p7b。

2.2.3　配置应用程序签名

准备好 2.2.1 节和 2.2.2 节中生成的证书文件和授权文件。在 DevEco Studio 中，选择菜单栏中的 File→Project Structure 菜单，进入 Project Structure 对话框。在该对话框中，选择 Modules→entry→Signing Configs 选项卡，如图 2-31 所示。

在 debug 选项组中进行以下操作：在 Store File(＊.p12)和 Store Password 中分别选

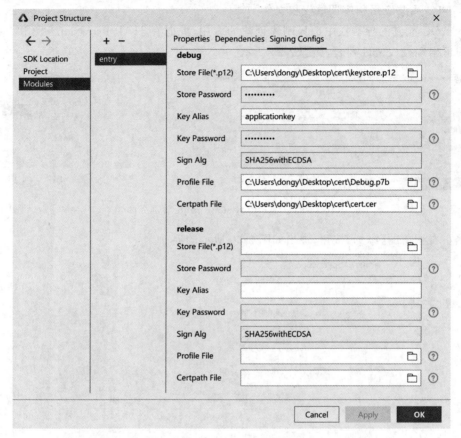

图 2-31　签名配置对话框

择密钥库文件及其密码；在 Key Alias 中输入密钥别名；在 Key Password 中输入密钥密码；在 Profile File 中选择授权文件；在 Certpath File 中选择证书文件，单击 OK 按钮确认。

　　以上为调试证书和授权文件的申请和配置方法。正式证书的配置方法与此非常类似，不再赘述。当拥有了正式证书文件和授权文件后，通过菜单栏的 Build→Build App/Hap→Build App 选项便可以编译该应用程序 App 文件。

2.2.4　真机调试

　　在经过了以上配置流程之后，就可以实现应用程序的真机调试了。以下以手机设备为例，介绍真机调试的具体步骤：

　　(1) 在鸿蒙操作系统的桌面上进入【设置】应用，然后单击【关于手机】菜单(平板计算机的菜单名称为【关于平板计算机】)，如图 2-32 所示。在这个界面中，在【版本号】选项上连续快速单击 10 次以上即可打开开发者模式。

　　(2) 在【设置】应用中，进入【系统和更新】→【开发人员选项】菜单，找到并打开 USB 调试功能，如图 2-33 所示。

图 2-32　连续快速单击 10 次【版本号】选项进入开发者模式　　　图 2-33　打开 USB 调试功能

（3）通过 USB 线连接手机和计算机，此时弹出【USB 连接方式】和【是否允许 USB 调试？】选项，如图 2-34 所示。

在【是否允许 USB 调试？】选项中，选择【确定】按钮；在【USB 连接方式】选项中，选择"传输照片"或"传输文件"选项。

注意：在连接计算机时 USB 连接方式不要选择仅充电，否则需要在开发人员选项中打开【"仅充电"模式下允许 ADB 调试】选项。

（4）在 DevEco Studio 中，想要运行或调试应用程序，可在 Select Deployment Target 对话框中选择通过 USB 连接到计算机的鸿蒙设备进行调试，如图 2-35 所示。

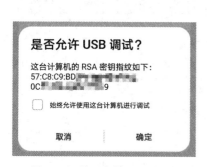

图 2-34　是否允许 USB 调试

图 2-35　在 Select Deployment Target 中选择真机调试

2.3　调试鸿蒙应用程序

18min

本节介绍鸿蒙应用程序的基本调试方法。相信对于会使用 Java 的读者一定很熟悉断点调试。接下来简单介绍其基本使用方法，然后着重介绍非常实用的 HiLog 日志工具和 X-Ray 可视化调试变量工具，用于在程序运行时输出调试信息。另外，hdc 命令也是非常重要且常见的调试工具，在本节的最后将详细介绍其使用方法。

不过 DevEco Studio 的调试能力不仅限于本节所介绍的内容，还包括分布式调试工具 HiTrace、Java 和 JavaScript 断点调试的互通等。为了保证本书的连贯性，这些高级的调试工具和调试能力将在后面的章节中根据需要进行逐一介绍。

2.3.1 运行与断点调试

在 DevEco Studio 的工具栏中包含了运行与调试工具，如图 2-36 所示。

通过最左侧的 ⬡ entry 下拉列表框可以选择程序入口 HAP。在默认情况下，这个程序入口就是 entry。其右侧按钮的功能如下：

- ▶ Run 'entry'（Shift＋F10）：自动编译并运行当前应用程序。
- 🐞 Debug 'entry'（Shift＋F9）：调试当前的应用程序。
- 🕼 Run 'entry' with Coverage：对当前应用程序进行覆盖率测试。
- 𝄐 Profile 'entry'：对当前应用程序进行性能剖析。
- 🐜 Attach Debugger to Process：对已经运行的应用程序进行调试。
- ■ Stop 'entry'（Ctrl＋F2）：结束当前应用程序。

单击▶按钮，首先弹出如图 2-37 所示的选择目标设备（Select Deployment Target）对话框。其中，Connected Devices 中显示了包括远程虚拟机在内的已经连接的设备。HUAWEI GLL-AL00 表示已经启动的远程虚拟设备。选中该虚拟设备后，单击 OK 按钮即可开始编译运行。

图 2-36　工具栏中的运行与调试工具　　　　图 2-37　选择目标设备对话框

注意：在如图 2-37 所示的对话框中，Available Huawei Lite Devices 表示轻量级穿戴设备，并包含一个名为 Huawei Lite Wearable Simulator 的虚拟机。该虚拟机并不是远程设备，而是一个本地虚拟设备，用于调试轻量级穿戴设备应用程序。

此时，DevEco Studio 会通过 Gradle 自动完成应用程序的编译、打包、上传和运行。最终，在虚拟机中出现如图 2-38 所示界面即表示运行完成。

注意：如果开发者希望仅编译而不运行应用程序，可以通过单击菜单栏的 Build→Build App/Hap→Build Debug Hap 菜单编译出用于调试的 HAP 包。选择 Build Release Hap(s)

菜单可编译出用于分发的 HAP 包。

通过断点调试工具可以分析程序在运行时的某个时刻内存和变量的状态。在 MainAbility.java 代码中,在第 11 行代码左侧、行号右侧的灰色区域内单击,就会在该行代码上生成一个断点,即出现 ● 图标。

然后,单击工具栏的 ✿ 按钮运行并调试应用程序,或者单击 ✿ 按钮连接并调试正在运行的应用程序。当程序执行到上述断点时,断点图标会变为 ✓,如图 2-39 所示。

图 2-38　运行默认的应用程序

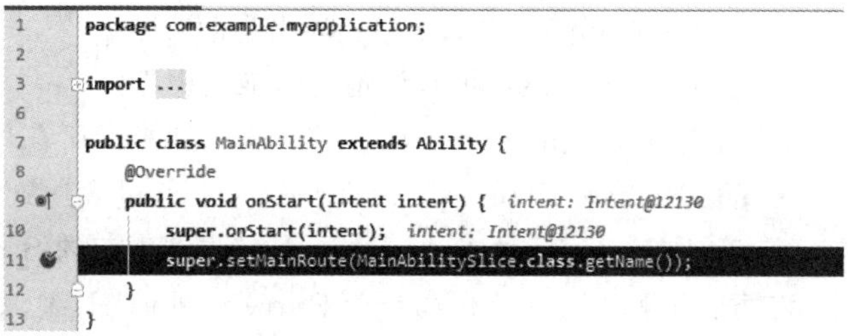

```
1    package com.example.myapplication;
2
3    import ...
6
7    public class MainAbility extends Ability {
8        @Override
9        public void onStart(Intent intent) {  intent: Intent@12130
10           super.onStart(intent);  intent: Intent@12130
11           super.setMainRoute(MainAbilitySlice.class.getName());
12       }
13   }
```

图 2-39　添加程序断点

此时,即可在 Debug 工具窗体中查看此时的变量状态等信息,如图 2-40 所示。

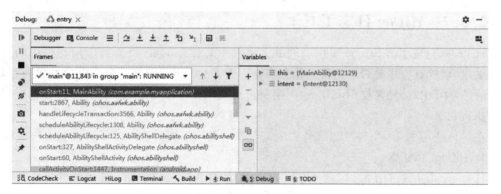

图 2-40　断点调试

在 Debug 工具窗体的左侧,包括用于控制应用程序执行状态和断点功能的按钮,其功能如下:

- ▶ Resume Program(F9):继续运行程序。
- ‖ Pause Program:暂停程序。
- ■ Stop 'entry'(Ctrl+F2):结束当前程序。
- ● View Breakpoints(Ctrl+Shift+F8):查看所有断点位置。
- ⦸ Mute Breakpoints:点选后可以在运行时暂时跳过所有的断点。
- ◘ Get Thread Dump:抓取线程堆栈。
- ✿ Settings:调试设置选项。

- 📌 Pin Tab：固定标签。

在 Debug 工具窗体的上方，通过 Debugger 标签和 **❯** Console 标签，可以切换调试工作台和终端界面。其余的按钮主要用于代码的单步或多步调试，各按钮的功能如下：

- ☰ Show Execution Point（Alt＋F10）：显示当前的断点位置。
- ⌅ Step Over（F8）：跳过当前代码，进入下一行代码（逐过程执行）。
- ↧ Step Into（F7）：进入当前方法内部进行调试（逐语句执行）。
- ↧ Force Step Into（Alt＋Shift＋F7）：强制进入当前方法内部进行调试。
- ↥ Step Out（Shift＋F8）：跳出当前方法。
- ↴ Drop Frame：回退到先前的堆栈框架。
- ⤳ Run to Cursor（Alt＋F9）：执行到光标所在代码处。
- ▦ Evaluate Expression（Alt＋F8）：通过表达式计算当前状态下的变量。
- ⧓ Trace Current Stream Chain：调试当前的 Stream。

注意：如果被调试的代码处于 Entry 以外的 HAP，则需要在 config.json 中将代码中的 Ability 的 visible 属性设置为 true，否则程序无法正常进入断点，但是，visible 属性为 true 的 Ability 可以被其他的应用调用，因此在非必要的情况下，记得在调试完成后将 visible 属性设置为 false。

2.3.2　HiLog 日志工具

HiLog 是 DevEco Studio 中用于调试应用程序的日志工具，可以将应用程序中的变量进行输出，以检查程序是否可正常工作。在学习过程中，HiLog 也是必不可少的学习工具。在今后的学习中，会经常使用 HiLog 在控制台上输出一些必要信息，以了解和分析应用程序的执行状态。

在具体使用 HiLog 日志工具前，首先需要了解两个重要的类：HiLog 和 HiLogLabel。

1. HiLogLabel 类

HiLogLabel 即 HiLog 标签，其构造方法签名为 public HiLogLabel（int type, int domain, String tag），其中包含了 3 个参数，其具体的功能如下：

（1）type 参数：通过常量定义 HiLogLabel 的级别，包含严重错误（HiLog. FATAL）、错误（HiLog. ERROR）、警告（HiLog. WARN）、调试（HiLog. DEBug）、信息（HiLog. INFO）、日志（HiLog. LOG_APP）等 6 个级别。

（2）domain 参数：定义 HiLogLabel 的服务域（Service Domain），相似的输出使用相似的服务域。范围从 0x0 到 0xFFFFF。前 3 位通常为子系统（SubSystem）名称，后 2 位通常为模块（Module）名称。例如，可以用 0x00102 表示第 001 子系统的第 02 模块的服务域。

（3）tag 参数：定义 HiLog 标签的名称。

domain 和 tag 参数会随着 HiLog 的输出方法显示在控制台中，开发者通过这两个参数可以判断该 HiLog 信息的来源（所属的服务域和模块）。

在具体的使用中，由于 HiLogLabel 对象通常会被 HiLog 类的方法多次复用，因此最好通过 static final 标识符将其定义为静态对象。

2. HiLog 类

HiLog 类用于直接定义在控制台上输出字符串。HiLog 类包含了 debug、info、warn、error、fatal 等 5 个主要的静态调试方法,分别用于输出调试信息、一般信息、警告信息、错误信息和严重错误信息。

接下来分析一下这几种方法的参数。例如,debug 方法的签名为 debug(HiLogLabel label, String format, Object... args),其余 4 个调试方法的参数与其一致。其中,label 参数用于传入 HiLogLabel 对象;format 和 args 参数用于传入格式化字符串。

例如,在 MainAbility.java 文件中,通过一个 HiLogLabel 对象和 HiLog 的 info 方法即可在 HiLog 工具窗体中进行文本输出,代码如下(加粗字体为新增代码):

```
//chapter2/HelloWorld/entry/src/main/java/com/example/helloworld/MainAbility.java
public class MainAbility extends Ability {
    //定义 HiLogLabel 静态对象
    static final HiLogLabel loglabel = new HiLogLabel(HiLog.LOG_APP, 0x00101, "测试");

    @Override
    public void onStart(Intent intent) {
        super.onStart(intent);
        super.setMainRoute(MainAbilitySlice.class.getName());
        //通过 HiLog 的 info 静态方法输出"您好,HiLog!"字符串
        HiLog.info(loglabel, "您好,HiLog!");
    }
}
```

编译并运行程序,便可以在 HiLog 工具窗体中查看相应的文本输出,如图 2-41 所示。

图 2-41　HiLog 输出文本

在这条输出文本中,com. example. customtimer 代表了输出该文本的应用程序包名;I 表示了 HiLog 级别为一般信息(Info);"00101/测试"代表了该 HiLog 所对应的服务域和标签名称。

另外,在 HiLog 工具窗体的上方可以通过选择设备、选择应用程序、选择级别和输出关键词的方式搜索及查找 HiLog 输出文本。

3．HiLog 的格式化输出

在 HiLog 中,不仅可以实现文本的格式化输出,还可以实现变量的私有输出和公有输出。私有输出的变量只有在调试模式下才会输出变量值。在格式化输出符号中加入｛private｝或｛public｝可分别用于定义变量的私有输出和公有输出。例如,可以在％s 中加入｛public｝(即％｛private｝s)以便输出一个公有的字符串。接下来,在 MainAbility 类的 onStart 方法中添加以下代码:

```
HiLog. warn(loglabel, "Failed to visit % {private}s, reason:% {public}d.", "https://www.
baidu.com", 404);
```

重新编译并运行程序,就可以在 HiLog 工具窗体中查看以下输出:

```
11 - 08 17:19:19.150 20697 - 20697/com.example.helloworld W 00101/测试: Failed to visit
<private>, reason:404.
```

可见,通过｛private｝定义的私有输出会以< private >字符串隐藏其具体的变量值。

注意:DevEco Studio 中内置了 Logcat 工具,也可以用于调试输出。例如,可以在 Logcat 工具窗体中查看程序中 System.out.println 方法的输出。

2.3.3　可视化调试变量工具 X-Ray

HiLog 不仅可以帮助开发者判断代码的执行位置,而且可以在控制台中查看输出的变量数据。事实上,HiLog 已经可以帮助开发者完成绝大多数的调试工作了,但是,当我们需要分析一个变量的变化情况时,或者被观察的变量本身又是及其复杂的对象(或对象集合),那么 HiLog 输出的字符串从表达上就显得略微苍白了。

为了能更加直观地展示变量数据,DevEco Studio 搭载了非常亲民易用的调试工具 X-Ray Debugger(以下简称 X-Ray)。X-Ray 的主要功能如下:

- 以表格、JSON 等直观形式表达变量内容。
- 折线图、柱状图等直观形式展现变量在程序执行过程中的变化情况。

接下来,通过两个案例介绍 X-Ray 的具体使用方法。

1．通过 X-Ray 直观展示数据

X-Ray 支持的数据类型包括 Java 基本数据类型(及其包装类)及各种实例变量。当然,在展示实例变量时,需要开发者复写 toString()方法,并输出需要展示的数据内容。

X-Ray 展示数据的形式包括字符(Plain)、折线图(Line)、柱状图(Bar)、表格(Table)共 4 种形式。其中,折线图和柱状图仅支持数值类型(Byte、int、float、double 等)及包含数值类型的有序数据结构(List、Vector 等)。

X-Ray 直观展示数据的方法如下:

(1) 定位需要调试的代码,并添加断点。为了演示方便,这里创建了一段示例代码,代码如下:

```
//chapter2/HelloWorld/entry/src/main/java/com/example/helloworld/MainAbility.java
//整型数组
int[] intArray = {1,2,3,2,3,4,3,4,5};
String strOutput = "";
for (int value : intArray) {
    strOutput += " " + value;
}
HiLog.info(loglabel, "Integer Array:" + strOutput);

//HashMap 键值对数据
Map personInformation = new HashMap();
personInformation.put("name", "David");
personInformation.put("age", "26");
personInformation.put("sex", "male");
personInformation.put("height", "175cm");
HiLog.info(loglabel, "HashMap: " + personInformation.toString());         //可在此处添加断点
```

在这段代码中,创建并初始化了一个整型数组和一个 HashMap 对象,并且通过 HiLog 进行了控制台输出。当直接运行这段代码时,HiLog 控制台的输出如下:

```
32206 - 32206/? I 00101/测试: Integer Array: 1 2 3 2 3 4 3 4 5
32206 - 32206/? I 00101/测试: HashMap: {sex = male, name = David, age = 26, height = 175cm}
```

可以发现,以这种方式进行变量输出并不直观。尤其是对于 intArray 整型数组,甚至动用了循环语句进行变量输出。

在初始化这些变量的后方(可以在最后一个语句上)添加调试断点,编译并调试到这个断点上,接下来学习一下 X-Ray 是如何显示这些数据的。

(2)在 DevEco Studio 的菜单栏中选择 Tools→X-Ray Debugger 菜单,打开 X-Ray Debugger 工具窗体,如图 2-42 所示。

在这个窗体中,Enter variable 文本框用于添加需要观察的变量名称;Observed Variables 文本框用于选择需要观察的变量。Current Value 和 Value Changes 选项卡分别用于观察变量和观察变量的变化情况。

(3)在 Enter variable 文本框中,输入变量名称 intArray 并单击其右侧的【＋】按钮,此时即可在 Current Value 选项卡中出

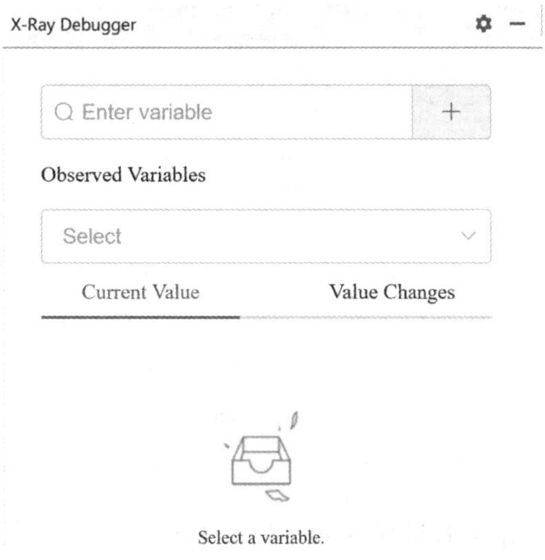

图 2-42　X-Ray Debugger 工具窗体

现这个变量的各种表达形式（记得一定要先将程序运行至上述代码后方的某个断点），如图 2-43 所示。

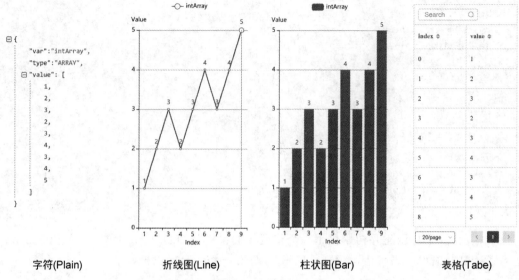

字符(Plain)　　　折线图(Line)　　　柱状图(Bar)　　　表格(Tabe)

图 2-43　数值类型及包含数值类型的有序数据结构的数据表达形式

类似地，还可以通过这种方式查看 personInformation 变量的各种表达形式。不过，personInformation 变量并不适用于折线图和柱状图，如图 2-44 所示。

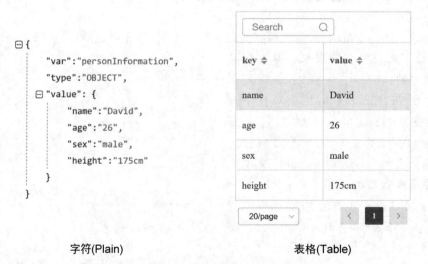

字符(Plain)　　　　　　表格(Table)

图 2-44　HashMap 数据表达形式

除了直接在 X-Ray Debugger 工具窗体中输入变量名称以外，还可以在 Debug 工具窗体或代码编辑窗体中直接选中变量，并在其右击菜单中选择 Add to Visual Watches 菜单即可快速地将变量添加到 X-Ray Debugger 工具窗体中用于观察数据，如图 2-45 所示。

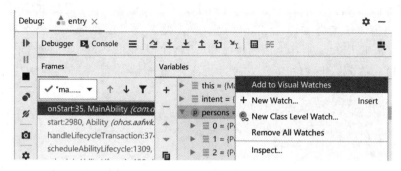

图 2-45　Add to Visual Watches 菜单

2. 通过 X-Ray 直观展示数据变化情况

在调试程序的过程中,开发者许多时候非常在意一个变量的变化过程。X-Ray 可以将变量值按照先后显示在折线图中。为了能够体现这一特征,这里准备了与线性相关的两个变量 i 和 j,代码如下:

```
//chapter2/HelloWorld/entry/src/main/java/com/example/helloworld/MainAbility.java
for(int i = 0; i < 10; i++) {
    int j = i * 2;
    HiLog.info(loglabel, "i 的值为 %{public}d, j 的值为 %{public}d.", i, j); //在此处添加断点
}
```

在这段代码中,每次循环后,变量 i 都会自增 1,且变量 j 是变量 i 的 2 倍。直接运行这段代码,HiLog 工具窗体会输出以下内容:

```
1849 - 1849/? I 00101/测试: i 的值为 0, j 的值为 0.
1849 - 1849/? I 00101/测试: i 的值为 1, j 的值为 2.
1849 - 1849/? I 00101/测试: i 的值为 2, j 的值为 4.
......
1849 - 1849/? I 00101/测试: i 的值为 7, j 的值为 14.
1849 - 1849/? I 00101/测试: i 的值为 8, j 的值为 16.
1849 - 1849/? I 00101/测试: i 的值为 9, j 的值为 18.
```

如果能将这两个变量通过 X-Ray 绘制在折线图上就太方便了。方法如下:

(1) 在上述代码的加粗位置加上断点,编译并调试该程序,运行至该断点处,如图 2-46 所示。

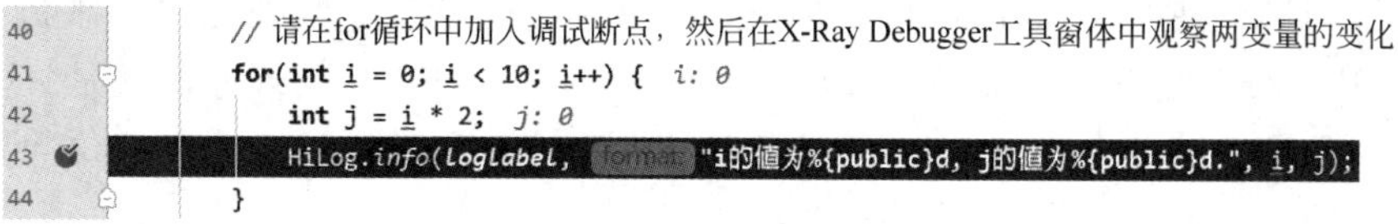

```
40        // 请在for循环中加入调试断点,然后在X-Ray Debugger工具窗体中观察两变量的变化
41        for(int i = 0; i < 10; i++) {  i: 0
42            int j = i * 2;  j: 0
43            HiLog.info(loglabel, Format: "i的值为%{public}d, j的值为%{public}d.", i, j);
44        }
```

图 2-46　进入调试断点位置

（2）在菜单栏中打开 Tools→X-Ray Debugger 工具窗体，添加需要观察的变量 i 和变量 j。然后，将窗体切换为 Value Changes 选项卡，此时便可以在折线图中查看当前的 i 值和 j 值。多次按下 Debug 工具窗体的▐▶按钮，当每次循环进入该断点时就会在折线图中记录一次 i 值和 j 值，如图 2-47 所示。通过折线图就能够非常清晰地判别变量的变化情况了。

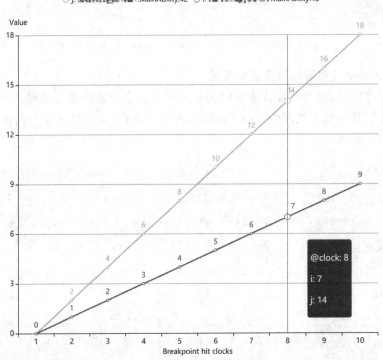

图 2-47　利用 X-Ray 展示变量的变化情况

2.3.4　遇到应用程序闪退怎么办

应用程序异常退出即通常我们口头上所说的"闪退"，是困扰开发者的重要问题。当出现这种问题时没有任何提示说明，往往弄得开发者一头雾水，心惊胆战。

实际上，闪退情况的出现通常是由于 Java 代码出现了异常（Exception），但是没有通过 try-catch 语句进行捕获和处理，结果就是被运行时系统的默认异常处理程序捕获了这个异常。然后，这个异常处理程序非常"懒政"，所有异常到了它这里，处理办法就是打印异常发生处的堆栈轨迹并且终止程序，因此，可以通过查看被打印的堆栈轨迹来定位问题出现的位置。

这里构建一个简单的空指针异常(NullPointerException),代码如下:

```
String testString = null;
testString.trim();
```

在这个代码中,testString 变量虽然被声明但是没有被实例化,而在随后的代码中却调用了 testString 的 trim()方法。此时,由于 testString 变量的指针为空,因此会抛出 NullPointerException 异常。当运行到这段代码时,程序会立刻退出,出现"闪退"现象。

不过,这个时候不要慌张,可以打开 DevEco Studio 的 Run 工具窗体,在这里打印 NullPointerException 出现时的堆栈轨迹,如图 2-48 所示。

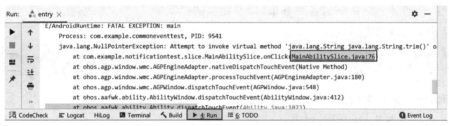

图 2-48　出现异常的堆栈记录

此时,通过单击堆栈记录中的 MainAbilitySlice.java:76 超链接(根据出现位置的不同而不同)即可在代码编辑窗口中定位异常出现的位置。开发者可以根据具体问题来排查和解决异常。

例如,如果对上述代码加入 try-catch 语句,则抛出的异常会立刻被捕获并进行处理,这样应用程序就不会出现闪退现象了,代码如下:

```
try {
    String testString = null;
    testString.trim();
}catch (Exception e) {
    HiLog.fatal(logLable, "严重错误:字符串对象为空!");
}
```

因此,良好的编程习惯是非常重要的,在有可能出现异常的代码中加入 try-catch 语句,以防止在应用程序发布后出现严重 Bug 给用户带来不良体验。

2.3.5　通过 hdc 命令管理鸿蒙设备

HDC(HarmonyOS Device Connector)是连接 DevEco Studio 和被调试鸿蒙设备之间的桥梁。事实上,DevEco Studio 编译、运行和调试应用程序都是通过 HDC 执行的。默认情况下,HDC 会被自动下载到鸿蒙 SDK 的工具链目录中。在 Windows 系统中,HDC 的默认位置为 C:\Users\<用户名>\AppData\Local\Huawei\Sdk\toolchains(将"<用户名>"替换为实际的用户名)。读者可以将这个目录放到系统的 Path 变量中,以便随时随地地使用 hdc 命令。

注意：hdc 类似于 Android 中的 adb，其用法也是非常类似的。实际上，鸿蒙操作系统目前是兼容 adb 的，因此也可以使用 adb 命令在鸿蒙设备上传输相关数据。例如，与 Android 设备一样，可以用 scrcpy 软件将鸿蒙设备的屏幕界面投影到计算机上。

在应用程序开发中，hdc 非常实用，可以用于文件管理、应用安装等功能。本节介绍 hdc 的一些常用的命令。

1. 最常用的命令

（1）获取 hdc 命令的帮助信息：

```
hdc help
```

此时，会回显 hdc 命令的各种参数，以及相关的说明。

（2）获取 hdc 的版本号：

```
hdc version
```

此时，会回显版本信息，例如 HDC version 1.0.7。

（3）获取当前连接的设备列表：

```
hdc list targets
```

此时，会回显连接设备的设备名称的序列号（SN）。如果是远程虚拟机，则会显示 127.0.0.1:18888。例如，当连接 1 个真机和 1 个远程虚拟机时会回显以下信息：

```
BHT0119B27000410      device
127.0.0.1:18888       device
```

其中，BHT0119B27000410 是真机的序列号。鸿蒙设备的序列号（SN）可以在电话拨号界面中输入 * ♯06♯ 进行查询。

（4）回显 HiLog 信息：

```
hdc hilog
```

此时，命令行会持续回显 HiLog 信息，直至用户终止 hdc 程序。

（5）重置 hdc，并重新连接设备：

```
hdc reset
```

2. 文件的上传和下载

将本地文件上传到鸿蒙设备上的命令为

```
hdc file send LOCAL... REMOTE
```

例如,将桌面上的 myapplication.hap 复制到手机的 sdcard 目录中的典型命令为("<用户名>"设置为真实的 Windows 用户名):

```
hdc file send C:/Users/<用户名>/Desktop/myapplication.hap /sdcard/myapplication.hap
```

出现以下回显则说明传输成功:

```
C:/Users/<用户名>/Desktop/myapplication.hap: 1 file pushed. 4.8 MB/s (102297 Bytes in 0.021s)
```

注意:sdcard 目录并不一定具有真实的 SD 卡,而是一个用于存储用户数据的空间。当将鸿蒙设备连接到计算机时,并将 USB 连接类型选择"传输文件",那么此时从计算机的角度上看,该设备的根目录实际上就是这个 sdcard 目录。

将鸿蒙设备上的文件下载到本机的命令为

```
hdc file recv REMOTE... LOCAL
```

例如,将鸿蒙设备 sdcard 目录中的 beauty.png 复制到 Windows 桌面的命令为("<用户名>"设置为真实的 Windows 用户名):

```
hdc file recv /sdcard/beauty.png C:/Users/<用户名>/Desktop/beauty.png
```

出现以下回显则说明传输成功:

```
/sdcard/beauty.png: 1 file pulled. 9.4 MB/s (102297 Bytes in 0.010s)
```

3. 安装/卸载应用程序

安装应用程序的命令为

```
hdc app install [ - r - d - g] PACKAGE
```

该命令中有 3 个可选选项:-r 表示可替换已经存在的应用程序;-d 表示运行版本降级;-g 表示允许全部权限。

例如,安装 sdcard 目录下的 application.app 应用程序,那么可以执行命令如下:

```
hdc app install - r /sdcard/application.app
```

卸载应用也非常简单,命令如下:

```
hdc app uninstall [ - k] PACKAGE
```

其中,-k 为可选选项,该选项出现时表示不删除用户数据。

例如,删除 BundleName 为 com.example.helloworld 的应用程序的命令为

```
hdc app uninstall com.example.helloworld
```

4. 远程执行 shell

鸿蒙操作系统拥有自身的 shell 命令。通过以下命令可进入鸿蒙操作系统的 shell：

```
hdc shell
```

此时，会出现远程 shell 的命令提示符：

```
HWANA:/ #
```

在该远程 shell 中可以完成很多工作。最常用的 shell 命令莫过于 am 和 pm 了。am 即 Ability Manager，用于启动、停止 Ability 等功能。pm 即 Package Manager，用于管理应用程序包，例如安装、卸载等功能。

如果希望退出 shell，则直接输入 exit 并回车即可。

当然，shell 命令也可以独立执行。例如，停止 BundleName 为 com.example.helloworld 的应用程序的命令为

```
hdc shell am force - stop com.example.helloworld
```

卸载 BundleName 为 com.example.helloworld 的应用程序的命令为

```
hdc shell bm uninstall com.example.helloworld
```

2.4 本章小结

本章创建了第一个鸿蒙应用程序，分析了其工程目录结构和配置选项，并介绍了鸿蒙应用程序的运行和调试方法。相信读者对鸿蒙应用程序的开发有了基本的了解，并完成了运行调试整个流程的操作。

当然，面对眼花缭乱的 DevEco Studio 及新鲜的概念，读者并不一定明白其中的每个细节。不过，对于具有 Android 开发经验的读者来讲，这些操作与 Android 应用程序开发非常类似，但是其软件性能有了明显的提高。但是，对于大多数的读者，一定还存在许多问题：开发一个 Ability 的流程是怎样的？如何设计 UI 界面？这些问题留到后面的章节中解决。继续努力学习吧！加油！

第 3 章

拥有用户界面的 Feature Ability

在众多类型的 Ability 中,Feature Ability(FA)是最为核心的。这是因为只有 FA 才可以拥有用户界面,是实实在在可以被用户视觉所感知的。对于许多简单的用户需求来讲,只通过 FA 就可以构建出一个鸿蒙应用程序了,因此,学习 FA 是学习鸿蒙应用程序开发的第一步。

本章将在介绍 FA、Page、AbilitySlice 等基本概念的基础上,详细分析 Page、AbilitySlice 的具体使用方法,包括用户界面的构建、生命周期回调、Page 的基本选项、用户界面的跳转、工程资源的使用等。这些内容非常重要,属于鸿蒙应用程序开发中必备的基础知识。通过本章的学习,读者应该可以开发出一个具有简单用户界面的鸿蒙应用程序了,希望大家能够学有所获。

3.1　Page 和 AbilitySlice

38min

FA 只包含 Page Ability(以下简称 Page)这一类模板,因此,从目前来讲 FA 和 Page 没有什么概念上的差异,FA 就是 Page,Page 就是 FA。在本章中,统一使用 Page 来指代 FA。

本节首先介绍 AbilitySlice 的基本概念、Page 与 AbilitySlice 之间的关系及用户界面的两个必备要素:组件和布局。然后,介绍 AbilitySlice 如何承载用户界面,并通过 XML 文件和 Java 代码两种基本方式构建简单的用户界面。最后,介绍像素、虚拟像素和字体像素的相关概念,用以定义组件和文字的大小。

3.1.1　Page 的好伙伴 AbilitySlice

1. AbiltySlice 是用户界面的直接承载者

1 个 Page 可以包含 1 个或 1 组与功能相关的用户界面,其中每个独立的用户界面都被 1 个 AbilitySlice 所管理,Page 与 AbilitySlice 的关系如图 3-1 所示。虽然在 Page 中能够直接进行用户界面编程,但是一般情况下 AbilitySlice 才是用户界面的直接承载者。建议将与功能相关或相似的 AbilitySlice 由统一的 Page 对象进行管理。例如,当我们需要设计一个视频的播放功能时,可以将一个 AbilitySlice 设计为播放界面,将另一个 AbilitySlice 设计为视频的评论界面,而这两个 AbilitySlice 均由同一个 Ability 进行管理。

注意:这里的 AbilitySlice 的概念和 Android 中的 Fragment 颇有些相似,但是,目前 1 个 Page 上只能显示 1 个 AbilitySlice,而 Android 中的 Activity 能够同时承载并显示多个 Fragment。

在通过 DevEco Studio 创建 Empty Feature Ability(Java)类型的鸿蒙应用程序工程时,默认会自动创建 1 个 Page 及与此关联的 1 个 AbilitySlice。在第 2 章所创建的 HelloWorld 工程中,自动创建的 MainAbility 类就是一个典型的 Page。除此之外,在 com. example. helloworld. slice 包中还自动创建了 1 个 MainAbilitySlice 类,而这个类就是 1 个 AbilitySlice。MainAbility 和 MainAbilitySlice 类文件的所在位置如图 3-2 所示。

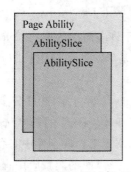

图 3-1 Feature Ability(FA)与 AbilitySlice 的关系

图 3-2 MainAbility 和 MainAbilitySlice 类 文件所在位置

总结一下,使用 AbilitySlice 时开发者需要时刻注意以下 3 个核心要点:

(1) 虽然 Page 也能够承载用户界面,但是仍然建议开发者使用 AbilitySlice。

(2) 被同一个 Page 管理的 AbilitySlice 需要具有高度相关性。

(3) 在一个应用程序运行的过程中,同一时刻有且只能有一个 AbilitySlice 处于前台状态。

2. AbilitySlice 主路由

AbilibySlice 之间的跳转关系被称为 AbilitySlice 路由。其中,打开 Page 时默认启动的 AbilitySlice 称为该 Page 的 AbilitySlice 主路由(Main Route)。关于 Page 和 Ability 的跳转将在 3.3 节中进行详细介绍,这里仅介绍 AbilitySlice 的主路由设置方法。

大家回顾一下 MainAbility 的代码,其中只包含了一个 onStart 方法。这个 onStart 方法是每次加载 MainAbility 时所必须调用(且只调用一次)的生命周期方法。关于生命周期方法将会在 3.1.3 节中进行详细介绍,这里只需知道 onStart 方法是 MainAbility 的"入口"方法。

在该方法中,调用了父类的 setMainRoute 方法,即为 AbilitySlice 的主路由设置方法,用于定义该 Page 默认启动的 AbilitySlice,代码如下:

```
super.setMainRoute(MainAbilitySlice.class.getName());
```

这种方法需要传递一个参数,即目标 AbilitySlice 的全类名字符串(即包名＋类名字符串)。AbilitySlice 类的全类名字符串可以通过其 class 对象的 getName()方法获得。

MainAbilitySlice 的全类名字符串为 com. example. helloworld. slice. MainAbilitySlice。通过将该字符串传递到 setMainRoute 方法用于指定 MainAbility 的 AbilitySlice 主路由为 MainAbilitySlice。此时,启动 MainAbility 时就会默认启动 MainAbilitySlice。

3.1.2 初探布局和组件

构建用户界面(User Interface,UI)是 Page 的基本任务之一。优秀的 UI 是成就一个应用程序的关键因素之一。不过,再优秀的 UI 也是由一个个"零件"所组成的。这些"零件"被称为组件,包括文本、按钮等。有了这些组件还不够,还需要通过一定的规则将这些组件排列组合在一起。这样的规则被称为布局。UI 设计不过就是在"摆弄"这些组件和布局。如果说组件是优美的旋律,布局是悠扬的节奏,内容是动听的歌声,那么这三者组合在一起就能够谱写美妙的乐章了。

布局和组件是一个用户界面的必备要素,前者是骨架,后者为血肉。

(1) 组件(Component):是指具有某一特定显示、交互或布局功能的可视化物件,分为显示类组件、交互类组件和布局类组件,所有的组件都继承于基类 Component。

(2) 布局(Layout):即布局类组件,也被称为组件容器,所有的布局继承于基类 ComponentContainer。

注意:由于布局类组件属于组件,因此 ComponentContainer 也继承于 Component。

布局之间可以嵌套,即布局之中还可以包含布局,且处于最为顶层的布局称为根布局。组件不能嵌套,并且必须放入布局中才能够显示在用户界面中,不能够单独显示。典型的布局与组件关系如图 3-3 所示。

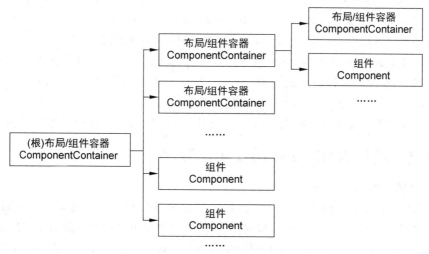

图 3-3 布局(ComponentContainer)和组件(Component)之间的关系

AbilitySlice 是用户界面的直接承载者，因此，接下来分析一下 MainAbilitySlice 类的默认创建代码，并介绍 MainAbilitySlice 是如何构建和加载用户界面的，代码如下：

```
//chapter3/LayoutXML/entry/src/main/java/com/example/layoutxml/slice/MainAblilitySlice.java
public class MainAbilitySlice extends AbilitySlice {
    @Override
    public void onStart(Intent intent) {
        super.onStart(intent);
        super.setUIContent(ResourceTable.Layout_ability_main);
    }

    @Override
    public void onActive() {
        super.onActive();
    }

    @Override
    public void onForeground(Intent intent) {
        super.onForeground(intent);
    }
}
```

MainAbilitySlice 类继承于 AbilitySlice 类，包含了 onStart、onActive 和 onForeground 方法，这 3 种方法都是生命周期方法。关于这些生命周期方法将在 3.2.1 节进行详细介绍。

在 onStart 方法中，通过 setUIContent 方法设置该 MainAbilitySlice 的 UI 界面。setUIContent 方法存在两种重载方法：

- setUIContent(int layoutRes)
- setUIContent(ComponentContainer componentContainer)

这两种重载方法对应了鸿蒙操作系统中的两种用户界面构建方法：通过 XML 文件构建用户界面和通过 Java 代码构建用户界面。通过 XML 代码可以以对象的方式声明布局和组件，可以显示布局和组件的层级结构，更加直观。通过 Java 代码可以直接在 AbilitySlice 中添加布局和组件，是最原始且运行效率最高的方法。

在 3.1.3 节和 3.1.4 节中将分别介绍用 XML 文件和 Java 代码设计用户界面的方法。

3.1.3 通过 XML 文件构建用户界面

1. 一个简单的 XML 布局文件

通过 XML 文件可以构建一个完整的用户界面，这个 XML 文件通常被称为布局文件。布局文件也属于应用资源的一类（详情可参见 3.4.1 节的相关内容），默认在 HAP 目录的 /src/main/resources/base/layout 中。例如，在 HelloWorld 工程中 MainAbilitySlice 的默认布局文件为 ability_main.xml，如图 3-4 所示。

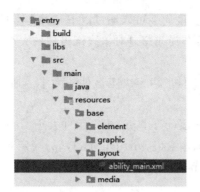

图 3-4　布局文件 ability_main.xml

接下来，让我们仔细看一看 ability_main.xml 文件，代码如下：

```
//chapter3/LayoutXML/entry/src/main/resources/base/layout/ability_main.xml
<?xml version = "1.0" encoding = "utf - 8"?>
< DirectionalLayout
    xmlns:ohos = "http://schemas.huawei.com/res/ohos"
    ohos:height = "match_parent"
    ohos:width = "match_parent"
    ohos:orientation = "vertical">

    < Text
        ohos:id = " $ + id:text_helloworld"
        ohos:height = "match_parent"
        ohos:width = "match_content"
        ohos:background_element = " $ graphic:background_ability_main"
        ohos:layout_alignment = "horizontal_center"
        ohos:text = "Hello World"
        ohos:text_size = "50"
    />

</DirectionalLayout >
```

在上述代码中，根元素< DirectionalLayout >声明了一个定向布局。定向布局是将其内部的组件沿着一个方向（横向或纵向）依次排列的一种布局方式。这个定向布局处于根元素的位置，而根元素有一个重要的任务：定义命名空间，因此，该定向布局的 xmlns:ohos 属性定义了 ohos 的命名空间 http://schemas.huawei.com/res/ohos。在各种布局和组件中，都应当使用 ohos 命令空间所定义的属性。例如，< DirectionalLayout >定向布局包含以下 3 个属性：

（1）ohos:height：组件（或布局）的高度。

（2）ohos:width：组件（或布局）的宽度。

（3）ohos:orientation：定向布局的组件排列方向：vertical 表示纵向排列；horizontal 表示横向排列。

组件(或布局)的高度和宽度属性可以通过以下几种类型进行定义,如图 3-5 所示。

(1) match_parent:由父布局或窗口对象决定组件的大小。通常,这个组件会填充整个父布局或整个窗口的大小。

(2) match_content:由组件的内容决定组件的大小。通常,这个组件会刚好包含组件中的内容。

(3) 数值+px:通过像素值(pixel,px)规定组件大小。

(4) 数值+vp:通过虚拟像素值(virtual pixel,vp)规定组件大小。关于像素与虚拟像素的概念和关系将在 3.1.5 节进行详细探讨。

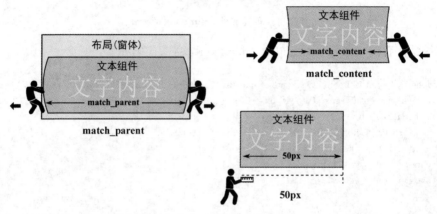

图 3-5   match_parent 与 match_content

在上面的定向布局中,由于< DirectionalLayout >是根元素,因此该布局为根布局,并且这个布局由应用程序的窗口对象管理。将定向布局的高度和宽度都设置为 match_parent 表示这个定向布局填充整个窗口对象。

注意:窗口对象由 ohos. agp. window. service. Window 类定义。每个应用程序都包括了单例的窗口对象。通常情况下,应用程序的窗口是固定且占满整个屏幕的,但是,当设备处在分屏模式或者悬浮窗模式时,窗口的大小就不是全屏大小了,甚至是可以移动的。窗口对象可以通过 Ability 或 AbilitySlice 的 getWindow()方法获取。

根元素< DirectionalLayout >包含了子元素< Text >,这说明这个定向布局包含了 1 个文本组件。在 MainAbilitySlice 中,窗口、定向布局和这个文本组件之间的关系如图 3-6 所示。

这个文本组件包含了以下属性:

- ohos:id: ID 属性,用于唯一性的标识组件。
- ohos:height:组件高度,match_parent 表示高度刚好填充整个父布局(定向布局)。
- ohos:width:组件宽度,match_content 表示宽度刚好包含文字内容。

图 3-6   窗口、定向布局和文本组件之间的关系

- ohos:background_element：背景元素。
- ohos:layout_alignment：布局对齐方式,horizontal_center 表示水平居中。
- ohos:text：文本内容,设置为 Hello World。
- ohos:text_size：文本大小,设置为 50px。

注意：如果读者查看过组件的说明文档,可以发现每个组件都含有包括 AttrSet 参数的构造方法。事实上,在应用程序运行时将 XML 布局中定义的组件转换为 Java 对象,而 AttrSet 参数用于接收 XML 定义组件时的各类属性。

文本组件的 ID 属性和背景要素都引用了工程的资源。资源通过资源引用字符串进行引用。通常,资源引用字符串的格式为 $type:name,其中 type 表示资源类型,name 表示资源名称。资源类型包括 ID 资源(id)、媒体资源(media)、布局资源(layout)、可绘制资源(graphic)等,其各类资源的详细说明详见 3.4 节。例如,在上面的文本组件中,背景元素属性为 $graphic:background_ability_main,说明引用了名为 background_ability_main 的可绘制资源。

这些资源都会在 ResourceTable 类中自动生成一个静态类型常量的唯一标识符。通过这些标识符就可以在 Java 代码中获取相应的资源对象了。

唯一不同的是,ID 资源需要在资源类型前加入"＋"用以在 ResourceTable 类中自动生成该 ID 资源的唯一标识符。例如,在上面的文本组件中,ID 属性为" $ ＋ id: text_helloworld",此时就会在 ResourceTable 类中自动生成唯一标识符 Id_text_helloworld 常量。在引用这个 ID 属性时,就不需要"＋"号了,使用" $id: text_helloworld"进行引用即可。

相应地,ability_main. xml 这个文件作为布局资源,也在 ResourceTable 类中生成了对应的常量 Layout_ability_main,因此,在 AbilitySlice 的 onStart 方法中,将这个常量作为参数传入 setUIContent(int layoutRes)重载方法中即可实现布局资源(也即用户界面)的加载,即

```
super.setUIContent(ResourceTable.Layout_ability_main);
```

注意：如果在编程中提示没有找到 ResourceTable 类错误,或者该类中没有生成 Layout_layout 常量错误,则可以在 Gradle 工具窗体中执行 entry→ Tasks→ ohos→ generateDebugResources 工具,此时可以重新生成 ResourceTable 类。

2. 创建一个新的 XML 布局文件

在 DevEco Studio 的 Project 工具窗体中,定位到 HAP 目录的/src/main/resources/base 中,然后在 base 目录上右击,在弹出的菜单中选择 New→Layout Resource File 菜单,弹出创建布局资源对话框,如图 3-7 所示。

在 File name 选项中输入需要创建的布局名称 layout；在 Layout Type 中选择布局的模板类型 DirectionalLayout,即定向布局。单击 Finish 按钮,DevEco Studio 会在 layout 目录中创建一个名为 layout. xml 的布局文件,并自动生成定向布局的基础代码,

图 3-7　创建布局资源文件

代码如下：

```
//chapter3/LayoutXML/entry/src/main/resources/base/layout/layout.xml
<?xml version = "1.0" encoding = "utf - 8"?>
< DirectionalLayout xmlns:ohos = "http://schemas. huawei. com/res/ohos"
                    ohos:width = "match_parent"
                    ohos:height = "match_parent"
                    ohos:orientation = "vertical">

</DirectionalLayout >
```

此时，开发者就可以根据需求和设计方案自定义布局中的内容了。由于这个布局文件属于应用资源，因此在 ResourceTable 类中会自动生成一个名为 Layout_layout 的标识符常量。在相应的 AbilitySlice 中，通过以下代码就可以使用该布局文件了。

```
//chapter3/LayoutXML/entry/src/main/java/com/example/layoutxml/slice/MainAbilitySlice.java
@Override
public void onStart(Intent intent) {
    super.onStart(intent);
    //super. setUIContent(ResourceTable. Layout_ability_main);
    //设置布局
    super. setUIContent(ResourceTable. Layout_layout);
}
```

3. 预览 XML 布局

通过 XML 文件构建用户界面有一个好处就是可以使用预览器（Previewer）实时预览用户界面的效果。

在代码编辑窗口中打开布局文件、Page 源代码文件或 AbilitySlice 源代码文件的情况下，在 DevEco Studio 菜单栏中选择 View→Tool Windows→Previewer 菜单即可打开 Previewer 工具窗体，如图 3-8 所示。此时，这个窗体中显示了当前 Page 或当前 AbilitySlice 的预览界面。

注意：通过这种方法也可以浏览 JS UI 中的 HML 界面。

在预览器的上方，有以下几个按钮和选项：

- ↻刷新（Refresh）：刷新当前预览界面。
- ☇热刷新（ChangeHot）：当打开该选项后，进行修改代码时会实时刷新预览界面。

-  多设备预览（Multi-device preview）：当打开该选项后，可以同时显示该布局在多个设备上的预览界面。
- ⊖缩小（Zoom Out）：缩小预览界面。
- ⊕放大（Zoom In）：放大预览界面。

另外，当单击预览界面下方的【…】按钮后，在弹出的Debugging下拉列表框中选中Screen coordinate system即可显示屏幕坐标系，便于分析各个组件的位置和大小是否符合设计规范。

3.1.4　通过Java代码构建用户界面

通过Java代码构建用户界面相对枯燥一些，主要分为3个步骤：

（1）创建布局，并设置其相关的属性。如果需要嵌套布局，可将被嵌套的子布局通过addComponent方法添加到父布局之中。

图3-8　通过预览器（Previewer）
预览XML布局文件

（2）创建组件，并通过布局的addComponent方法将组件添加到布局之中。

（3）通过setUIContent方法将UI内容设置为根布局对象。

为了能够对比XML文件和Java代码构建用户界面的区别，本节通过Java代码实现了与3.1.3节同样的用户界面，代码如下：

```
//chapter3/LayoutJava/entry/src/main/java/com/example/layoutjava/slice/MainAbilitySlice.java
public class MainAbilitySlice extends AbilitySlice {
@Override
    public void onStart(Intent intent) {
        super.onStart(intent);
        //super.setUIContent(ResourceTable.Layout_ability_main);

        //1.创建定向布局,并设置相关的属性
        //创建定向布局的布局配置对象
        ComponentContainer.LayoutConfig configForLayout = new ComponentContainer.LayoutConfig(
                ComponentContainer.LayoutConfig.MATCH_PARENT,        //宽度为match_parent
                ComponentContainer.LayoutConfig.MATCH_PARENT);       //高度为match_parent
        //创建定向布局对象,并传入布局配置
        DirectionalLayout layout = new DirectionalLayout(this);
        layout.setLayoutConfig(configForLayout);             //设置定向布局的布局配置选项
        layout.setOrientation(DirectionalLayout.VERTICAL);//设置定向布局的纵向排列方式

        //2.创建文本组件,并添加到定向布局中
```

```
        //创建文本组件的布局配置对象
        DirectionalLayout.LayoutConfig configForText = new DirectionalLayout.LayoutConfig(
                ComponentContainer.LayoutConfig.MATCH_CONTENT,     //宽度为 match_content
                ComponentContainer.LayoutConfig.MATCH_PARENT);     //高度为 match_parent
        configForText.alignment = LayoutAlignment.HORIZONTAL_CENTER;
                                                    //设置对齐方式为水平居中
        Text text = new Text(this);                 //创建文本组件
        text.setLayoutConfig(configForText);        //设置文本组件的布局配置选项
        text.setBackground(new ShapeElement(
                getContext(),
                ResourceTable.Graphic_background_ability_main)); //设置文本组件的背景
        text.setText("Hello World");                //设置文本内容为"Hello World"
        text.setTextSize(50);                       //设置文本大小为 50
        layout.addComponent(text);                  //将文本组件加入定向布局中

        //3. 将 UI 内容设置为定向布局
        super.setUIContent(layout);
    }
```

首先,创建了定向布局对象(DirectionalLayout 对象)layout。然后,定义了定向布局的配置选项,接着创建一个文本组件并加入定向布局中,最后设置 MainAbilitySlice 的 UI 内容为定向布局 layout 对象。

在这段代码中,需要开发者注意以下要点:

(1) 每个布局和组件都需要设置相应的布局配置对象(LayoutConfig)。通过 LayoutConfig 可用于设置组件的高度、宽度、外边距(Margin)等与所在布局强相关的属性。值得注意的是,不同类型的布局都定义了与其相关的 LayoutConfig 子类,继承于 ComponentContainer 中的 LayoutConfig 父类。在开发时,设置某个组件的 LayoutConfig 对象时,其 LayoutConfig 类型必须与其所在布局的类型相同,开发者一定不要混淆。例如,在上例中,文本组件对象 text 所在的父布局为定向布局(DirectionalLayout),因此这个组件所使用的 LayoutConfig 对象是通过 DirectionalLayout.LayoutConfig 类所定义的。

(2) 文本组件 text 的背景是通过 ShapeElement 定义的。ShapeElement 对象可以用于定义不同类型的形状元素。在上例中,通过 ResourceTable 中的 Graphic_background_ability_main 唯一标识符常量引用了相应的可绘制资源。关于可绘制资源可详见 3.4.1 节的相关内容。

(3) 使用 Text 组件时要注意包名。此处应使用 ohos.agp.components 包下的 Text 类,而不是 ohos.ai.cv.text 包下的 Text 类,一定不要混淆。

3.1.3 节和 3.1.4 节介绍的这两种用户界面的构建方法都非常实用。相对来讲,XML 文件更直观具体,而 Java 代码效率更高。在运行时,XML 文件定义的各种组件会被实时地转换为 Java 对象,然后渲染到屏幕窗口中,因此 XML 文件构建用户界面的效率相对较低,但是一般来讲用户很难感知这种性能影响。在实际开发中,通常会结合这两种方法来完成复杂的用户界面设计。

3.1.5 关于像素和虚拟像素的关系

在构建鸿蒙应用程序中,经常需要定义组件或字体的尺寸,而这些组件和字体最终会呈现在屏幕上,因此设计时需要考虑屏幕的尺寸和分辨率。开发者和设计师需要掌握一些关于像素的基本概念。

1. 像素与分辨率

无论设备屏幕显示技术采用的是 LCD(Liquid Crystal Display)还是 OLED(Organic Light-Emitting Diode),五彩缤纷的画面都是通过能够表达颜色的发光点阵实现的,这其中的每个点都是屏幕中能够显示的最小且不可分割的单元,称为物理像素,简称像素(pixel,px)。

在之前,消费者经常通过分辨率评判一个屏幕的优劣,而分辨率就是指屏幕在横向和纵向上像素的数量。例如,华为 P40 手机的屏幕分辨率为 2340×1080。这说明,华为 P40 的屏幕在纵向上最多排列了 2340 像素,在横向上最多排列了 1080 像素,而像素总数约为 2340 和 1080 的乘积,但是,目前绝大多数的手机和平板计算机采用了异形屏幕设计(例如,屏幕的 4 个角具有弧度、挖孔屏、刘海屏、水滴屏等),实际的像素要略少于分辨率的数值乘积。

长期以来,设计师和开发者经常以像素为单位设计组件的尺寸。例如,定义某个文本组件宽度为 300px,高度为 50px,那么可以直接在代码中指定其像素数值,代码如下:

```
< Text
    ohos:height = "48px"
    ohos:width = "300px"
    …
/>
```

如果不带单位,则默认的单位也是像素数值,代码如下:

```
< Text
    ohos:height = "48"
    ohos:width = "300"
    …
/>
```

这段代码的含义与上段代码相同。这个组件在屏幕中在横向上会占据 300 像素宽度,在纵向上会占据 48 像素高度,最终会以 300×48 像素展现这个组件。

2. 像素密度和虚拟像素

在过去的很长一段时间内,用户只要细心观察,就能够从屏幕上分辨出像素阵的存在,即存在"颗粒感"。事实上,导致屏幕颗粒感的主要因素并不是分辨率,而是像素密度。像素密度(Pixels Per Inch,PPI)是指屏幕上每英寸距离上的像素数量。

随着技术的进步,屏幕的像素密度正在不断升高,肉眼看上去也就越来越清晰。2010年苹果公司推出了视网膜屏幕(Retina Display),PPI达到了326。这样的屏幕在一定的视距上肉眼就完全感知不到"颗粒感"了。事实上,PPI在300以上,人眼在使用移动设备时就几乎无法感知像素的存在了。

各种设备的PPI差别很大。手机屏幕的PPI非常敏感,绝大多数的手机PPI大于300,例如华为P40手机的PPI达到了480。有些手机的PPI甚至超过了500。对于可穿戴设备来讲,受限于续航能力其PPI往往较低。对于车机和智慧屏来讲,由于其观看的视距较远,用户对于PPI的敏感度较低,因此通常其也就在300左右。

注意:还存在与PPI类似的概念:DPI。DPI(Dots Per Inch)通常是针对打印机等输出设备而言的,是指每英寸距离上的墨点数量,但是,有些开发者也将DPI的概念用在屏幕上,此时PPI与DPI所表达的意义是相同的。

设备的PPI不同会导致一个问题:同样像素大小的组件显示在不同PPI的屏幕上其大小也不同。如果两块屏幕的PPI相差一倍,则显示在这两块屏幕上的组件大小也会缩放一倍,如图3-9所示。

图3-9 通过像素(单位:px)定义组件大小会在不同PPI屏幕上呈现出不同的效果

这显然不是开发者和用户所希望的。为了解决这个问题,这里引出了一个新的概念:虚拟像素。

虚拟像素(virtual pixel,vp)是指与设备屏幕PPI无关的抽象像素。通过虚拟像素定义的组件,在不同PPI屏幕上显示时其实际的显示大小是相同的。那么这是怎样实现的呢?首先,定义在160PPI屏幕密度设备上,一个虚拟像素约等于一个物理像素。由此,在其他PPI设备上通过以下公式将虚拟像素的大小实时转换为物理像素的大小即可:

$$物理像素(px)=虚拟像素(vp)×屏幕密度(PPI)/160$$

例如,30vp在华为P40(PPI为480)上的物理像素大小约为$30×480/160=90(px)$,而在PPI为320的设备上的物理像素约为$30×320/160=60(px)$。由此可见,以vp为单位定义的长度在高PPI设备上的实际物理像素大小要高于低PPI设备上的实际物理像素大小,并且成正比例关系。最终,以vp为单位的长度与屏幕密度无关,在不同屏幕上所显示出的物理长度是相同的。

再如,定义某个文本组件宽度为100vp,高度为16vp,代码如下:

```
< Text
    ohos:height = "16vp"
    ohos:width = "100vp"
    …
/>
```

这个文本组件在160PPI和320PPI的屏幕上的显示效果趋于一致,唯一不同的是后者屏幕上显示的文字会更加清晰,如图3-10所示。

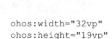

分辨率:32×19
160PPI

160PPI屏幕上组件1像素
所代表的内容约等于
320PPI屏幕上组件4像素
所代表的内容

ohos:width="32vp"
ohos:height="19vp"

分辨率:64×38
320PPI

图3-10 通过虚拟像素(单位:vp)定义组件大小会在不同PPI屏幕上呈现出类似的效果

3. 字体像素

字体像素(font-size pixel,fp)的概念与虚拟像素类似,定义如下:

$$物理像素(px)=字体像素(fp)×屏幕密度(PPI)/160$$

但是,字体像素通常应用在文本的字号上。例如,可以通过 text_size 属性定义文本的字号为16fp,代码如下:

```
< Text
    ohos:text_size = "16fp"
    …
/>
```

这个组件中的文本内容在屏幕的纵向上占据了16个字体像素长度。通过上面的公式可以换算出在480PPI的设备(例如华为P40手机)上,其实际的物理像素长度约为16×480/160=48(px),因此,以下代码的显示效果与上面的代码相同:

```
< Text
    ohos:text_size = "48px"
    …
/>
```

这个组件中的文本内容在屏幕的纵向上占据了48个像素长度。

使用字体像素还有一个优势,应用程序中的字体大小可以跟随系统显示大小。用户可以在鸿蒙操作系统的【设置】→【显示与亮度】→【字体与显示大小】→【显示大小】选项中改变应用程序中由字体像素定义的字体大小。

4. 像素和虚拟像素之间的转换

在 Java 代码中,通过布局配置(LayoutConfig)对象设置组件的宽度和高度时,所传入的数值为物理像素。如果开发者希望设置虚拟像素,那么就涉及像素转换问题了。

为了可以使用虚拟像素(字体像素)与物理像素之间的计算公式,首先需要通过 Java 代码获得当前设备的屏幕密度(PPI),代码如下:

```
int ppi = getContext().getResourceManager().getDeviceCapability().screenDensity;
```

然后,就可以实现将虚拟像素和字体像素转换为物理像素了,代码如下:

```
//chapter3/ScreenPixel/entry/src/main/java/com/example/screenpixel/slice/MainAbilitySlice.java
/**
 * 将虚拟像素(字体像素)转换为物理像素
 * @param value 虚拟像素或字体像素
 * @param context 上下文对象
 * @return 物理像素
 */
public static int toPixels(int value, Context context) {
    return value * context.getResourceManager().getDeviceCapability().screenDensity / 160;
}
```

随后,就可以应用 toPixels 方法为组件设置以虚拟像素(vp)为单位的高度和宽度,以及以字体像素(fp)为单位的字号了,代码如下:

```
//chapter3/ScreenPixel/entry/src/main/java/com/example/screenpixel/slice/MainAbilitySlice.java
Text text = new Text(this);
DirectionalLayout.LayoutConfig configForText = new DirectionalLayout.LayoutConfig(
        toPixels(100, getContext()),             //设置宽度为100vp
        toPixels(16, getContext()));             //设置高度为16vp
text.setLayoutConfig(configForText);             //设置文本组件的布局配置
text.setTextSize(toPixels(16, getContext()));    //设置文本大小为16fp
```

5. 获取设备屏幕的宽度和高度

有时,为了能够更加精准地布局组件,需要获取设备屏幕的宽度和高度,代码如下:

```
//chapter3/ScreenPixel/entry/src/main/java/com/example/screenpixel/MainAbility.java
HiLog.info(loglabel, "设备宽度 : " + getResourceManager().getDeviceCapability().width);
HiLog.info(loglabel, "设备高度 : " + getResourceManager().getDeviceCapability().height);
```

需要注意的是,通过这种方法获取的设备屏幕的宽度和高度单位为虚拟像素单位。

3.2 Page 的生命周期和配置选项

本节介绍 Page 和 AbilitySlice 的生命周期及 Page 的一些常用的属性设置,并详细介绍当设备屏幕改变时开发者所需要注意的问题。

▶ 45min

3.2.1 Page 与 AbilitySlice 的生命周期

1. 什么是生命周期

任何事物都有其产生、发展和灭亡的过程。Page 和 AbilitySlice 也不例外。以 Page 为例，用户可以启动一个 Page，也可以关闭一个 Page。被打开的 Page 可能会被另一个 Page 全部或部分遮挡，此时被遮挡的 Page 就不能响应 UI 事件。当用户进入桌面时，被打开的应用程序的 Page 会进入后台。总之，一个 Page 被启动后可能会被用户各种"折腾"，并最终被关闭。从一个 Page(AbilitySlice)启动到关闭的全部过程就是一个 Page(AbilitySlice)的生命周期(Lifecycle)。由于 Page 和 AbilitySlice 都具有承载用户界面的功能，并且其生命周期的方法非常类似，因此下文一并进行介绍。

Page(AbilitySlice)包括 4 种生命周期状态：

(1) 初始态(INITAL)：当 Page(AbilitySlice)还没有被启动时，以及 Page 被关闭后就会处于初始态。

(2) 非活跃态(INACTIVE)是指 Page(AbilitySlice)已经启动，但是此时可能因为被对话框遮挡一部分界面等情况，无法进行用户交互，此时为非活跃态。

(3) 活跃态(ACTIVE)是指在 Page(AbilitySlice)处于界面的最前台，正在与用户进行交互，此时为活跃态。

(4) 后台态(BACKGROUND)是指 Page(AbilitySlice)完全不可见的状态。此时，可能被其他的 Page(AbilitySlice)完全遮挡，或者应用程序已经进入后台(用户按下 Home 键进入桌面或者正在熄屏)。

当生命周期状态被切换时，系统会回调到生命周期方法中以便处理一些必要的事务。例如，当 AbiltySlice 从初始态切换到非活跃态时，需要进行 UI 界面的初始化；当 AbilitySlice 进入后台态时，如果此时正在播放视频，可能需要将视频暂停。准确地应用生命周期方法进行界面和业务逻辑的控制有助于提高应用程序的设计感、稳健性和流畅性。

Page(AbilitySlice)的生命周期方法如下：

(1) onStart(Intent intent)：当 Page(AbilitySlice)从初始态进入非活跃态时，即启动 Page(AbilitySlice)时触发，在整个生命周期中仅被触发 1 次。

(2) onActive()：当 Page(AbilitySlice)从非活跃态进入活跃态时触发。

(3) onInActive()：当 Page(AbilitySlice)从活跃态进入非活跃态时触发。

(4) onBackground()：当 Page(AbilitySlice)从非活跃态进入后台态，即完全不可见时触发。

(5) onForeground(Intent intent)：当 Page(AbilitySlice)从后台态进入非活跃态，即重新可见时触发。

(6) onStop()：当 Page(AbilitySlice)从后台态进入初始态时，即结束 Page(AbilitySlice)时触发，在整个生命周期中仅被触发 1 次。

Page(AbilitySlice)的整个生命周期状态及状态切换时所调用的生命周期方法如图 3-11 所示。

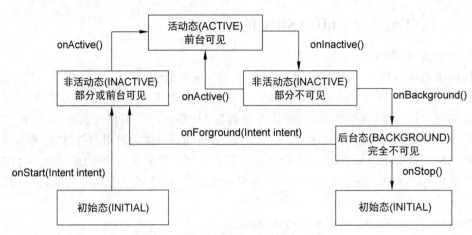

图 3-11　Page(AbilitySlice)的生命周期

使用生命周期方法时需要注意以下几个方面：

（1）在一个 Page(AbilitySlice)的整个生命周期中，一定会回调 onStart、onActive、onInactive、onBackgroud 和 onStop 方法，而只有 onForeground 方法并不一定被回调。

（2）在 Page(AbilitySlice)处在后台态时（即完全不可见时），并且出现了内存不足等情况，Page(AbilitySlice)可能会被系统直接回收。

（3）开发者需要把握各个业务逻辑的正确时机。例如，在 onStart 方法中需要进行 UI 界面的初始化；在 onStop 方法中需要检查并关闭所有由本 Page(AbilitySlice)打开的数据库连接等。一些常用业务逻辑的调用时机会在今后的学习中逐步介绍，当然对于特殊的业务逻辑则需要开发者自行设计。

接下来，我们通过实例深入体验一下 Page 和 AbilitySlice 的生命周期。

2. 深入体验 Page 与 AbilitySlice 的生命周期

首先，创建一个新的名为 Lifecycle 的应用程序，专门对生命周期方法进行学习及调试使用。与第 2 章所创建的 HelloWorld 类似，这个 Lifecycle 工程选择目标设备仍然为 Wearable，并使用 Empty Feature Ability(Java)模板。

然后，修改 MainAbility 类，实现所有的 6 个生命周期方法，并在每个生命周期方法被调用时打印其生命周期方法的名称，代码如下：

```
//chapter3/Lifecycle/entry/src/main/java/com/example/lifecycle/MainAbility.java
public class MainAbility extends Ability {
    static final HiLogLabel loglabel = new HiLogLabel(HiLog.LOG_APP, 0x00101, "MainAbility");
    @Override
    public void onStart(Intent intent) {
        super.onStart(intent);
        super.setMainRoute(MainAbilitySlice.class.getName());
        HiLog.info(loglabel, "onStart");
    }
```

```
    @Override
    protected void onActive() {
        super.onActive();
        HiLog.info(loglabel, "onActive");
    }

    @Override
    protected void onForeground(Intent intent) {
        super.onForeground(intent);
        HiLog.info(loglabel, "onForeground");
    }

    @Override
    protected void onBackground() {
        super.onBackground();
        HiLog.info(loglabel, "onBackground");
    }

    @Override
    protected void onInactive() {
        super.onInactive();
        HiLog.info(loglabel, "onInactive");
    }

    @Override
    protected void onStop() {
        super.onStop();
        HiLog.info(loglabel, "onStop");
    }
}
```

与 MainAbility 类似,实现 MainAbilitySlice 的 6 个生命周期方法,并在调用时打印其生命周期方法的名称,代码如下:

```
//chapter3/Lifecycle/entry/src/main/java/com/example/lifecycle/slice/MainAbilitySlice.java
public class MainAbilitySlice extends AbilitySlice {
    static final HiLogLabel loglabel = new HiLogLabel ( HiLog. LOG _ APP, 0x00101,
"MainAbilitySlice");
    @Override
    public void onStart(Intent intent) {
        super.onStart(intent);
        super.setUIContent(ResourceTable.Layout_ability_main);
        HiLog.info(loglabel, "onStart");
    }
```

```
@Override
public void onActive() {
    super.onActive();
    HiLog.info(loglabel, "onActive");
}

@Override
public void onForeground(Intent intent) {
    super.onForeground(intent);
    HiLog.info(loglabel, "onForeground");
}

@Override
protected void onBackground() {
    super.onBackground();
    HiLog.info(loglabel, "onBackground");
}

@Override
protected void onInactive() {
    super.onInactive();
    HiLog.info(loglabel, "onInactive");
}

@Override
protected void onStop() {
    super.onStop();
    HiLog.info(loglabel, "onStop");
}
}
```

注意,为了区分打印输出的来源,在 MainAbility 类和 MainAbilitySlice 类中,HiLogLabel 的 tag 参数不同,前者为 MainAbility,而后者为 MainAbilitySlice。

编译并在虚拟机中运行 Lifecycle 应用程序,设备出现 MainAbilitySlice 界面。在这个过程中,HiLog 工具窗体依次显示以下提示(此处略去了提示时间,下同):

```
20852 - 20852/com.example.lifecycle I 00101/MainAbility: onStart
20852 - 20852/com.example.lifecycle I 00101/MainAbilitySlice: onStart
20852 - 20852/com.example.lifecycle I 00101/MainAbility: onActive
20852 - 20852/com.example.lifecycle I 00101/MainAbilitySlice: onActive
```

这说明在进入 MainAbilitySlice 界面的过程中,MainAbility 和 MainAbilitySlice 从初始态进入了非活动态,紧接着又从非活动态进入了活动态。并且,在每次的状态变化时,MainAbility 都要先于 MainAbilitySlice 一步。

接下来,在虚拟机中单击 ◯ (Home)按钮进入桌面,同时应用程序进入后台,MainAbility

和 MainAbilitySlice 不可见。在这个过程中，HiLog 工具窗体依次显示以下提示：

```
20852 - 20852/com.example.lifecycle I 00101/MainAbility: onInactive
20852 - 20852/com.example.lifecycle I 00101/MainAbilitySlice: onInactive
20852 - 20852/com.example.lifecycle I 00101/MainAbility: onBackground
20852 - 20852/com.example.lifecycle I 00101/MainAbilitySlice: onBackground
```

这说明，MainAbility 和 MainAbilitySlice 从活动态进入了非活动态，紧接着又从非活动态进入了后台态。

然后，再次返回到该应用程序，HiLog 工具窗体依次显示以下提示：

```
20852 - 20852/com.example.lifecycle I 00101/MainAbility: onForeground
20852 - 20852/com.example.lifecycle I 00101/MainAbilitySlice: onForeground
20852 - 20852/com.example.lifecycle I 00101/MainAbility: onActive
20852 - 20852/com.example.lifecycle I 00101/MainAbilitySlice: onActive
```

这说明，MainAbility 和 MainAbilitySlice 从后台态进入了非活动态，紧接着又从非活动态进入了活动态。

如果此时单击模拟器的 ◁（Back）按钮退出应用程序，HiLog 工具窗体依次显示以下提示：

```
20852 - 20852/com.example.lifecycle I 00101/MainAbility: onInactive
20852 - 20852/com.example.lifecycle I 00101/MainAbilitySlice: onInactive
20852 - 20852/com.example.lifecycle I 00101/MainAbility: onBackground
20852 - 20852/com.example.lifecycle I 00101/MainAbilitySlice: onBackground
20852 - 20852/com.example.lifecycle I 00101/MainAbility: onStop
20852 - 20852/com.example.lifecycle I 00101/MainAbilitySlice: onStop
```

这说明，MainAbility 和 MainAbilitySlice 从活动态进入了非活动态，紧接着又从非活动态进入了后台态，最后又从后台态进入了初始态。

这些调用过程非常重要，开发者一定要时刻注意其状态的变化。接下来，总结一下常见的生命周期状态的变化过程，如表 3-1 所示。

表 3-1　常见的生命周期状态变化过程

常 见 操 作	状 态 变 化	回 调 方 法
进入 Page（AbilitySlice）	初始态→非活动态→活动态	onStart→onActive
返回到桌面或熄屏，应用程序进入后台	活动态→非活动态→后台态	onInactive→onBackground
应用程序在后台时，重新进入前台	后台态→非活动态→活动态	onForeground→onActive
退出应用程序，或仅退出 Page（AbilitySlice）	活动态→非活动态→后台态→初始态	onInactive→onBackground→onStop

另外,因为 Page 是 AbilitySlice 的载体,所以 Page 的生命周期总是先于 AbilitySlice 一步。

3. 同一 Page 内部的 AbilitySlice 在跳转时的生命周期变化

上面演示的仅为单个的 Page,而且 Page 中仅有单个的 AbilitySlice 时的生命周期变化情况。事实上,不仅 Page 之间可以跳转,同一个 Page 内的 AbilitySlice 也可以跳转。当同一个 Page 内的 AbilitySlice 跳转时,Page 的状态一直处于活动态,而 AbilitySlice 的生命周期却在发生变化。

例如,某一个 Page 中存在两个 AbilitySlice,分别为 SliceA 和 SliceB。当从 SliceA 跳转到 SliceB 时,两者的生命周期状态变化过程如下:SliceA 从活动态转换为非活动态→SliceB 从初始态转换为非活动态→SliceB 从非活动态转换为活动态→SliceA 从非活动态转换为后台态。生命周期的调用顺序如下:SliceA. onInactive( )→SliceB. onStart( )→SliceB. onActive( )→SliceA. onBackground( )。

4. 知晓当前的生命周期状态

在 Page 或 AbilitySlice 中,通过 getLifecycle(). getLifecycleState()方法即可获得当前的生命周期状态。生命周期状态通过 Lifecycle. Event 枚举类型定义,其所有枚举值包括 UNDEFINED、ON_START、ON_INACTIVE、ON_ACTIVE、ON_BACKGROUND、ON_FOREGROUND、ON_STOP。

例如,在 Page 或 AbilitySlice 中通过这种方法即可打印出当前的生命周期状态,代码如下:

```
HiLog.info(logLabel, "生命周期:" + getLifecycle().getLifecycleState().name());
```

3.2.2　Page 常用配置选项

本节介绍 Page 类型的 Ability 的常用配置选项,以及如何在程序中获得这些配置信息。在 config.json 中,module 对象的 abilities 数据包含了各个 Ability 的配置选项。对于新创建的鸿蒙应用程序工程,典型的 abilities 配置信息如下:

```
//chapter3/Lifecycle/entry/src/main/config.json
"abilities": [
{
    "skills": [
      {
        "entities": [
          "entity.system.home"
        ],
        "actions": [
          "action.system.home"
        ]
      }
    ],
```

```
    "orientation": "landscape",
    "formEnabled": false,
    "name": "com.example.lifecycle.MainAbility",
    "icon": "$ media:icon",
    "description": "$ string:mainability_description",
    "label": "PageNavigation",
    "type": "page",
    "launchType": "standard"
  }]
```

这个数组仅包含了 1 个 Ability 对象,为 Page 类型。Ability 的类型通过 type 属性定义,包括 page、service 和 data,分别代表 Ability 的三类模板 Page Ability、Service Ability 和 Data Ability。在上面的 Ability 中,type 属性为 page,因此属于 Page 类型的 Ability。

下面分析一下这个 Ability 对象中各个属性的含义:

(1) name:Ability 的名称,通常采用全类名(包名+类名)的方式定义。

(2) description:Ability 的描述信息。

(3) icon:Ability 的图标。

(4) label:Ability 的显示名称,默认会显示在手机、车机等设备应用程序的标题栏中。

(5) formEnabled:是否支持卡片能力。支持卡片的 Page 可以微缩化显示在其他应用中,例如显示在桌面上。

(6) orientation:Page 的屏幕方向,包括 unspecified(未指定,由系统决定)、landscape(横向显示)、portrait(纵向显示)和 followRecent(跟随最近使用的 Ability 一致)等选项。如果指定屏幕方向为横向显示或纵向显示,则在运行时,Ability 无法随着设备的物理旋转而自动改变屏幕方向。对于可穿戴设备、智慧屏、车机来讲,默认的 Page 屏幕方向为横向显示。

(7) launchType:Page 的启动模式,包括 standard(标准模式)和 singleton(单例模式)两类。

(8) skills 数组:表示能够接收 Intent 的请求。这里有一个默认的 skill 对象"{"entities":["entity.system.home"],"actions":["action.system.home"]}",表示该 HAP 的入口 Ability。

(9) configChanges:表示 Ability 所关注的系统配置集合。当指定的系统配置发生变化后,则会调用 Ability 的 onConfigurationUpdated 回调,方便开发者进行处理。支持的系统配置包括语言区域配置(locate)、屏幕布局配置(layout)、字体显示大小配置(fontSize)、屏幕方向配置(orientation)、显示密度配置(density)。

注意:应用程序的图标和标题是通过 Entry HAP 的入口 Page 的图标(icon)和标题(label)进行定义的。如果存在多个入口 Page,则以 abilities 数组中第一个出现的入口 Page 为准。另外,应用程序的图标可以被鸿蒙操作系统自动圆角化,不需要开发者主动制作圆角化图标。

以上仅介绍了涉及 Page 且最为常用的属性。更多的更加全面的属性配置读者可详见官方文档。

在 Ability(及 AbilitySlice)内部可通过 AbilityInfo 对象获取上述绝大多数信息,代码如下:

```
HiLog.info(loglabel, "描述 : " + getAbilityInfo().getDescription());
HiLog.info(loglabel, "显示名称 : " + getAbilityInfo().getLabel());
HiLog.info(loglabel, "图标路径 : " + getAbilityInfo().getIconPath());
HiLog.info(loglabel, "启动模式 : " + (getAbilityInfo().getLaunchMode() == LaunchMode.
SINGLETON ? "单例模式" : "普通模式"));
```

此时,在 HiLog 工具窗体中可输出以下信息:

```
4264 - 4264/? I 00101/MainAbility: 描述 : MainAbility
4264 - 4264/? I 00101/MainAbility: 显示名称 : Lifecycle
4264 - 4264/? I 00101/MainAbility: 图标路径 : $ media:icon
4264 - 4264/? I 00101/MainAbility: 启动模式 : 普通模式
```

3.2.3 屏幕方向与设备配置改变

对于可移动设备(手机、平板计算机等)来讲,用户可以根据实际的应用场景改变设备屏幕的方向。例如,当用户准备用手机看电影时,查找、浏览电影的信息通常使用纵向的屏幕方向,而观看电影时通常使用横向的屏幕方向。这时就需要通过代码控制屏幕的方向了。

1. 通过代码改变屏幕方向

通过 setDisplayOrientation(DisplayOrientation orientaion)方法即可改变屏幕的方向,代码如下:

```
//chapter3/DisplayOrientation/entry/src/main/java/com/example/displayorientation/slice/
MainAbilitySlice.java
//将屏幕方向强制改变为横向
setDisplayOrientation(AbilityInfo.DisplayOrientation.LANDSCAPE);
//将屏幕方向强制改变为纵向
setDisplayOrientation(AbilityInfo.DisplayOrientation.PORTRAIT);
```

2. 固定屏幕方向

永久性地固定 Page 的屏幕方向非常简单,只需要在 config.json 中配置 Page 的 orientation 属性为 landscape(横向显示)或 portrait(纵向显示),但是,很多情况下,一个 Page 并不是在所有的情况下都需要保持一个方向。例如,播放视频时在未锁定屏幕的情况下可以改变屏幕方向,在锁定屏幕的情况下固定屏幕方向,那么在 config.json 中配置固定屏幕方向就不合适了。这种需求可以采用复写 setDisplayOrientation(DisplayOrientation orientaion)方法实现,代码如下:

```
//chapter3/DisplayOrientation/entry/src/main/java/com/example/displayorientation/slice/
//MainAbilitySlice.java
//是否固定屏幕方向
private boolean isOrientationFixed = true;

//复写 setDisplayOrientation 方法
@Override
public void setDisplayOrientation(DisplayOrientation requestedOrientation) {
    //当 isOrientationFixed 为 true 时保持纵向(或横向)屏幕方向
    if (isOrientationFixed) {
        super.setDisplayOrientation(DisplayOrientation.PORTRAIT);
        return;
    }
    super.setDisplayOrientation(requestedOrientation);
}
```

当 isOrientationFixed 变量为 false 时,屏幕方向可以随意改变;但是当 isOrientationFixed 变量为 true 时,屏幕方向将被固定为纵向。

3. 屏幕方向变化时的设备配置改变

屏幕方向变化时会引起设备配置的改变(Device Config Change),而设备配置的改变会引起 Page 的重建。设备配置包括屏幕密度、屏幕方向、屏幕尺寸、语言区域、字体显示大小等。显然,屏幕密度和屏幕尺寸在运行时几乎不会被改变,但是屏幕方向、语言区域等设备配置在运行时是可以被改变的。

设备配置改变后,当前 Page 就无法适应新的设备配置了,因此,在默认情况下应用程序可以将 Page 销毁并重建。这种方法显然最为简单,但是问题也最大:当前 Page 展示的数据和状态信息也通通被销毁了。

接下来用实例向大家解释一下。

在 3.2.1 节中的 Lifecycle 应用程序中,修改 config.json 中 module 对象下的 deviceType,加入 phone 类型,使其支持手机设备,便于测试屏幕方向变化,代码如下:

```
//chapter3/Lifecycle/entry/src/main/config.json
"module": {
  "package": "com.example.test1",
  "name": ".MyApplication",
  "deviceType": [
    "wearable", "phone"
  ],
  …
}
```

在手机设备上运行应用程序,然后改变屏幕方向,此时在 HiLog 工具窗体中提示以下信息:

```
20852 - 20852/com.example.lifecycle I 00101/MainAbility: onInactive
20852 - 20852/com.example.lifecycle I 00101/MainAbilitySlice: onInactive
20852 - 20852/com.example.lifecycle I 00101/MainAbility: onBackground
20852 - 20852/com.example.lifecycle I 00101/MainAbilitySlice: onBackground
20852 - 20852/com.example.lifecycle I 00101/MainAbility: onStop
20852 - 20852/com.example.lifecycle I 00101/MainAbilitySlice: onStop
20852 - 20852/com.example.lifecycle I 00101/MainAbility: onStart
20852 - 20852/com.example.lifecycle I 00101/MainAbilitySlice: onStart
20852 - 20852/com.example.lifecycle I 00101/MainAbility: onActive
20852 - 20852/com.example.lifecycle I 00101/MainAbilitySlice: onActive
```

可以发现,在屏幕方向改变的过程中,MainAbility 被销毁后重建了。

那么,如果开发者希望在屏幕方向改变后保留当前的 Page 数据和状态该怎么办呢? 有两种方法:

- 不销毁重建 Page。
- 销毁 Page 时保留临时数据,重建 Page 时读取临时数据。

接下来分别介绍这两种方法的实现方式:

1) 不销毁重建 Page

这种方法其实很简单,只需要在 config.json 中在当前的 Ability 的配置选项加入 configChanges 属性,并在其数组中加入 orientation,代码如下:

```json
{
  "orientation": "unspecified",
  "name": "com.example.lifecycle.MainAbility"
  "configChanges": ["orientation"],
  …
}
```

重新运行程序,旋转设备并观察 HiLog 工具窗体,可以看出 MainAbility 不会被销毁后重建了。

2) 销毁 Page 时保留临时数据,重建 Page 时读取临时数据

在 Ability 中,通过重写 onStoreDataWhenConfigChange() 方法存储临时数据,代码如下:

```java
//chapter3/Lifecycle/entry/src/main/java/com/example/lifecycle/MainAbility.java
@Override
public Object onStoreDataWhenConfigChange() {
    return "需要存储的数据,转换为 Object 对象";
}
```

在 Ability 或 AbilitySlice 中,通过 getLastStoredDataWhenConfigChanged() 方法读取临时数据,代码如下:

```
//chapter3/Lifecycle/entry/src/main/java/com/example/lifecycle/MainAbility.java
if (getLastStoredDataWhenConfigChanged() != null) {
    //获取存储的数据对象
    String data = getLastStoredDataWhenConfigChanged().toString();
    HiLog.info(loglabel, data);
}
```

3.3 用户界面的跳转

50min

在绝大多数的应用程序中,存在着许多不同功能的用户界面。例如,在社交应用中,包括了好友列表界面、聊天界面、个人资料界面等。在电商应用中,包括了商品列表、商品详情、购物车、订单浏览等界面。一般来讲,一个界面完成一项特定的功能即可,而用户会在不同的界面中不断跳转,去完成各种各样的操作。在鸿蒙应用程序中,一个 Page 中的多个 AbilitySlice 是具有功能相关性的一系列界面,而不同 Page 往往实现的是独立的功能界面,因此,用户界面跳转包含了 AbilitySlice 之间的跳转(即 AbilitySlice 路由),以及 Page 之间的跳转。

用户界面的跳转涉及数据的传递。例如,在商品列表中选择商品后弹出商品详情界面,那么商品详情界面的首要任务就是要知道用户选择的是哪个商品。这样在弹出商品详情界面时,就需要商品列表界面将商品的信息传递给商品详情界面。

本节介绍 Page 之间和 AbilitySlice 之间的跳转方法和数据传递方法。

3.3.1 AbilitySlice 的跳转

在介绍 AbilitySlice 的跳转方法之前,需要先创建一个名为 AbilitySliceNavigation 的新工程,选择目标设备为 Wearable,并使用 Empty Feature Ability(Java)模板。接下来,将介绍如何创建一个新的名为 SecondAbilitySlice 的 AbilitySlice,并实现 MainAbilitySlice 与 SecondAbilitySlice 之间的跳转。

1. 创建 SecondAbilitySlice

首先,在 Project 工具窗体中,在 slice 包上右击,选择 New→Java Class 菜单,弹出如图 3-12 所示的对话框。

输入类名为 SecondAbilitySlice 后,按下回车键即可创建一个名为 SecondAbilitySlice 的 Java 类。

此时,SecondAbilitySlice 还没有继承 AbilitySlice

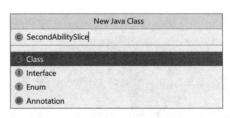

图 3-12 新建 SecondAbilitySlice 类

父类。打开 SecondAbilitySlice 类,在类名后添加 extends AbilitySlice 代码,使 SecondAbilitySlice 继承于 AbilitySlice。

```
public class SecondAbilitySlice extends AbilitySlice {
}
```

然后,复写 AbilitySlice 的生命周期方法 onStart。读者可以通过代码提示的方法加入 onStart 复写方法。当输入 onStart 的前面几个字符后,就会出现相应的代码提示,如图 3-13 所示。

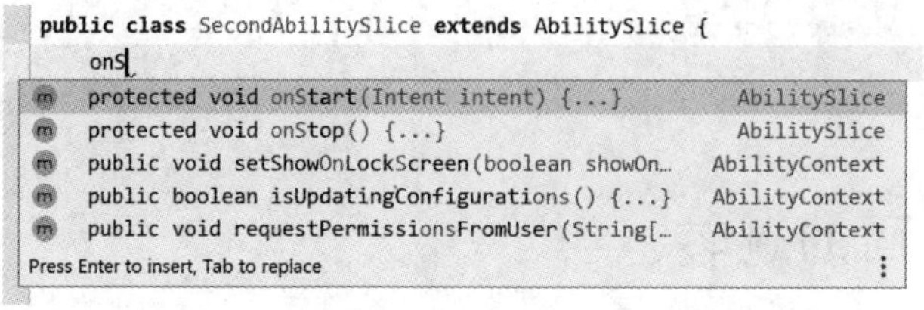

```
public class SecondAbilitySlice extends AbilitySlice {
    onS|
m   protected void onStart(Intent intent) {...}        AbilitySlice
m   protected void onStop() {...}                      AbilitySlice
m   public void setShowOnLockScreen(boolean showOn...  AbilityContext
m   public boolean isUpdatingConfigurations() {...}    AbilityContext
m   public void requestPermissionsFromUser(String[...  AbilityContext
Press Enter to insert, Tab to replace                          ⋮
```

图 3-13 通过代码提示的方法复写 onStart 方法

此时,单击代码提示中的 onStart 方法即可自动生成 onStart 复写方法,代码如下:

```
//chapter3/AbilitySliceNavigation/entry/src/main/java/com/example/abilityslicenavigation/
slice/SecondAbilitySlice.java
public class SecondAbilitySlice extends AbilitySlice {
    @Override
    protected void onStart(Intent intent) {
        super.onStart(intent);
    }
}
```

当然,也可以选择直接手动键入上述所有的代码。这样,该工程中就有了两个 AbilitySlice:MainAbilitySlice 和 SecondAbilitySlice。

2. 修改 MainAbilitySlice 和 SecondAbilitySlice 的用户界面

为了实验方便,在 MainAbilitySlice 显示一个内容为 MainAbilitySlice 的文本视图,在 SecondAbilitySlice 显示一个内容为 SecondAbilitySlice 的文本视图。

首先,修改 MainAbilitySlice 类,让其显示一个内容为 MainAbilitySlice 的文本视图,代码如下:

```
//chapter3/AbilitySliceNavigation/entry/src/main/java/com/example/abilityslicenavigation/
//slice/MainAbilitySlice.java
public class MainAbilitySlice extends AbilitySlice {
    @Override
    public void onStart(Intent intent) {
        super.onStart(intent);
        //super.setUIContent(ResourceTable.Layout_ability_main);
        //创建布局配置对象
        LayoutConfig config = new LayoutConfig(ComponentContainer.LayoutConfig.MATCH_
PARENT, ComponentContainer.LayoutConfig.MATCH_PARENT);
        //创建定向布局对象,并传入布局配置
        DirectionalLayout layout = new DirectionalLayout(this);
```

```
                //将定向布局的背景颜色设置为白色
                ShapeElement element = new ShapeElement();        //创建形状元素 element 对象
                element.setRgbColor(new RgbColor(255, 255, 255));  //将 element 颜色设置为白色
                layout.setBackground(element);                     //将背景设置为 element
                layout.setLayoutConfig(config);                    //设置定向布局的布局配置选项
                //创建文本组件对象,并传入布局配置,设置文本内容
                Text text = new Text(this);                        //创建文本组件
                text.setLayoutConfig(config);                      //设置文本组件的布局配置选项
                text.setTextAlignment(TextAlignment.CENTER);       //将文本对齐方式设置为居中
                text.setText("MainAbilitySlice");                  //将文本内容设置为"MainAbilitySlice"
                text.setTextSize(50);                              //将文本大小设置为 50
                //将文本组件加入定向布局中
                layout.addComponent(text);
                //将 UI 内容设置为定向布局
                super.setUIContent(layout);
        }
}
```

类似地,修改 SecondAbilitySlice 文件,显示一个内容为 SecondAbilitySlice 的文本视图,代码如下:

```
//chapter3/AbilitySliceNavigation/entry/src/main/java/com/example/abilityslicenavigation/
//slice/SecondAbilitySlice.java
public class SecondAbilitySlice extends AbilitySlice {
    @Override
    public void onStart(Intent intent) {
        super.onStart(intent);
        //创建布局配置对象
        LayoutConfig config = new LayoutConfig(ComponentContainer.LayoutConfig.MATCH_
PARENT, ComponentContainer.LayoutConfig.MATCH_PARENT);
        //创建定向布局对象,并传入布局配置
        DirectionalLayout layout = new DirectionalLayout(this);
        //将定向布局的背景颜色设置为白色
        ShapeElement element = new ShapeElement();        //创建形状元素 element 对象
        element.setRgbColor(new RgbColor(100, 100, 255));  //将 element 颜色设置为浅蓝色
        layout.setBackground(element);                     //将背景设置为 element
        layout.setLayoutConfig(config);                    //设置定向布局的布局配置选项
        //创建文本组件对象,并传入布局配置,设置文本内容
        Text text = new Text(this);                        //创建文本组件
        text.setLayoutConfig(config);                      //设置文本组件的布局配置选项
        text.setTextAlignment(TextAlignment.CENTER);       //将文本对齐方式设置为居中
        text.setText("SecondAbilitySlice");                //设置文本内容为"SecondAbilitySlice"
        text.setTextSize(50);                              //设置文本大小为 50
        //将文本组件加入定向布局中
        layout.addComponent(text);
        //将 UI 内容设置为定向布局
        super.setUIContent(layout);
    }
}
```

MainAbilitySlice 与 SecondAbilitySlice 的界面仅有以下不同：

（1）文本内容不同，前者显示文本为 MainAbilitySlice，后者显示为 SecondAbilitySlice。

（2）布局背景不同，前者背景为白色，后者背景为蓝色。

在 MainAbility 中，找到该 Page 的默认 AbilitySlice 主路由配置代码，默认代码如下：

```
super.setMainRoute(MainAbilitySlice.class.getName());
```

此时，编译并运行程序，会默认显示 MainAbilitySlice 的内容，如图 3-14 所示。将该主路由配置代码进行修改，修改后代码如下：

```
super.setMainRoute(SecondAbilitySlice.class.getName());
```

此时编译并运行程序，就可以在应用程序中默认显示刚创建的 SecondAbilitySlice 的界面内容了，如图 3-15 所示。

图 3-14　MainAbilitySlice 的用户界面

图 3-15　SecondAbilitySlice 的用户界面

主路由的设置非常简单。接下来，还是把 MainAbility 中默认主路由改回 MainAbilitySlice，重点介绍 AbilitySlice 的跳转方法。

3. AbilitySlice 的跳转

在同一个 Page 中 AbilitySlice 的跳转非常简单，只需通过 present 方法传入需要跳转的 AbilitySlice 对象和一个空的 Intent 对象。例如，从 MainAbilitySlice 跳转到 SecondAbilitySlice 可通过以下代码实现：

```
present(new SecondAbilitySlice(), new Intent());
```

其中，第 1 个参数为即将跳转的 AbilitySlice 对象；第 2 个参数为空的 Intent 对象。

首先，在 MainAbilitySlice 的 onStart 方法的最后加入以下代码：

```
text.setClickedListener(new Component.ClickedListener() {
    @Override
    public void onClick(Component component) {
        present(new SecondAbilitySlice(), new Intent());
    }
});
```

这段代码为 text 文本组件添加了单击事件的回调。通过 setClickedListener 方法即可设置该回调。该回调需要传入 ClickedListener 回调接口，并实现其 onClick 回调方法。此时，当用户单击 text 文本后，即可在 onClick 方法中处理这一事件。此处，通过 present 方法跳转到 SecondAbilitySlice。

在 SecondAbilitySlice 的 onStart 方法的最后加入以下代码：

```
text.setClickedListener(new Component.ClickedListener() {
    @Override
    public void onClick(Component component) {
        present(new MainAbilitySlice(), new Intent());
    }
});
```

这段代码与 MainAbilitySlice 中添加的代码类似，为 text 文本组件添加了单击事件：单击后，通过 present 方法跳转到 SecondAbilitySlice。

此时，编译并运行 AbilitySliceRoute 程序，即可实现单击屏幕任意位置实现两个 AbilitySlice 的相互跳转，如图 3-16 所示。

图 3-16　AbilitySlice 的跳转

在上例中实现了两个 AbilitySlice 的跳转。由于在跳转过程中，这两个 AbilitySlice 之间是平级的，因此这种路由模式被称为平级路由，但是每次跳转都会创建一个全新的 AbilitySlice 的实例，这么做浪费大量资源。在实际应用中，这些 AbilitySlice 往往存在关联，因此常常只需要传递一些数据，并且也不需要每次跳转都创建一个新的实例。

实际上，AbilitySlice 可以层叠，即新创建的 AbilitySlice 可以叠加在原先的 AbilitySlice 之上，并且原先的 AbilitySlice 并不需要被销毁。当叠在最上层的 AbilitySlice 失效以后，就可以露出原先的 AbilitySlice 了。这种路由模式被称为层级路由。

接下来，将平级路由模式更改为层级路由模式，并实现 AbilitySlice 的数据传递。

4. AbilitySlice 的数据传递

AbilitySlice 之间通过 Intent 对象传递信息。细心的读者可能已经发现了，在刚才的实例中，present 方法已经传递了一个 Intent 对象。目前，还没有在这个 Intent 对象中设置任何参数。接下来，就需要对这个 Intent 对象做些"手脚"了，让它成为沟通 AbilitySlice 的桥梁。

接下来，对上面的程序进行一些修改，实现以下功能：默认 AbilitySlice 仍然是 MainAbilitySlice，并且显示计数 1。单击 MainAbilitySlice 上的文本组件后进入 SecondAbilitySlice，并将计数传递到 SecondAbilitySlice，通过逻辑代码使其加 1，显示计数为 2。单击 SecondAbilitySlice 的文本组件后退出 SecondAbilitySlice 并返回 MainAbilitySlice。在 MainAbilitySlice 中，通过逻辑代码使计数加 1，变为 3。如此循环，每次单击屏幕文本框都会经历 AbilitySlice 的跳转，且显示的计数依次增加，如图 3-17 所示。

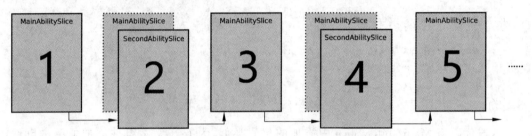

图 3-17　AbilitySlice 的层级跳转和数据传递

下面介绍这个功能的实现过程。

首先，在 MainAbilitySlice 中进行一些修改，代码如下：

```java
//chapter3/AbilitySliceNavigation2/entry/src/main/java/com/example/abilityslicenavigation/
//slice/MainAbilitySlice.java
//文本组件
private Text text;
//计数变量
private int count = 1;
@Override
public void onStart(Intent intent) {
    super.onStart(intent);
    ......
    //Text text = new Text(this);          //创建文本对象 text
    text = new Text(this);                  //初始化文本对象 text
    text.setLayoutConfig(config);           //设置布局配置对象
    //text.setText("MainAbilitySlice");     //将内容字符串设置为"MainAbilitySlice"
    text.setText("" + count);               //将内容字符串设置为计数
    ......
    text.setClickedListener(new Component.ClickedListener() {
        @Override
```

```
        public void onClick(Component component) {
            //present(new SecondAbilitySlice(), new Intent());
            //创建 Intent 对象
            Intent _intent = new Intent();
            //设置 intent 对象的计数参数
            _intent.setParam("count", count);
            //启动 SecondAbilitySlice
            presentForResult(new SecondAbilitySlice(), _intent, 0x00101);
        }
    });
}
@Override
protected void onResult(int requestCode, Intent resultIntent) {
    if (requestCode == 0x00101) {
        //获取返回的计数值,其中第 1 个参数为键,第 2 个参数为默认值
        count = resultIntent.getIntParam("count", 1);
        //count 自增 1 后显示在 text 文本组件上
        text.setText("" + ++count);
    }
}
```

在这段代码中,主要包括以下几个方面的修改:

(1) 将文本组件对象 text 改为 MainAbilitySlice 的私有成员变量,方便其他方法的调用。

(2) 增加计数变量 count,用于表示当前的计数情况。

(3) 在单击文本框后,创建了 Intent 对象_intent。通过该对象的 setParam 方法设置了一个计数参数。Intent 对象的各类参数均通过键值对的方式进行设置,在本例中将字符串 count 作为键,将计数变量 count 作为值传入_intent 对象中。最后,通过 presentForResult 方法启动 SecondAbilitySlice。presentForResult 方法与 present 方法类似,只是增加一个整型类型的 requestCode 参数。requestCode 表示请求代码,用于接收新启动的 SecondAbilitySlice 所返回的数据,并标识返回的结果。

(4) 实现 MainAbilitySlice 的 onResult 方法。该方法用户接收新启动的 AbilitySlice 所返回的数据。onResult 方法包含两个参数,分别为整型的 requestCode 请求代码和 resultIntent 对象。当 SecondAbilitySlice 退出并返回数据时,会调用 MainAbilitySlice 的 onResult 方法,且其 requestCode 请求代码与启动该 SecondAbilitySlice 时所设置的 requestCode 请求代码相同。resultIntent 对象用于存储 SecondAbilitySlice 所返回的具体数据,包括 getIntParam、getFloatParam、getDoubleParam 等多种方法,分别用于获取不同类型的参数数据。这些方法都包含两个参数,其中第 1 个参数为获取参数的键,第 2 个参数为默认值(当没有找到键值对时返回的数值)。

然后,对 SecondAbilitySlice 进行一些修改,代码如下:

```
//chapter3/AbilitySliceNavigation2/entry/src/main/java/com/example/abilityslicenavigation/
//slice/SecondAbilitySlice.java
//计数变量
private int count;
@Override
protected void onStart(Intent intent) {
    super.onStart(intent);

    count = intent.getIntParam("count", 1);          //获取传递的 count 计数值
    count++;                                          //count 计数值自增 1
    ......
    //text.setText("SecondAbilitySlice");
    text.setText("" + count);                         //显示计数值
    ......
    text.setClickedListener(new Component.ClickedListener() {
        @Override
        public void onClick(Component component) {
            //present(new MainAbilitySlice(), new Intent());
            //创建返回 MainAbilitySlice 的 Intent 对象
            Intent resultintent = new Intent();
            //设置计数值参数
            resultintent.setParam("count", count);
            //将返回的 Intent 对象设置为 resultintent
            setResult(resultintent);
            //结束当前的 SecondAbilitySlice
            terminate();
        }
    });
}
```

在这段代码中,主要包括以下几个方面的修改:

(1) 增加计数变量 count,用于表示当前的计数情况。

(2) 通过 onStart 方法的 intent 对象获取传入的计数值,并将该计数值显示在 text 文本组件中。

(3) 在单击 text 文本组件时,通过 setResult 方法设置返回的上一层 AbilitySlice (MainAbilitySlice)的结果 Intent 对象 resultintent。通过 terminate 方法结束当前的 AbilitySlice。

编译并运行程序,就会达到预期的效果:单击屏幕时,会不断地跳入和跳出 SecondAbilitySlice,同时屏幕上的数字依次增加,如图 3-18 所示。

5. AbilitySlice 栈

层级跳转实际上是 AbilitySlice 的叠加。这个叠加过程是发生在被称为 AbilitySlice 栈上的。每个 Page 中都存在一个 AbilitySlice 栈。AbilitySlice 栈遵循着后入先出(LIFO)的原则,处在栈顶的 AbilitySlice 永远会先于底层的 AbilitySlice 出栈。

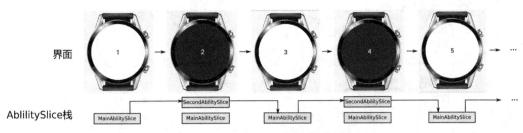

图 3-18　AbilitySlice 的层级跳转效果

在上例中,SecondAbilitySlice 实际上是叠加在 MainAbilitySlice 上的。MainAbility 作为 1 个 Page 类型的 Ability,存在 1 个 AbilitySlice 栈。在一开始,栈中仅有 1 个 MainAbilitySlice(主路由)。单击 MainAbilitySlice 界面中的文本组件后,SecondAbilitySlice 入栈。这时,实际上 MainAbilitySlice 仍然存在于界面中,只是完全被 SecondAbilitySlice 遮挡,因此 MainAbilitySlice 的生命周期会进入后台态。当用户单击 SecondAbilitySlice 界面中的文本组件时,SecondAbilitySlice 会被出栈销毁。此时,MainAbilitySlice 重见天日,再次回到前台。在随后的操作中会循环这一过程。

在开发过程中,一定要随时注意 AbilitySlice 栈中所包含的 AbilitySlice。如果栈中的 AbilitySlice 过多,会大量占据设备内存,影响用户体验。

3.3.2　Page 的显式跳转

Page 的跳转与 AbilitySlice 路由非常类似,传递数据同样采用 Intent 类进行传递。不过跳转的"目的地"就需要 Operation 类来帮忙设置了。

由于 Intent 分为显式(Explicit)Intent 和隐式(Implicit)Intent 两类,因此这里将 Page 的跳转也分为 Page 的显式跳转和隐式跳转。顾名思义,显式 Intent 更加直白,直接指定被跳转的目标位置。

隐式 Intent 则指定 Action 等方式进行跳转。跳转的能力需要被跳转的目标 Ability 所定义,并暴露出 Action 等接口,因此显得"含蓄"很多。通常,隐式 Intent 能够实现更加复杂的跳转功能,将在 3.3.3 节中进行详细介绍。

本节主要介绍 Page 的显式跳转。

在介绍具体的内容之前,需要先创建一个名为 PageNavigation 的新工程,选择目标设备为 Wearable,并使用 Empty Feature Ability(Java)模板。接下来,将介绍如何创建一个 SecondAbility,并实现 MainAbility 与 SecondAbility 之间的跳转。

1. 创建 SecondAbility

首先,在 Project 工具窗体中,在 entry 目录上右击,选择 New→Ability→Empty Page Ability(Java)菜单,弹出如图 3-19 所示的对话框。

在该对话框中,在 Page Name 选项中输入 Page 的名称 SecondAbility;在 Package name 中选择该类所在的包 com. example. pagenavigation;在 Layout Name 选项中输入布

图 3-19　新建 SecondAbility 类

局文件的名称 ability_second。单击 Finish 按钮即可创建 SecondAbility 类。另外,在创建 SecondAbility 类的同时还创建了其主路由 SecondAbilitySlice,以及其布局文件 ability_ second.xml。

这样,该工程中就有了两个 Page：MainAbility 和 SecondAbility。

2. 设置布局文件内容

在默认情况下,AbilitySlice 采用 xml 的方式定义用户界面,这种方式非常简单易用。目前,MainAbility 的主路由 AbilitySlice 为 MainAbilitySlice,其布局文件为 ability_main.xml; SecondAbility 的主路由 AbilitySlice 为 SecondAbilitySlice,其布局文件为 ability_second.xml。

为了能够区分这两个 Page,现在修改两个 xml 布局文件,以便显示不同的文本内容。首先,在 Project 工具窗体中定位并打开 ability_main.xml 文件,代码如下：

```
//chapter3/PageNavigation/entry/src/main/resources/base/layout/ability_main.xml
<?xml version = "1.0" encoding = "utf - 8"?>
< DirectionalLayout
    xmlns:ohos = "http://schemas.huawei.com/res/ohos"
    ohos:height = "match_parent"
    ohos:width = "match_parent"
    ohos:orientation = "vertical">

    < Text
        ohos:id = " $ + id:text_main"
        ohos:height = "match_parent"
        ohos:width = "match_content"
        ohos:layout_alignment = "horizontal_center"
        ohos:text = "MainAbility"
```

```
            ohos:text_size = "50"
    />

</DirectionalLayout>
```

在这个布局文件中,通过 DirectionalLayout 标签定义了一个定向布局(占据整个屏幕大小)。该定向布局中仅包含 1 个 Text 文本组件,其中 ohos:id 属性定义了其标识 ID,随后即可在 Java 代码中获取这个对象;ohos:text 属性定义了其文本内容 MainAbility。

类似地,修改 ability_second.xml 文件(与 ability_main.xml 在同一目录),代码如下:

```
//chapter3/PageNavigation/entry/src/main/resources/base/layout/ability_second.xml
<?xml version = "1.0" encoding = "utf - 8"?>
< DirectionalLayout
    xmlns:ohos = "http://schemas.huawei.com/res/ohos"
    ohos:height = "match_parent"
    ohos:width = "match_parent"
    ohos:orientation = "vertical"
    ohos:background_element = " # 9090FF"> <!-- 浅蓝色背景 -->

    < Text
        ohos:id = " $ + id:text_second"
        ohos:height = "match_parent"
        ohos:width = "match_content"
        ohos:layout_alignment = "horizontal_center"
        ohos:text = "SecondAbility"
        ohos:text_size = "50"
    />

</DirectionalLayout>
```

此时,读者可以在 config.json 中切换默认启动的 FA(具体的方法可参见 3.2.2 节),MainAbility 和 SecondAbility 的显示效果分别如图 3-20 和图 3-21 所示。

图 3-20　MainAbility 的用户界面

图 3-21　SecondAbility 的用户界面

3. 实现从 MainAbility 跳转到 SecondAbility

由于在 ability_main.xml 中设置了文本 ID 为 text_main,此时会在 ResourceTable 类

中自动生成一个 Id_text_main 常量,通过这个常量和 findComponentById 方法就可以获取
其 Java 对象,典型的代码如下:

```
Text text = (Text)findComponentById(ResourceTable.Id_text_main);
```

然后,为该对象设置一个单击监听器,在单击该文本后创建一个 Intent 对象和一个
Operation 对象。通过 Operation 对象指定跳转目标 Ability,并将 Operation 对象传递给
Intent 对象。最后,通过 startAbility 方法跳转目标的 Ability。

```java
//chapter3/PageNavigation/entry/src/main/java/com/example/pagenavigation/slice/
//MainAbilitySlice.java
public class MainAbilitySlice extends AbilitySlice {
    @Override
    public void onStart(Intent intent) {
        super.onStart(intent);
        super.setUIContent(ResourceTable.Layout_ability_main);
        //获取文本组件对象
        Text text = (Text)findComponentById(ResourceTable.Id_text_main);
        //设置单击监听器
        text.setClickedListener(new Component.ClickedListener() {
            @Override
            public void onClick(Component component) {
                //创建 Intent 对象
                Intent _intent = new Intent();
                //创建 Operation 对象
                Operation operation = new Intent.OperationBuilder() //创建 Operation 对象
                        .withDeviceId("")              //目标设备,空字符串代表本设备
                        .withBundleName("com.example.pagenavigation")
                                            //通过 BundleName 指定应用程序
                        .withAbilityName("com.example.pagenavigation.SecondAbility")
                                //通过 Ability 的全名称(包名+类名)指定启动的 Ability
                        .build();
                //设置 Intent 对象的 operation 属性
                _intent.setOperation(operation);
                //启动 Ability
                startAbility(_intent);
            }
        });
    }
}
```

这里通过建造者模式创建了 Operation 对象,主要包括 3 个参数: DeviceId、
BundleName 和 AbilityName。通过 DeviceId 指定启动 Ability 的设备,通过 BundleName
指定启动的应用程序,通过 AbilityName 指定具体需要启动的 Ability。由此可见,

Operation 对象具备了分布式能力,可以跨设备、跨应用地启动 Ability。

然后,在 SecondAbilitySlice 实现退出当前 Ability 的功能,代码如下:

```java
//chapter3/PageNavigation/entry/src/main/java/com/example/pagenavigation/slice/
//SecondAbilitySlice.java
public class SecondAbilitySlice extends AbilitySlice {
    @Override
    public void onStart(Intent intent) {
        super.onStart(intent);
        super.setUIContent(ResourceTable.Layout_ability_second);
        //获取文本组件对象
        Text text = (Text)findComponentById(ResourceTable.Id_text_second);
        //设置文本组件的单击监听器
        text.setClickedListener(new Component.ClickedListener() {
            @Override
            public void onClick(Component component) {
                //结束当前的 Ability
                terminateAbility();
            }
        });
    }
}
```

此时,编译并运行 PageNavigation 程序,即可单击屏幕任意位置实现两个 Ability 的相互跳转,如图 3-22 所示。

图 3-22　Ability 的跳转

4. Page Ability 栈与 Page 的启动模式

多个 Page 被 Page 栈进行管理。在一个鸿蒙应用程序中,一般仅存在一个 Page 栈。与 AbilitySlice 栈类似,Page 栈遵循着后入先出(LIFO)的原则,处在栈顶的 Page 永远会先于底层的 Page 出栈。

在上例中,Page 显式跳转实际上是 SecondAbility 的入栈和出栈过程,如图 3-23 所示。与 3.3.1 节中的 AbilitySlice 栈非常类似,这个过程很容易被理解,这里不再赘述。

在将 Page 的启动模式设置为标准模式的情况下,应用程序仅存在 1 个 Page 栈,但是,如果指定某个 Page 的启动模式为单例模式,则应用程序会另创建 1 个新的 Page 栈,用于管理这个单例模式的 Page。如此一来,就可以保证这个 Page 始终不会被其他 Page 所遮盖,

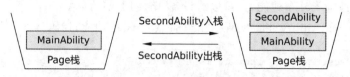

图 3-23　Ability 的入栈和出栈

从而方便开发者调用。Page 的单例模式类似于 Android 中 Activity 的 singleInstance。通常,账号登录注册界面、拍照录像界面等常用 Page 单例模式。

5．Ability 的数据传递

Ability 的数据传递与 AbilitySlice 的数据传递非常类似,只不过需要用 startAbilityForResult 方法代替 startAbility 方法跳转 Ability。至于其他传递数据的方法可参见 3.3.1 节的相关内容实现,这里不再详细介绍。

3.3.3　Page 的隐式跳转

Page 的显式跳转可以满足绝大多数的需求,但是 Page 的隐式跳转可以实现更加高级的功能。

例如,Page1 中包含了 Slice1 和 Slice2 两个 AbilitySlice,并且 Slice1 为主路由。如果希望从 Page2 直接跳转到 Page1 中的 Slice2 该怎么办呢? 如果通过显式跳转,则首先需要从 Page1 跳转到 Page2,然后从 Slice1 跳转到 Slice2。这种方法需要经过两次跳转,并且必须经过 Slice1。通过隐式跳转就可以直接避免经过 Slice1,而直接从 Page2 跳转到 Page1 中的 Slice2。

另外,Page 的隐式跳转还可以轻松地实现跳转到桌面等场景。

下面以两个实例来介绍 Page 隐式跳转的用法。

1．跳转到指定 Page 的指定 AbilitySlice

在开始介绍正式内容之前,先做一些准备工作:

首先,需要创建一个名为 PageNavigationImplicit 的新工程,选择目标设备为 Wearable,并使用 Empty Feature Ability(Java)模板。

然后,在 PageNavigationImplicit 工程中创建一个名为 SecondAbility 的新 Page,同时创建其主路由 SecondAbilitySlice。创建另外一个名为 TargetAbilitySlice 的 AbilitySlice,与 SecondAbilitySlice 一并被 SecondAbility 管理,如图 3-24 所示。

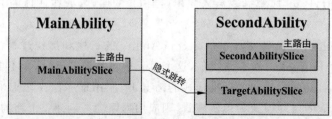

图 3-24　MainAbilitySlice、SecondAbilitySlice 和 TargetAbilitySlice 的关系

最后,让 MainAbilitySlice、SecondAbilitySlice 和 TargetAbilitySlice 的用户界面分别显示 MainAbilitySlice、SecondAbilitySlice 和 TargetAbilitySlice 的文本组件。

接下来,实现通过 Page 隐式跳转的方法从 MainAbility 的 MainAbilitySlice 直接跳转到 SecondAbility 的 TargetAbilitySlice。

(1)在 config.json 中的 SecondAbility 配置选项中声明 Action,代码如下:

```
//chapter3/PageNavigationImplicit/entry/src/main/config.json
{
  "skills": [
    {
      "actions": [
        "action.intent.targetabilityslice"
      ]
    }
  ],
  "name": "com.example.pagenavigationimplicit.SecondAbility",
  …
}
```

这里的 Action 名称可以任意起名,但一般以 action.intent. 开头。

(2)在 SecondAbility.java 中,添加 Action 路由,代码如下:

```
//chapter3/PageNavigationImplicit/entry/src/main/java/com/example/pagenavigationimplicit/
//SecondAbility.java
public class SecondAbility extends Ability {
    //声明 Action,需要与 config.json 中的 Action 声明字符串一致
    public static final String ACTION_TARGET = "action.intent.targetabilityslice";
    @Override
    public void onStart(Intent intent) {
        super.onStart(intent);
        super.setMainRoute(SecondAbilitySlice.class.getName());
        //增加 Action 路由
        super.addActionRoute(ACTION_TARGET, TargetAbilitySlice.class.getName());
    }
}
```

(3)在 MainAbilitySlice.java 中,实现单击文本跳转到 TargetAbilitySlice,代码如下:

```
//chapter3/PageNavigationImplicit/entry/src/main/java/com/example/pagenavigationimplicit/
slice/MainAbility.java
@Override
public void onStart(Intent intent) {
    super.onStart(intent);
    super.setUIContent(ResourceTable.Layout_ability_main);
```

```
Text text = (Text) findComponentById(ResourceTable.Id_text_main);
text.setClickedListener(new Component.ClickedListener() {
    @Override
    public void onClick(Component component) {
        Intent _intent = new Intent();
        Operation operation = new Intent.OperationBuilder()
                .withAction(SecondAbility.ACTION_TARGET)
                .build();
        _intent.setOperation(operation);
        startAbility(_intent);
    }
});
}
```

与显式跳转不同,隐式跳转仅设置了 Operation 的 action 属性。可以说,所有的跳转属性(如 Action 路由)都由被跳转的 Page 所管理。主动权交给了被跳转的 Page。

编译并运行程序,单击 MainAbilitySlice 按钮后即可直接跳转到 TargetAbilitySlice,然后,单击返回按钮,可以发现用户界面直接返回了 MainAbilitySlice。整个过程中并没有经过 SecondAbilitySlice。

2. 预置 Action

除了自定义的 Action 以外,鸿蒙 API 还定义了许多系统预置的 Action。这些 Action 被包含在 IntentConstants 类之中,例如 ACTION_HOME(系统桌面)、ACTION_DIAL(拨号界面)、ACTION_SEARCH(搜索界面)、ACTION_MANAGE_APPLICATIONS_SETTINGS(系统设置界面)等。通过这些 Action 可以进入相应的系统界面。

例如,进入拨号界面的代码如下:

```
Intent _intent = new Intent();
Operation operation = new Intent.OperationBuilder()
        .withAction(IntentConstants.ACTION_DIAL)
        .build();
_intent.setOperation(operation);
startAbility(_intent);
```

3.4 应用资源

在应用程序开发过程中,一个非常重要的思想就是保持表现与数据的分离。绝大多数的开发者对这种思想应该并不陌生。例如,典型的 MVC 模式就是将数据置入模型层,将界面和界面行为置入表现层,并通过控制器进行两者的沟通和管理。

然而,数据的含义是非常广泛的,不仅包括关系型数据,还包括各种类型的视频、声频、图像等以文件形式存储的数据,更包括了应用程序中所引用的字符串、整型数字等对象或数值。

在由初学者所开发的程序中,常常会将许多固定的字符串、固定的数值写入程序代码之中,例如文本组件前的"用户名:""密码:"等提示性字符串等。这样会导致两个问题:一是加大了后期的维护成本,其他开发者需要通过上下文理解这些字符串或数值的含义;二是难以实现国际化。为此,建议开发者将与应用程序密切相关的各类字符串、数值、图形等放置到应用资源中。

本节介绍应用资源的基本使用方法。

3.4.1 应用资源的分类与引用

应用资源通常被放置在鸿蒙应用程序工程中 HAP 下的 src/main/resources 目录中。在该目录下包含了 base 和 rawfile 两个目录。这两个目录代表了应用资源的两种类型:base 资源具有更强的组织方式,在编译过程中会被编译成二进制文件,并赋予相应的资源标识符。

处理 rawfile 资源就非常简单了,其目录结构可以由开发者随意组织,并且在编译过程中不会被编译为二进制码。

注意:base 资源类似于 Android 中的 res 资源,rawfiles 资源类似于 Android 中的 assets 资源。

一般情况下,更加推荐使用 base 应用资源。

1. base 应用资源

在 base 目录中,包含了元素资源(element)、可绘制资源(graphic)、布局资源(layout)、媒体资源(media)、动画资源(animation)、其他资源(profile)等若干类型,如表 3-2 所示。

表 3-2 base 应用资源类型

资源类型	存储位置	Java 引用格式	XML/JSON 引用格式
颜色资源	./base/element/color.json	ResourceTable.Color_ *	$ color: *
布尔型资源	./base/element/boolean.json	ResourceTable.Boolean_ *	$ boolean: *
整型资源	./base/element/integer.json	ResourceTable.Integer_ *	$ integer: *
整型数组资源	./base/element/intarray.json	ResourceTable.Intarray_ *	$ intarray: *
浮点型资源	./base/element/float.json	ResourceTable.Float_ *	$ float: *
复数资源	./base/element/plural.json	ResourceTable.Plural_ *	$ plural: *
字符串资源	./base/element/string.json	ResourceTable.String_ *	$ string: *
字符串数组资源	./base/element/strarray.json	ResourceTable.Strarray_ *	$ strarray: *
样式资源	./base/element/pattern.json	ResourceTable.Pattern_ *	$ pattern: *
可绘制资源	./base/graphic/ *	ResourceTable.Graphic_ *	$ graphic: *
布局资源	./base/layout/ *	ResourceTable.Layout_ *	$ layout: *
媒体资源	./base/media/ *	ResourceTable.Media_ *	$ media: *
动画资源	./base/animation/ *	ResourceTable.Animation_	$ animation: *
其他资源	./base/profile/ *	ResourceTable.Profile_	$ profile: *

其中,颜色资源(color)、布尔型资源(boolean)、整型资源(integer)、整型数组资源(intarray)、浮点型资源(float)、复数资源(plural)、字符串资源(string)、字符串数组资源(strarray)、样式资源(pattern)都属于元素资源。

除上述表格列出的 base 应用资源以外,还包括一种特殊的资源类型:ID 资源。ID 资源用于标识布局资源的各类组件。通过 ID 资源的唯一标识符,开发者可以在 Java 代码中获取相应的组件对象。

上面这些资源都可以在 Java 代码中或 XML/JSON 文件中引用。在 XML/JSON 文件中,基本的引用形式为"＄type:name"。其中,type 为资源类型,name 为资源名称。在 Java 代码中,开发者可以使用 ResourceTable 自动生成的唯一标识符进行引用。在 3.1.3 节和 3.1.4 节中,读者已经学习了资源应用的基本使用方法,这里不再赘述。

值得注意的是,除了用户可以自定义资源以外,还可以使用全局资源。例如,鸿蒙 API 在全局资源中提供了默认的应用程序图标。在 XML/JSON 文件中引用这个默认图标的方法为"＄ohos:media:ic_app"。可见,全局资源的应用格式只需加上"ohos:"标识,其基本引用格式为"＄ohos:type:name"。在 Java 文件中引用这个默认图标的唯一标识符为 ohos. global. systemres. ResourceTable. Media_ic_app。注意,这里的 ResourceTable 的包名为 ohos. global. systemres,读者不要混淆。

注意:除了上述全局资源以外,还包括 request_location_reminder_title 和 request_location_reminder_content 这两个字符串资源,分别为请求使用设备定位功能的提示标题和提示内容。

2. rawfile 应用资源

rawfile 应用资源无法在 XML 和 JSON 中使用,只能通过 Java 代码获取其内容,代码如下:

```
RawFileEntry entry = getResourceManager()
        .getRawFileEntry("resources/rawfile/icon.png");
HiLog.info(loglabel, "文件类型:" + entry.getType().name());
```

通过 RawFileEntry 对象的 openRawFileDescriptor(). getFileDescriptor()方法即可获得其 FileDescriptor 对象,代码如下:

```
FileDescriptor fd = entry.openRawFileDescriptor().getFileDescriptor()
```

随后,即可通过 Java API 中的 FileReader 对 FileDescriptor 所指代的文件内容进行读取。

另外,还可以通过 openRawFile()方法打开资源文件,并获得其 Resource 资源对象。通过 Resource 资源对象即可读取其二进制数据。

```
RawFileEntry entry = getResourceManager()
        .getRawFileEntry("resources/rawfile/icon.png");
```

```
try {
    //打开资源文件
    Resource resource = entry.openRawFile();
    //通过 available()方法获得文件长度
    int length = resource.available();
    //创建 Byte[]对象保存文件内容数据
    Byte[] Bytes = new Byte[length];
    //读取文件内容数据
    resource.read(Bytes, 0, length);
} catch (IOException e) {
    e.printStackTrace();
}
```

3.4.2　常见应用资源的使用方法

本节介绍字符串资源、颜色资源和可绘制资源这 3 种常见应用资源的使用方法。

1. 字符串资源

字符串资源是最为常见的应用资源。字符串资源属于元素资源的一种。元素资源都是以键值对的方式存储在 JSON 文件中。

例如,在默认情况下,鸿蒙应用程序自动生成 resource/element/string.json 文件用于存储字符串资源,代码如下:

```
{
  "string": [
    {
      "name": "app_name",
      "value": "HelloWorld"
    },
    {
      "name": "mainability_description",
      "value": "Java_Phone_Empty Feature Ability"
    }
  ]
}
```

默认情况下,string.json 中包括了 app_name 和 mainability_description 两个字符串资源。键入 app_name 字符串资源的值为 HelloWorld。

随后,就可以在文本组件中使用这个字符串资源了,代码如下:

```
< Text
    ohos:text = " $ string:app_name"
    …
/>
```

当然,也可以在 Java 代码中直接通过文本组件的 setText 方法设置字符串,代码如下:

```
Text text = new Text(getContext());
text.setText(ResourceTable.String_app_name);
```

如果仅希望获得这个字符串的值,则需要注意捕获异常,代码如下:

```
try {
    String strAppName = getResourceManager()
            .getElement(ResourceTable.String_app_name)
            .getString();
    HiLog.info(logLabel, strAppName);
} catch (Exception e) {
    HiLog.info(logLabel, e.toString());
}
```

所有的资源都是通过资源管理器(ResourceManager)获取的。在 Ability 或 AbilitySlice 中,通过 getResourceManager()方法即可获取资源管理器对象。

资源管理器对象的常用方法包括:

(1) getRawFileEntry(String path):获取 rawFile 资源。

(2) getElement(int resid):获取元素资源,随后可通过 Element 对象具体的 get 方法获取细分资源类型对象。

(3) getDeviceCapability():获取设备能力(设备类型、屏幕密度、高度、宽度、是否为圆形屏幕等)。

(4) getResource(int resid):获取资源对象,进而可以获得其二进制数据。

(5) getMediaPath(int resid):获得媒体资源的路径。

2. 颜色资源

与字符串资源类似,但是需要在 resource/element 目录下手动创建一个名为 color.json 的颜色资源文件,然后添加一个名为热情粉色的颜色,代码如下:

```
{
  "color":[
    {
      "name":"hotpink",
      "value":"#FF69B4"
    }
  ]
}
```

颜色资源支持 4 种颜色值形式:

(1) #RGB,分别用 1 位十六进制数代表红(R)、绿(G)、蓝(B)的值。

(2) #ARGB 分别用 1 位十六进制数代表红(R)、绿(G)、蓝(B)的值,以及色彩的透明度(A)。

(3)＃RRGGBB 分别用 2 位十六进制数代表红(R)、绿(G)、蓝(B)的值。

(4)＃AARRGGBB 分别用 2 位十六进制数代表红(R)、绿(G)、蓝(B)的值,以及色彩的透明度(A)。

注意:在颜色值中色彩的透明度在整个颜色值的最前端。在许多其他编程环境中,颜色值可能在最后端,需要注意区分。

随后,就可以在 Java 代码中使用这种颜色了,代码如下:

```java
try {
    int hotPink = getResourceManager()
            .getElement(ResourceTable.Color_hotpink)
            .getColor();
    text.setTextColor(new Color(hotPink));
} catch (Exception e) {
    HiLog.info(label, e.toString());
}
```

注意,这里的 Color 类的包名为 ohos. agp. utils,不要与 ohos. agp. colors. Color 类相混淆。

另外,在这个 Color 类中还包含了许多预置颜色,如表 3-3 所示。

表 3-3 Color 预置颜色

常 量	名 称	颜 色 值
Color. BLACK	黑色	0xFF000000
Color. DKGRAY	暗灰色	0xFF444444
Color. GRAY	灰色	0xFF808080
Color. LTGRAY	亮灰色	0xFFCCCCCC
Color. RED	红色	0xFFFF0000
Color. MAGENTA	品红	0xFFFF00FF
Color. YELLOW	黄色	0xFFFFFF00
Color. GREEN	绿色	0xFF00FF00
Color. CYAN	青色	0xFF00FFFF
Color. BLUE	蓝色	0xFF0000FF
Color. WHITE	白色	0xFFFFFFFF
Color. TRANSPARENT	透明色	0x00000000

例如,可以通过这些常量设置状态栏和底部虚拟按键的背景颜色,代码如下:

```java
//设置状态栏可见
getWindow().setStatusBarVisibility(Component.VISIBLE);
//将状态栏颜色设置为蓝色背景
getWindow().setStatusBarColor(Color.BLUE.getValue());
```

```
//将底部虚拟按键设置为红色背景
getWindow().setNavigationBarColor(Color.RED.getValue());
```

3. 可绘制资源

在默认的鸿蒙应用程序工程中,包含了一个默认的可绘制资源 background_ability_main,
代码如下:

```
<?xml version = "1.0" encoding = "UTF - 8" ?>
 < shape xmlns:ohos = "http://schemas.huawei.com/res/ohos"
        ohos:shape = "rectangle">
    < solid
        ohos:color = " #FFFFFF"/>
</shape>
```

在 Java 代码中,应用这个可绘制资源的代码如下:

```
ShapeElement shapeElement = new ShapeElement(getContext(), ResourceTable.Graphic_background
_ability_main);
```

ShapeElement 为形状元素,继承于 ohos.agp.components.element.Element 类(注意
不要和元素资源类 ohos.global.resource.Element 类混淆)。

1) 形状元素的类型

通过形状元素可以定义 5 种类型的形状:Rectangle(矩形)、Oval(椭圆)、Line(直线)、
Arc(弧线)和 Path(线段)。这些形状类型由 ShapeElement 的 5 个常量所定义。通过
ShapeElement 对象的 setShape 方法即可设置其形状元素类型。

例如,将一个组件的背景设置为红色椭圆的代码如下:

```
Component component = new Component(this);          //创建组件对象
ShapeElement element = new ShapeElement();          //创建形状元素对象
element.setShape(ShapeElement.OVAL);                //将形状元素设置为椭圆
element.setRgbColor(new RgbColor(255, 0, 0));       //将形状元素的颜色设置为红色
component.setBackground(element);                   //将背景设置为 element
```

上述代码的最终显示效果如图 3-25 所示。

另外,还可以在矩形的椭圆形状元素上设置圆角,代码如下:

```
element.setShape(ShapeElement.RECTANGLE);
element.setCornerRadius(50);
```

此时,将其设置为组件的背景,其显示效果如图 3-26 所示。

图 3-25 椭圆形状元素

图 3-26 带圆角的矩形形状元素

2) 形状元素的渐变色

形状元素除了可以设置单一的色彩以外,还可以将其设置为渐变色。通过 setRgbColors 方法设置颜色数组;通过 setShaderType 方法设置渐变类型。

渐变类型包括 3 类,如图 3-27 所示。

- 线性渐变(LINEAR_GRADIENT_SHADER_TYPE):沿着某个方向进行渐变。
- 辐射渐变(RADIAL_GRADIENT_SHADER_TYPE):从中央向四周进行渐变。
- 梯度渐变(SWEEP_GRADIENT_SHADER_TYPE):沿圆周进行渐变。

线性渐变　　　　　　　辐射渐变　　　　　　　梯度渐变

图 3-27 渐变类型

在线性渐变中,通过 setOrientation 方法可以设置线性渐变的方向。例如,一个典型的线性渐变矩形的代码如下:

```
ShapeElement element = new ShapeElement();                      //创建形状元素 element 对象
RgbColor[] colors = new RgbColor[3];
colors[0] = new RgbColor(255, 0, 0);                           //红色
colors[1] = new RgbColor(0, 255, 0);                           //绿色
colors[2] = new RgbColor(0, 0, 255);                           //蓝色
element.setRgbColors(colors);                                  //将 element 设置为渐变色
element.setShaderType(ShapeElement.LINEAR_GRADIENT_SHADER_TYPE);         //线性渐变
element.setOrientation(ShapeElement.Orientation.TOP_END_TO_BOTTOM_START);   //渐变方向
```

将该形状元素设置为组件的背景,显示效果如图 3-28 所示。

3) PixelMap 元素

通过 PixelMap 元素可以为组件设置图像背景。首先,需要获取 PixelMap 的 Resource 资源对象;然后创建 PixelMap 元素,并将 PixelMap 传入该对象;最后将该 PixelMap 元素设置为组件背景。

图 3-28 线性渐变形状元素

创建 PixelMap 元素的典型代码如下：

```
try {
    Resource pixmapRes = getResourceManager().getResource(ResourceTable.Media_icon);
    PixelMapElement element = new PixelMapElement(pixmapRes);
    component.setBackground(element);
} catch (Exception e) {
    e.printStackTrace();
}
```

3.4.3 限定词与国际化

1. 限定词

在之前的学习中，将图标、字符串等应用资源放置到 base 目录中。实际上，可以通过限定词的方式创建更多的资源目录，以适配不同的屏幕密度、不同的语言区域。

限定词可以包含以下几个部分：

（1）语言：语言类型，用 2 个小写字母组成（采用 ISO 639-1 标准）。例如，zh 表示中文，en 表示英文。

（2）文字：文字类型，由 1 个大写字母和 3 个小写字母组成（采用 ISO 15924 标准）。例如，Hans 表示简体中文，Hant 表示繁体中文。

（3）国家或地区：国家或地区编码，由 2～3 个大写字母或者 3 个数字组成（采用 ISO 3166-1 标准）。例如，CN 表示中国，US 表示美国，JP 表示日本。

（4）横竖屏：横屏（Horizontal）或竖屏（Vertical）。

（5）设备类型：手机（Phone）、可穿戴设备（Wearable）、智慧屏（TV）等。

（6）屏幕密度：包含 sdpi、mdpi、ldpi、xldpi、xxldpi、xxxldpi 等分级。每个分级都代表了一定的屏幕密度（DPI 或 PPI）的范围，各分级所代表的 DPI 范围如图 3-29 所示。

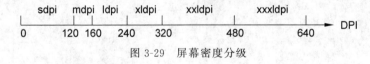

图 3-29　屏幕密度分级

限定词之间使用"-"或"_"连接。例如，可以创建限定词名为 zh_Hans_CN_vertical-phone-mdpi 目录。此时，该目录下的资源文件将在设备使用简体中文，所在国家为中国，设备类型为手机，屏幕为竖屏，且屏幕密度介于 120～160 时匹配使用。

注意：在匹配限定词时，各个限定词组成部分优先级从高到低依次为区域（语言、文字、国家或地区）> 横竖屏 > 设备类型 > 屏幕密度。

2. 国际化

接下来，以语言文字的国际化为例，介绍限定词的使用方法。

首先，在 resources 目录下，分别创建 en、zh_Hans 和 zh_Hant 限定词目录，然后分别在这 3 个目录下创建 element 目录以及 element/string.json 文件，如图 3-30 所示。

图 3-30　国际化字符串资源文件

修改 en/element/string.json 文件，代码如下：

```
//chapter3/PageNavigationImplicit/entry/src/main/resources/en/element/string.json
{
  "string": [
    {
      "name": "harmonyos",
      "value": "HarmonyOS"
    }
  ]
}
```

修改 zh_Hans/element/string.json 文件，代码如下：

```
//chapter3/PageNavigationImplicit/entry/src/main/resources/zh_Hans/element/string.json
{
  "string": [
    {
      "name": "harmonyos",
      "value": "鸿蒙操作系统"
    }
  ]
}
```

修改 zh_Hant/element/string.json 文件，代码如下：

```
//chapter3/PageNavigationImplicit/entry/src/main/resources/zh_Hant/element/string.json
{
  "string": [
    {
      "name": "harmonyos",
      "value": "鴻濛作業系統"
    }
  ]
}
```

最后,将某个文本组件的内容设置为 harmonyos 字符串资源,代码如下:

```
text.setText(ResourceTable.String_harmonyos);
```

编译并运行程序,在鸿蒙操作系统中,进入【设置】→【系统与更新】→【语言与输入法】→【语言与地区】,切换【语言】选项为繁体中文、简体中文和英文。此时,上述文本组件中的显示内容会随着系统语言的变化而发生变化,如图 3-31 所示。

图 3-31 国际化显示效果

注意:上例中仅以语言文字的国际化为例介绍了限定词的使用方法。实际上,国际化的含义远超过翻译语言文字的范畴,还需要考虑到语言文字的方向(RTL、LTR)、布局和图标的方向、图片的禁忌等方面。绝大多数的国际化因素可以通过限定词的方式指定符合要求的资源文字。

3.5 本章小结

通过本章的学习,已经基本全面地了解了用户界面编程的基础知识。这主要包括:通过 XML 文件和 Java 代码的形式构建用户界面;使用 Page 和 AbilitySlice 的声明周期方法;了解 Page 栈和 AbilitySlice 栈及其作用;Page 和 AbilitySlice 的跳转;应用资源和限定词的使用方法。

通过这些知识,读者已经可以根据用户的需求构思和创建一个鸿蒙应用程序的框架了,但是,要做到无障碍开发还存在一定的距离。在用户界面方面,读者还需要掌握常见组件和布局的用法,希望读者继续学习下一章节的内容。为了达到炉火纯青、出神入化的开发水平,请大家继续加油学习吧!

第 4 章

Java UI 设计

优秀的应用程序一定拥有一个良好的用户界面(User Interface,UI)。UI 设计最为重要的两个原则为易用性原则和美观性原则。易用性原则就是要求界面要以用户为中心,突出重点信息和常用控件。美观性原则就是要通过协调的布局、和谐的配色和美观的字体等方面让界面赏心悦目。这个追求"颜值"的时代对 UI 设计提出了更高的要求。

通过第 1 章的学习我们知道,鸿蒙操作系统通过 ACE 为开发者提供了两种应用程序的开发方案:Java 和 JavaScript。在 UI 设计上,也对应地提供了 Java UI 和 JavaScript UI 两种设计方案。这两种 UI 设计方案具有很大的技术性差异。本章全面介绍 Java UI 的设计方法,第 5 章则将详细介绍 JavaScript UI 设计方法。

对于很多大型项目来讲,往往存在分工明确的角色:设计师和开发者。设计师首先提供一个美观的界面蓝图,而开发者的任务则是通过技术手段实现 UI。对于 UI 设计的相关规范,设计师可以参见鸿蒙官方网站的设计页面(https://developer.harmonyos.com/cn/design)。由于篇幅有限,本书更加倾向面向开发者介绍 UI 的技术实现。

千里之行始于足下。本章首先详细讲解常见的组件和布局,随后介绍对话框、组件动画等更多高级内容。本章所有的代码都集中在实例代码的 Java UI 工程中,读者可以先编译并运行该项目看一看本章实现的 UI 效果。

4.1　详细讲解组件

组件提供了细粒度的用户界面单元,每个组件用于完成特定的显示、交互或布局功能。在 Java UI 中,提供了 3 类组件:

(1) 布局类组件:也被称为布局或组件容器,为用户界面的"骨架",将在 4.2 节中详细介绍其用法。

(2) 显示类组件:用于显示数据内容,一般不承担用户交互功能,包括文本(Text)、图像(Image)、时钟(Clock)、计时器(TickTimer)、进度条(ProgressBar)、圆形进度条(RoundProgressBar)等。

(3) 交互类组件:用于用户交互,同时也可以展示部分数据内容,包括文本框(TextField)、按钮（Button）、复选框（Checkbox）、单选框（RadioButton）、开关（Switch）、开关按钮（ToggleButton）、滑块（Slider）、评级（Rating）等。

　　狭义的组件概念仅包含显示类组件和交互类组件，本节也主要介绍这两部分的组件用法。用户界面的核心为交互，而交互包含了"从界面到人"的输出部分和"从人到界面"的输入部分。显示类组件通常承载输出功能，而交互类组件则通常承载输入功能。

　　所有的组件都直接或间接继承自 Component 类，常见的组件及其继承关系如图 4-1 所示。

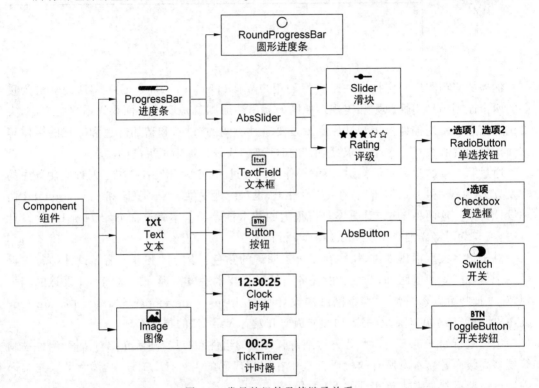

图 4-1　常见的组件及其继承关系

　　包括 Component 类在内，所有的组件类都存在于 ohos. agp. components 包内，因此在使用时不要与相关的类混淆。例如，Text 组件类为 ohos. agp. components. Text，而不是ohos. ai. cv. text. Text；Image 组件类为 ohos. agp. components. Image，而不是 ohos.media. image. Image。

　　为了学习方便，本节首先介绍组件的通用属性、方法和监听器，然后按照常用与否深入浅出地介绍各个组件的用法。

4.1.1　组件的创建及其常用属性

　　本节首先介绍组件的创建，然后介绍组件基类 Component 类中常见的属性。这些属性几乎适用于所有的组件类型。

1. 组件的创建

在 Java 代码中创建一个组件非常方便,只需调用相应的构造方法,并传入当前的上下文对象。例如,创建一个文本组件的代码如下:

```
Text text = new Text(this);
```

这里的上下文对象(Context)包含了当前操作系统和应用程序的相关信息。根据这些信息,组件可以进行相应适配和响应。事实上,Context 实际上是一个接口,Ability、AbilitySlice、AbilityPackage 等类均实现了这个接口。

在 XML 布局文件中,1 个标签即为 1 个组件。方便的是,在组件标签中,可以同时设置很多组件的属性,这一点要比 Java 代码创建组件方便得多。

2. 组件的可见性

组件的可见性由 visibility 属性定义,而该属性的值由 Component 类中的静态常量所定义,包括可见(Visible)、不可见(Invisible)、隐藏(Hide)三类。

默认情况下,组件的可见性为可见,此时该组件可以正常显示在用户界面中。当组件的可见性为不可见(Invisible)或隐藏(Hide)时,用户将无法看到这个组件了。不同的是,当组件为不可见(Invisible)时,布局会保留该组件所占用的屏幕空间,而当组件隐藏(Hide)时,窗口将不会为该组件保留它所占有的屏幕空间,如图 4-2 所示。

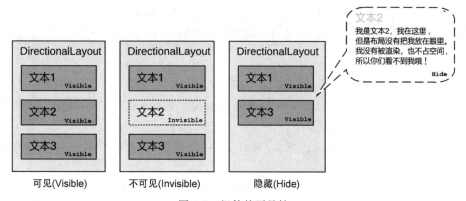

图 4-2 组件的可见性

在 Java 中可通过 setVisibility 方法设置组件的可见性,代码如下:

```
component.setVisibility(Component.VISIBLE);
```

在 XML 文件中,可通过 visibility 属性设置组件的可见性,代码如下:

```
< Component
    ohos:visibility = "visible"
    …
/>
```

注意：不要混淆组件的可见性和组件的可用性的概念。组件的可用性(enabled)是指组件是否能够响应用户的操作,可以通过 setEnabled(Boolean enabled)方法进行设置。

3．布局方向

在不同的语言和文化中,阅读方向包括了从左到右(Left to Right,LTR)和从右到左(Right to Left,RTL)两类,如图 4-3 所示。从左到右书写的语言文字包括汉语、英语、日语等,从右到左书写的语言文字包括古汉语、阿拉伯语、希伯来语等,因此,组件的排布方向应当与文字的书写方向一致,与阅读方向一致。

汉语(方向: LTR)　　　　　　　阿拉伯语(方向: RTL)

图 4-3　组件的布局方向

在 Java 代码中,可通过 setLayoutDirection 和 getLayoutDirection 方法设置和获取布局方向。在 XML 文件中,可通过 layout_direction 属性设置布局方向。布局方向包括从右到左(RTL)、从左到右(LTR)、继承所在布局的布局方向(INHERIT)、根据设备语言文字的布局方向(LOCALE)4 个选项。

如此一来,为了能够让组件适应 LTR 和 RTL 两种布局方向,涉及方位的属性多两个重要概念:起始侧和结束侧。

(1) 起始侧(start):在 LTR 方向中,起始侧为左侧;在 RTL 方向中,起始侧为右侧。

(2) 结束侧(end):在 LTR 方向中,结束侧为右侧;在 RTL 方向中,结束侧为左侧。

这两个概念在内边距、外边距、依赖布局组件关系等属性中会经常遇到。

4．内边距和外边距

为了能够排列出美观协调的用户界面,组件和组件之间一般不会紧密相连,而是存在一定的距离,这个距离一般通过外边距(margin)进行设置,而在组件内部,通常包含内容和背景图形两部分,例如一个按钮往往包括了按钮文字(内容)和按钮图形(背景图形)。组件内容和组件的背景图形往往存在一条边距,称为内边距(padding)。

4 个方位的内边距和外边距组成了盒子模型,如图 4-4 所示。

外边距定义了组件与组件之间的关系,内边距定义了组件内容和组件背景之间的关系。

通常外边距不受组件的控制,而内边距处于组件边界(border)的内部,其显示效果应当由组件本身负责。例如,当对某个组件设置背景颜色时,在内边距的范围内显示该背景颜色,而在外边距的范围内则不显示背景颜色。

外边距和内边距包含了4个方向:上侧(top)、下侧(bottom)、左侧(left)和右侧(right)。除此之外,还包括国际化布局中的起始侧(start)和结束侧(end),因此,在XML布局中,用于设置边距的组件属性如表4-1所示。

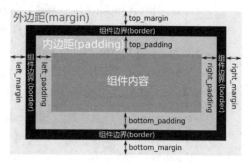

图 4-4 组件的内边距和外边距

表 4-1 用于设置边距的组件属性

组 件 属 性	描　　述	组 件 属 性	描　　述
padding	4个方向的内边距	margin	4个方向的外边距
top_padding	上侧内边距	top_margin	上侧外边距
bottom_padding	下侧内边距	bottom_margin	下侧外边距
left_padding	左侧内边距	left_margin	左侧外边距
right_padding	右侧内边距	right_margin	右侧外边距
start_padding	起始侧内边距	start_margin	起始侧外边距
end_padding	结束侧内边距	end_margin	结束侧外边距

例如,可以在XML布局文件中设置某个组件的内边距为4vp,代码如下:

```
< Component
    ohos:height = "match_content"
    ohos:width = "match_content"
    ohos:padding = "4vp"/>
```

以下代码与上面代码的显示效果相同:

```
< Component
    ohos:height = "match_content"
    ohos:width = "match_content"
    ohos:left_padding = "4vp"
    ohos:right_padding = "4vp"
    ohos:top_padding = "4vp"
    ohos:bottom_padding = "4vp"/>
```

当然,通过以下方法可以在Java代码中设置组件的边距:

- setMarginTop(int top):设置组件的上侧外边距。

- setMarginBottom(int bottom)：设置组件的下侧外边距。
- setMarginLeft(int left)：设置组件的左侧外边距。
- setMarginRight(int right)：设置组件的右侧外边距。
- setMarginsLeftAndRight(int left,int right)：同时设置组件的左侧和右侧外边距。
- setMarginsTopAndBottom(int top,int bottom)：同时设置组件的上侧和下侧外边距。
- setPaddingTop(int top)：设置组件的上侧内边距。
- setPaddingBottom(int bottom)：设置组件的下侧内边距。
- setPaddingLeft(int left)：设置组件的左侧内边距。
- setPaddingRight(int right)：设置组件的右侧内边距。
- setHorizontalPadding(int left,int right)：同时设置组件的左侧和右侧内边距。
- setVerticalPadding(int top,int bottom)：同时设置组件的上侧和下侧内边距。
- setPadding(int left,int top,int right,int bottom)：同时设置组件在 4 个方向(左侧、上侧、右侧和下侧)上的内边距。
- setPaddingRelative(int start,int top,int end,int bottom)：同时设置组件在 4 个方向(起始侧、上侧、结束侧和下侧)上的内边距。

对于文字来讲，还有一个容易被混淆的属性 padding_for_text,默认值为 true。当该属性为 true 时,会在文字的上方和下方增加一些空隙使其美观(仅适用于单行文字的组件),如图 4-5 所示。在 Java 代码中,可以通过 setPaddingForText(boolean hasPadding)方法设置该属性。

ohos:padding_for_text="true"   ohos:padding_for_text="false"

图 4-5　padding_for_text 属性

4.1.2　事件监听器与组件状态

事件监听器是一座桥梁,承载着交互信息的传递,因此事件监听器多用于交互类组件,捕获用户的各类操作。

1. 交互的使者：事件监听器

这里的事件包括了两类事件:一是用户操作类事件,二是组件的状态改变类事件。对于用户的操作事件来讲,根据操作方式的不同,又分为按键类事件和触摸类事件。对于触摸类事件来讲,又可以细分为单击类和手势类事件。组件基类 Component 定义的事件类型及监听器方法如表 4-2 所示。

表 4-2　组件基类 Component 定义的事件类型及监听器方法

类型	事件类型	监听器接口	设 置 方 法	监听器接口方法
按键类	按键	KeyEventListener	setKeyEventListener	• onKeyEvent
触摸类	触摸	TouchEventListener	setTouchEventListener	• onTouchEvent
触摸类-单击类	单击	ClickedListener	setClickedListener	• onClick
	双击	DoubleClickedListener	setDoubleClickedListener	• onDoubleClick
	长按	LongClickedListener	setLongClickedListener	• onLongClicked
触摸类-手势类	拖动	DraggedListener	setDraggedListener	• onDragDown • onDragStart • onDragUpdate • onDragEnd • onDragCancel • onDragPreAccept
	旋转	RotationEventListener	setRotationEventListener	• onRotationEvent
	缩放	ScaledListener	setScaledListener	• onScaleStart • onScaleUpdate • onScaleEnd
	滑动	ScrolledListener	setScrolledListener	• onContentScrolled
状态改变类	绑定状态变化	BindStateChanged-Listener	setBindStateChanged-Listener	• onComponentBound-ToWindow • onComponentUnbound-FromWindow
	组件状态变化	ComponentState-ChangedListener	setFocusChangedListener	• onComponentState-Changed
	焦点变化	FocusChangedListener	setComponentState-ChangedListener	• onFocusChange

注意：绑定状态指的是组件是否被加入布局的状态。当组件被加入或被移出布局时，组件的绑定状态会发生变化，并触发绑定状态变化监听器。

所有的监听器都由接口定义，在实现监听器接口时要实现具体的接口方法。在第 3 章中，采用匿名内部类的方式实现了单击事件的监听。事实上，实现监听器包括以下 3 种方式：

1）匿名内部类法

匿名内部类法是通过匿名内部类的方式实现监听器接口，并实现相应的监听接口方法。然后，将这个匿名内部类的对象传入相应的组件监听器设置方法中。这种方法的优势在于可以在获取组件对象时紧接着实现监听方法，非常直观和具体。

另外，还可以使用 Java 的 Lambda 表达式特性来简化匿名内部类的写法，从而达到简化代码的目的。例如，下面的两段代码的功能是相同的。

传统的匿名内部类定义监听器的方法，代码如下：

```
button.setClickedListener(new Component.ClickedListener() {
    @Override
    public void onClick(Component component) {
        HiLog.info(sLogLabel, "Button Clicked!");
    }
});
```

使用 Lambda 表达式定义监听器的方法,代码如下:

```
button.setClickedListener((Component component) -> {
    HiLog.info(sLogLabel, "Button Clicked!");
});
```

使用 Lambda 表达式后就非常简洁和方便了。在本书中首选采用匿名内部类法。这种方法虽然并不是最佳选择,但是方便把 1 个功能独立出来,方便排版和阅读。在实际应用中,如果多个组件均需要同一个监听器,可以考虑使用接口实现法。

2) 接口实现法

接口实现法是在组件所在的 AbilitySlice 类实现监听器接口,并实现相应的监听接口方法。然后,将 AbilitySlice 的 this 对象传入相应的组件监听器设置方法中。

这种方式并不是很直观,但是可以同时处理多个组件的同一事件。例如,可以通过一个单击监听器处理两个按钮的单击事件,代码如下:

```
public class MainAbilitySlice extends AbilitySlice implements Component.ClickedListener {

    @Override
    protected void onStart(Intent intent) {
        super.onStart(intent);

        //为第 1 个按钮设置单击监听器
        Button button1 = (Button) findComponentById(ResourceTable.Id_button1);
        button1.setClickedListener(this);
        //为第 2 个按钮设置单击监听器
        Button button2 = (Button) findComponentById(ResourceTable.Id_button2);
        button2.setClickedListener(this);
        ...
    }
    ...

    @Override
    public void onClick(Component component) {
        switch (component.getId()) {
            case ResourceTable.Id_button1:
```

```
                    //TODO：处理单击第 1 个按钮的业务逻辑
                    break;
            case ResourceTable.Id_button2:
                    //TODO：处理单击第 2 个按钮的业务逻辑
                    break;
            ...
        }
    }
}
```

3）外部类法

通过外部类的方式实现监听器接口，并实现相应的监听接口方法。然后，创建这个外部类对象，并将该对象传入相应的组件监听器设置方法中。

使用该方法定义监听器需要多创建一个 Java 文件，可能使业务逻辑过于零散，因此通常并不推荐开发者使用这种方法。不过，如果在多个 AbilitySlice 甚至是多个 Page 中需要同样的监听器处理某些业务逻辑，则这种方法也不妨一试。

在必要的时候，可以通过一些代码允许或禁止事件监听器捕获用户的动作。例如，允许组件的单击、长按、滑动、焦点改变的事件监听的相关方法的代码如下：

```
text.setClickable(true);                     //允许捕捉单击事件
text.setLongClickable(true);                 //允许捕捉长按事件
text.setScrollable(true);                    //允许捕捉滑动事件
text.setTouchFocusable(true);                //允许触摸改变焦点状态
text.setFocusable(Component.FOCUS_ENABLE);   //允许焦点改变
```

上述监听器是组件的通用监听器，具体类型的组件还包括了相应的监听器类型。

值得注意的是，在这些监听器中并不处在鸿蒙应用程序的主线程，而组件的界面更新一定要在主线程中完成，因此开发者可以通过以下代码回到主线程更新 UI，代码如下：

```
getUITaskDispatcher().asyncDispatch(new Runnable() {
    @Override
    public void run() {
        //在此处更新 UI 界面
    }
});
```

注意：在回到主线程更新 UI 时，如果存在需要应用监听器（或其他外部类）中的数据，则需要在变量上加上 final 修饰符。

2．组件状态

组件状态包括空状态、按下状态、选中状态、禁用状态等，如表 4-3 所示。在 Java 中，组件状态由 ComponentState 类的静态常量进行定义。默认情况下，组件的状态为空状态。

当组件被单击时,状态会被切换到按下状态。在组件状态发生变化时,会触发组件状态改变监听器。

表 4-3　组件状态

组件状态(Java)	组件状态(XML)	状 态 类 型
COMPONENT_STATE_EMPTY	component_state_empty	空
COMPONENT_STATE_HOVERED	component_state_hovered	悬停
COMPONENT_STATE_FOCUSED	component_state_focused	焦点
COMPONENT_STATE_PRESSED	component_state_pressed	按下
COMPONENT_STATE_CHECKED	component_state_checked	选中(Check)
COMPONENT_STATE_SELECTED	component_state_selected	选中(Select)
COMPONENT_STATE_DISABLED	component_state_disabled	禁用

在表 4-3 中,悬停状态是指鼠标停留在组件上的状态,对于仅支持触摸的设备来讲不会切换到该状态。焦点状态会在下文中进行详细介绍。选中(Check)状态适用于复选框(Checkbox)等组件。选中(Select)状态适用于单选按钮(RadioButton)、开关按钮(ToggleButton)等组件。

这里介绍可绘制资源中的< state-container >元素,通过< state-container >元素为按钮组件设置不同状态下的背景图形,用于演示切换组件的不同状态。

首先,在 Entry HAP 下的. /src/main/resources/base/graphic 目录下创建 background_button_state_container. xml 文件,代码如下:

```
//chapter4/JavaUI/entry/src/main/resources/base/graphic/background_button_state_
//container.xml
<?xml version = "1.0" encoding = "utf-8"?>
<state-container xmlns:ohos = "http://schemas.huawei.com/res/ohos">
    <item ohos:state = "component_state_pressed" ohos:element = "#FF0000"/> <!-- 按下时为
红色 -->
    <item ohos:state = "component_state_disabled" ohos:element = "#888888"/> <!-- 禁用时为
灰色 -->
    <item ohos:state = "component_state_empty" ohos:element = "#0000FF"/> <!-- 蓝色 -->
</state-container>
```

在< state-container >元素下的每个< item >子元素都代表了一个组件状态及其背景元素。在上面的代码中,分别为组件的空状态、按下状态和禁用状态设置了不同颜色的背景颜色。

注意:这里的 ohos:element 属性还可以引用另外的可绘制资源 XML 文件。

然后,在布局文件中,将按钮的背景设置为 $ graphic:background_button_state_container,代码如下:

```
//chapter4/JavaUI/entry/src/main/resources/base/layout/slice_component_state.xml
<?xml version = "1.0" encoding = "utf-8"?>
```

```
< DirectionalLayout
    xmlns:ohos = "http://schemas. huawei.com/res/ohos"
    ohos:height = "match_parent"
    ohos:width = "match_parent"
    ohos:orientation = "vertical">

    < Button
        ohos:id = " $ + id:button_with_state_container"
        ohos:height = "match_content"
        ohos:width = "match_parent"
        ohos:text = "单击我试一下"
        ohos:text_size = "20vp"
        ohos:margin = "4vp"
        ohos:background_element = " $ graphic:background_button_state_container"/>

    < Button
        ohos:id = " $ + id:button_with_state_container"
        ohos:height = "match_content"
        ohos:width = "match_parent"
        ohos:text = "单击我试一下"
        ohos:text_size = "20vp"
        ohos:margin = "4vp"
        ohos:background_element = " $ graphic:background_button_state_container"
        ohos:enabled = "false"/>

</DirectionalLayout >
```

编译并运行该程序,可以发现第一个按钮在默认的情况下背景颜色为蓝色,并且当按钮按下时背景颜色切换为红色,而第二个按钮为禁用状态(即该按钮包含 ohos:enabled = "false"属性),其背景颜色显示为灰色,如图 4-6 所示。

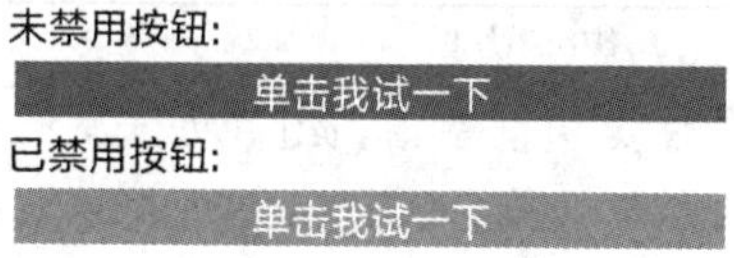

未禁用按钮:

单击我试一下

已禁用按钮:

单击我试一下

图 4-6　根据组件状态设置不同的背景

3. 组件焦点

组件焦点(Focus)是指当前用户界面中被用户关注的组件位置。在一个用户界面中,最多仅能有 1 个组件处在焦点状态。在非触摸设备(例如智慧屏等)中,组件焦点就是用户利用遥控器操作的光标位置,因此,突出显示具有焦点的组件非常重要。在手机等触摸设备中,当用户在文本框(TextField)中输入信息时,该文本框也具有焦点。

1) 定义组件是否可以具有焦点

组件的焦点定义由 Component 类的 3 个静态常量所定义:

- FOCUS_ADAPTABLE:根据组件类型确定组件是否可以具有焦点。
- FOCUS_DISABLE:不能具有焦点。
- FOCUS_ENABLE:可以具有焦点。

　　然后,可以通过 setFocusable(int focusable)和 getFocusable()方法控制组件是否可以具有焦点。另外,在 XML 文件中,支持通过 ohos:focusable 属性设置组件是否可以具有焦点,其值可以为 focus_adaptable、focus_disable 和 focus_enable。

　　另外,通过组件的 setTouchFocusable(Boolean focusable)和 isTouchFocusable()方法,可以用于设置和获取是否能通过触摸的方式改变组件的焦点。

　　2) 焦点控制

　　常用的焦点控制方法如下:

　　(1) isFocused():判断组件当前是否具有焦点。

　　(2) hasFocus():判断组件(布局)内部是否存在具有焦点的组件。

　　(3) clearFocus():移除焦点。

　　(4) findFocus():返回组件(布局)内部具有焦点的组件对象。

　　(5) requestFocus():请求获取焦点。

　　(6) findRequestNextFocus(int side):请求在指定方向的下一个组件获取焦点。

　　(7) findNextFocusableComponent(int side):获取在指定方向上能够获取焦点的组件对象。

　　(8) setUserNextFocus(int side,int id):设置在指定方向上自定义下一个获取焦点的组件。

　　最后 3 种方法是为了非触摸屏设备(例如智慧屏)服务的,其中 side 参数用于指定遥控器上的方向键,由 Component 类的静态常量所定义,包括向上(FOCUS_SIDE_TOP)、向下(FOCUS_SIDE_BOTTOM)、向左(FOCUS_SIDE_LEFT)和向右(FOCUS_SIDE_RIGHT)。

　　3) 焦点边框

　　焦点边框是指当组件处于焦点时,出现边框用于提示用户焦点所处的位置,其常用的设置方法和 XML 组件元素的属性如表 4-4 所示。

表 4-4　焦点边框的设置

设置方法(Java)	设置属性(XML)	描　　述
setFocusBorderEnable(boolean enabled)	focus_border_enable	设置焦点边框的可用性
setFocusBorderPadding(int padding)	focus_border_padding	设置焦点边框的内边距
setFocusBorderRadius(float radius)	focus_border_radius	设置焦点边框的圆角半径
setFocusBorderRadius(float[] radii)	—	分别设置焦点边框的 4 个圆角半径
setFocusBorderWidth(int width)	focus_border_width	设置焦点边框的宽度

4min

4.1.3　最常用的显示类组件:文本组件

　　文本组件是用来显示文本(Text)的组件。读者一定不会对文本组件感到陌生,因为绝大多数应用程序不会离开这个组件的身影,是最简单的显示类组件,而且按钮和文本框等许多常用的组件都是文本组件的子类,因此,掌握文本组件的属性和方法非常重要。本节介绍文本组件中常用的属性及其用法。

1. 文本组件的基本用法

在上一章中,已经大量用到了文本组件。这里介绍一些常用的文本组件属性设置方法。涉及文本内容的相关设置方法和 XML 属性如表 4-5 所示。

表 4-5 文本组件中与文本内容相关的设置

设置方法(Java)	设置属性(XML)	描　　述
setText(int resId) setText(String text)	text	设置文本内容,可以通过字符串资源的 ID 引用方式和字符串对象方式进行设置
setTextColor(Color color)	text_color	设置文本颜色
setTextSize(int size) setTextSize(int size, Text. TextSizeType textSizeType)	text_size	设置文本尺寸。可以通过 TextSizeType 设置尺寸的类型,包括 PX、VP 和 FP 类型
setFont(Font font)	text_font	设置文本字体(可以设置粗细)
setTextAlignment(int textAlignment)	text_alignment	设置文本对齐方式
setMultipleLine(boolean multiple)	multiple_lines	设置文本是否可以拆行(多行显示)
setMaxTextLines(int maxLines)	max_text_lines	在可多行显示时,设置文本显示最多的行数

在表 4-5 中,文本对齐方式由 TextAlignment 类中的静态常量进行定义,包含靠左(LEFT)、水平居中(HORIZONTAL_CENTER)、靠右(RIGHT)、靠上(TOP)、垂直居中(VERTICAL_CENTER)、居中(CENTER)、靠下(BOTTOM)、靠起始侧(START)、靠结束侧(END)。

另外,在 xml 布局文件中,设置文本组件的 italic 属性为 true 可以将文本字体设置为斜体。

接下来,定义一些文本组件进行测试,典型的代码如下:

```
//chapter4/JavaUI/entry/src/main/resources/base/layout/slice_component_text.xml
< Text
    ohos:height = "match_content"
    ohos:width = "match_content"
    ohos:layout_alignment = "horizontal_center"
    ohos:text = "测试文本"
    ohos:text_color = "#FF0000"
    ohos:text_size = "26fp"/>

< Text
    ohos:id = " $ + id:text_bold"
    ohos:height = "match_content"
    ohos:width = "match_content"
```

```
        ohos:layout_alignment = "horizontal_center"
        ohos:text = "加粗文本"
        ohos:text_size = "26vp"/>

    < Text
        ohos:height = "match_content"
        ohos:width = "match_content"
        ohos:layout_alignment = "horizontal_center"
        ohos:text = "斜体文本"
        ohos:italic = "true"
        ohos:text_size = "26vp"/>

    < Text
        ohos:height = "match_content"
        ohos:width = "260vp"
        ohos:layout_alignment = "horizontal_center"
        ohos:background_element = "♯BBB"
        ohos:margin = "2vp"
        ohos:text = "左对齐文本"
        ohos:text_size = "26vp"
        ohos:text_alignment = "left"/>

    < Text
        ohos:height = "match_content"
        ohos:width = "260vp"
        ohos:layout_alignment = "horizontal_center"
        ohos:background_element = "♯BBB"
        ohos:margin = "2vp"
        ohos:text = "居中文本"
        ohos:text_size = "26vp"
        ohos:text_alignment = "center"/>

    < Text
        ohos:height = "match_content"
        ohos:width = "260vp"
        ohos:layout_alignment = "horizontal_center"
        ohos:background_element = "♯BBB"
        ohos:margin = "2vp"
        ohos:text = "右对齐文本"
        ohos:text_size = "26vp"
        ohos:text_alignment = "right"/>

    < Text
        ohos:height = "match_content"
        ohos:width = "260vp"
        ohos:layout_alignment = "horizontal_center"
```

```
ohos:background_element = "#BBB"
ohos:margin = "2vp"
ohos:text = "我是一个多行的文本!如果文本内容超过了组件宽度,我会自动换行哦。"
ohos:text_size = "18vp"
ohos:multiple_lines = "true"/>
```

在这段代码中,不仅设置了文本内容,还设置了文本内容的颜色、尺寸和对齐方式。其中,文本加粗需要在 Java 代码中通过 setFont 方法进行设置,其设置代码如下:

```
//chapter4/JavaUI/entry/src/main/java/com/example/javaui/slice/component/TextSlice.java
Text textBold = (Text) findComponentById(ResourceTable.Id_text_bold);
textBold.setFont(Font.DEFAULT_BOLD);
```

最终,以上代码的文本显示效果如图 4-7 所示。

注意:在上面的代码中,指定组件的 layout_alignment 属性为 horizontal_center 是为了能够在定向布局中水平居中显示组件,该属性将在 4.2.1 节中进行详细介绍。

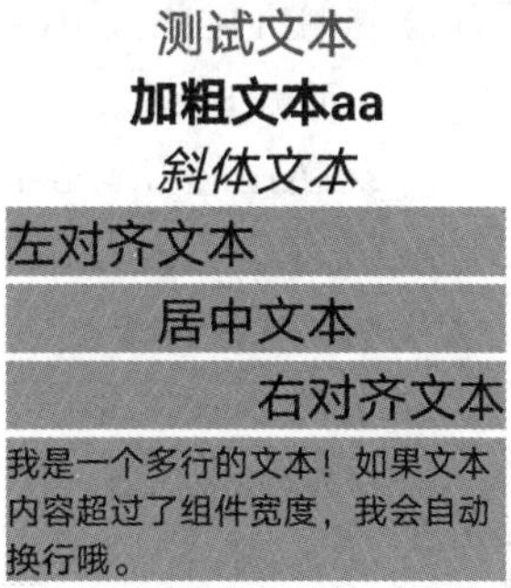

2. 行间距

文本内容的行间距可以通过额外行间距(add)和字体倍数(mult)进行控制,其方法为 setLineSpacing(float add,float mult)。例如,当 add 为 2 且 mult 为 1.2 时,其实际的行间距为 1.2 倍字体大小(font size)再加上 2。如果字体大小为 5 时,其行间距为 8。另外,这两个参数也可以在 xml 布局文件中进行控制。在 xml 布局文件中,add 和 mult 参数分别对应文本组件的 additional_line_spacing 和 line_height_num 属性。

测试文本
加粗文本aa
斜体文本
左对齐文本
居中文本
右对齐文本
我是一个多行的文本! 如果文本内容超过了组件宽度, 我会自动换行哦。

图 4-7　文本组件的显示效果

另外,在 Java 代码中,通过 getAdditionalLineSpacing( )和 getNumOfFontHeight( )方法也可以分别获取文本组件对象的 add 和 mult 参数值。

3. 周围元素(Around Elements)

在某些场合下,需要在文本组件的四周布置一些特别的符号元素。例如,对于列表项中的文本需要添加诸如□、★、○等符号,此时可以通过文本的周围元素实现。

周围元素可以布置在文本的四周,包括上侧、下侧、左侧、右侧、起始侧和结束侧等,在 xml 布局文件中其相应的设置方法如表 4-6 所示。

表 4-6　文本组件周围元素的设置

设置属性(XML)	描　述	设置属性(XML)	描　述
element_top	上侧周围元素	element_start	起始侧周围元素
element_bottom	下侧周围元素	element_end	结束侧周围元素
element_left	左侧周围元素	element_padding	文本内容周围元素与之间的距离
element_right	右侧周围元素		

另外,也可以在 Java 代码中进行设置,其相关方法如下:

(1) setAroundElements(Element left,Element top,Element right,Element bottom): 设置左侧、上侧、右侧和下侧的周围元素。

(2) setAroundElementsRelative(Element start,Element top,Element end,Element bottom):设置起始侧、上侧、结束侧和下侧的周围元素。

(3) getAroundElements():获取所有的周围元素数组(按顺序分别为左侧、上侧、右侧和下侧)。

(4) getAroundElementsRelative():获取所有的周围元素数组(按顺序分别为起始侧、上侧、结束侧和下侧)。

(5) getStartElement():获取起始侧周围元素。

(6) getTopElement():获取上侧周围元素。

(7) getEndElement():获取结束侧周围元素。

(8) getBottomElement():获取下侧周围元素。

(9) setAroundElementsPadding(int padding):设置文本内容与周围元素之间的距离。

(10) getAroundElementsPadding():获取文本内容与周围元素之间的距离。

4. 文本内容的修改

如果需要修改文本组件的文本内容,除了通过 setText(String text)方法以外,还可以通过以下方法进行追加、删除和插入:

(1) append(String text):在文本内容的最后追加字符串。

(2) delete(int length):在文本内容的最后删除指定长度的字符串。

(3) delete(int length,boolean back):在文本内容中的光标处(文本框时有效)删除指定长度的字符串,当 back 为 true 时,删除光标前的字符串;当 back 为 false 时,删除光标后的字符串。

(4) insert(String text):在文本内容的光标处(文本框时有效)插入字符串。

注意: 由于按钮等众多组件都继承于文本组件(可参见图 4-1),因此文本组件的行间距、周围元素和文本修改的相关方法也适用于按钮(Button)、时钟(Clock)、开关(Switch)等组件。

7min

4.1.4 文本组件的子类:文本框、时钟和计时器

文本框(TextField)、时钟(Clock)和计时器(TickTimer)组件都是文本组件的子类,本节将介绍这些组件的基本用法。

1. 文本框组件(TextField)

通过文本框组件,用户可以通过键盘输入和修改文本内容。典型的代码如下:

```
//chapter4/JavaUI/entry/src/main/resources/base/layout/slice_component_text.xml
<TextField
```

```
    ohos:id = " $ + id:textfield_username"
    ohos:height = "match_content"
    ohos:width = "match_parent"
    ohos:margin = "6vp"
    ohos:text_size = "26vp"
    ohos:hint = "请输入账号"

ohos:background_element = " $ graphic:background_textfield_state_container"/>

< TextField
    ohos:height = "match_content"
    ohos:width = "match_parent"
    ohos:margin = "6vp"
    ohos:text_size = "26vp"
    ohos:hint = "请输入密码"
    ohos:text_input_type = "pattern_password"

ohos:background_element = " $ graphic:background_textfield_state_container"/>
```

其显示效果如图 4-8 所示。

在使用文本框组件时,常常需要注意以下几个方面:

（1）通过布局文件的 hint 属性或者通过组件对象的 setHint（String hint）方法可以定义文本输入提示。

请输入账号

请输入密码

图 4-8　文本框组件

当文本框文本内容为空时,这个提示默认会以灰色文本显示在文本框组件中。当用户在文本框中输入了文本内容后,这个输入提示就消失了。另外,可以通过布局文件的 hint_color 属性或者 setHintColor（Color color）方法将输入提示设置为其他颜色。

（2）根据需要输入的文本内容不同,可以通过布局文件的 text_input_type 属性或 setInputMethodOption（int option）方法定义文本框的输入类型。根据输入类型的不同会影响用户使用的软键盘类型。具体的输入类型由 InputAttribute 类的静态常量定义,如表 4-7 所示。

表 4-7　文本框组件的输入类型

输入类型（Java）	输入类型（XML）	类型说明
PATTERN_NULL	pattern_null	通用
PATTERN_NUMBER	pattern_number	仅数字
PATTERN_TEXT	pattern_text	文本
PATTERN_PASSWORD	pattern_password	密码

注意,在使用密码输入类型时,文本框内会以星号（＊）代替文本内容,以保护用户隐私。

（3）文本框属于交互类组件,因此建议开发者通过背景颜色等方式提供用户交互的反馈。例如,在上面的代码中指定了 background_element 的资源,代码如下:

```
//chapter4/JavaUI/entry/src/main/resources/base/graphic/background_textfield_state_
//container.xml
<?xml version = "1.0" encoding = "utf - 8"?>
< state - container xmlns:ohos = "http://schemas.huawei.com/res/ohos">
    < item ohos:state = "component_state_pressed" ohos:element = "♯FFDAB9"/> <!-- 单击时 -->
    < item ohos:state = "component_state_focused" ohos:element = "♯FFE4C4"/> <!-- 具有焦点
时 -->
    < item ohos:state = "component_state_empty" ohos:element = "♯FFFAF0"/> <!-- 正常状态 -->
</state - container >
```

此时,这个文本框在不具有焦点、具有焦点和单击时背景会呈现出不同的颜色,以反馈用户的交互动作。

(4) 在 Java 代码中,可以通过如表 4-8 所示的监听器监听文本框的各类事件。需要注意的是,这些监听器方法都是通过其父类文本组件进行定义的。

表 4-8　文本框组件常用的监听器方法

事 件 类 型	监 听 器 接 口	设 置 方 法	监听器接口方法
编辑器动作	EditorActionListener	setEditorActionListener	• onTextEditorAction
触摸	TextObserver	addTextObserver	• onTextUpdated

编辑器动作是指用户按下键盘的回车键动作,如图 4-9 所示。编辑器动作由 InputAttibute 类的静态整型常量定义,包括前往(ENTER_KEY_TYPE_GO)、搜索(ENTER_KEY_TYPE_SEARCH)、发送(ENTER_KEY_TYPE_SEND)、未指定(ENTER_KEY_TYPE_UNSPECIFIED)等类型。

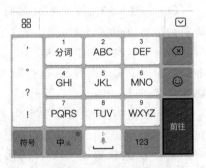

图 4-9　编辑器动作

文本框输入时的键盘编辑器动作可以通过方法进行定义,例如可以将文本框的编辑器动作更改为搜索,代码如下:

```
textField.setInputMethodOption(InputAttribute.ENTER_KEY_TYPE_SEARCH);
```

2. 时钟(Clock)和计时器(TickTimer)组件

时钟用于显示当前的时间,而计时器用于实现时间的正计时和倒计时,典型代码如下:

```
//chapter4/JavaUI/entry/src/main/resources/base/layout/slice_component_text.xml
< Text
    ohos:height = "match_content"
    ohos:width = "match_content"
    ohos:layout_alignment = "left"
    ohos:text = "时钟组件(Clock):"
```

```
        ohos:text_size = "20vp"/>

<!-- 时钟 -->
< Clock
        ohos:height = "match_content"
        ohos:width = "match_content"
        ohos:layout_alignment = "horizontal_center"
        ohos:text_size = "26vp"/>

< Text
        ohos:height = "match_content"
        ohos:width = "match_content"
        ohos:layout_alignment = "left"
        ohos:text = "计时器组件(TickTimer):"
        ohos:text_size = "20vp"/>

<!-- 计时器: 正计时 -->
< TickTimer
        ohos:id = " $ + id:ticktimer"
        ohos:height = "match_content"
        ohos:width = "match_content"
        ohos:layout_alignment = "horizontal_center"
        ohos:text_size = "26vp"/>

<!-- 计时器: 倒计时 -->
< TickTimer
        ohos:id = " $ + id:ticktimer_countdown"
        ohos:height = "match_content"
        ohos:width = "match_content"
        ohos:layout_alignment = "horizontal_center"
        ohos:text_size = "26vp"
        ohos:count_down = "true"/>
```

然后,在其对应的 AbilitySlice(TextSlice)中设置计时器的属性并开始计时,代码如下:

```
//常规计时器
TickTimer tickTimer = (TickTimer) findComponentById(ResourceTable.Id_ticktimer);
tickTimer.start();

//倒计时
TickTimer tickTimerCountDown = (TickTimer) findComponentById(ResourceTable.Id_ticktimer_
countdown);
tickTimerCountDown.setBaseTime(System.currentTimeMillis() + 30 * 1000);
tickTimerCountDown.setFormat("倒计时:ss 秒");
tickTimerCountDown.start();
```

然后,在其对应的 AbilitySlice 中要对计时器组件进行一些简单的设置,代码如下:

```
//chapter4/JavaUI/entry/src/main/java/com/example/javaui/slice/component/TextSlice.java
//常规计时器
TickTimer tickTimer = (TickTimer) findComponentById(ResourceTable.Id_ticktimer);
tickTimer.start();

//倒计时
TickTimer tickTimerCountDown = (TickTimer) findComponentById(ResourceTable.Id_ticktimer_
countdown);
tickTimerCountDown.setBaseTime(System.currentTimeMillis() + 30 * 1000);
tickTimerCountDown.setFormat("倒计时:ss 秒");
tickTimerCountDown.start();
```

以上代码的运行效果如图 4-10 所示。

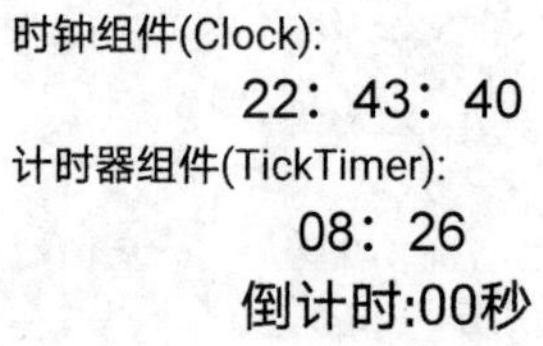

时钟组件(Clock):
22:43:40
计时器组件(TickTimer):
08:26
倒计时:00秒

图 4-10 时钟(Clock)和计时器(TickTimer)组件

时钟组件常用的方法和属性如表 4-9 所示。

表 4-9 时钟组件常用的方法和属性

时钟组件的方法(Java)	对应的 XML 属性	描　　述
set24HourModeEnabled(boolean format24Hour) is24HourMode()		设置 24h 制或 12h 制
setFormatIn12HourMode(CharSequence format) getFormatIn12HourMode()	mode_12_hour	在 12h 制时,时间的显示格式
setFormatIn24HourMode(CharSequence format) getFormatIn24HourMode()	mode_24_hour	在 24h 制时,时间的显示格式
setTime(long time) getTime()	time	设置时钟的时间(戳)
setTimeZone(String timeZone) getTimeZone()	time_zone	设置时区

在设置时间的显示格式时,包含年(y)、月(M)、日(d)、24h 制的小时数(H)、12h 制的小时数(h)、分(m)、秒(s)、上午(a)/下午(p)等常用的时间说明符。重复时间说明符可以设置实现位数,例如 yyyy 表示用 4 位数显示年份。

在 24h 制的时间的显示格式为 yyyy-MM-dd HH:mm:ss a 时,时钟的小时效果为"2021-01-16 23:22:29 p"。

计时器组件常用的方法和属性如表 4-10 所示。

表 4-10 计时器组件常用的方法和属性

计时器组件的方法（Java）	对应的 XML 属性	描　述
setCountDown(boolean countDown) isCountDown()	count_down	设置是否为倒计时模式
setBaseTime(long base)		设置倒计时的到期时间
setFormat(String format) getFormat()	format	设置显示格式
setTickListener(TickTimer. TickListener listener)		设置计时监听器
start()		开始计时
stop()		结束计时

需要注意,当计时器处于倒计时模式时,需要通过 setBaseTime(long base)设置其到期时间。在处于正计时模式时,不需要设置到期时间。

4.1.5　按钮组件及其子类

本节介绍按钮(Button)、单选按钮(RadioButton)、复选框(Checkbox)、开关(Switch)和开关按钮(ToggleButton)的基本用法。

1. 按钮(Button)

按钮的父类为文本组件,因此文本组件的所有属性方法也基本适用于按钮组件。在鸿蒙 SDK 3.0 中,按钮组件除了继承自文本组件的方法以外,没有定义仅属于该类的独有方法,因此按钮组件的使用非常简单,没有什么需要特殊说明的。一般只需注意以下 2 个方面:

(1) 为了能够反馈用户的交互信息,建议在不同的组件状态为按钮设置不同背景。

(2) 通过 setClickListener 方法捕获用户的单击事件。

捕获单击事件和按钮背景设置的具体方法可参见 4.1.2 节的相关内容,这里不再赘述。

2. AbsButton

AbsButton 是单选按钮、复选框、开关和开关按钮的父类,而 AbsButton 的父类为 Button,为一抽象类。可以发现,AbsButton 的子类均为交互类组件,并且均用于用户的简单选择(Select 或 Check),因此,AbsButton 定义了许多用于用户选择的属性和方法,如表 4-11 所示。

表 4-11 AbsButton 组件常用的属性和方法

AbsButton 组件的方法（Java）	对应的 XML 属性	描　述
setTextColorOff(Color color) getTextColorOff()	text_color_off	未选中时的文字颜色
setTextColorOn(Color color) getTextColorOn()	text_color_on	选中时的文件颜色
setChecked(boolean value) isChecked()	marked	是否选中

另外,还可以通过 toggle()方法切换选中状态,通过 setCheckedStateChangedListener 方法设置选中状态变化事件监听器,监听器 CheckedStateChangedListener 包含 onCheckedChanged 回调方法。

3. 单选按钮(RadioButton)

单选按钮(RadioButton)组件不能够单独使用,需要将其放置在 RadioContainer 中使用。在1个 RadioContainer 中,可以放置多个 RadioButton,并且同一时间只能够选中1个 RadioButton。单选按钮(RadioButton)常用于互斥选项的选择。这里的互斥选项是指不能被同时选择的选项。例如,在性别选项中"男"和"女"只能要求用户二选一,不能被同时选择。在这种场景下,使用单选按钮就非常方便了。

RadioContainer 继承于定向布局(DirectionalLayout)。根据 RadioContainer 的方向(orientation)的不同可以横向或纵向排列 RadioButton。RadioContainer 包含以下常用的方法:

(1) mark(int id):选中指定的单选选项。注意,这里的 id 是指 RadioButton 按钮所在 RadioContainer 的索引序号(从0开始计数),不是 ResouceTable 中的资源 ID。

(2) cancelMarks():取消所有的选项。

(3) getMarkedButtonId():获取当前选中的单选选项。

另外,还可以通过 setMarkChangedListener 方法设置选项改变监听器 CheckedStateChangedListener。

接下来,我们通过实例介绍一下单选按钮的用法。首先,在布局文件中创建 RadioContainer 及其选项 RadioButton,代码如下:

```xml
//chapter4/JavaUI/entry/src/main/resources/base/layout/slice_component_button.xml
< RadioContainer
    ohos:id = " $ + id:radio_container"
    ohos:height = "match_content"
    ohos:width = "match_content"
    ohos:layout_alignment = "horizontal_center">
    < RadioButton
        ohos:height = "match_content"
        ohos:width = "match_content"
        ohos:text = "第 1 个选项"
        ohos:text_size = "20vp"/>
    < RadioButton
        ohos:height = "match_content"
        ohos:width = "match_content"
        ohos:text = "第 2 个选项"
        ohos:marked = "true"
        ohos:text_size = "20vp"/>
    < RadioButton
        ohos:height = "match_content"
        ohos:width = "match_content"
```

```
            ohos:text = "第 3 个选项"
            ohos:text_size = "20vp"/>
</RadioContainer>
```

在上面的代码中,RadioContainer 中包含了 3 个选项:"第 1 个选项""第 2 个选项"和
"第 3 个选项"。其中,在第 2 个选项中,通过 marked 属性将其设置为默认选中的选项。

其显示的效果如图 4-11 所示。

第1个选项
● 第2个选项
第3个选项

图 4-11 单选按钮(RadioButton)组件和 RadioContainer

接下来,可以在 Java 代码中监听用户选中的选项,代码如下:

```
//chapter4/JavaUI/entry/src/main/java/com/example/javaui/slice/component/ButtonSlice.java
RadioContainer radioContainer = (RadioContainer) findComponentById(ResourceTable.Id_radio_
container);
radioContainer.setMarkChangedListener(new RadioContainer.CheckedStateChangedListener() {
    @Override
    public void onCheckedChanged(RadioContainer radioContainer, int i) {
        Utils.log("被选择的选项为第" + (i + 1) + "个选项");
    }
});
```

这里需要注意,onCheckedChanged 回调方法中的 i 值是指该选项所在 RadioContainer
中的顺序索引(计数从 0 开始)。此时,切换单选按钮选项后会在 DecEco Studio 的 HiLog
工具窗体中显示如图 4-12 所示的输出。

图 4-12 监听单选按钮的选择情况

4. 复选框(Checkbox)、开关(Switch)与开关按钮(ToggleButton)

复选框、开关和开关按钮的功能非常类似,仅包括选择/取消选择两种状态,可用于选中
打开或关闭某个功能等。这几个控件的主要区别就是显示效果的不同。接下来,通过代码
展示一下这几种组件,代码如下:

```
//chapter4/JavaUI/entry/src/main/resources/base/layout/slice_component_button.xml
< Checkbox
```

```
    ohos:id = " $ + id:checkbox"
    ohos:height = "match_content"
    ohos:width = "match_content"
    ohos:layout_alignment = "horizontal_center"
    ohos:text = "CheckBox"
    ohos:text_size = "20vp"/>

< Switch
    ohos:id = " $ + id:switch1"
    ohos:height = "20vp"
    ohos:width = "40vp"
    ohos:layout_alignment = "horizontal_center"/>

< ToggleButton
    ohos:id = " $ + id:togglebutton"
    ohos:height = "match_content"
    ohos:width = "match_content"
    ohos:layout_alignment = "horizontal_center"
    ohos:text_size = "24vp"
    ohos:text_state_on = "打开"
    ohos:text_state_off = "关闭"/>
```

其显示效果如图 4-13 所示。

图 4-13　复选框、开关和开关按钮

可以看出，复选框通过其左侧的·图标来表达选中状态；开关则完全以图形的实形展现其选中状态；而开关按钮通过文字内容来显示其选中状态。

4.1.6　图像组件

图像组件(Image)用来显示图形(Graphic)和图像(Image)内容。图形内容可以指定为可绘制资源(graphic)，多为矢量数据源。图像内容可以指定为媒体资源(media)，多为栅格数据源。接下来，分别用图像组件显示 1 个图形和 1 张图像，代码如下：

```
//chapter4/JavaUI/entry/src/main/resources/base/layout/slice_component_image.xml
< Image
    ohos:height = "200vp"
    ohos:width = "200vp"
```

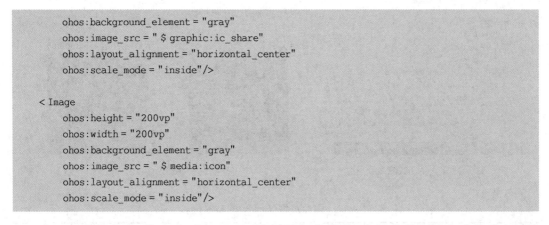

```
        ohos:background_element = "gray"
        ohos:image_src = " $ graphic:ic_share"
        ohos:layout_alignment = "horizontal_center"
        ohos:scale_mode = "inside"/>

    < Image
        ohos:height = "200vp"
        ohos:width = "200vp"
        ohos:background_element = "gray"
        ohos:image_src = " $ media:icon"
        ohos:layout_alignment = "horizontal_center"
        ohos:scale_mode = "inside"/>
```

在上面的代码中,均为这两个 Image 设置了灰色背景,这是为了能够直观地看出组件的边界范围。

其中,可绘制资源 ic_share 可通过 DevEco Studio 导入外部的 SVG 文件。具体的方法如下:

(1) 在 Project 工具窗体中,在 entry HAP 内的任何一个目录或文件上右击,选择 New→Svg To Xml 菜单,弹出如图 4-14 所示的对话框。

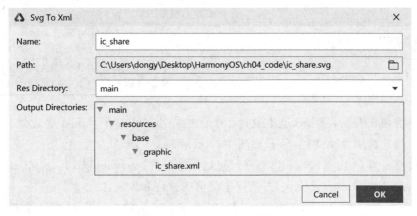

图 4-14　Svg To Xml 对话框

(2) 在 Path 选项中选择需要导入的 SVG 文件,然后单击 OK 按钮即可(其中,ic_share.svg 矢量文件可以在本书的示例代码目录中找到)。此时,即可在可绘制资源 graphic 目录中找到被导入的矢量图形了,但其扩展名已经被改为 xml,如图 4-15 所示。

最终,这两张图像组件的显示效果如图 4-16 所示。

通常,图形图像的尺寸难以与图像组件的尺寸刚好吻合,因此常常需要通过缩放模式来改变图形图像的尺寸和位置。缩放模式可以通过布局文件中的 scale_mode 属性或图像组件对象的 setScaleMode(ScaleMode mode)方法进行设置。其中,ScaleMode 通过枚举类型定义,其各个值所代表的意义如表 4-12 所示。

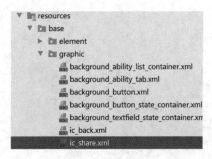

图 4-15　被导入的 ic_share.xml

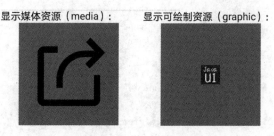

图 4-16　图像组件(Image)

表 4-12　图像组件(Image)的缩放模式

缩放模式(Java)	缩放模式(XML)	描　　述
CLIP_CENTER	clip_center	保持原始比例居中并填满组件大小
INSIDE	inside	保持原始比例居中并完整地显示图形图像内容。当图形图像比组件大时,则缩放图形图像直至能够完整显示图形图像
CENTER	center	保持原始大小居中
STRETCH	stretch	拉伸图形图像充满整个组件大小
ZOOM_START	zoom_start	对齐起始位置(左上角),保持原始比例填充组件的宽度或高度,并完整显示图形图像内容
ZOOM_CENTER	zoom_center	居中显示,保持原始比例填充组件的宽度或高度,并完整显示图形图像内容
ZOOM_END	zoom_end	对齐结束位置(右上角),保持原始比例填充组件的宽度或高度,并完整显示图形图像内容

为了能够便于开发者理解,这里通过 1 个比组件小的图标图像和 1 个比组件大的照片图像来演示这几种缩放模式的区别,如图 4-17 所示。

当缩放模式为 CLIP_CENTER 时,还可通过图像组件的 setClipDirection(int clipDirection)和 setClipGravity(int clipGravity)方法指定裁剪的方位和方向。

缩放模式 CLIP_CENTER 和 ZOOM_CENTER 应用较多。当图像组件充当背景时,多使用 CLIP_CENTER。当为了能够完整显示图像图像内容时,多使用 ZOOM_CENTER。

除了在布局文件中通过 image_src 指定数据源以外,还可以在 Java 代码中指定数据源,相关的方法如下:

(1) setImageAndDecodeBounds(int resId):通过可绘制资源的资源 ID 读取并解码数据源。

(2) setImageElement(Element element):指定 Element 对象,可以为 ShapeElement,也可以为 PixelMapElement。

(3) setPixelMap(int resId):通过媒体资源的资源 ID 读取数据源。

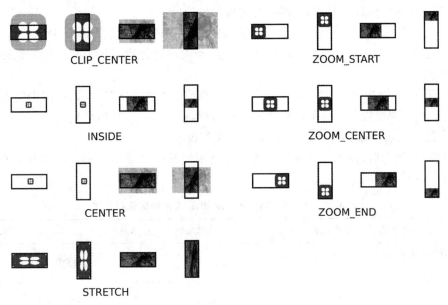

图 4-17 缩放模式(ScaleMode mode)

(4) setPixelMap(PixelMap pixelMap):将 PixelMap 对象作为数据源。

(5) setPixelMapHolder(PixelMapHolder pixelMapHolder):将 PixelMapHolder 对象作为数据源。

4.1.7 进度条类组件

进度条类组件也是个大家庭,既包括显示类组件进度条(ProgressBar)与圆形进度条(RoundProgressBar),又包括交互类组件滑块组件(Slider)与评级组件(Rating)。下面分别介绍这几种进度条类组件的用法。

1. 进度条(ProgressBar)与圆形进度条(RoundProgressBar)

进度条组件是较为复杂的组件类型,包含众多属性和方法。为了能够理解这些属性和方法的含义,首先介绍一些基本概念:

(1) 进度值(Progress Value):为了能够控制进度条的进度,需要设置其进度最小值(Min)、进度最大值(Max)和当前进度值(Progress Value)。当前进度值仅能在最小值和最大值之间进行设置。另外,通过进度阶梯(Step)可以限制进度条值的取值,是进度条值的最小增长单元。例如,当最小值为 0、最大值为 100 且进度阶梯为 5 时,那么进度值仅能够在 0、5、10、15、…、90、95、100 之间取值。

(2) 副进度值(Vice Progress):在许多场景中,一个进度条中可能会出现两个进度值,此时会使用副进度值来表达次要进度,且副进度显示在主进度之下。例如,在视频播放进度条中,主进度可以表示当前的播放进度,副进度可以表示当前的缓冲进度。

(3) 分割线(Divider Lines):通过分割线可以将进度条切成一个又一个小段,用以清晰描绘当前进度所在位置。通常,分割线为进度阶梯的倍数。

(4) 进度条方向(Orientation):包括横向(Horizontal)和纵向(Vertical)两类。

(5) 进度条宽度(Progress Width):在进度条为横向进度条时,进度条宽度是指其高度,反之亦然。

(6) 无限模式(Infinite Mode):当无法量化当前任务的进度时,可以使用进度条的无限模式。此时,无限模式元素会不断地从起始侧出现,移动并消失在结束侧。

(7) 进度提示(hint):显示在进度条上的文字提示。

了解这些概念后,许多方法和属性的含义就很容易被理解了。在表 4-13 中,列举了进度条组件常用的属性和方法。

表 4-13　进度条组件(ProgressBar)常用的属性和方法

进度条组件的方法(Java)	对应的 XML 属性	描　　　述
setProgressValue(int progress) getProgress()	progress	进度值
setMinValue(int min) getMin()	min	进度最小值
setMaxValue(int max) getMax()	max	进度最大值
setStep(int step) getStep()	step	进度阶梯
setProgressColor(Color color) getProgressColor()	progress_color	进度条颜色
setProgressColors(int[] colors) getProgressColors()		进度条渐变颜色
setProgressElement(Element element) getProgressElement()	progress_element	进度条元素
setProgressBackgroundElement(Element element) getBackgroundInstructElement()	background_instruck_element	进度条背景元素
setViceProgress(int progress) getViceProgressValue()	vice_progress	副进度
setViceProgressElement(Element element) getViceProgressElement()	vice_progress_element	副进度条元素
enableDividerLines(boolean enable) isDividerLinesEnabled()	divider_lines_enabled	是否启用分割线
setDividerLinesNumber(int number) getDividerLinesNumber()	divider_lines_number	分割线数量
setDividerLineColor(Color color) getDividerLineColor()		分割线颜色

续表

进度条组件的方法（Java）	对应的 XML 属性	描 述
setDividerLineThickness(int thickness) getDividerLineThickness()		分割线宽度
setOrientation(int orientation) getOrientation()	orientation	进度条方向
setProgressWidth(int progressWidth) getProgressWidth()	progress_width	进度条宽度
setMaxWidth(int maxWidth) getMaxWidth()	max_width	进度条最大宽度
setMaxHeight(int maxHeight) getMaxHeight()	max_height	进度条最大高度
setIndeterminate(boolean indeterminate) isIndeterminate()	infinite	是否启用无限模式
setInfiniteModeElement(Element element) getInfiniteModeElement()	infinite_element	无限模式元素
setProgressHintText(String text) getProgressHintText()	progress_hint_text	进度提示文本
setProgressHintTextAlignment(int alignment) getProgressHintTextAlignment()	progress_hint_text_ alignment	进度提示文本对齐方式
setProgressHintTextColor(Color color) getProgressHintTextColor()	progress_hint_text_color	进度提示文本颜色
setProgressHintTextSize(int size) getProgressHintTextSize()		进度提示文本大小

另外，还可以通过 addBarObserver 方法添加进度变化监听器 BarObserver。

圆形进度条组件是进度条组件的子类，除了其形状为圆形，其他方面基本没有太大的区别。圆形进度条的默认转角为 0°～360°，整整一个圆，且进度从正上方顺时针进行旋转。当然，开发者也可以定义进度的起始角度（Start Angle）和最大角度（Max Angle），相关的设置方法如表 4-14 所示。

表 4-14 圆形进度条组件（RoundProgressBar）常用的属性和方法

圆形进度条组件的方法（Java）	对应的 XML 属性	描 述
setStartAngle(float startAngle) getStartAngle()	start_angle	起始角度（单位：°）
setMaxAngle(float maxAngle) getMaxAngle()	max_angle	最大角度（单位：°）

接下来，通过代码来演示进度条组件的效果。首先，在布局文件中创建一些进度条，代码如下：

```
//chapter4/JavaUI/entry/src/main/resources/base/layout/slice_component_progressbar.xml
< ProgressBar
    ohos:height = "20vp"
    ohos:width = "match_parent"
    ohos:max = "100"
    ohos:min = "0"
    ohos:step = "1"
    ohos:progress = "30"/>

< ProgressBar
    ohos:height = "20vp"
    ohos:width = "match_parent"
    ohos:max = "100"
    ohos:min = "0"
    ohos:step = "1"
    ohos:progress = "30"
    ohos:progress_hint_text = "这是一个提示"
    ohos:progress_hint_text_color = "black"/>

< ProgressBar
    ohos:height = "20vp"
    ohos:width = "match_parent"
    ohos:max = "100"
    ohos:min = "0"
    ohos:step = "1"
    ohos:progress = "50"
    ohos:progress_width = "10vp"
    ohos:progress_color = "red"
    ohos:background_instruct_element = "gray"/>

< ProgressBar
    ohos:height = "20vp"
    ohos:width = "match_parent"
    ohos:max = "100"
    ohos:min = "0"
    ohos:step = "1"
    ohos:progress = "50"
    ohos:vice_progress = "70"
    ohos:progress_color = "red"
    ohos:vice_progress_element = "yellow"
    ohos:background_instruct_element = "gray"
    ohos:progress_width = "10vp"/>

< ProgressBar
    ohos:id = " $ + id:progressbar"
    ohos:height = "20vp"
```

```
    ohos:width = "match_parent"
    ohos:max = "100"
    ohos:min = "0"
    ohos:step = "1"
    ohos:progress = "50"
    ohos:progress_color = "red"
    ohos:background_instruct_element = "gray"
    ohos:progress_width = "10vp"
    ohos:divider_lines_enabled = "true"
    ohos:divider_lines_number = "20"/>


< ProgressBar
    ohos:id = " $ + id:progressbar_indeterminate"
    ohos:height = "20vp"
    ohos:width = "match_parent"/>


< RoundProgressBar
    ohos:id = " $ + id:roundprogressbar"
    ohos:height = "100vp"
    ohos:width = "100vp"
    ohos:layout_alignment = "horizontal_center"
    ohos:progress_color = " # 00FF00"
    ohos:progress_hint_text = "提示内容"
    ohos:progress_hint_text_color = " # FF0000"
    ohos:min = "0"
    ohos:max = "100"
    ohos:progress = "66"
    />
```

然后,在 Java 代码中对这些进度条进行一些控制,代码如下:

```
//chapter4/JavaUI/entry/src/main/java/com/example/javaui/slice/component/ProgressBarSlice.java
ProgressBar progressBar = (ProgressBar) findComponentById(ResourceTable. Id_progressbar);
progressBar. setDividerLineColor(Color. WHITE);          //设置分割线颜色
progressBar. setDividerLineThickness(10);                //设置分割线宽度

ProgressBar progressBarIndeterminate = (ProgressBar) findComponentById(ResourceTable. Id_
progressbar_indeterminate);
progressBarIndeterminate. setIndeterminate(true);        //无限模式
//创建并设置无限模式元素
ShapeElement element = new ShapeElement();
element. setBounds(0,0,50,50);
element. setRgbColor(new RgbColor(255,0,0));
progressBarIndeterminate. setInfiniteModeElement(element);
```

以上进度条的显示效果如图 4-18 所示。

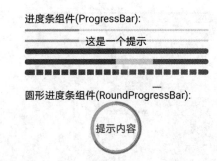

进度条组件(ProgressBar):

这是一个提示

圆形进度条组件(RoundProgressBar):

提示内容

图 4-18　进度条组件(ProgressBar)与圆形进度条组件(RoundProgressBar)

2. 滑块组件(Slider)与评级组件(Rating)

滑块组件(Slider)和评级组件(Rating)的父类均为 AbsSlider 抽象类,而 AbsSlider 继承自 ProgressBar。鉴于篇幅的关系,这里不再详细介绍这些类的具体属性和方法。有兴趣和需求的开发者可自行查阅 API 文档。

这里通过一个实例演示滑块组件和评级组件的使用方法。首先,在布局文件中定义这两个组件,代码如下:

```
//chapter4/JavaUI/entry/src/main/resources/base/layout/slice_component_progressbar.xml
< Slider
    ohos:height = "match_content"
    ohos:width = "match_parent"
    ohos:min = "0"
    ohos:max = "100"
    ohos:step = "5"
    ohos:progress = "30"/>

< Rating
    ohos:id = " $ + id:rating_sec"
    ohos:width = "160vp"
    ohos:height = "32vp"
    ohos:score = "3.5"/>
```

注意,在定义评级组件的宽度和高度时,一定要注意其宽度为高度的 5 倍。然后,在 Java 代码中对其属性进行设置,代码如下:

```
//chapter4/JavaUI/entry/src/main/java/com/example/javaui/slice/component/ProgressBarSlice.java
Rating rating = (Rating) findComponentById(ResourceTable.Id_rating_sec);
rating.setGrainSize(0.5f);           //最小的控制粒度
rating.setScore(3.5f);               //当前的评级分数
rating.setIsOperable(false);         //设置是否可以交互。当此值为 true 时,则不可以操作

Resource resource = null;
```

```
try {
    //设置评级的背景：点亮的五角星
    rating. setFilledElement ( new  PixelMapElement ( getResourceManager ( ). getResource
(ResourceTable.Media_ic_star_filled)));
    //设置评级的背景：半点亮的五角星
    rating. setHalfFilledElement ( new PixelMapElement ( getResourceManager ( ). getResource
(ResourceTable.Media_ic_star_halffilled)));
    //设置评级的背景：未点亮的五角星
    rating. setUnfilledElement ( new  PixelMapElement ( getResourceManager ( ). getResource
(ResourceTable.Media_ic_star_unfilled)));
} catch (Exception e) {
    e.printStackTrace();
}
```

此时，上述滑块组件和评级组件的显示效果如图 4-19 所示。

图 4-19　滑块组件(Slider)与评级组件(Rating)

4.1.8　滑动选择器

本节介绍滑动选择器(Picker)、日期选择器(DatePicker)和时间选择器(TimePicker)。这几个选择器在继承关系上比较特殊，属于布局类组件。滑动选择器继承自定向布局(DirectionalLayout)，而日期选择器和时间选择器则继承自堆叠布局(StackLayout)，如图 4-20 所示，但是，这几个选择器并不具备布局功能，但在表现上具备组件的特征，而且，它们的用法比较类似，因此在这里对它们一并进行介绍。

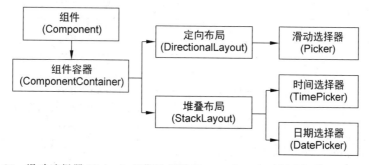

图 4-20　滑动选择器(Picker)、日期选择器(DatePicker)和时间选择器(TimePicker)

1. 选择器的通用方法和属性

滑动选择器、日期选择器和时间选择器具有非常相似的外观。以日期选择器为例，选择器的中央显示了已选择选项(用框线括出)，并在上下显示了临近未选择选项。此时，可以通过手势上下拨动旋钮选择所需要的选项,如图 4-21 所示。

图 4-21　日期选择器(DatePicker)的基础外观

上述这些选择器包含相同的属性和方法(虽然这几种选择器没有继承上的关系),这些属性和方法如表 4-15 所示。

表 4-15　选择器的通用属性和方法

选择器的通用方法(Java)	对应的 XML 属性	描　　述
setDisplayedLinesElements(Element top, Element bottom) getDisplayedLinesElements()		设置框线(包括上框线和下框线)颜色
setDisplayedTopElement(Element top) getDisplayedTopElement()	top_line_element	设置上框线颜色
setDisplayedBottomElement(Element bottom) getDisplayedBottomElement()	bottom_line_element	设置下框线颜色
setNormalTextSize(int size) getNormalTextSize()	normal_text_size	未选择选项文本的字体大小
setNormalTextColor(Color color) getNormalTextColor()	normal_text_color	未选择选项文本的颜色
setNormalTextFont(Font font) getNormalTextFont()		未选择选项文本的字体
setSelectedTextSize(int size) getSelectedTextSize()	selected_text_size	已选择选项文本的字体大小
setSelectedTextColor(Color color) getSelectedTextColor()	selected_text_color	已选择选项文本的颜色
setSelectedTextFont(Font font) getSelectedTextFont()		已选择选项文本的字体
setSelectedTextBackground(Element element) getSelectedTextBackgroundElement()		已选择选项文本的背景
setSelectedNormalTextMarginRatio(float textMarginRatio) getSelectedNormalTextMarginRatio()	selected _ normal _ text _ margin_ratio	已选择选项与未选择选项之间的边距比例

续表

选择器的通用方法（Java）	对应的 XML 属性	描　　述
setOperatedTextColor(Color color) getOperatedTextColor()	operated_text_color	当前滑动操作选项的文本颜色
setOperatedTextBackground(Element element) getOperatedTextBackgroundElement()		当前滑动操作选项的背景
setSelectorItemNum(int itemNum) getSelectorItemNum()	selector_item_num	选项显示数量（默认为5）
setShaderColor(Color color) getShaderColor()	shader_color	渐变背景的颜色
setWheelModeEnabled(boolean isEnabled) isWheelModeEnabled()	wheel_mode_enabled	循环选择（即选项滑到底后又循环出现顶部的选项）

注意，由于滑动选择器仅有 1 个选项，因此不适用 setOperatedTextColor、getOperatedTextColor、setOperatedTextBackground、getOperatedTextBackgroundElement 这 4 种方法。另外，在日期选择器中没有定义 getDisplayedLinesElements、setDisplayedTopElement、setDisplayedBottomElement 这 3 种方法。

2. 滑动选择器

滑动选择器可自定义选择的内容。默认情况下，滑动选择器通过 Value 索引值管理选择器的内容，可以通过 setMaxValue 和 setMaxValue 方法设置索引范围，且可以通过 setFormatter 方法将索引转换为格式化文本。另外，还可以通过 setDisplayedData 方法直接设定可供选择的文本数组。

此外，还可以通过 setElementFormatter 方法设置文本左右两侧的图形元素，并通过 setCompoundElementPadding 方法设置其边距。

滑动选择器的相关属性和方法如表 4-16 所示。

表 4-16　滑动选择器的常用属性和方法

滑动选择器常用方法（Java）	对应的 XML 属性	描　　述
setMinValue(int minValue) getMinValue()	min_value	索引最小值
setMaxValue(int maxValue) getMaxValue()	max_value	索引最大值
setValue(int value) getValue()	value	当前索引值
setFormatter(Picker. Formatter formatter) getFormatter()		将索引值转换为格式化文本
setDisplayedData(String[] displayedData) getDisplayedData()		显示字符串

滑动选择器常用方法(Java)	对应的 XML 属性	描　　述
setElementFormatter(Picker. ElementFormatter formatter) getElementFormatter()		文本左右两侧的图形元素
setCompoundElementPadding(int padding) getCompoundElementPadding()	element_padding	文本左右两侧的图形元素边距

另外,还可以通过 setScrollListener 方法设置滚动监听器 ScrolledListener,通过 setValueChangedListener 方法设置索引变化监听器 ValueChangedListener。

接下来,以一个实例展示滑动选择器的常用方法。首先,在布局文件中定义滑动选择器,代码如下:

```
//chapter4/JavaUI/entry/src/main/resources/base/layout/slice_component_picker.xml
< Picker
    ohos:id = " $ + id:picker"
    ohos:height = "match_content"
    ohos:width = "match_parent"
    ohos:normal_text_size = "18vp"
    ohos:selected_text_size = "24vp"
    ohos:top_margin = "10vp"
    ohos:max_value = "20"
    ohos:min_value = "15"
    ohos:background_element = " # f3f3f3"/>
```

然后,在相应的 AbilitySlice 中对该滑动选择器进行进一步配置,代码如下:

```
//chapter4/JavaUI/entry/src/main/java/com/example/javaui/slice/component/PickerSlice.java
mPicker = (Picker) findComponentById(ResourceTable. Id_picker);
mPicker.setCompoundElementPadding(50);
mPicker.setSelectorItemNum(3); //默认为 5
mPicker.setElementFormatter(new Picker. ElementFormatter() {
    @Override
    public Element leftElement(int i) {
        //左侧图像元素
        ShapeElement element = new ShapeElement();
        element. setRgbColor(new RgbColor(255, 0,0));
        return element;
    }

    @Override
    public Element rightElement(int i) {
        //右侧图像元素
        return null;
    }
```

```
    });
    //将索引转换为格式化文本
    mPicker.setFormatter(new Picker.Formatter() {
        @Override
        public String format(int i) {
            return "选项:" + i;
        }
    });
```

滑动选择器的显示效果如图 4-22 所示。此时,用户可以在"选项:15"到"选项:20"之间进行选择。

当然还可以通过设置显示字符串的方式设置滑动选择器的选项,代码如下:

```
mPicker.setDisplayedData(new String[]{"北京市", "天津市", "河北省", "山西省"});
```

然后,删除布局文件的 max_value 和 min_value 属性,重新编译并运行程序,此时的滑动选择器的显示效果类似于如图 4-23 所示的效果。

图 4-22　通过索引设置选项的滑动
选择器(Picker)

图 4-23　通过显示字符串设置选项的滑动
选择器(Picker)

3. 日期选择器和时间选择器

与滑动选择器不同,日期选择器和时间选择器通常包含多个选项(年、月、日、时、分、秒等)。首先介绍一下日期选择器的相关属性和方法,如表 4-17 所示。

表 4-17　日期选择器的常用属性和方法

日期选择器常用方法(Java)	对应的 XML 属性	描　述
setMinDate(long minDate) getMinDate()	min_date	最早日期
setMaxDate(long maxDate) getMaxDate()	max_date	最晚日期
updateDate(int year, int month, int dayOfMonth) getMonth() getYear() getDayOfMonth()		当前选择的日期
setDateOrder(int dateOrder) getDateOrder()	data_order	日期顺序

续表

日期选择器常用方法（Java）	对应的 XML 属性	描　　述
setYearFixed(boolean fixed) isYearFixed()	year_fixed	固定年（无法选择）
setMonthFixed(boolean fixed) isMonthFixed()	month_fixed	固定月（无法选择）
setDayFixed(boolean fixed) isDayFixed()	day_fixed	固定日（无法选择）

日期顺序通过 DateOrder 接口的整型定义，包括日月年（DMY）、月日年（MDY）、年月日（YMD）、年日月（YDM）、日月（DM）、月日（MD）、年月（YM）、月年（MY）、年（YEAR）、月（MONTH）、日（DAY）等。

另外，日期选择器可以通过 setValueChangedListener 方法设置日期选择变化监听器 ValueChangedListener。

然后，介绍一下时间选择器的相关属性和方法，如表 4-18 所示。

表 4-18　时间选择器的常用属性和方法

时间选择器常用方法（Java）	对应的 XML 属性	描　　述
setHour(int hour) getHour()	hour	时
setMinute(int minute) getMinute()	minute	分
setSecond(int second) getSecond()	second	秒
setRange(int[] ranges) getRange(int[] ranges)		时间范围
enableHour(boolean enable) isHourEnabled()		是否可以选择时
enableMinute(boolean enable) isMinuteEnabled()		是否可以选择分
enableSecond(boolean enable) isSecondEnabled()		是否可以选择秒
showHour(boolean show) isHourShown()		显示时
showMinute(boolean show) isMinuteShown()		显示分
showSecond(boolean show) isSecondShown()		显示秒
set24Hour(boolean is24Hour) is24Hour()	24_hour_mode	切换 24h/12h 制

续表

时间选择器常用方法（Java）	对应的 XML 属性	描　　述
setAmPmOrder(TimePicker. AmPmOrder order) getAmPmOrder()	am_pm_order	12h 制时，AM/PM 选项位置
setAmPmStrings(String am，String pm) getAmPmStrings()		AM/PM 选项字符串
setAmString(String am) getAmString()	text_am	AM 选项字符串
setPmString(String pm) getPmString()	text_pm	PM 选项字符串

另外，时间选择器可以通过 setTimeChangedListener 方法设置时间选择变化监听器 TimeChangedListener。

接下来，以实例来演示时间选择器和日期选择器的使用方法。首先，在布局文件中定义这两个选择器，代码如下：

```
//chapter4/JavaUI/entry/src/main/resources/base/layout/slice_component_picker.xml
< DatePicker
    ohos:id = " $ + id:date_picker"
    ohos:height = "match_content"
    ohos:width = "match_parent"
    ohos:normal_text_size = "18vp"
    ohos:selected_text_size = "24vp"
    ohos:top_margin = "10vp"
    ohos:background_element = " # f3f3f3"/>

< TimePicker
    ohos:id = " $ + id:time_picker"
    ohos:height = "match_content"
    ohos:width = "match_parent"
    ohos:normal_text_size = "18vp"
    ohos:selected_text_size = "24vp"
    ohos:top_margin = "10vp"
    ohos:background_element = " # f3f3f3"/>
```

然后，在相应的 AbilitySlice 中配置一下这两个选择器，代码如下：

```
//chapter4/JavaUI/entry/src/main/java/com/example/javaui/slice/component/PickerSlice.java
mDatePicker = (DatePicker) findComponentById(ResourceTable.Id_date_picker);
mDatePicker.updateDate(2008, 8, 8);                //设置当前选择日期为 2008 年 8 月 8 日
mDatePicker.setDateOrder(DatePicker.DateOrder.YMD);
mDatePicker.setSelectorItemNum(4);                 //默认为 5
mDatePicker.setSelectedNormalTextMarginRatio(6);
mDatePicker.setOperatedTextColor(Color.YELLOW);

mTimePicker = (TimePicker) findComponentById(ResourceTable.Id_time_picker);
```

```
mTimePicker.set24Hour(false);                               //12h 制
mTimePicker.setAmPmOrder(TimePicker.AmPmOrder.END);        //AM/PM 选项放置在最后
mTimePicker.setAmPmStrings("清醒上午","昏睡下午");
mTimePicker.setRange(new int[]{8,0,0,21,59,59});          //可选时间:早 8 点～晚 10 点
//设置框线
ShapeElement redElement = new ShapeElement();
redElement.setRgbColor(new RgbColor(255, 0,0));
mTimePicker.setDisplayedLinesElements(redElement, redElement);
//渐变背景设置为灰色
mTimePicker.setShaderColor(new Color(Color.rgb(150,150,150)));
```

此时,这两个选择器的显示效果如图 4-24 所示。

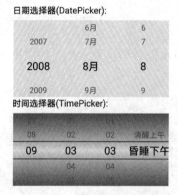

图 4-24　日期选择器(DatePicker)与时间选择器(TimePicker)的显示效果

4.2　详细讲解布局

在 Java UI 中,包括定向布局、依赖布局、位置布局、表格布局、自适应布局和堆叠布局这 6 种布局方式。其中,依赖布局功能最强大,可以满足绝大多数的需求,而定向布局、表格布局、自适应布局在一定条件下也非常实用。位置布局和堆叠布局应用较少,只会在比较特殊的情况下会用到。这几类布局和 Android 布局之间的对应关系如表 4-19 所示。

表 4-19　鸿蒙布局与 Android 布局的对应关系

鸿 蒙		Android	
布 局 名 称	英 文 名 称	布 局 名 称	英 文 名 称
定向布局	DirectionalLayout	线性布局	LinearLayout
依赖布局	DependentLayout	相对布局	RelativeLayout
位置布局	PositionLayout	绝对布局	AbsoluteLayout
表格布局	TableLayout	表格布局	TableLayout
自适应布局	AdaptiveBoxLayout	网格布局	GridLayout
堆叠布局	StackLayout	帧布局	FrameLayout

其中,除了鸿蒙的自适应布局和 Android 的网格布局之间存在明显的差异以外,其他布局的方式几乎能够找到对应相似的布局方式。

接下来,分别介绍这几种布局方式。

4.2.1　定向布局

定向布局(DirectionalLayout)属于最为简单且常用的布局方式,即按照一定的方向依次排列各个组件。这里的方向(Orientation)包括横向(horizontal)和纵向(vertical)两类,如图 4-25 所示。

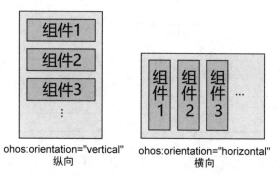

图 4-25　定向布局(DirectionalLayout)的方向

与其他布局一样,定向布局可以自由嵌套。例如,一个纵向上的定向布局嵌套一个横向上的定向布局可以使其组合为一个简易的表格系统。

事实上,在前面的学习中,已经多次运用了定向布局。然而,还包括一些悬而未决的问题和一些高级用法,在这里向大家进行介绍。

1. 布局配置

布局配置(LayoutConfig)是非常重要的类,可以用于定义宽度、高度等重要关于布局的配置选项。LayoutConfig 对象不仅要用于布局本身,而且也经常应用于处于该布局内部的组件。例如,在定向布局的 LayoutConfig 中定义了 alignment 和 weight 变量,分别对应于组件在定向布局的对齐方式和比重属性,需要通过组件的 setLayoutConfig 方法设置到组件中。

在组件容器(ComponentContainer)中定义了基础的 LayoutConfig 类(以内部类的形式定义)。然而,在各个布局类型的内部,也包括了属于各个布局的 LayoutConfig 类,因此,要注意导入的 LayoutConfig 包是否正确,不要使用错误的 LayoutConfig 对象。

因篇幅有限,这里不再介绍 LayoutConfig 的具体用法,在第 3 章中已经大量运用 LayoutConfig 对象,读者可以回看相关内容。

2. 对齐方式

显然,定向布局仅规定了组件在某一个方向上的排列顺序,但是会在另外一个方向(非定向方向)上仍然可能存在多余的可以自由活动的空间(即自由度)。定向布局的对齐方式就是为了规定非定向方向的对齐方式。对齐方式由 LayoutAlignment 类的静态常量所定义,通过定向布局 LayoutConfig 类的 alignment 变量可设置对齐方式。在布局文件中,通过处在定向布局内的组件的 layout_alignment 属性即可设置对齐方式,更加方便。这些对齐方式如表 4-20 所示。

表 4-20　布局的对齐方式

对齐方式(Java)	对齐方式(XML)	类　　型
UNSET		未设置
TOP	top	向上对齐
BOTTOM	bottom	向下对齐
LEFT	left	向左对齐
RIGHT	right	向右对齐
START		向起始侧对齐
END		向结束侧对齐
CENTER	center	居中
HORIZONTAL_CENTER	horizontal_center	水平居中
VERTICAL_CENTER	vertical_center	垂直居中

注意,这里的对齐方式不仅适用于定向布局,还可以应用在诸如依赖布局、堆叠布局等各种布局之中,而在这些布局中,可能需要同时对横向和纵向两个自由度进行控制,此时将所需要的对齐方式相加即可。例如,需要让某个组件垂直居中且水平靠右,代码如下:

```
layoutConfig.alignment = LayoutAlignment.VERTICAL_CENTER + LayoutAlignment.RIGHT;
```

如果在布局文件中,多种对齐方式可以用竖线"|"隔开。例如,需要让某个组件水平居中且垂直靠下,代码如下:

```
ohos:layout_alignment = "horizontal_center|bottom"
```

3. 滚动组件

在没有对定向布局内的组件设置比重时,组件会从一个方向开始依次排列。组件很可能并不会占满定向布局的空间,也可能超出定向布局的空间,因此,开发者可能需要滚动组件(ScrollView)。

在使用 ScrollView 时,需要将其作为线性布局的父布局,且设置定向布局的高度为 match_content 即可,典型的代码如下:

```
<ScrollView
    ohos:height = "match_parent"
    ohos:width = "match_parent">

    <DirectionalLayout
```

```
    ohos:height = "match_content"
    ohos:width = "match_parent"
    ohos:orientation = "vertical">
    ...

    </DirectionalLayout>

</ScrollView>
```

此时,当该定向布局内部的组件总高度(即定向布局的高度)超过了 ScrollView 的高度时,用户可通过手势滑动的方式查看布局内部的所有内容。

注意:滚动组件不仅能运用在定向布局中,还经常与定向布局配合使用。事实上,滚动组件内部可以放置任何比它大的布局或组件。

4. 比重

通过组件的比重(weight)可以按照比例分配组件所占据的空间。定向布局内部某个组件所占据的空间比例是该组件比重占所有组件的比重和大小。

接下来,以一个实例介绍组件比重的应用。首先,在布局文件中定义一个定向布局,并在其中放入 3 个文本组件,且这 3 个文本组件的比重分别为 1、1 和 2,代码如下:

```
//chapter4/JavaUI/entry/src/main/resources/base/layout/slice_layout_directional.xml
<?xml version = "1.0" encoding = "utf - 8"?>
< DirectionalLayout
    xmlns:ohos = "http://schemas.huawei.com/res/ohos"
    ohos:height = "match_parent"
    ohos:width = "match_parent"
    ohos:orientation = "vertical">

    < Text
        ohos:height = "match_content"
        ohos:width = "match_parent"
        ohos:weight = "1"
        ohos:background_element = " # FF0000"
        ohos:text_alignment = "center"
        ohos:text = "Text1"
        ohos:text_size = "40fp"
        />

    < Text
        ohos:height = "match_content"
        ohos:width = "match_parent"
        ohos:weight = "1"
        ohos:background_element = " # 00FF00"
        ohos:text_alignment = "center"
```

```
        ohos:text = "Text2"
        ohos:text_size = "40fp"
        />

    < Text
        ohos:height = "match_content"
        ohos:width = "match_parent"
        ohos:weight = "2"
        ohos:background_element = " # 0000FF"
        ohos:text_alignment = "center"
        ohos:text = "Text3"
        ohos:text_size = "40fp"
        />

</DirectionalLayout >
```

此时,该定向布局的显示效果如图 4-26 所示。

注意:比重还存在一个比较特殊的应用:将组件填充定向布局的剩余空间。例如,在一个纵向的定向布局中,定义组件 A 的高度为 0 且 weight 为 1,定义其他组件的高度为特定值(或 match_content)且不指定 weight 值,此时组件 A 将会填充其他组件所留下的剩余空间。

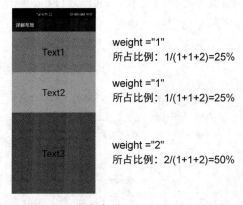

weight ="1"
所占比例: 1/(1+1+2)=25%

weight ="1"
所占比例: 1/(1+1+2)=25%

weight ="2"
所占比例: 2/(1+1+2)=50%

图 4-26　定向布局(DirectionalLayout)的显示效果

4.2.2　依赖布局

在依赖布局(DependentLayout)中,可以指定任何一个组件相对于其他同级组件或父布局(依赖布局)的位置关系。通过这些位置关系(规则),可以实现非常复杂的布局场景。相对于其他同级组件的位置关系由 DependentLayout 的 LayoutConfig 定义,如表 4-21 所示。

表 4-21　相对于同级组件的位置关系

布局位置(Java)	布局位置(XML)	描　　述
ABOVE	above	处于同级组件的上侧
BELOW	below	处于同级组件的下侧
START_OF	start_of	处于同级组件的起始侧
END_OF	end_of	处于同级组件的结束侧
LEFT_OF	left_of	处于同级组件的左侧
RIGHT_OF	right_of	处于同级组件的右侧

相对于父布局(依赖布局)的位置关系同样由 DependentLayout 的 LayoutConfig 定义，如表 4-22 所示。

表 **4-22**　相对于父布局(依赖布局)的位置关系

布局位置(Java)	布局位置(XML)	描　　述
ALIGN_PARENT_LEFT	align_parent_left	处于父布局的左侧
ALIGN_PARENT_RIGHT	align_parent_right	处于父布局的右侧
ALIGN_PARENT_START	align_parent_start	处于父布局的起始侧
ALIGN_PARENT_END	align_parent_end	处于父布局的结束侧
ALIGN_PARENT_TOP	align_parent_top	处于父布局的上侧
ALIGN_PARENT_BOTTOM	align_parent_bottom	处于父布局的下侧
CENTER_IN_PARENT	center_in_parent	处于父布局的中间

在 Java 代码中，可以通过 LayoutConfig 对象的 addRule 方法添加位置关系。例如，可以让组件 A 处于父布局的中央，且处于组件 B 的左侧，则其典型的代码如下：

```
LayoutConfig layoutConfig = new LayoutConfig();
layoutConfig.addRule(LayoutConfig.CENTER_IN_PARENT);
layoutConfig.addRule(LayoutConfig.LEFT_OF, ResourceTable.Id_component_b);
componentA.setLayoutConfig(layoutConfig);
```

下面，通过一个具体的实例来介绍依赖布局的使用方法。在本例中，创建 5 张图像组件，显示 5 个动物，如图 4-27 所示。

图 4-27　依赖布局(DependentLayout)的显示效果

这 5 个动物位置关系如下：海豚处于中央位置；长颈鹿在海豚的左侧；狼处在海豚的右侧；鸭子处于海豚的上侧；狐狸处于海豚的下侧。

对于这种需求，使用依赖布局就非常容易实现，只需要在布局文件中创建这 5 张图像组件，并指定其位置关系，代码如下：

```
//chapter4/JavaUI/entry/src/main/resources/base/layout/slice_layout_dependent.xml
<DependentLayout
```

```
        xmlns:ohos = "http://schemas.huawei.com/res/ohos"
        ohos:height = "match_parent"
        ohos:width = "match_parent">

    < Image
        ohos:id = " $ + id:img_dolphin"
        ohos:height = "match_content"
        ohos:width = "match_content"
        ohos:image_src = " $ media:ic_animal_dolphin"
        ohos:center_in_parent = "true"
        ohos:margin = "10vp"/>

    < Image
        ohos:height = "match_content"
        ohos:width = "match_content"
        ohos:image_src = " $ media:ic_animal_duck"
        ohos:above = " $ id:img_dolphin"
        ohos:center_in_parent = "true"/>

    < Image
        ohos:height = "match_content"
        ohos:width = "match_content"
        ohos:image_src = " $ media:ic_animal_giraffe"
        ohos:left_of = " $ id:img_dolphin"
        ohos:center_in_parent = "true"/>

    < Image
        ohos:height = "match_content"
        ohos:width = "match_content"
        ohos:image_src = " $ media:ic_animal_wolf"
        ohos:right_of = " $ id:img_dolphin"
        ohos:center_in_parent = "true"/>

    < Image
        ohos:height = "match_content"
        ohos:width = "match_content"
        ohos:image_src = " $ media:ic_animal_fox"
        ohos:below = " $ id:img_dolphin"
        ohos:center_in_parent = "true"/>
</DependentLayout >
```

上述代码的最终显示效果如图 4-27 所示。

4.2.3 表格布局

顾名思义,表格布局(TableLayout)就是通过表格的方式来布局组件的,包含方向、对齐

5min

方式、行、列等基本属性,如表 4-23 所示。

表 4-23　表格布局的通用属性和方法

表格布局的通用方法(Java)	对应的 XML 属性	描　　述
setOrientation(int orientation) getOrientation()	orientation	表格方向
setAlignmentType(int alignmentType) getAlignmentType()	alignment_type	对齐方式
setColumnCount(int columnCount) getColumnCount()	column_count	列数
setRowCount(int rowCount) getRowCount()	row_count	行数

表格布局方向包括横向(horizontal)和纵向(vertical)两类,默认为横向。在横向模式下,组件先填满第 1 行单元格,然后填满第 2 行单元格,并依次将所有行的单元格填满;在纵向模式下,组件先填满第 1 列单元格,然后填满第 2 列单元格,并依次将所有列的单元格填满,如图 4-28 所示。

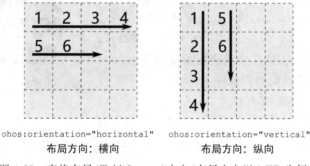

ohos:orientation="horizontal"　　　ohos:orientation="vertical"
布局方向: 横向　　　　　　　　　　布局方向: 纵向
图 4-28　表格布局(TableLayout)方向(布局方向以 LTR 为例)

注意:在表格布局中,行号和列号都是从 0 开始计数的。

1. 表格规范

如上所述,默认情况下,每个被加入表格布局的组件都会依次显示在表格中,但是,开发者也可以通过规范(Specification)对象细化规定每个组件的位置、权重、对齐方式,以及跨行跨列参数。

那么,如何定义组件的规范呢? 表格规范中有哪些具体的属性呢? 这就需要借助 TableLayout.LayoutConfig 对象了。通过该对象可以为组件定义行规范(columnSpec)和列规范(rowSpec),因此,每个组件都需要两个规范对象(分别针对行和列属性)。

不过 Specfication 类为抽象类,不能直接通过该类创建 Specfication 对象,需要借助 TableLayout 的如下方法进行创建:

- specification(float weight)

- specification(int start)
- specification(int start,float weight)
- specification(int start,int size)
- specification(int start,int size,float weight)
- specification(int start,int size,int alignment)
- specification(int start,int size,int alignment,float weight)

通过上面这些重载方法可以发现,Specification 包含如下属性:

(1) 对齐方式(alignment):为单一组件设置特殊的对齐方式。

(2) 开始位置(start):组件在行(列)中的位置(注意从 0 开始计数)。

(3) 跨行(列)数(size):当该值为 1 时,表示不跨行(列)。

(4) 权重(weight):为该组件所在的位置设置权重。

注意:组件所在表格的位置除了通过规范(Specification)来定义以外,还可以通过布局的 addComponent(Component childComponent,int index) 方法来定义。例如,在 2 行 3 列的横向表格布局中,如果需要将组件放置到第 2 行第 2 列的位置上,则只需指定 index 为 4,但是,需要注意的是,在使用该方法前,一定要确认 index 为 0、1、2、3 位置上均有组件,否则会报错。

接下来,通过一个实例来演示表格布局的用法。

2. 实例:计算器键盘的实现

该实例最终的实现效果如图 4-29 所示。

为了实现这一效果,首先需要在布局中按照按钮的

图 4-29　通过表格布局(TableLayout)实现计算器键盘

顺序创建这些组件,代码如下(因篇幅有限,略去中间部分按钮的定义):

```xml
//chapter4/JavaUI/entry/src/main/resources/base/layout/slice_layout_table.xml
<?xml version = "1.0" encoding = "utf-8"?>
<TableLayout
    xmlns:ohos = "http://schemas.huawei.com/res/ohos"
    ohos:height = "match_parent"
    ohos:width = "match_parent"
    ohos:row_count = "5"
    ohos:column_count = "4">

    <Button
        ohos:height = "45vp"
        ohos:width = "70vp"
        ohos:text = "7"
        ohos:background_element = "#888888"
        ohos:text_size = "25fp"
```

```
        ohos:margin = "6vp"/>

< Button
        ohos:height = "45vp"
        ohos:width = "70vp"
        ohos:text = "8"
        ohos:background_element = " # 888888"
        ohos:text_size = "25fp"
        ohos:margin = "6vp"/>

< Button
        ohos:height = "45vp"
        ohos:width = "70vp"
        ohos:text = "9"
        ohos:background_element = " # 888888"
        ohos:text_size = "25fp"
        ohos:margin = "6vp"/>

……

< Button
        ohos:height = "45vp"
        ohos:width = "70vp"
        ohos:text = "0"
        ohos:background_element = " # 888888"
        ohos:text_size = "25fp"
        ohos:margin = "6vp"/>

< Button
        ohos:height = "45vp"
        ohos:width = "70vp"
        ohos:text = "."
        ohos:background_element = " # 888888"
        ohos:text_size = "25fp"
        ohos:margin = "6vp"/>

< Button
        ohos:height = "45vp"
        ohos:width = "70vp"
        ohos:text = " + "
        ohos:background_element = " # 888888"
        ohos:text_size = "25fp"
        ohos:margin = "6vp"/>

< Button
        ohos:height = "45vp"
```

```
        ohos:width = "70vp"
        ohos:text = " = "
        ohos:background_element = " #888888"
        ohos:text_size = "25fp"
        ohos:margin = "6vp"/>


    < Button
        ohos:id = " $ + id:btn_clear"
        ohos:height = "45vp"
        ohos:width = "70vp"
        ohos:text = "clear"
        ohos:background_element = " #888888"
        ohos:text_size = "25fp"
        ohos:margin = "6vp"/>


</TableLayout >
```

然后,在对应的 AbilitySlice 中定义 clear 按钮的跨列效果,代码如下:

```
//chapter4/JavaUI/entry/src/main/java/com/example/javaui/slice/layout/TableLayoutSlice.java
Button btnClear = (Button) findComponentById(ResourceTable.Id_btn_clear);
//定义 LayoutConfig 对象,第1个参数为行规范,第2个参数为列规范
TableLayout. LayoutConfig config = new TableLayout. LayoutConfig(TableLayout. specification
(4,1), TableLayout. specification(0, 4));
//设置宽度
config.width = btnClear.getWidth() * 4 + btnClear.getMarginLeft() * 6;
//设置高度
config.height = btnClear.getHeight();
//设置外边距
config. setMargins ( btnClear. getMarginLeft ( ), btnClear. getMarginTop ( ), btnClear.
getMarginRight(), btnClear.getMarginBottom());
//设置 clear 按钮的 LayoutConfig 对象
btnClear.setLayoutConfig(config);
```

编译并运行,即可实现如图 4-29 所示的效果。

注意:事实上,表格布局可以通过定向布局的嵌套实现,因此,除非需要每个组件需要极为规范地对齐,否则使用定向布局会具有更强的可扩展性。

4.2.4 自适应布局

自适应布局(AdaptiveBoxLayout)是鸿蒙操作系统中最有特色的布局,可以方便开发者对组件的自适应排布。在自适应布局中,以自适应盒(Adaptive Box)为基本单位,其中每个 Adaptive Box 都承载了一个被加入该布局中的组件。这些自适应盒具有相同的宽度,但是其高度不一定相同,会根据其所承载的组件大小进行适配,而自适应布局中的每一行的行

高为该行中最大高度组件的高度。

Adaptive Box有点类似于表格布局中的单元格，但是与表格布局不同的是，自适应布局不需要预先定义Adaptive Box的数量。在使用中，开发者可以随时将任意数量的组件加入自适应布局中。具体的加入规则是：先行后列，从上到下，依次排列，如图4-30所示。

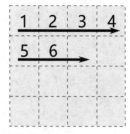

图4-30 自适应布局(Adaptive-BoxLayout)的组件排列规则(布局方向以LTR为例)

在自适应布局中，最为重要的一点就是设置每行可以排列组件的个数，而这个个数应当与自适应布局的布局宽度相关。设置的具体的方法为addAdaptiveRule(int minWidth, int maxWidth, int columns)，其中，minWidth和maxWidth是自适应布局的最小宽度和最大宽度，而当columns介于自适应布局minWidth和maxWidth之间时，每行排列组件的个数(即列数)对应布局宽度。注意，这里的宽度为实际组件宽度，而不是虚拟宽度。

例如，当组件宽度小于1000时，每行组件个数为2；当组件宽度介于1000～2000时，每行组件个数为3；当组件宽度介于2000～3000时，每行组件个数为4；当组件宽度大于3000时，每行组件个数为5，可以通过以下代码对自适应布局进行规则设定，代码如下：

```
//chapter4/JavaUI/entry/src/main/java/com/example/javaui/slice/layout/AdaptiveBoxLayoutSlice.java
//获取自适应布局对象
AdaptiveBoxLayout adaptiveBoxLayout = (AdaptiveBoxLayout) findComponentById(ResourceTable.
Id_adaptiveboxlayout);
//移除所有规则
adaptiveBoxLayout.clearAdaptiveRules();
//当布局宽度介于0～1000,每行显示组件个数为2
adaptiveBoxLayout.addAdaptiveRule(0, 1000, 2);
//当布局宽度介于1000～2000,每行显示组件个数为3
adaptiveBoxLayout.addAdaptiveRule(1000, 2000, 3);
//当布局宽度介于2000～3000,每行显示组件个数为4
adaptiveBoxLayout.addAdaptiveRule(2000, 3000, 4);
//当布局宽度大于3000时,每行显示组件个数为5
adaptiveBoxLayout.addAdaptiveRule(3000, Integer.MAX_VALUE, 5);
```

对于加入自适应布局的每个组件来讲，其宽度值需要设置为MATCH_PARENT或具体数值。当宽度为MATCH_PARENT时，行内的组件会平分占满整个布局的宽度。

接下来，在布局文件中对上述代码的自适应布局加入5个文本组件，代码如下：

```
//chapter4/JavaUI/entry/src/main/resources/base/layout/slice_layout_adaptivebox.xml
<?xml version = "1.0" encoding = "utf-8"?>
< AdaptiveBoxLayout
```

```
            xmlns:ohos = "http://schemas.huawei.com/res/ohos"
            ohos:id = " $ + id:adaptiveboxlayout"
            ohos:height = "match_parent"
            ohos:width = "match_parent">

            < Text
                ohos:height = "match_content"
                ohos:width = "match_parent"
                ohos:text = "text1"
                ohos:text_size = "25vp"/>

            < Text
                ohos:height = "match_content"
                ohos:width = "match_parent"
                ohos:text = "text2"
                ohos:text_size = "25vp"/>

            < Text
                ohos:height = "match_content"
                ohos:width = "match_parent"
                ohos:text = "text3"
                ohos:text_size = "25vp"/>

            < Text
                ohos:height = "match_content"
                ohos:width = "match_parent"
                ohos:text = "text4"
                ohos:text_size = "25vp"/>

            < Text
                ohos:height = "match_content"
                ohos:width = "match_parent"
                ohos:text = "text5"
                ohos:text_size = "25vp"/>


    </AdaptiveBoxLayout >
```

编译并在华为 P40 手机中运行程序,该代码在横屏和竖屏中显示效果如图 4-31 所示。

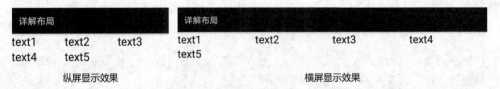

图 4-31　自适应布局(AdaptiveBoxLayout)的显示效果

华为 P40 的屏幕分辨率为 1080×2211。在纵屏情况下,自适应布局的宽度为 1080px,因此满足宽度介于 1000~2000 这个条件,因此每行显示 3 个组件;在横屏情况下,自适应布局的宽度为 2211px,因此满足宽度介于 2000~3000 这个条件,因此每行显示 4 个组件。由于这些组件的宽度均设置为 MATCH_PARENT,因此每个组件所占据的宽度相同,平分了整个自适应布局的宽度。

4.2.5 位置布局和堆叠布局

在实际应用中,位置布局(PositionLayout)和堆叠布局(StackLayout)并不常用,这是因为开发者很难通过这两种布局实现复杂的组件排列。由于这两种布局在使用上非常简单,因此在本节中分别以实例来介绍这两种布局的用法。

1. 位置布局(PositionLayout)

在位置布局中,开发者需要对其中的每个组件设置其所在的坐标位置,即通过组件的 setContentPosition(int x,int y)设置其坐标 X 值和坐标 Y 值。

接下来,在位置布局中添加一个文本,并且设置该组件位于距离屏幕左侧 200px 的位置,距离布局上侧 100px 的位置,如图 4-32 所示。

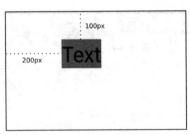

图 4-32　位置布局(PositionLayout)
的显示效果

首先,在布局文件中添加文本组件,代码如下:

```
//chapter4/JavaUI/entry/src/main/resources/base/layout/slice_layout_position.xml
<PositionLayout
    xmlns:ohos = "http://schemas.huawei.com/res/ohos"
    ohos:height = "match_parent"
    ohos:width = "match_parent">

    <Text
        ohos:id = "$ + id:text"
        ohos:height = "match_content"
        ohos:width = "match_content"
        ohos:text = "Text"
        ohos:background_element = "#FF0000"
        ohos:text_size = "25vp"/>

</PositionLayout>
```

然后,在所对应的 AbilitySlice 中获取该文本组件对象,并设置其坐标值,代码如下:

```
//chapter4/JavaUI/entry/src/main/java/com/example/javaui/slice/layout/PositionLayoutSlice.java
Text text = (Text)findComponentById(ResourceTable.Id_text);
text.setContentPosition(200,100);
```

如此一来,就实现了如图 4-32 所示的效果。

2. 堆叠布局(StackLayout)

在堆叠布局中,每个组件都会占据一张图层,并叠加起来。接下来,以一个实例来展示堆叠布局的显示效果,代码如下:

```xml
//chapter4/JavaUI/entry/src/main/resources/base/layout/slice_layout_stack.xml
<?xml version = "1.0" encoding = "utf-8"?>
<StackLayout
    xmlns:ohos = "http://schemas.huawei.com/res/ohos"
    ohos:height = "match_parent"
    ohos:width = "match_parent">

    <Component
        ohos:height = "250vp"
        ohos:width = "250vp"
        ohos:layout_alignment = "center"
        ohos:background_element = "#FFFF00"/>

    <Component
        ohos:height = "200vp"
        ohos:width = "200vp"
        ohos:layout_alignment = "center"
        ohos:background_element = "#FF00FF"/>

    <Component
        ohos:height = "150vp"
        ohos:width = "150vp"
        ohos:layout_alignment = "center"
        ohos:background_element = "#FF0000"/>

    <Component
        ohos:height = "100vp"
        ohos:width = "100vp"
        ohos:layout_alignment = "center"
        ohos:background_element = "#0000FF"/>

    <Component
        ohos:height = "50vp"
        ohos:width = "50vp"
        ohos:layout_alignment = "center"
        ohos:background_element = "#00FF00"/>

</StackLayout>
```

在上面的代码中,在堆叠布局中添加了大小不同的 5 个正方形组件,其边长依次为

250vp、200vp、150vp、100vp 和 50vp。先加入的组件处于布局的底部,后加入的组件处于底部的上方,因此该布局的最终显示效果如图 4-33 所示。

图 4-33 堆叠布局(StackLayout)的显示效果

4.3 更多高级用法

在前两节的学习中,我们学习和尝试运用了 Java UI 中绝大多数常用的组件和布局。读者应该可以按照实际需求设计出一些特定目的的用户界面了,但是,我们不能止步于此,还有很多非常重要的高级用法需要我们掌握,这些高级用法绝大多数与界面的动态变化相关。通过这些用法,就可以构建一个活灵活现的高级 UI 界面了,让我们拭目以待吧!

4.3.1 对话框

有时为了能够及时地通知用户信息,或者需要用户立即做出反馈动作,合理地使用对话框就非常重要。在鸿蒙操作系统中,对话框的相关类都存在于 ohos. agp. window. dialog 包中,并且可以分为 Toast 对话框、列表对话框、气泡对话框和显示对话框等,这些对话框的继承关系如图 4-34 所示。

基础对话框(BaseDialog)实现了 Idialog 接口,定义了对话框的生命周期函数,提供了基本的对话框特性与功能。其他所有类型的对话框都直接或间接地继承自 BaseDialog 类。在 BaseDialog 类中,定义了对话框盒(Dialog Box),实际上,其他的对话框类型都是在实现独特的 Dialog Box,这些对话框的功能如下:

(1) 公共对话框(CommonDialog)提供了通用的 Dialog Box。

(2) 列表对话框(ListDialog)用于显示单选框或者复选框列表。

(3) Toast 对话框(ToastDialog)用于显示简单的反馈内容,不可单击,并且自动关闭。

(4) 气泡对话框(PopupDialog)用于在某个组件上显示一个气泡对话框,包含箭头部分和内容部分。

(5) 显示对话框(DisplayDialog)用于显示远程设备屏幕上 Dialog Box 的内容。

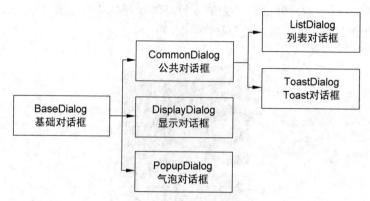

图 4-34　对话框及其继承关系

本节中,介绍 3 种最为常用的对话框类型:Toast 对话框、列表对话框和气泡对话框。

注意:开发者应该在合理合适的情况下使用对话框,不要过多地滥用列表对话框和气泡对话框。因为这两种对话框会遮盖 AbilitySlice 其他的 UI 界面,使其无法交互。建议开发者在较为紧急需要用户选择处理的情况下使用列表对话框和气泡对话框。

1. Toast 对话框

默认情况下,Toast 对话框会在用户界面的下方显示一个会消失的文字提示,用于提示用户一些不是特别重要且不需要用户紧急选择处理的信息。例如,创建一个文本为"网络连接失败。"的 Toast 对话框的代码如下:

```
ToastDialog toastDialog = new ToastDialog(this);
toastDialog.setText("网络连接失败。").show();
```

上述代码的显示效果如图 4-35 所示。

显然,这很不优美,因此,还可以通过一些方法设置 Toast 对话框的属性,常见的方法如下:

图 4-35　Toast 对话框的默认显示效果

(1) setAlignment(int gravity):设置对齐方式,其值可参考表 4-20。默认为垂直靠下居中显示。

(2) setComponent(DirectionalLayout component):自定义 Toast 内容,需要传入所需要的布局对象。

(3) setDuration(int ms):设置停留屏幕的显示时间,单位为毫秒(ms),默认为 2000ms。

(4) setOffset(int offsetX,int offsetY):设置偏移,通过绝对坐标差来修正 Toast 对话框位置。若 offsetX 为正,则对话框向右移动,反之亦然。若 offsetY 为正,则对话框向上移动,反之亦然。

(5) setSize(int width,int height):设置 Toast 对话框的绝对大小。

通过这些方法,开发者可以设计一个美观的 Toast 对话框。例如,一个灰色圆角 Toast

对话框可以通过 setComponent 自行创建，代码如下：

```java
//chapter4/JavaUI/entry/src/main/java/com/example/javaui/Utils.java

/**
 * 显示灰色背景 Toast 对话框
 * @param context 当前上下文对象
 * @param str 显示内容
 */
public static void showToast(Context context, String str) {

    //创建文本组件
    Text text = new Text(context);
    text.setWidth(MATCH_CONTENT);
    text.setHeight(MATCH_CONTENT);
    text.setText(str);                                  //显示文本内容
    text.setTextSize(45);                               //字号
    text.setPadding(30,10,30,10);                       //内边距
    text.setMultipleLine(true);                         //可多行显示文本内容
    text.setTextColor(Color.WHITE);                     //文字颜色为白色
    text.setTextAlignment(TextAlignment.CENTER);        //居中显示
    //文本组件使用灰色圆角背景
    ShapeElement element = new ShapeElement();
    element.setRgbColor(new RgbColor(0x888888FF));
    element.setShape(ShapeElement.RECTANGLE);
    element.setCornerRadius(15);                        //圆角半径
    text.setBackground(element);

    //创建定向布局,并加入文本组件
    DirectionalLayout layout = new DirectionalLayout(context);
    layout.setWidth(MATCH_PARENT);
    layout.setHeight(MATCH_CONTENT);
    layout.setAlignment(LayoutAlignment.CENTER);        //居中显示
    layout.addComponent(text);

    //创建 Toast 对话框
    ToastDialog toastDialog = new ToastDialog(context);
    toastDialog.setComponent(layout);                   //使用自定义组件
    toastDialog
            .setTransparent(true)                       //设置背景透明
            .setDuration(2000)                          //显示时间 2000ms
            .setAlignment(LayoutAlignment.BOTTOM + LayoutAlignment.HORIZONTAL_CENTER)
                                                        //居中下方显示
            .setOffset(0, 200)                          //距离底边距 200px
            .show();
}
```

然后,调用该方法创建并显示 Toast 对话框,代码如下:

```
Utils.showToast(DialogAbilitySlice.this, "这是一个 ToastDialog");
```

该对话框的显示效果如图 4-36 所示。

在 Toast 对话框显示时,可以通过调用其 cancel()方法使其立即消失。另外,Toast 对话框还拥有自身的生命周期方法 onCreate()、onShow()和 onDestroy()。这些方法可以用于在自定义 Toast 对话框时实现某些特殊的效果和功能。

2. 列表对话框

列表对话框可以为用户提供列表选项功能。在开发中,列表对话框的使用包含以下几个步骤:

1) 创建列表对话框对象

创建列表对话框对象时,需要指定其类型。该类型通过 ListDialog 下的 3 个静态常量定义,包括:

(1) ListDialog. NORMAL:列表项为文本(Text)对象。

(2) ListDialog. SINGLE:列表项为单选框(RadioButton)对象,提供单选能力。

(3) ListDialog. MULTI:列表项为复选框(Checkbox)对象,提供多选能力。

上述几种不同的对话框显示效果如图 4-37 所示。

图 4-36   自定义 Toast 对话框效果　　　图 4-37   列表对话框(ListDialog)的显示效果

2) 设置列表项

通过 setItems 方法可以设置静态列表项,通过 setProvider 方法可以设置动态列表项。动态列表项的具体使用方法需要使用 RecycleItemProvider 提供数据源,读者可以参考 4.3.2 节的相关方法实现。下面列举几种常见的静态列表项设置相关方法:

(1) setItems(String[] items):设置 NORMAL 类型列表对话框列表项。

(2) setMultiSelectItems(String[] items,boolean[] selectedItems):设置 SINGLE 类型列表对话框列表项。

(3) setSingleSelectItems(String[] items,int selectedId):设置 MULTI 类型列表对话框列表项。

(4) addItem(String item):添加 1 个列表项。

(5) removeItem(String item):删除 1 个列表项。

注意:需要根据列表对话框的类型,使用对应的列表项设置方法,否则可能无法提供单选或多选能力。

3）设置列表对话框监听器

根据类型的不同，列表对话框提供了 3 种监听器设置方法，如表 4-24 所示。

表 4-24　列表对话框的监听器设置方法

列表对话框类型	监听器方法
NORMAL	setListener（ItemClickedListener　clickListener，ItemLongClickedListener longClicklistener，ItemSelectedListener selectedlistener）
SINGLE	setOnSingleSelectListener(ClickedListener listener)
MULTI	setOnMultiSelectListener(CheckBoxClickedListener listener)

4）设置按钮

通过 setButton(int num，String text，ClickedListener listener)方法可以在对应的位置（num）上设置文本内容为 text 的按钮，并设置其监听器 listener。需要注意的是，列表对话框需要在单击按钮后通过调用其 hide()方法从屏幕中移除该对话框。

5）显示对话框

设置对话框属性，并通过 show()方法显示列表对话框。接下来，创建并显示 2 个选项的列表对话框，代码如下：

```java
//chapter4/JavaUI/entry/src/main/java/com/example/javaui/slice/DialogAbilitySlice.java
ListDialog listDialog = new ListDialog(DialogAbilitySlice.this, ListDialog.NORMAL);
listDialog.setItems(new String[]{"第 1 个选项", "第 2 个选项"});
listDialog.setListener(new ListContainer.ItemClickedListener() {
    @Override
    public void onItemClicked(ListContainer listContainer, Component component, int i, long l) {
        Utils.showToast(DialogAbilitySlice.this, "单击了第" + (i + 1) + "个选项");
    }
}, null, null);
listDialog.setButton(0, "取消", new IDialog.ClickedListener() {
    @Override
    public void onClick(IDialog iDialog, int i) {
        listDialog.hide();
    }
});
listDialog.setButton(1, "确认", null);
listDialog.setSize(400, 300);
listDialog.show();
```

该代码被调用后，列表对话框的显示效果如图 4-37(1)所示。当单击其中的任何一个选项时，即可弹出相应的 Toast 对话框提示。单击【取消】按钮即可关闭该列表对话框。

当然，读者可以将上面的初始化代码，结合 setSingleSelectItems、setMultiSelectItems 方法的运用，获得如图 4-37(2)和图 4-37(3)所示的单选列表对话框效果和多选列表对话框效果,读者可自行尝试。

3. 气泡对话框

通过气泡对话框可以创建锚定在某个组件的气泡样式的对话框。至于气泡对话框的内容,则需要开发者自行创建和定制。由于气泡对话框的使用方法比较简单,这里通过一个简单的实例来介绍其基本用法,典型的代码如下:

```java
//chapter4/JavaUI/entry/src/main/java/com/example/javaui/slice/DialogAbilitySlice.java
//第2个参数为锚点位置,第3个和第4个参数分别为宽度和高度
PopupDialog popupDialog = new PopupDialog(DialogAbilitySlice.this, btnPopupDialog, 600, 100);
popupDialog.setBackColor(Color.CYAN);           //背景颜色
popupDialog.setHasArrow(true);                  //显示气泡箭头
//创建自定义 DialogBox 组件
Text text = new Text(DialogAbilitySlice.this);
text.setText("这是一个 PopupDialog!");
text.setTextSize(50);
text.setLayoutConfig(new ComponentContainer.LayoutConfig(ComponentContainer.LayoutConfig.
MATCH_CONTENT, ComponentContainer.LayoutConfig.MATCH_CONTENT));
text.setClickedListener(new Component.ClickedListener() {
    @Override
    public void onClick(Component component) {
        popupDialog.hide();
    }
});
popupDialog.setCustomComponent(text).setMode(PopupDialog.ICON2).show();
```

在上面的代码中,初始化 PopupDialog 时指定了其锚定位置和对话框大小,并通过 setCustomComponent 方法自定义了其显示的具体内容。该 PopupDialog 的显示效果如图 4-38 所示。

注意:在气泡对话框消失之前,用户无法执行其他的 UI 操作,因此,需要开发者定时调用(或者引导用户操作后调用)气泡对话框的 hide()方法。

图 4-38　气泡对话框(PopupDialog)
　　　　 的显示效果

通过上面的学习,读者应该了解了常用对话框的使用方法了,在正确的时间以正确的方式使用对话框,可以帮助用户获得适时的操作提示。

4.3.2　可复用列表项的 ListContainer

简短的列表可以通过定向布局实现,但是如果列表项非常多,则使用定向布局就不合适了。例如,需要创建 100 个列表项的列表,那么用定向布局实现至少需要创建 100 个以上的组件了。然而,限于设备屏幕大小的限制,绝大多数组件不会显示在屏幕上,却会占据大量的内存资源,甚至造成应用"闪退"。

与许多其他的移动开发技术一样,鸿蒙操作系统也提供了可复用列表项的列表组件,这就是本节要介绍的 ListContainer。

注意:在 Android 和 iOS 系统中,均提供了与 ListContainer 类似的可复用列表项的列表组件。在 Android 系统中,这种组件被称为 RecyclerView;在 iOS 系统中,这种组件被称为 UITableView。

ListContainer 继承于 ComponentContainer,属于布局的一种。在 ListContainer 中,每个列表项都是一个组件或者子布局,即列表项组件。不过,ListContainer 非常"吝啬"。例如,利用 ListContainer 实现具有 100 个列表项的列表,ListContainer 绝对不会实实在在地创建 100 个组件,而是仅创建屏幕当前能够显示的列表项组件。例如,当前的设备屏幕只能够显示 6 个列表项,那么 ListContainer 只创建 6 个列表项组件。当用户上下滑动到其他的列表项时,被滑出去的列表项组件会被新的列表项复用,重新更换数据后再次进入用户的视野,如图 4-39 所示。

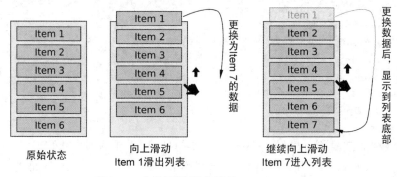

图 4-39　"吝啬"的列表组件 ListContainer

在图 4-39 中,Item 1 组件被滑出列表,随后被 ListContainer"换装"填入新的数据后再次从列表底部重新进入 ListContainer。Item 1 组件和 Item 7 组件实际上是 1 个组件,组件还是原来的组件,只不过数据已经不是原来的数据了。这种按需创建组件的思想对于应用程序能够流畅稳定地运行非常重要。这么说来,ListContainer 就像一个掌管着系统资源的大臣,时时刻刻打着精细的算盘,用最少的内存资源来干更多事情。

那么,我们应该如何来使用 ListContainer 呢?实际上,ListContainer 已经封装好复用列表项的机制了,不需要开发者过多操心。作为开发者,只需为 ListContainer 提供需要显示的列表项所需要的数据和组件就可以了,而这项工作就全权交给 RecycleItemProvider 类完成了。RecycleItemProvider 是一个抽象类,开发者在使用它之前需要至少实现以下 4 种方法。

(1) getCount():提供列表项数量。

(2) getItem(int i):提供当前列表项的数据。

(3) getItemId(int i):提供当前列表项 ID。

(4) getComponent(int id,Component cpt,ComponentContainer ctn):创建组件与数

据绑定,即创建属于这个列表项的组件,然后绑定该列表项数据。在这种方法中,id 表示这个列表项 ID,cpt 对象为上一次这个列表项的组件对象。作为开发者可以直接复用这个组件对象,当然也可以创建一个新的组件对象。ctn 是 cpt 组件的父布局对象。

接下来,演示 ListContainer 和 RecycleItemProvider 的具体使用方法。

首先,通过布局文件(recycle_item.xml)创建列表项的用户界面,代码如下:

```
//chapter4/JavaUI/entry/src/main/resources/base/layout/recycle_item.xml
<?xml version = "1.0" encoding = "utf - 8"?>
< DirectionalLayout
    xmlns:ohos = "http://schemas.huawei.com/res/ohos"
    ohos:height = "match_content"
    ohos:width = "match_parent"
    ohos:orientation = "vertical">
    < Text
        ohos:id = " $ + id:item_text"
        ohos:height = "match_content"
        ohos:width = "match_parent"
        ohos:margin = "4vp"
        ohos:text_size = "16fp"
        ohos:text_alignment = "center"/>
</DirectionalLayout >
```

这个列表项非常简单,仅仅显示了一个文本组件,用于显示列表项数据,但是,这个用户界面与之前介绍的 AbilitySlice 界面不同,这个列表项界面仅仅显示在屏幕的某一个部位,因此不能使用之前的 setUIContent 方法了。

此时,需要 LayoutScatter 类来解析这个布局文件,LayoutScatter 并不能直接被初始化,需要通过其 getInstance(Context context)方法获取,其中 content 为当前的上下文对象。获取 LayoutScatter 对象后,通过其 parse(int xmlId,ComponentContainer root,boolean attachToRoot)方法即可解析所需要的 XML 布局文件,并且转换为组件对象。在 parse 方法中,xmlId 表示需要解析的布局资源 ID。当 attachToRoot 参数为 true 时,可以将解析出来的组件对象自动添加到 root 布局中,但是,在绝大多数情况下并不需要这么做,此时传递 root 参数为 null,传递 attachToRoot 参数为 false 即可。

因此,通过以下代码即可将上面创建的列表项组件转换为 DirectionalLayout 对象,代码如下:

```
LayoutScatter scatter = LayoutScatter.getInstance(getContext());
DirectionalLayout layout = scatter.parse(ResourceTable.Layout_recycle_item, null, false);
```

除了定义列表项界面以外,还需要在 AbilitySlice 中定义 ListContainer 对象。在布局文件中定义一个 ListContainer,代码如下:

```
//chapter4/JavaUI/entry/src/main/resources/base/layout/slice_list_container.xml
<?xml version = "1.0" encoding = "utf - 8"?>
< DirectionalLayout
    xmlns:ohos = "http://schemas.huawei.com/res/ohos"
    ohos:height = "match_parent"
    ohos:width = "match_parent"
    ohos:orientation = "vertical">

    < ListContainer
        ohos:id = " $ + id:list_container"
        ohos:height = "match_parent"
        ohos:width = "match_parent"
        ohos:orientation = "vertical"/>

</DirectionalLayout >
```

接下来,就可以在相应的 AbilitySlice 中通过 RecycleItemProvider 实现一个列表了,代码如下:

```
//chapter4/JavaUI/entry/src/main/java/com/example/javaui/slice/ListContainerAbilitySlice.java
//ListContainer 对象
private ListContainer mListContainer;
//列表数据(1~1000 整型值)
private List < Integer > mNumbers;

@Override
public void onStart(Intent intent) {
    super.onStart(intent);
    super.setUIContent(ResourceTable.Layout_slice_list_container);

    //初始化列表数据对象
    mNumbers = new ArrayList <>();
    for (int i = 0; i < 1000; i++) {
        mNumbers.add(i + 1);
    }

    //获取 ListContainer 对象
    mListContainer = (ListContainer) findComponentById(ResourceTable.Id_list_container);
    //为 ListContainer 对象设置 RecycleItemProvider
    mListContainer.setItemProvider(new RecycleItemProvider() {

        @Override
        public int getCount() {
            //列表项数
            return mNumbers.size();
```

```
        }

        @Override
        public Object getItem(int i) {
            //当前列表项的数据
            return mNumbers.get(i);
        }

        @Override
        public long getItemId(int i) {
            //当前列表项 ID
            return i;
        }

        @Override
        public Component getComponent ( int i, Component component, ComponentContainer
componentContainer) {
            //列表项用户界面,如果可以复用之前的界面,则直接复用
            DirectionalLayout layout = (DirectionalLayout) component;
            if (layout == null) {
                //如果之前的界面为空,则创建新的列表项用户界面
                layout = (DirectionalLayout) LayoutScatter. getInstance (getContext ( )).
parse(ResourceTable. Layout_recycle_item, null, false);
            }
            //获取列表项中的文本组件
            Text text = (Text) layout.findComponentById(ResourceTable. Id_item_text);
            //设置列表项数据
            text. setText("当前数据:" + getItem(i).toString());
            //返回该列表项用户界面
            return layout;
        }
    });
}
```

在上面的代码中,创建了包含从 1 到 1000 整型数据的列表 mNumbers 作为列表项的
数据。在 RecycleItemProvider 的 getCount ( )方法中,返回了这个列表的长度 1000;在
getItem(int i)方法中,返回了当前列表项的整数值;在 getItemId(int i)方法中,返回了当前
列表项的 ID。此时,在 getComponent 方法中,即可通过 getItem(i)方法获取这个列表项所
需要的整数值。

在上面的 getComponent 方法中,存在一个非常典型的判断方法,即判断可复用组件
component 是否为空。如果该对象为空,则只能再创建一个新的列表项组件。这充分体现
了 ListContainer 按需创建组件的优势。随后,通过列表项组件 layout 的
findComponentById 方法获取列表项文本组件,并设置了相应的文本内容。上述代码的最
终显示效果如图 4-40 所示。

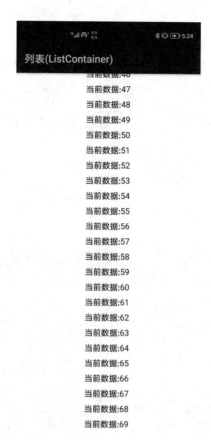

图 4-40　列表组件 ListContainer 的显示效果

　　滑动列表,可以发现列表项中的【当前数据:×××】(×××为具体数字)可以从 1 到 1000
变化,整个过程丝滑流畅。

　　注意:具有 Android 开发经验的开发者可以发现,ListContainer 相对于 Android 中的
RecyclerView,而 RecycleItemProvider 的功能非常类似于 Android 中的 Adapter。唯一不
同的是,鸿蒙操作系统中不再有 ViewHolder 概念了。不过对于复杂的需求来讲,开发者也
可以创建类似于 ViewHolder 的类(不继承任何鸿蒙类),专门用于管理用户界面。这样一
来,即可将用户界面管理的功能从 RecycleItemProvider 中解耦出去,在复杂需求场景下还
是很实用的。

4.3.3　多页签(Tab)的实现

　　有时需要实现类似于如图 4-41 所示的功能,在用户左右滑动屏幕或者单击下方的按钮
时可以切换几个不同的显示界面。在许多常用的应用程序中,非常实用。本节通过
PagerSlider 组件和 TabList 组件实现这一功能。

　　首先,在布局文件中创建一个 PagerSlider 组件(用户承载多个界面)和一个 TabList 组

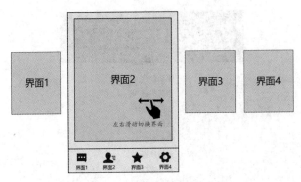

图 4-41 多页签(Tab)的功能

件(用户实现单击切换界面)。

```
//chapter4/JavaUI/entry/src/main/resources/base/layout/slice_tab.xml
<?xml version = "1.0" encoding = "utf - 8"?>
< DirectionalLayout
    xmlns:ohos = "http://schemas.huawei.com/res/ohos"
    ohos:height = "match_parent"
    ohos:width = "match_parent"
    ohos:orientation = "vertical">

    < PageSlider
        ohos:id = " $ + id:pager_slider"
        ohos:width = "match_parent"
        ohos:height = "0vp"
        ohos:weight = "1"
        ohos:background_element = " # ffffff"/>

    < TabList
        ohos:id = " $ + id:tablist"
        ohos:height = "80vp"
        ohos:width = "match_parent"
        ohos:background_element = "gray"
        ohos:orientation = "horizontal"/>

</DirectionalLayout >
```

在上面的代码中,TabList 的高度为 80vp,而 PagerSlider 占据了剩余的屏幕大小。
然后,在所对应的 AbilitySlice 中配置 PagerSlider 并承载 3 个用户界面,代码如下:

```
//chapter4/JavaUI/entry/src/main/java/com/example/javaui/slice/TabAbilitySlice.java

//PagerSlider 对象
private PageSlider mPagerSlider;
```

```
//需要 PagerSlider 对象管理的用户界面列表
private ArrayList < Component > mPageview;


@Override
public void onStart(Intent intent) {
    super.onStart(intent);
    super.setUIContent(ResourceTable.Layout_slice_tab);

    //获取 PagerSlider 对象
    mPagerSlider = (PageSlider) findComponentById(ResourceTable.Id_pager_slider);

    //创建 PagerSlider 所需要承载界面的列表
    mPageview = new ArrayList < Component >();
    mPageview.add(generateTextComponent("第 1 个界面"));
    mPageview.add(generateTextComponent("第 2 个界面"));
    mPageview.add(generateTextComponent("第 3 个界面"));

    //实例化 PageSliderProvider，为 PagerSlider 提供界面
    mPagerSlider.setProvider(new PageSliderProvider() {
        @Override
        public int getCount() {
            //界面数量
            return mPageview.size();
        }

        @Override
        public Object createPageInContainer(ComponentContainer componentContainer, int i) {
            //添加用户界面
            componentContainer.addComponent(mPageview.get(i));
            return mPageview.get(i);
        }

        @Override
        public void destroyPageFromContainer(ComponentContainer componentContainer, int i,
Object o) {
            //添加用户界面
            componentContainer.removeComponent(mPageview.get(i));
        }

        @Override
        public boolean isPageMatchToObject(Component component, Object o) {
            return component == o;
        }
    });
}
```

```
private Text generateTextComponent(String content) {
    Text text = new Text(this);
    text.setLayoutConfig(new ComponentContainer.LayoutConfig(ComponentContainer.LayoutConfig.
MATCH_PARENT, ComponentContainer.LayoutConfig.MATCH_PARENT));
    text.setTextAlignment(TextAlignment.CENTER);
    text.setText(content);
    text.setTextSize(80);
    return text;
}
```

为了演示方便,这里的 3 个用户界面为 3 个文本组件,而这 3 个文本组件均通过
generateTextComponent 方法进行创建。另外,PageSliderProvider 为 PagerSlider 提供界
面,其原理和用法与 4.3.2 节中介绍的 RecycleItemProvider 非常类似,这里不再详细介绍。

此时编译并运行程序,即可实现滑动切换界面的效果。接下来,实现底部的 TabList 组
件切换界面。在上述的 TabAbilitySlice 中继续为 TabList 添加 Tab,代码如下:

```
//chapter4/JavaUI/entry/src/main/java/com/example/javaui/slice/TabAbilitySlice.java
//获取 TabList 对象
mTablist = (TabList) findComponentById(ResourceTable.Id_tablist);
//设置 TabList 的 Tab 总宽度
mTablist.setTabLength(getResourceManager().getDeviceCapability().width);

for(int i = 0; i < 3; i++) {
    TabList.Tab tab = mTablist.new Tab(this);
    tab.setText("界面" + (i + 1));
    tab.setMarginsLeftAndRight(10, 10);
    tab.setTag(i);
    mTablist.addTab(tab);
}

mTablist.addTabSelectedListener(new TabList.TabSelectedListener() {
    @Override
    public void onSelected(TabList.Tab tab) {
        Utils.log("onSelected: " + tab.getText());
        mPagerSlider.setCurrentPage((int)tab.getTag());
    }

    @Override
    public void onUnselected(TabList.Tab tab) {
        Utils.log("onUnselected: " + tab.getText());
    }

    @Override
```

```
public void onReselected(TabList.Tab tab) {
    Utils.log("onReselected: " + tab.getText());
}
});
```

在上面的代码中,首先为 Tab 设置了总宽度,然后通过循环控制添加了 3 个 Tab,其显示文本分别为【界面 1】、【界面 2】和【界面 3】,并且为这 3 个 Tab 分别添加了 Tag 属性,其值分别为 0、1、2。

Tag 属性是任何组件都具有的属性,可以通过 setTag 和 getTag 方法进行设置。这个属性可以是任何类型的对象。通常,开发者通过 Tag 属性可以标识这个组件。上面创建的 3 个 Tab 的 Tag 属性不同,如此一来即可在其 Tab 选择监听器 TabSelectedListener 中的任何一种方法中确定是用户操作了哪一个 Tab 所触发的事件。

TabSelectedListener 包含了 onSelected、onUnselected、onReselected 这 3 种方法,分别监听其 Tab 的选择、取消选择和重新选择事件。在上面的 onSelected 方法中,通过 (int) tab.getTag() 代码获取了需要进入的界面索引,而这个索引与 mPagerSlider 中的用户界面索引是一一对应的。如此一来,就非常简单地实现了通过 TabList 切换用户界面的功能,其最终的显示效果如图 4-42 所示。

图 4-42　多页签(Tab)的实现效果

4.3.4　自定义组件的基本方法

Java UI 支持组件的自定义,只需将自定义的组件继承 Component 类。

在 Component 类中,定义了 4 种基本构造方法,分别为

- Component(Context context)
- Component(Context context,AttrSet attrSet)
- Component(Context context,AttrSet attrSet,String styleName)
- Component(Context context,AttrSet attrSet,int resId)

在这 4 种构造方法中,content 为上下文对象,attrSet 为组件属性集对象,styleName 为样式名,而 resId 为组件的资源 ID 对象。组件属性集是为了读取在布局文件中开发者所定义的各种属性(诸如组件宽度、高度等),因此为了能够在布局文件中支持自定义组件,就需要实现含有 attrSet 参数的方法。

对于轻度定制组件,其实可以直接继承 Text、Button 等组件,并扩展所需要的功能,但是,如果需要高度定制组件的显示内容,则可以通过 addDrawTask 方法添加实现

DrawTask 接口对象。在 DrawTask 接口中定义了 onDraw(Component component,Canvas canvas)方法,通过其中的 Canvas 对象即可绘制所需要的组件内容,典型的代码如下:

```java
//chapter4/JavaUI/entry/src/main/java/com/example/javaui/component/CustomComponent.java
public class CustomComponent extends Component implements Component.DrawTask {

    public CustomComponent(Context context) {
        super(context);
        initView();
    }

    public CustomComponent(Context context, AttrSet attrSet) {
        super(context, attrSet);
        initView();
    }

    public CustomComponent(Context context, AttrSet attrSet, String styleName) {
        super(context, attrSet, styleName);
        initView();
    }

    public CustomComponent(Context context, AttrSet attrSet, int resId) {
        super(context, attrSet, resId);
        initView();
    }

    private void initView() {
        this.addDrawTask(this);
    }

    @Override
    public void onDraw(Component component, Canvas canvas) {
        //在 Canvas 绘制组件内容
    }
}
```

1. 画布和画笔

通过画布(Canvas)和画笔(Paint)的使用,开发者可以绘制出非常高级的用户界面,但是其学习成本也是非常高的。这两个类属于鸿蒙操作系统的高级图形平台(Advanced Graphic Platform,AGP)的中心类库,存在于 ohos.agp.render 包内。在这里,仅简单介绍 Canvas 和 Paint 的常用方法。

Canvas 提供了许多绘制方法,其中常用的绘制方法如表 4-25 所示。

表 4-25　Canvas 绘制方法

绘 制 方 法	描　　　述
drawPoint(float posX,float posY,Paint paint) drawPoints(float[] pts,int offset,int count,Paint paint)	绘制点
drawLine(Point startPoint,Point endPoint,Paint paint) drawLines(float[] points,int offset,int drawCount,Paint paint) drawLines(float[] points,Paint paint)	绘制线
drawPath(Path path,Paint paint)	绘制路径
drawRect(RectFloat rect,Paint paint) drawRoundRect(RectFloat rect,float radiusX,float radiusY,Paint paint)	绘制矩形
drawCircle(float x,float y,float radius,Paint paint)	绘制圆形
drawOval(RectFloat rect,Paint paint)	绘制椭圆
drawChars(Paint paint,char[] charArray,float xCoor,float yCoor) drawCharSequence(Paint paint,CharSequence charSequence,float xCoor,float yCoor) drawText(Paint paint,String text,float x,float y) drawTextOnPath(Paint paint,String text,Path path,float advance,float offset)	绘制文本
drawDeformedPixelMap (PixelMapHolder holder, PixelMapDrawInfo drawInfo, Paint paint) drawPixelMapHolder(PixelMapHolder holder,float left,float top,Paint paint) drawPixelMapHolderCircleShape (PixelMapHolder holder, RectFloat rectSrc, float pointX,float pointY,float radius) drawPixelMapHolderRect(PixelMapHolder holder,RectFloat rect,Paint paint)	绘制 PixelMapHolder

在表 4-25 所示的每种方法中都包含了针对特定绘制要素的属性。细心的读者可能已发现,这些方法中绝大多数包含了画笔对象 Paint。这个对象可以对所绘制要素的颜色、粗细、透明度、样式、字体等方面进行设置。

Paint 的常用方法如下:

(1) setAlpha(float alpha):设置透明度。

(2) setColor(Color newColor):设置颜色。

(3) setCornerPathEffectRadius(float cornerRadius):设置圆角半径。

(4) setDashPathEffectIntervals(float[] intervals):设置虚线长度(第 1 个值)和间隔长度(第 2 个值)。

(5) setDashPathEffectPhase(float phase):设置虚线的偏移量。

(6) setStrokeCap(Paint.StrokeCap cap):设置线段端点样式,包括无样式(BUTT_CAP)、圆形(ROUND_CAP)、方形(SQUARE_CAP)等。

(7) setStrokeJoin(Paint.Join join):设置线段连接点样式,包括直角(MITER_JOIN)、切直角(BEVEL_JOIN)和圆角(ROUND_JOIN)等。

(8) setStrokeMiter(float miter):设置线段连接点样式为直角时的截断长度。

（9）setStrokeWidth(float width)：设置线宽度。

（10）setStyle(Paint. Style style)：设置样式。

在绘制文本时，Paint 的常用方法还包括：

（1）setTextAlign(int align)：设置文本对齐方式。

（2）setTextSize(int textSize)：设置文本大小。

（3）setFont(Font font)：设置文本字体。

（4）setMultipleLine(boolean multiple)：设置是否允许多行文本。

（5）setUnderLine(boolean isUnderLine)：设置是否显示下画线。

（6）setStrikeThrough(boolean isStrikeThrough)：设置是否显示删除线。

（7）setLetterSpacing(float spacing)：设置字符间距。

（8）setPosition(Point point)：设置绘制文本的起始位置。

（9）setFakeBoldText(boolean flag)：设置加粗(Fake Bold)。

2．组件阴影的实现

这一部分介绍着色器(Shader)和遮罩过滤器(MaskFilter)的使用方法，并实现组件的阴影。

1）着色器(Shader)

通过着色器可以为矩形、圆形等绘制多种不同的着色样式，包括以下 5 种类型：

（1）线性渐变(LINEAR_SHADER)：沿着某个方向进行颜色渐变，其着色器子类为 LinearShader。

（2）辐射渐变(RADIAL_SHADER)：从中心向四周进行颜色渐变，其着色器子类为 RadialShader。

（3）梯度渐变(SWEEP_ SHADER)：沿着圆环进行颜色渐变，其着色器子类为 SweepShader。

（4）PixelMap 着色(PIXELMAP_SHADER)：通过 PixelMap 对象进行着色，其着色器子类为 PixelMapShader。

（5）组合着色(GROUP_SHADER)：组合以上着色方式，其着色器子类为 GroupShader。

其中，线性渐变、辐射渐变、梯度渐变的实现效果可参见图 3-27。

开发者可以在创建好相应的着色器后，通过 Paint 对象的 setShader (Shader newShader,Paint. ShaderType type)设置其着色效果。

2）遮罩过滤器(MaskFilter)

通过遮罩过滤器(MaskFilter)可以为形状要素设置阴影，其阴影类型由 Blur 枚举类型定义，包括正常(NORMAL)、坚实(SOLID)、内部(INNER)和外部(OUTER)共 4 类，其效果差异如图 4-43 所示。

在正常模式下，形状边缘会出现模糊。在坚实模式下，会在保持原来的形状效果的同时在外部生成阴影。在内部模式下，会在形状内部产生阴影。在外部模式下，会在产生外部阴影的同时原先的形状消失不见。

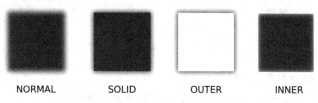

图 4-43　遮罩过滤器（MaskFilter）的 4 种模式

可见，通过这种方式实现阴影会在其四周产生相同的效果。接下来，通过代码实现单侧阴影的效果，代码如下：

```java
//chapter4/JavaUI/entry/src/main/java/com/example/javaui/component/CustomComponent.java
@Override
public void onDraw(Component component, Canvas canvas) {
    //绘制渐变背景
    Paint paint = new Paint();
    Point point1 = new Point(0,0);
    Point point2 = new Point(300,300);
    Point[] newPoints = new Point[]{point1, point2};              //渐变点
    float[] newStops = new float[]{0,1};                          //渐变位置
    Color[] newColors = new Color[]{Color.WHITE, Color.BLACK};    //渐变颜色
    Shader.TileMode tileMode = Shader.TileMode.REPEAT_TILEMODE;   //重复模式
    LinearShader shader = new LinearShader(newPoints, newStops, newColors, tileMode);
    paint.setShader(shader, Paint.ShaderType.LINEAR_SHADER);

    //将渐变背景转换为外部阴影
    MaskFilter maskFilter = new MaskFilter(20, MaskFilter.Blur.OUTER);
    paint.setMaskFilter(maskFilter);

    //绘制圆形
    canvas.drawCircle(170, 170, 150, paint);
}
```

然后，在布局文件中引用该自定义组件，代码如下：

```xml
//chapter4/JavaUI/entry/src/main/resources/base/layout/slice_component_custom.xml
<?xml version = "1.0" encoding = "utf - 8"?>
<DirectionalLayout
    xmlns:ohos = "http://schemas.huawei.com/res/ohos"
    ohos:height = "match_parent"
    ohos:width = "match_parent"
    ohos:orientation = "vertical">

    <com.example.javaui.component.CustomComponent
        ohos:height = "340"
```

```
        ohos:width = "340"/>

</DirectionalLayout >
```

此时,该自定义组件的显示效果如图 4-44 所示。可见,CustomComponent 产生了左上为白色阴影,而右下为黑色阴影的效果,这种阴影效果就非常自然。

图 4-44　自定义组件 CustomComponent 的显示效果

关于 Canvas 的绘制是一篇大文章,用整整一章的内容恐怕也难以介绍完整。由于篇幅所限,这里不再详细介绍其他更多的 Canvas 的使用方法,读者可以参阅鸿蒙的 API 文档来进一步学习。

4.4　本章小结

本章介绍了 Java UI 的基本使用方法,详细介绍了 Java UI 的各种组件和布局,以及对话框、列表、多页签等多种高级功能。虽然本章的内容很多,但是这些内容非常直观和具体,希望各位读者在开发过程中充满学习的激情和乐趣。相信读者已经具备了设计用户界面的基本能力。建议开发者在学习完本章之后,独立地开发一个具有特殊功能的 UI 练习一下,例如设计用户登录界面、联系人界面等。这样不仅能够为学习增添信心和乐趣,而且能够巩固之前所学的内容。

在下一章节中将介绍另外一种 UI 的设计方法:JavaScript UI。事实上,如果你对 JavaScript 语言完全不熟悉,也没关系,可以直接进入第 6 章的学习。本章所介绍的 Java UI 应当能够满足你的绝大多数的设计需求。

第 5 章

JavaScript UI 设计

相对于 Java UI 来讲,JavaScript UI 非常类似于 Web 前端开发,毕竟使用的就是 JavaScript 前端技术的脚本语言。因此,如果你是一个成熟的前端开发者,或者是微信小程序开发者,那么 JavaScript UI 就是专门为你准备的技术框架了。不过,即使如此,你仍然需要学习许多 JavaScript UI 所特有的知识,包括 HML 语法、组件的基本用法等。

与前端技术一样,JavaScript UI 包含结构(HML)、表现(CSS)和逻辑(JavaScript)共 3 个主要部分:

(1) HML:鸿蒙标记语言(HarmonyOS Markup Language),用于表述用户界面的结构。通过 HML 编写的界面结构文件后缀名为.hml,因此 HML 既是一门语言,也是一种文件类型。要特别注意,虽然 HML 与 HTML 语法相似,但是仍然存在很多区别。

(2) CSS:层叠样式表(Cascading Style Sheets),用于表述用户界面的表现样式。

(3) JavaScript:一种解释性脚本语言,用于表述用户界面的简单业务逻辑,支持 ECMAScript 6 语法。

在学习本章内容之前,需要读者先学习并掌握 Web 前端的开发知识,特别是 JavaScript 和 CSS 的使用方法。对于 HTML,建议读者了解 HTML 中的一些基本标签的使用,因为 HML 与 HTML 的使用方法实在太相似了。

JavaScript UI 支持手机、平板计算机、智慧屏、智能穿戴设备、轻量级智能穿戴等设备上进行应用开发,似乎比 Java UI 的适用能力更加广泛,但是由于 JavaScript UI 更加倾向于界面开发,在许多涉及设备硬件等复杂业务逻辑方面,可能还需要 Java 来帮忙处理,这就涉及 JavaScript UI 和 Java UI 之间的交互方法了。值得注意的是,在轻量级智能穿戴设备上的 JavaScript UI 会更加轻量化,并不能使用所有的 JavaScript UI 特性。

5.1 初识 JavaScript UI

JavaScript UI 采用声明式编程范式,可以帮助开发者摆脱烦琐的 UI 状态切换,即当开发者修改数据时 UI 内容可以实现自动更新。这就省去了许多 Java UI 中的组件内容设置代码和监听器代码,对于开发而言方便了许多。

本节介绍 JavaScript UI 的基础知识,包括工程组织、基本语法、跳转路由等。

5.1.1 JavaScript 实例与页面

让我们先熟悉一下"新面孔"。本节介绍新的 JavaScript 鸿蒙应用程序工程的基本结构,随后介绍 JavaScript 实例和页面的基本概念,以及 JavaScript 实例的配置选项。

1. 第一个 JavaScript 鸿蒙应用程序工程

打开 DevEco Studio,并创建一个新的鸿蒙应用程序,在 Create HarmonyOS Project 对话框中,在 Device 选项中选择 Phone,在 Template 选项中选择 Empty Feature Ability(JS),并单击 Next 按钮,如图 5-1 所示。

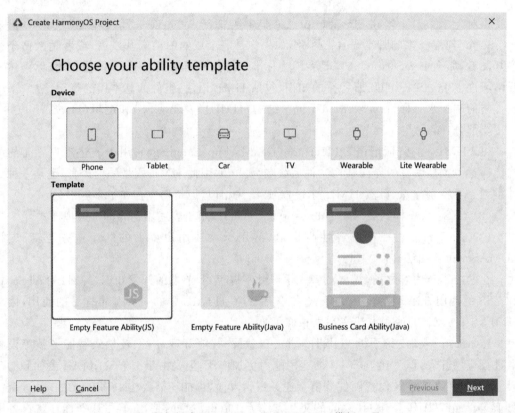

图 5-1 创建 Empty Feature Ability(JS)模板工程

在随后弹出的 Create HarmonyOS Project 对话框中,将工程名称(Project Name)设置为 HelloJavaScript,将包名(Package Name)设置为 com. example. helloJavaScript,其他选项保持默认,单击 Finish 按钮完成工程创建。

创建完成后,可以发现该工程和 Java 模板的鸿蒙应用程序工程并没有很大不同,唯一的区别就是在 main 目录下多出了 js 目录。js 目录是 JavaScript 鸿蒙应用程序开发的主战场,其默认创建的文件如图 5-2 所示。

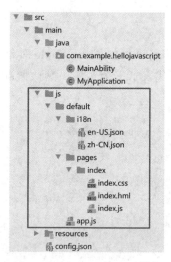

图 5-2　Empty Feature Ability(JS)模板工程结构

2．JavaScript 实例和页面的概念

js 目录下有一个 default 目录，这个目录属于一个 JavaScript 实例（以下简称实例）。在鸿蒙应用程序中，一个实例包含了一组与功能相关的用户界面和资源，默认的实例名称为 default。通常，每个实例都被独立的 Ability 管理，而 default 实例默认被 MainAbility 管理。

在实例中，可以创建多个用户界面，其中每个用户界面被称为一个页面（Page）。Ability、实例和页面的关系如图 5-3 所示。

如果开发者仅使用 JavaScript 语言开发鸿蒙应用程序，则只需使用默认的 default 实例，一般不需要创建多个 Ability，也不需要创建多个实例。此时，JavaScript 鸿蒙应用程序可以简化为如图 5-4 所示的结构。

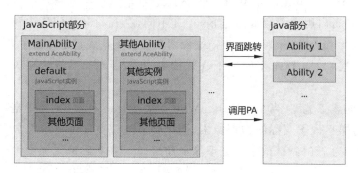

图 5-3　Ability、JavaScript 实例和页面的关系

图 5-4　JavaScript 鸿蒙应用
程序简化结构

这样，我们只需要在 default 实例中创建所需要的页面，并实现页面的路由跳转。

注意：JavaScript UI 中的页面概念非常类似于 Java UI 中的 AbilitySlice 概念，都是承

载用户界面的最小单元。

3. 配置 JavaScript 实例

JavaScript 实例需要在 config.json 文件中 module 对象下的 js 对象内进行配置。js 对象为一个数组，其中每个对象都代表了一个实例。默认情况下，工程创建了一个 default 默认实例，代码如下：

```
//chapter5/HelloJavaScript/entry/src/main/config.json
"js": [
  {
    "pages": [
      "pages/index/index"
    ],
    "name": "default",
    "window": {
      "designWidth": 720,
      "autoDesignWidth": false
    }
  }
]
```

实例中包含以下常用属性：

- name：声明实例名称，默认为 default。
- pages：声明实例所包含的页面。
- window：声明与虚拟像素相关的选项。

pages 属性为一个由页面路径所组成的数组。页面路径是以实例目录为根目录的路径，且不带 .html 后缀名。数组中的第一个页面为该实例的主路由，即首先被打开的页面。

window 属性包含 designWidth 和 autoDesignWidth 两个子属性：

（1）autoDesignWidth 表示是否启用虚拟像素。与 Java UI 不同，在 JavaScript UI 中只有 px 这一种像素单位。当 autoDesignWidth 为 true 时，px 像素单位就不代表物理像素了，而是以 160ppi 为基准的虚拟像素（如同 Java UI 中的 vp），读者可参见 3.1.5 节的相关内容。

（2）designWidth 表示屏幕的虚拟宽度（当 autoDesignWidth 为 false 时有效）。当指定了虚拟宽度后，px 像素单位也同样不代表实际的物理像素，而是会以虚拟宽度为基准缩放像素大小。例如，当 designWidth 为 720（默认的手机虚拟像素）时，10px 在实际像素宽度为 1440 的设备上会表现为 20px。

注意：如果 autoDesignWidth 为 false，且没有通过 designWidth 指定屏幕的虚拟宽度，则在开发中 px 像素单位表现为实际的物理宽度。

4. 实例的目录结构

在图 5-2 中已经展示了实例的基本目录结构，但是一个完整的 js 实例还可能包含

common 目录和 resources 目录。一个实例所包含的目录和文件的功能如下：

（1）pages 目录：以子目录的形式组织页面文件，每个子目录都代表一个页面，并且包含了 hml、js 和 css 文件。

（2）common 目录：存放通用的代码文件（js 文件、自定义组件等），以及各种资源文件（图片、声频等）。

（3）i18n 目录：国际化目录，用于存放字符串资源等。

（4）resources 目录：资源配置目录，用于存放用于适配不同屏幕密度的资源配置文件等。

这些目录在学习和实践中会经常遇到，在这里不进行详细介绍。

5.1.2 新的 JavaScript 实例

▷ 3min

创建实例有两个主要方法：

（1）创建新的使用 JavaScript UI 的 Page Ability，并同时创建实例。

（2）仅创建一个新的实例。

这里建议使用第一种方法来创建实例，因为采用第二种方法创建新的实例后，还需要指定 Ability 来管理这个实例。

1. 创建新的使用 JavaScript UI 的 Page Ability

在 Project 工具窗体中，在 entry 目录上右击，选择 New→Ability→Empty Page Ability（JS）菜单，弹出如图 5-5 所示的对话框。

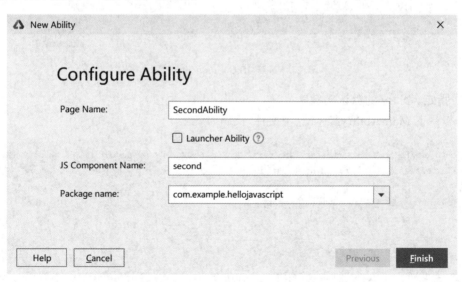

图 5-5 创建使用 JavaScript UI 的 Page Ability

在 Page Name 选项中输入 Ability 的名称 SecondAbility；在 JS Component Name 选项中输入默认的 JavaScript 实例名称 second；在 Package name 选项中选择包名（保持默认

即可),单击 Finish 按钮。

此时,在工程中会出现新创建的 SecondAbility 和 second 实例,如图 5-6 所示。

SecondAbility 和 second 实例会自动注册在 config. json 中。

2. 仅创建 JavaScript 实例

此处创建名为 foo 的实例。在 js 目录上右击,在菜单中选择 New→JS Component 即可弹出创建实例对话框 New JS Component,如图 5-7 所示。

在 JS Component Name 选项中输入实例名称 foo,单击 Finish 按钮。此时,该工程中即可出现刚刚所创建的 foo 实例目录,并自动生成了 index 页面,并且,foo 实例也会自动注册在 config. json 中。

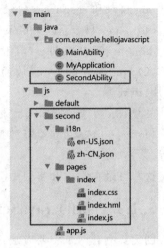

图 5-6 SecondAbility 和 second 实例

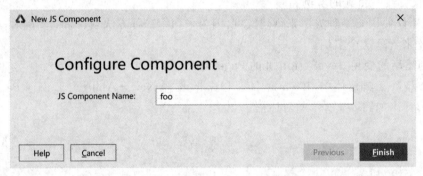

图 5-7 New JS Component 对话框

3. 指定 Ability 的默认实例

分析一下 MainAbility. java 这个文件,代码如下:

```
//chapter5/HelloJavaScript/entry/src/main/java/com/example/helloJavaScript/MainAbility.java
public class MainAbility extends AceAbility {
    @Override
    public void onStart(Intent intent) {
        super.onStart(intent);
    }

    @Override
    public void onStop() {
        super.onStop();
    }
}
```

这段代码和之前在 Java 环境下学习的 MainAbility 没有什么不同,只是其父类从 Ability 变成了 AceAbility。这里的 Ace 表示 Ability 跨平台环境(Ability Cross-Platform Environment),而 JavaScript UI 即运行在 ACE 基础之上。

默认情况下,它会加载名为 default 的实例,因此,通常 MainAbility 的代码不需要进行改动,只需把这个类放在这里就可以了。

但是,如果希望让这个 MainAbility 加载非 default 实例,则只需要在 onStart 方法的最前面(注意要在 super.onStart(intent)之前)调用 setInstanceName 方法,并传入实例名称字符串。例如,默认加载 foo 实例的代码如下:

```java
@Override
public void onStart(Intent intent) {
    super.setInstanceName("foo");
    super.onStart(intent);
}
```

5.1.3　初识页面

4min

一个 JavaScript 页面由同一目录下的 HML 文件、CSS 文件和 JavaScript 文件组成,例如工程默认生成的 index 页面包含了 index.hml、index.css 和 index.js 文件。

index.hml 文件声明了页面的结构,代码如下:

```
//chapter5/HelloJavaScript/entry/src/main/js/default/pages/index/index.hml
< div class = "container">
    < text class = "title">
        {{ $t('strings.hello') }} {{title}}
    </text >
</div >
```

< div >标签下包含了< text >标签,这些标签都是鸿蒙应用程序的组件,前者为块组件(容器),后者为文本组件。在文本组件中,通过双引用括号"{{ }}"来嵌入 JavaScript 代码。这种直接将变量填入"{{ }}"中被称为变量的动态绑定,当被绑定变量发生变化时,页面也会随之更新这个变量的显示效果。

在上面的代码中,"{{ $t('strings.hello') }}"引用了字符串资源中的 hello 字符串;"{{title}}"引用了 title 变量。title 变量在 index.js 中进行定义,代码如下:

```
//chapter5/HelloJavaScript/entry/src/main/js/default/pages/index/index.js
export default {
    data: {
        title: ""
    },
```

```
    onInit() {
        this.title = this. $ t('strings.world');
    }
}
```

在上面的代码中,data 对象定义了 title 变量。然后,在页面生命周期方法 onInit()中将 title 变量设置为字符串资源中的 world 字符串。关于页面的生命周期方法将在 5.1.5 节进行详细介绍,这里只需知道页面在创建时会被调用一次(且仅被调用一次)onInit()方法用于初始化整个页面。

字符串资源由 i18n 目录下的 json 文件定义。json 文件的文件名由语言和地区两个部分组成,默认情况下工程自动生成了 zh-CN.json 和 en-US.json 两个字符串资源文件。

注意:i18n 为 internationalization 的缩写。由于这个单词实在太长了,因此中间的 18 个英文字符被简称为 18,然后加入首末两个字母 i 和 n,构建了这个非常经典的简写。

zh-CN.json 包含了语言为中文(zh)、地区为中国(CN)的字符串资源,代码如下:

```
//chapter5/HelloJavaScript/entry/src/main/js/default/i18n/zh - CN.json
{
  "strings": {
    "hello": "您好",
    "world": "世界"
  }
}
```

en-US.json 包含了语言为英文(en)、地区为美国(US)的字符串资源,代码如下:

```
//chapter5/HelloJavaScript/entry/src/main/js/default/i18n/en - US.json
{
  "strings": {
    "hello": "Hello",
    "world": "World"
  }
}
```

index.css 文件定义了页面的样式,代码如下:

```
//chapter5/HelloJavaScript/entry/src/main/js/default/pages/index/index.css
.container {
    flex - direction: column;          /* 垂直排列组件 */
    justify - content: center;         /* 垂直方向上居中显示组件 */
    align - items: center;             /* 组件水平居中 */
}

.title {
    font - size: 100px;                /* 文字大小 */
}
```

该页面的显示效果如图 5-8 所示。

您好 世界　　　　Hello World

中文语言环境　　　　　英文语言环境

图 5-8　index 页面的默认显示效果

注意：JavaScript UI 中的代码调试方法与 Java 代码的调试方法非常类似，读者可以参考 2.3.1 节中的相关内容。

5.1.4　页面的跳转

本节创建一个新的工程 JSRoute，并实现页面的跳转，即在 default 实例中创建一个新的页面 secpage，并实现 index 页面和 other 页面之间的跳转。

在学习本节内容之前，读者需要先创建一个目标为手机的 Empty Feature Ability(JS) 模板工程 JSRoute，具体方法可参考 5.1.1 节的相关内容。

1．创建新的页面

在 default 实例中的 pages 目录上右击，选择 New→JS Page 选项，弹出创建页面对话框 New JS Page，如图 5-9 所示。

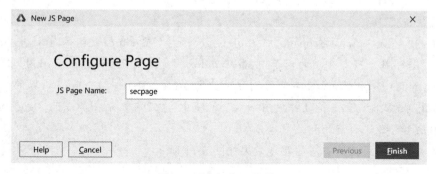

图 5-9　创建页面对话框

在 JS Page Name 选项中输入页面名称 secpage，单击 Finish 按钮即可创建名为 secpage 的页面，如图 5-10 所示。

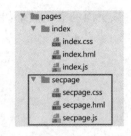

2．页面的跳转

在 JavaScript UI 中，支持页面的层级显示，即上层页面遮盖下层页面，并形成一个栈结构，称为页面栈。页面的跳转关系被称为页面路由，由 JavaScript UI 的 router 模块来管理，该模块需要在 js 文件的 export default 的代码块前进行导入，代码如下：

图 5-10　新创建的 secpage 页面

```
import router from '@system.router';
export default {
    …
}
```

router 模块主要包含以下方法：

（1）push(obj：IForwardPara)：跳转到另外一个页面，而且原先的页面仍然存在，只是被遮盖而已。通过 IForwardPara 可以定义跳转的页面和传递的数据，分别通过其 URL 属性和 params 属性定义。

（2）replace(obj：IForwardPara)：跳转到另外一个页面，并销毁当前页面。通过 IForwardPara 可以定义跳转的页面和传递的数据，分别通过其 URL 属性和 params 属性定义。

（3）back(obj？：IBackPara)：返回上一个页面。通过 IBackPara 可以定义返回的页面路径（可选），通过该对象内的 path 属性定义。

（4）clear()：清除被遮盖的页面，仅保留当前显示的页面。

（5）getLength()：获取当前页面栈长度，即栈内页面数量。

（6）getState()：获取当前页面栈状态，返回 IRouterState 对象，该对象包括 index、name 和 path 共 3 个变量。index 变量为整型，表示当前页面所在页面栈的位置，从底层到顶层是从 1 开始计数的。name 为字符串，表示当前页面文件名。path 为字符串，表示当前页面的路径。

注意：并不是在页面 secpage 中 router．getState()．name 获取的字符串就一定是 secpage。例如，在本节所介绍的例子中，当从 index 页面跳转到 secpage 页面时，在 secpage 页面的 onInit() 和 onReady() 生命周期方法中 router．getState()．name 获取的字符串为 index，这是因为此时 secpage 还并没有加入页面栈中，也没有显示在屏幕上。关于页面的生命周期方法参考 5.1.5 节的相关内容。

上述关于页面跳转的方法的实现效果如图 5-11 所示。

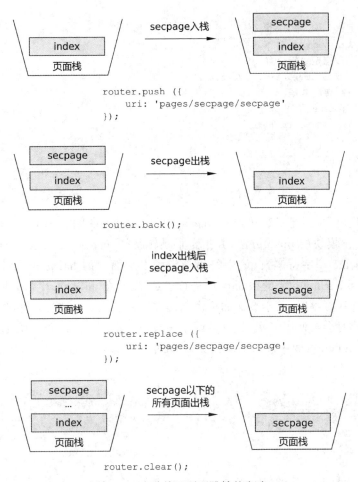

图 5-11　4 种关于页面跳转的方法

1）实现 index 页面跳转到 secpage 页面

首先,在 index.js 中实现跳转代码,代码如下：

```
//chapter5/JSRoute/entry/src/main/js/default/pages/index/index.js
//导入 router 模块
import router from '@system.router';
export default {
    data: {
        harmony: null              //定义 harmony 字符串
    },
    onInit() {
        //初始化 harmony 字符串
        this.harmony = "鸿蒙初生,连接万物";
    },
    //跳转到 secpage 的方法
    toSecPage() {
```

```
            //通过 push 方法入栈
            router.push ({
                //指定跳转位置
                uri: 'pages/secpage/secpage',
                //传递数据
                params: {
                    harmony: this.harmony
                }
            });
        }
    }
```

在上面的代码中,创建了跳转到 secpage 页面的方法 toSecPage()。在 toSecPage 方法中,调用了 router 模块的 push 方法,并指定了跳转路径(pages/secpage/secpage)和所需要传递的数据(harmony 字符串)。该字符串指定了本页面中的 harmony 字符串变量(this.harmony)。this.harmony 变量在 data 中进行了定义,并在 onInit()生命周期方法中初始化为"鸿蒙初生,连接万物"。关于页面的生命周期方法将在 5.1.5 节进行详细介绍,这里只需知道页面在创建时会被调用一次(且仅被调用一次)onInit()方法用于初始化整个页面。

接下来,在 index 页面中加入一个按钮,并在单击该按钮时触发 toSecPage()方法,代码如下:

```
//chapter5/JSRoute/entry/src/main/js/default/pages/index/index.hml
< div class = "container">
    < text class = "title">
        {{ this.harmony }}
    </text >
    < button onclick = "toSecPage">进入 SecPage 页面</button>
</div >
```

在上述代码中,< text >文本组件动态绑定了 harmony 变量的内容;定义了< button >按钮组件的 onclick 事件(即单击事件)的处理函数为 toSecPage 方法。

此时,编译并运行程序,单击【进入 SecPage 页面】即可跳转到 secpage 页面。

2) 使用被传递的数据,并实现从 secpage 页面返回 index 页面

接下来,在 secpage 页面的 js 文件中打印刚才传递来的 harmony 变量,并创建返回 index 页面的方法 back(),代码如下:

```
//chapter5/JSRoute/entry/src/main/js/default/pages/secpage/secpage.js
import router from '@system.router';
export default {
    data : {
    },
    onInit() {
```

```
        //输出刚被传递来的 harmony 字符串
        console.info(this.harmony);
    },
//返回之前的页面
    back() {
        router.back();
    }
}
```

可见,被传递来的数据可以直接使用,通过 this. harmony 即可引用被传递来的 harmony 变量。通过 console. info(message)方法可以将该字符串变量以 HiLog 的形式输出。

由于目前 secpage 页面处在 index 页面的顶端,因此在 back()方法中调用了 router 模块的 back()方法将当前页面出栈,index 页面将重见光日。

然后,在 secpage. hml 中添加一个按钮,单击触发 back()方法,代码如下:

```
//chapter5/JSRoute/entry/src/main/js/default/pages/secpage/secpage.hml
< div class = "container">
    < button onclick = "back">返回主页面</button >
</div >
```

编译并运行程序,在 index 页面中单击【进入 SecPage 页面】按钮后,就会进入 secpage 页面。此时,单击【返回主页面】即可返回 index 页面,如图 5-12 所示。

图 5-12 index 页面和 secpage 页面的跳转效果

另外,进入 secpage 页面时,DevEco Studio 的 HiLog 工具窗体会显示从 index 页面传递来的数据,如图 5-13 所示。

3. JavaScript UI 的 HiLog 输出

在上面的代码中,通过 console. info(message)方法就可以以 HiLog 的形式输出字符串信息。事实上,根据输出级别的不同,console 主要包括 log(日志)、info(一般信息)、debug(调试)、warn(警告)、error(错误)。这些级别可以参考 2.3.2 节的相关内容。

在开发者通过上述方法输出的信息中,都会在 HiLog 输出中加入 app Log 字符串,因此可以通过该字符串加以筛选,以显示所需要调试和观察的输出信息,如图 5-13 所示。

图 5-13　从 index 页面传递的 harmony 字符串

5.1.5　页面的生命周期

与 Java UI 中的 Page Ability 一样，页面也存在从初始化到销毁的生命周期，这些生命周期方法如下所示：

- onInit()：页面初始化时调用。
- onReady()：页面创建完成时调用。
- onShow()：页面显示时调用。
- onHide()：页面隐藏时调用。
- onDestroy()：页面销毁时调用。
- onBackPress()：当用户按下系统的后退按钮后调用。

onBackPress()生命周期方法有些特殊，先介绍前 5 个生命周期方法，然后单独介绍 onBackPress()方法。

1. 生命周期方法的调用时机

onInit()、onReady()、onShow()、onHide()、onDestory()这 5 个生命周期方法调用时机如图 5-14 所示。

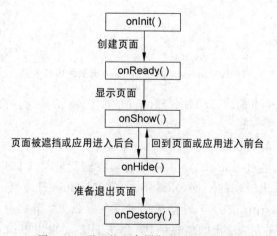

图 5-14　页面的生命周期方法调用时机

可见,在一个完整的页面生命周期中,这些生命周期方法都会至少被调用一次,并且 onInit()、onReady()和 onDestroy()仅能够被调用一次。

通过下面的实例来感受生命周期方法的调用。在该实例中,创建了名为 JSLifecycle 的 JavaScript 鸿蒙应用程序工程,并使用 5.1.4 节的方法创建了 index 和 secpage 两个页面,从而实现了页面的跳转(采用 push 和 back 方法进行跳转和跳回)。

在 index.js 中,实现了这 5 个生命周期方法,并在每个生命周期被调用时输出 HiLog 字符串,代码如下:

```
//chapter5/JSLifecycle/entry/src/main/js/default/pages/index/index.js
export default {
    …
    onInit() {
        console.info("Page index on init!");
    },
    onReady(){
        console.info("Page index on ready!");
    },
    onShow() {
        console.info("Page index on show!");
    },
    onHide() {
        console.info("Page index on hide!");
    },
    onDestroy() {
        console.info("Page index on destroy!");
    },
    …
}
```

同样地,在 secpage 页面中实现这 5 个生命周期方法,代码如下:

```
//chapter5/JSLifecycle/entry/src/main/js/default/pages/secpage/secpage.js
export default {
    …
    onInit() {
        console.info("Page secpage on init!");
    },
    onReady(){
        console.info("Page secpage on ready!");
    },
    onShow() {
        console.info("Page secpage on show!");
    },
    onHide() {
```

```
            console.info("Page secpage on hide!");
        },
        onDestroy() {
            console.info("Page secpage on destroy!");
        },
        …
    }
```

编译并运行该应用程序,观察在不同类型的操作中 HiLog 的提示:

(1) 启动应用程序时,在 HiLog 中会出现如下类似的提示:

```
16123-16590/? I 03B00/Console: app Log: Page index on init!
16123-16590/? I 03B00/Console: app Log: Page index on ready!
16123-16590/? I 03B00/Console: app Log: Page index on show!
```

这说明 index 页面经过了创建和显示步骤,调用了 onInit()、onReady()和 onShow()这3 个生命周期方法。

(2) 单击系统的 Home 键,使应用进入后台,此时 HiLog 提示如下:

```
16123-16590/? I 03B00/Console: app Log: Page index on hide!
```

这说明该页面不再显示在屏幕上,调用了 onHide()方法。

(3) 重新进入该应用,使该应用进入前台,此时 HiLog 提示如下:

```
16123-16882/? I 03B00/Console: app Log: Page index on show!
```

这说明 index 重新回到屏幕并显示出来。

(4) 关闭应用程序,此时 HiLog 提示如下:

```
16123-16969/? I 03B00/Console: app Log: Page index on hide!
16123-16969/? I 03B00/Console: app Log: Page index on destroy!
```

这说明 index 页面被关闭时会依次调用 onHide()和 onDestory()方法。

(5) 接下来,试一下从 index 页面跳转到 secpage 页面(采用 router 模块的 push 方法跳转),此时 HiLog 提示如下:

```
16123-17172/? I 03B00/Console: app Log: Page secpage on init!
16123-17172/? I 03B00/Console: app Log: Page secpage on ready!
16123-17172/? I 03B00/Console: app Log: Page index on hide!
16123-17172/? I 03B00/Console: app Log: Page secpage on show!
```

在跳转过程中,首先初始化并创建 secpage 页面,然后将 index 页面隐藏,最后将 secpage 页面显示出来。

（6）从 secpage 页面回到 index 页面（采用 router 模块的 back 方法返回），此时 HiLog 提示如下：

```
16123 - 17172/? I 03B00/Console: app Log: Page secpage on hide!
16123 - 17172/? I 03B00/Console: app Log: Page secpage on destroy!
16123 - 17172/? I 03B00/Console: app Log: Page index on show!
```

在回调过程中，先销毁了 secpage 页面，然后显示 index 页面。

总结一下，常见的页面生命周期状态变化过程，如表 5-1 所示。

表 5-1 常见的页面生命周期状态变化过程

常见操作	回调生命周期方法
进入页面	onInit()→onReady()→onShow()
进入后台	onHide()
重新进入前台	onShow()
退出页面	onHide()→onDestory()
从页面 A 跳转到页面 B（用 router 模块的 push 方法）	B. onInit()→B. onReady()→A. onHide()→B. onShow()
从页面 B 回跳到页面 A（采用 router 模块的 back 方法）	B. onHide()→B. onDestory()→A. onShow()

2. 通过 onBackPress()方法监听系统返回事件

当用户单击了系统的返回按钮，如果页面栈中当前页面下还存在其他页面，则会将当前页面出栈，显示出下面的页面。此时，可以通过 onBackPress()方法监听系统返回事件：在页面中实现该方法，代码如下：

```
onBackPress() {
    console.info("Page index : back button pressed!");
    return false;
}
```

当返回值为 false 时，可以正常地出栈当前页面。当返回值为 true 时，则不会出栈当前页面了，开发者可以自行在 onBackPress()方法中定义相关的执行动作，代码如下：

```
onBackPress() {
    //在这里实现返回执行动作
    return true;
}
```

5.1.6 应用对象

在任何一个页面中，通过 this. $ app 代码即可获取当前的应用对象。应用对象拥有自

3min

身的生命周期,并且开发者可以在应用对象中实现 JavaScript 全局变量。

1. 应用的生命周期

应用的生命周期方法包括 onCreate()和 onDestory()方法。onCreate()方法在应用创建时调用,onDestory()方法则在应用销毁时调用。

应用对象由实例下的 app.js 进行定义,默认的代码如下:

```
//chapter5/JSRoute/entry/src/main/js/default/app.js
export default {
    onCreate() {
        console.info('AceApplication onCreate');
    },
    onDestroy() {
        console.info('AceApplication onDestroy');
    }
};
```

在上面的代码中,已经默认实现了应用的 2 个生命周期方法。这 2 个生命周期方法还是非常有用的:一方面,可以在这两种方法中实现数据库的管理。例如,在 onDestroy()中检查数据库是否关闭,如果未关闭则要立即关闭。另一方面,可以在 onCreate()方法中执行一些初始化操作,例如网络连接、账号核查等。

2. 共享应用对象的变量

应用对象是一个单例,在应用对象中定义的变量可以在所有页面中进行调用。在 5.1.4 节中,实现了页面跳转时的数据传递,但是并没有实现回跳时将数据传递。那么使用应用对象共享变量不失是一种数据传递的方法。

接下来,对 5.1.4 节中的 JSRoute 工程进行改造:在 app.js 中添加 1 个变量 jumpCount,用于记录用户的页面跳转次数。然后,创建该变量的 Get/Set 方法,代码如下:

```
//chapter5/JSRoute2/entry/src/main/js/default/app.js
export default {
    data : {
        jumpCount: null              //页面的跳转次数
    },
    //获取页面的跳转次数
    getJumpCount(){
        return this.jumpCount;
    },
    //设置页面的跳转次数
    setJumpCount(count) {
        this.jumpCount = count;
    },
    //页面的跳转次数 + 1
    increaseJumpCount() {
```

```
        this.jumpCount ++;
    },
    onCreate() {
        this.jumpCount = 0;              //初始化页面的跳转次数为 0
        console.info('AceApplication onCreate');
    },
    onDestroy() {
        console.info('AceApplication onDestroy');
    }
};
```

随后,在跳转页面前调用 increaseJumpCount()方法即可记录页面的跳转次数。在
index.js 中,调用 router 模块的 push 方法前调用该方法,代码如下:

```
//chapter5/JSRoute2/entry/src/main/js/default/pages/index/index.js
//跳转到 secpage 的方法
toSecPage() {
    //页面的跳转次数 +1
    this.$app.increaseJumpCount();
    //输出当前的页面跳转次数
    console.info("getJumpCount: " + this.$app.getJumpCount());
    //通过 push 方法入栈
    router.push({
        //指定跳转位置
        uri: 'pages/secpage/secpage',
        //传递数据
        params: {
            "harmony": this.harmony
        }
    });
}
```

在 secpage.js 中,调用 router 模块的 back 方法前调用该方法,代码如下:

```
//chapter5/JSRoute2/entry/src/main/js/default/pages/secpage/secpage.js
//返回到之前的页面
back() {
    //页面的跳转次数 +1
    this.$app.increaseJumpCount();
    //输出当前的页面跳转次数
    console.info("getJumpCount: " + this.$app.getJumpCount());
    router.back();
}
```

编译并运行程序,此时每次在页面跳转时都会在 HiLog 中输出页面的跳转次数,典型

的输出如下：

```
21321 - 21971/? I 03B00/Console: app Log: AceApplication onCreate
21321 - 21971/? I 03B00/Console: app Log: getJumpCount: 1
21321 - 21971/? I 03B00/Console: app Log: getJumpCount: 2
21321 - 21971/? I 03B00/Console: app Log: getJumpCount: 3
...
```

5.2 常用组件和容器

组件是页面中用户界面的基本单位。在 JavaScript UI 中，通过 HML 定义页面结构，而页面中的组件通过 HML 中的标签定义。HML 和 HTML 非常类似，HML 定义了 HTML 中常用的< div >、< span >、< input >等组件，也定义了 HML 独有的< rating >、< chart >等组件。

容器是组件的一种。与其他组件不同的是，容器可以包含若干个组件，并且容器用于排布这些组件，类似于 Java UI 中的布局。例如，< div >就是一种常见容器。

在本节中，不再详细介绍< div >、< span >等 HTML 中已存在的组件（读者可以参考 HTML 语法及鸿蒙官方网站的 JS API 参考），本节详细介绍 HML 中常用且特有的组件。

5.2.1 属性、事件和方法

通常，需要开发者通过属性定义组件的特征，通过事件绑定监听用户的交互信息，通过方法来控制组件的行为。

1. 属性

组件的属性是指组件的一些特性，例如 id 属性、style 属性、disabled 属性等。

id 属性可以唯一标识组件。在 js 代码中，可以通过 id 属性获取该组件的对象。例如，定义一个 id 属性为 mytext 的文本组件，代码如下：

```
< text id = "mytext" class = "title">
     这是一个文本
</text >
```

那么，在 js 代码中通过 $ element 方法即可获取该组件对象（DOM 元素），代码如下：

```
this. $ element('customMarquee')
```

另外，还可以通过 ref 属性标识组件。例如，定义文本组件的 ref 属性为 username，代码如下：

```
< text ref = "username" class = "title">
    这是一个文本
</text >
```

那么,在 js 代码中通过 $ ref 方法即可获取该组件对象(DOM 元素),代码如下:

```
this. $ refs. username
```

这两种方法获取 DOM 元素的效果是一致的,只是风格不同,开发者可以二选其一。

另外,通过 style 属性可以定义组件的样式;通过 class 属性可以引用组件的样式;通过 disabled 属性可以定义组件是否可以被交互;通过 focusable 属性可以定义组件是否可以具有焦点;通过 show 属性可以定义组件的可见性。这些属性非常简单,并且多数与 HTML 中的各种元素属性非常类似,这里不进行详细介绍。

2. 事件

通过绑定事件可以获取用户的交互信息(单击、长按、按键等)。常见的通用事件如表 5-2 所示。

表 5-2　组件常见的通用事件

名　　称	描　　述	名　　称	描　　述
touchstart	刚触摸屏幕时触发	longpress	长按时触发
touchmove	触摸屏幕后移动时触发	focus	获得焦点时触发
touchcancel	触摸屏幕中动作被打断时触发	blur	失去焦点时触发
touchend	触摸结束离开屏幕时触发	key	当用户操作遥控器按键时触发(仅限智慧屏)
click	单击时触发		

组件在绑定事件时,需要子事件名称前加 on 或"@"来标示事件。例如,捕获文本组件的单击事件的典型代码如下:

```
< text class = "title" onclick = "textClicked">
    这是一个文本
</text >
```

或者,使用"@"来标示事件,代码如下:

```
< text class = "title" @click = "textClicked">
    这是一个文本
</text >
```

随后,在 js 文件中实现单击方法 textClicked()即可。

对于 key 事件来讲,可以通过其 KeyEvent 对象的 code 属性来判断操作的按键类型,通过 action 属性来判断按键操作。例如,当按下遥控器的确认键时才进行处理的代码如下:

```
onEnterKeyDown(keyevent){
    //当按下确认键才进行处理
    if (keyevent.code == 23 && keyevent.action == 0) {
        //处理代码
    }
}
```

当 action 为 0 时,表示按下按钮;当 action 为 1 时,表示松开按钮;当 action 为 2 时,表示长按按钮不松手。

code 属性所对应的按键类型如表 5-3 所示。

表 5-3　KeyEvent 的 code 属性及其所对应的物理按键

code 属性	对应的按键类型	code 属性	对应的按键类型
19	向上方向键	23	智慧屏遥控器的确认键
20	向下方向键	66	键盘回车键
21	向左方向键	160	键盘的小键盘回车键
22	向右方向键		

3. 方法

通过组件方法可以对组件进行控制。例如,对于跑马灯组件可以通过其 start 和 stop 方法来启动和结束跑马灯的滚动,其典型代码如下:

```
//启动跑马灯
this. $ refs.mymarquee.start()
//结束跑马灯
this. $ refs.mymarquee.stop()
```

在后面的章节中,会介绍常见组件的常用方法。

4. 样式

样式通过 css 文件定义,通用的样式可以设置组件的宽度、高度、边距、边框、背景、透明度、可见性等。

(1) 宽度和高度:通过 width 和 height 属性可以设置组件的宽度和高度。

(2) 边距:通过 padding 和 margin 属性可以设置组件的内边距和外边距。当然,还可以通过像素与 padding-top 等形式指定某个方向的边距。

(3) 边框:通过 border 属性可以定义边框的宽度、样式和颜色,也可以分别通过 border-width、border-style、border-color、border-radius 定义边框的宽度、样式、颜色、圆角半径等。

(4) 背景:通过 background、background-color、background-image 等属性可以定义背景样式。

另外,还可以通过 opacity 属性定义组件的透明度;通过 display 属性来定义组件为弹性布局(flex)或者不渲染(none)；通过 visibility 属性定义组件的可见性等。

　　这些样式的用法不进行详细介绍，读者可以参考 Web 前端开发的相关资料和鸿蒙的 JS API 文档。

5.2.2　常用组件

19min

　　JavaScript UI 中的组件及其支持性如表 5-4 所示。

表 5-4　JavaScript UI 中的组件及其支持性

组　件	名　　称	支持性		
		手机/平板/智慧屏	智能穿戴	轻量级智能穿戴
text	文本	√	√	√
span	文本行内修饰	√	√	
marquee	跑马灯	√	√	√
progress	进度条	√	√	
divider	分隔器	√	√	
button	按钮	√	√	
input	输入(单选、多选、文本框、按钮等)	√	√	√
label	标注	√	√	
textarea	多行文本输入的文本框	√		
search	搜索框	√		
slider	滑动条	√	√	√
rating	评分条	√		
switch	开关选择器	√	√	√
picker	滑动选择器	√		
picker-view	嵌入页面的滑动选择器	√	√	√
menu	菜单	√		
select	下拉选择按钮	√		
option	select 和 menu 的子选项	√		
image	图像	√	√	√
image-animator	图片帧播放器	√	√	√
video	视频播放器	√		
chart	图表	√	√	√

　　本节介绍几种常用的组件。

1. 文本类组件

　　文本类组件包括< text >、< span >和< marquee >。< text >用于显示基本的文本内容，而< span >可以包括< text >中的一部分文本，并通过 CSS 类选择器定义其特殊的样式。< marquee >可以将文本以跑马灯的形式显示在页面中。

1）文本组件

＜text＞标签的内容即为文本组件的显示文本。接下来，用实例来讲明文本组件的用法，代码如下：

```
//chapter5/JavaScriptUI/entry/src/main/js/default/pages/cpt_text/cpt_text.hml
< div class = "container">
    < text class = "title">
        这是一个文本
    </text >
    < text class = "title">
        < span class = "red">红色</span >
        < span class = "green">绿色</span >
        < span class = "blue">蓝色</span >
    </text >
</div >
```

在上面的代码中，第一个＜text＞组件显示文本"这是一个文本"；第二个＜text＞组件中包含了 3 个＜span＞标签，并分别通过类选择器定义了其中不同文本的颜色。相关的类选择器代码如下：

```
//chapter5/JavaScriptUI/entry/src/main/js/default/pages/cpt_text/cpt_text.css
.title {
    font - size: 30px;                    / * 文本字号为30px * /
    text - align: center;                 / * 居中显示文本 * /
}
.red {
    color: red;                           / * 文本颜色为红色 * /
}
.blue {
    color: blue;                          / * 文本颜色为蓝色 * /
}
.green {
    color: green;                         / * 文本颜色为绿色 * /
}
```

以上代码的显示效果如图 5-15 所示。

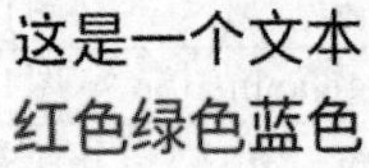

注意：如果需要文本换行，则需要转义字符\r\n，而在＜text＞标签中的文本换行不会显示在最终显示效果中。

这是一个文本
红色绿色蓝色

图 5-15　文本组件

如果＜text＞标签内包含了至少一个＜span＞标签，则没有被＜span＞标签所包裹的文本部分将无法显示。例如，在下面的代码中，"这是一个"字符串没有包含在＜span＞标签，代码如下：

```
< text class = "title">
    这是一个< span >文本</span >
</text >
```

那么,在实际的显示效果中,将不会显示"这是一个"字符串,只会显示"文本"字符串。

2) 跑马灯组件

跑马灯组件能够将其中的文本以跑马灯的形式,从右到左(或从左到右)不断滚动,典型的代码如下:

```
//chapter5/JavaScriptUI/entry/src/main/js/default/pages/cpt_text/cpt_text.hml
< marquee scrollamount = "50" loop = "3" direction = "right">
    这是一个跑马灯
</marquee >
```

跑马灯的 3 个属性及其功能分别为

(1) scrollamount:滚动速度,默认为 6。

(2) loop:滚动次数,默认为−1。滚动次数为−1 表示无限次滚动。

(3) direction:滚动方向,包括从左到右(left)、从右到左(right),默认为 left。

跑马灯包括开始滚动(start)、滚动到末尾(bounce)和结束滚动(finish)等 3 个事件。另外,调用跑马灯的 start 和 stop 两种方法,可以开始和结束跑马灯的滚动。

2. 进度条

进度条组件为< progress >,包括横向进度条(horizontal)、无限进度条(circular)、环形进度条(ring)、带刻度环形进度条(scale-ring)、弧形进度条(arc)共 5 类,其类型可通过 type 属性进行定义。

除了无限进度条以外,均可通过 present 属性定义其进度。这其中,对于横向进度条、环形进度条和带刻度环形进度条来讲,还可以通过 secondarypercent 属性定义其副进度。

进度条的典型代码如下:

```
//chapter5/JavaScriptUI/entry/src/main/js/default/pages/cpt_progress/cpt_progress.hml
< div class = "container">
    <!-- 横向进度条 -->
    < progress type = "horizontal" percent = "50" secondarypercent = "70"/>
    <!-- 无限进度条 -->
    < progress type = "circular"/>
    <!-- 环形进度条 -->
    < progress type = "ring" percent = "50" secondarypercent = "70"/>
    <!-- 带刻度环形进度条 -->
    < progress class = "fixedSize" type = "scale - ring" percent = "50" secondarypercent = "70"/>
    <!-- 弧形进度条 -->
    < progress type = "arc" percent = "50"/>
</div >
```

其中,通过 fixedSize 类选择器固定了带刻度环形进度条的大小,代码如下:

```
.fixedSize {
    width: 260px;
    height: 260px;
}
```

上面的代码的显示效果如图 5-16 所示。

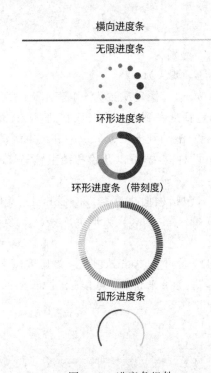

横向进度条

无限进度条

环形进度条

环形进度条（带刻度）

弧形进度条

图 5-16　进度条组件

开发者可以根据需要选择所需要的进度条类型。

3. 常用交互类组件

交互类组件非常多,包括< button >按钮、< input >输入、< rading >评分条、< slider >滑动条、< switch >开关选择器等。

1) 按钮

按钮可以通过按钮控件< button >或者输入控件< input >实现,代码如下:

```
//chapter5/JavaScriptUI/entry/src/main/js/default/pages/cpt_interactive/cpt_interactive.hml
<!-- button 按钮 -->
< button > button 按钮</button >
<!-- input 按钮 -->
< input type = "button" value = "input 按钮"/>
```

这两个按钮的显示效果如图 5-17 所示。

通过输入控件< input >实现按钮,需要将其类型(type)设置为 button,并且其按钮内容需要通过 value属性进行设置。

除了 button 之外,输入控件< input >的类型还包括 checkbox(复选框)、radio(单选框)、text(普通文本框)、email(E-mail 文本框)、date(日期文本框)、time(时间文本框)、number(数字文本框)、password(密码文本框)。

button按钮

button按钮

input按钮

input按钮

图 5-17　按钮组件的实现

2) 单选框与复选框

当将输入控件< input >的类型设置为 checkbox 时,该组件为复选框;当将其类型设置为 radio 时,该组件为单选框。

由于无法通过< input >设置单选框和复选框的文字提示,因此通常需要配合< label >组件使用。为了让< label >组件绑定到< input >组件,首先需要设置< input >组件的 id 属性,然后将< label >组件的 target 属性指定为< input >组件的 id,如图 5-18 所示。

```
<input type="checkbox" id="ckboxname"/>
                       绑定到<input>组件
<label target="ckboxname">复选选项</label>
```

图 5-18　将< label >组件绑定到< input >组件

单选框组件通常为一组,同时需要将一组单选框组件的 name 属性设置为同一个字符串。

复选框和单选框的典型代码如下:

```
//chapter5/JavaScriptUI/entry/src/main/js/default/pages/cpt_interactive/cpt_interactive.hml
<!-- 复选框 -->
< text >复选框</text >
< div class = "row">
    < input type = "checkbox" id = "checkbox" checked = "true"/>
    < label target = "checkbox">复选选项</label >
</div>
<!-- 单选框 -->
< text >单选框</text >
< div class = "row">
    < input type = "radio" id = "radio1" name = "group" value = "1"/>
    < label target = "radio1">单选选项 1 </label >
    < input type = "radio" id = "radio2" name = "group" value = "2" checked = "true"/>
    < label target = "radio2">单选选项 2 </label >
</div>
```

通过< input >的 check 属性可设置复选框或单选框的选中状态。通过< input >的 change 事件可监听其选中状态的变化情况。

另外，为了能够将< label >与其所在的< input >水平放置，因此将其放置在一个单独的 < div >中，并将其类选择器设置为 row，代码如下：

```
//chapter5/JavaScriptUI/entry/src/main/js/default/pages/cpt_interactive/cpt_interactive.css
.row {
    flex - direction: row;
    justify - content: center;
}
```

上述代码的显示效果如图 5-19 所示。

此时，单击【单选选项 1】时，【单选选项 2】会被自动取消。即【单选选项 1】和【单选选项 2】只能二选一，因为这两个组件的 group 属性相同。

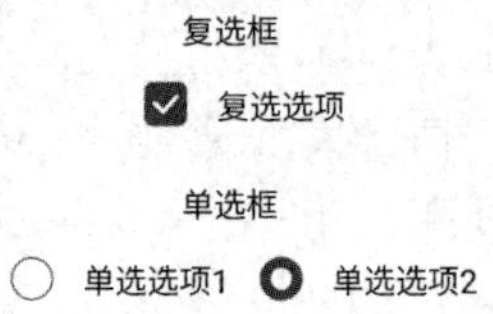

3）文本框

文本框也可以通过输入组件< input >实现，不过多行文本框和搜索文本框则分别需要通过< textarea >和< search >组件实现。

常用的文本框的代码如下：

复选框

☑ 复选选项

单选框

◯ 单选选项1 ◉ 单选选项2

图 5-19 复选框和单选框

```
//chapter5/JavaScriptUI/entry/src/main/js/default/pages/cpt_interactive/cpt_interactive.hml
<!-- 普通文本框 -->
< input type = "text" value = "" placeholder = "请输入文本"/>
<!-- E - mail 文本框 -->
< input type = "email" value = "" placeholder = "请输入 E-mail"/>
<!-- 数字文本框 -->
< input type = "number" value = "" placeholder = "请输入数字"/>
<!-- 密码文本框 -->
< input type = "password" value = "" placeholder = "请输入密码"/>
<!-- 日期文本框 -->
< input type = "date" value = "" placeholder = "请输入日期"/>
<!-- 时间文本框 -->
< input type = "time" value = "" placeholder = "请输入时间"/>
<!-- 多行文本框 -->
< textarea placeholder = "多行文本框"></textarea>
<!-- 搜索文本框 -->
< search hint = "搜索文本框"/>
```

以上代码的显示效果如图 5-20 所示。

注意：除了搜索文本框以外，文本框提示均可以通过 placeholder 属性进行设置。搜索文本框的提示通过 hint 属性进行设置。

通过<input>组件实现的文本框所涉及的 type 属性包括 text(普通文本框)、email(E-mail 文本框)、number(数字文本框)、password(密码文本框)、date(日期文本框)、time(时间文本框)。各类文本框的区别主要体现在弹出的键盘类型上。根据<input>组件类型的不同,文本框键盘类型也会适配。例如,普通文本框弹出的键盘为输入法的默认键盘类型,而数字文本框弹出的键盘类型为数字键盘,如图 5-21 所示。

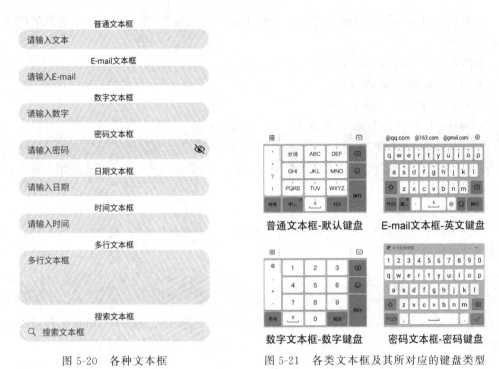

图 5-20　各种文本框　　　　图 5-21　各类文本框及其所对应的键盘类型

对于密码文本框而言,默认不显示用户输入的字符,除非用户主动点选了文本框右侧的👁‍🗨按钮将密码切换为可见状态。

<input>组件实现的文本框还可通过其 enterKeyType 属性定义其软键盘的回车类型,其值可以为 default(默认)、next(下一项)、go(前往)、done(完成)、send(发送)和 search(搜索)。

<input>组件实现的文本框主要包括 2 个事件:

(1)change(inputValue):当输入框的内容发生变化时触发,返回的参数为变化后的文本框内容字符串。

(2)enterkeyclick:当单击了软键盘的回车按钮(其文本由 enterKeyType 定义)时触发。

多行文本框<textarea>和搜索文本框<search>与<input>组件的外观和用法非常类似,因篇幅有限不进行详细叙述。

4）滑动条

滑动条组件＜slider＞可以让用户通过滑动的方式选择数值，通常可以用于调整音量、图片透明度、视频播放进度等，典型的代码如下：

```
<slider value = "40"/>
```

这里将滑动条选择的数值设置为 40（默认数值范围为 0～100），其显示效果如图 5-22 所示。

滑动条组件＜slider＞的常用属性如下：

- min：最小值，默认为 0。
- max：最大值，默认为 100。
- step：最小滑动步长，默认为 1。
- value：初始值，默认为 0。

另外，通过滑动条组件＜slider＞的 change(progressValue)事件可以监听用户的滑动数值变化。

5）评分条

评分条＜rating＞的功能性更加专一，通常用于评价目标（音乐、视频、应用等）的等级，典型的代码如下：

```
<rating rating = "3.5"/>
```

默认情况下，评分条的登记在 0～5 范围内，且步长为 0.5。通过 rating 属性可以定义评分的默认值，其值 3.5 表示三星半，上述代码的显示效果如图 5-23 所示。

图 5-22　滑动条组件　　　　　　　　　　图 5-23　评分条组件

评分条组件＜rating＞的常用属性如下：

- numstars：评分最大值，默认为 5。
- rating：评分默认值，默认为 0。
- stepsize：评分步长，默认为 0.5。
- indicator：当该属性为 true 时，评分条无法交互，默认值为 false。

另外，通过评分条组件＜rating＞的 change(currentRating)事件可以监听用户的评分变化。

6）开关选择器

开关选择器＜switch＞具有打开和关闭两种状态，用户可以通过单击的方式切换开关选择器的开关状态，其典型的代码如下：

```
< switch checked = "true" showtext = "true" texton = "启动" textoff = "停用"/>
```

上述代码的显示效果如图 5-24 所示。

开关选择器< switch >的常用属性如下：

- checked：开关状态，默认值为 false。

- showtext：是否显示文本，默认值为 false。

图 5-24　开关选择器组件

- texton：打开时显示的文本内容，默认为 On。

- textoff：关闭时显示的文本内容，默认为 Off。

另外，通过开关选择器< switch >的 change(checkedValue)事件可以监听用户的开关交互动作。

4．滑动选择器

滑动选择器组件< picker >可以让用户通过滑动的方式选择选项和数值，包括文本选择器、日期选择器等不同类型。滑动选择器的类型通过其 type 属性定义，其值及所对应的选择器类型如下所示：

- text：文本选择器。

- multi-text：多列文本选择器。

- date：日期选择器。

- time：时间选择器。

- datetime：日期时间选择器。

对于文本选择器和多列文本选择器来讲，还需要通过 range 属性定义其选择范围（数组），通过 selected 和 value 属性定义选择的文本数组索引或其值。日期选择器、时间选择器和日期时间选择器也存在相应的选项用于设置其选择范围，这里不进行详述。

不过，在 HTML 文件中定义的< picker >组件不会直接显示在界面中，需要通过代码的方式调用其 show()方法才会将其以模态的方式显示到界面中。

下面，分别创建 5 个按钮组件和 5 个不同类型的滑动选择器组件，单击按钮显示对应的滑动选择器，代码如下：

```
//chapter5/JavaScriptUI/entry/src/main/js/default/pages/cpt_picker/cpt_picker.html
< button @click = "showTextPicker">文本选择器</button>
< picker id = "picker - text" type = "text" range = "{{options}}"></picker >
< button @click = "showMultiTextPicker">多列文本选择器</button>
< picker id = "picker - multi - text" type = "multi - text" range = "{{multi_text_options}}">
</picker >
< button @click = "showDatePicker">日期选择器</button>
< picker id = "picker - date" type = "date"></picker >
< button @click = "showTimePicker">时间选择器</button>
< picker id = "picker - time" type = "time"></picker >
< button @click = "showDateTimePicker">日期时间选择器</button>
< picker id = "picker - datetime" type = "datetime"></picker >
```

在 js 文件中,创建 options 和 multi_text_options 数组,并且实现 5 个按钮单击事件的处理方法,分别获取对应的滑动选择器对象并显示在界面中,代码如下:

```
//chapter5/JavaScriptUI/entry/src/main/js/default/pages/cpt_picker/cpt_picker.js
data: {
    options:['选项 1', '选项 2', '选项 3'],
    multi_text_options: [
        ['男', '女'],
        ['程序员', '项目经理', '学生', '公务员']
    ]
},
showTextPicker() {
    this. $ element("picker – text").show();
},
showMultiTextPicker() {
    this. $ element("picker – multi – text").show();
},
showDatePicker() {
    this. $ element("picker – date").show();
},
showTimePicker() {
    this. $ element("picker – time").show();
},
showDateTimePicker() {
    this. $ element("picker – datetime").show();
}
```

编译运行程序并进入上述界面,可以在界面中看到 5 个用于打开滑动选择器的按钮,但是滑动选择器并没有显示在界面中,如图 5-25 所示。

单击这 5 个按钮,其对应类型的选择器显示效果如图 5-26 所示。

如果开发者希望滑动选择器直接显示在界面上,而并不是以模态的方式弹出,则可以尝试使用 < picker-view >组件。< picker-view >组件和< picker >组件的属性、事件基本类似,不再赘述。

图 5-25　显示滑动选择器的 5 个按钮

注意:< picker-view >组件的设备支持性更强,而< picker >组件不支持可穿戴设备和轻量级可穿戴设备。

5. 菜单与下拉选择按钮

菜单和下拉选择按钮的使用方法比较类似,都是以弹出选项按钮的方式让用户选择。

1) 菜单

菜单< menu >组件需要包括多个< option >组件,其中每个< option >组件都是一个选

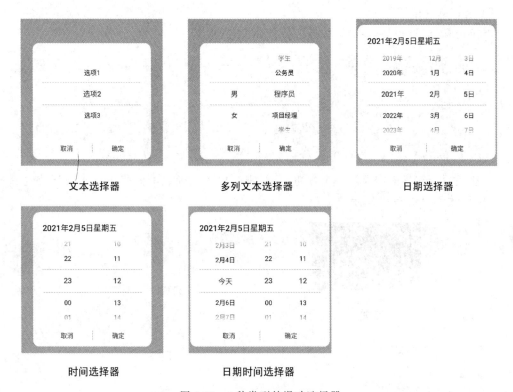

图 5-26 5 种类型的滑动选择器

项。不过,HTML 中的<menu>组件并不会直接显示在界面中,需要调用其 show()方法才会弹出显示菜单。这里通过单击<button>按钮的方式弹出菜单,代码如下:

```
//chapter5/JavaScriptUI/entry/src/main/js/default/pages/cpt_menuandselect/cpt_menuandselect.html
< button @click = "showMenu">显示菜单</button >
< menu id = "menu">
    < option value = "opt1">菜单选项 1 </option >
    < option value = "opt2">菜单选项 2 </option >
    < option value = "opt3">菜单选项 3 </option >
</menu >
```

<button>按钮的单击处理方法,代码如下:

```
//chapter5/JavaScriptUI/entry/src/main/js/default/pages/cpt_menuandselect/cpt_menuandselect.js
showMenu() {
    this. $ element('menu').show();
}
```

运行以上代码,单击【显示菜单】后,弹出的菜单如图 5-27 所示。

2）下拉选择按钮

下拉选择按钮<select>的使用方法更加简单，代码如下：

```
//chapter5/JavaScriptUI/entry/src/main/js/default/pages/cpt_menuandselect/cpt_menuandselect.hml
<select>
    <option value = "opt1">选项 1</option>
    <option value = "opt2">选项 2</option>
    <option value = "opt3">选项 3</option>
</select>
```

上述代码会在界面中显示一个按钮，其右侧的▼图标标识了该按钮为一个下拉选择按钮，其显示效果如图 5-28 所示。

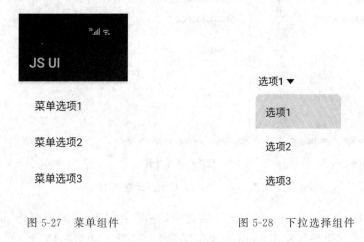

图 5-27 菜单组件　　　　　　　图 5-28 下拉选择组件

6. 图像

图像组件<image>可以加载并显示图形图像，支持 SVG、PNG 等多种格式，包括了 2 个常用属性：

（1）src：指定图形图像位置，通常图片资源需要放置在实例的 common 目录中。

（2）alt：在图形图像未加载完成前，占位显示的文字内容。图形图像加载成功可通过 complete 事件处理回调；图形图像加载失败则可通过 error 事件处理回调。

图像组件<image>的典型代码如下：

```
<image src = "/common/img.png" alt = "加载图片..."></image>
```

在上述代码中，图像组件<image>加载实例 common 目录中的 img.png 图片，效果如图 5-29 所示。

通常，图形图像的尺寸难以与图像组件的尺寸刚好吻合，因此常常需要通过缩放模式来改变图形图像的尺寸和位置。缩放模式可以通过其 object-fit 样式进行设置，其各个值所代表的意义如表 5-5 所示。

表 5-5　图像组件的缩放模式

值	描 述
cover	保持原始比例居中并填满组件大小
contain	保持原始比例居中并完整地显示图形图像内容。当图形图像比组件大时,则缩小图形图像直至能够完整显示图形图像
fill	拉伸图形图像充满整个组件大小
none	保持原始大小居中
scale-down	居中显示,保持原始比例填充组件的宽度或高度,并完整显示图形图像内容

　　为了能够便于开发者理解,这里通过 1 个比组件小的图标图像和 1 个比组件大的照片图像来演示这几种缩放模式的区别,如图 5-30 所示。

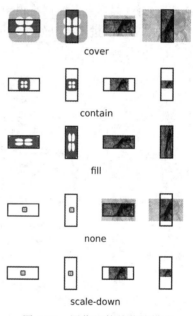

cover

contain

fill

scale-down

图 5-30　图像组件的缩放模式

图 5-29　图像组件

　　图像组件也支持网络图片的加载,直接在 src 中填入网络图片的网址即可。例如,可以通过 https 协议获取互联网的图片,代码如下:

```
< image src = "https:// *** / *** .png" alt = "加载图片..."></image >
```

　　不过,不要忘记在 config.json 中为该应用添加网络访问权限,代码如下:

```
//chapter5/JavaScriptUI/entry/src/main/config.json
{
  ...
  "module": {
```

```
    "package": "com.example.JavaScriptui",
    "reqPermissions": [
      {
        "name": "ohos.permission.INTERNET"
      }
    ],
  }
  ...
}
```

7. 视频播放器

视频播放器组件< video >的集成度非常高,与图像组件的用法也非常类似,通过 src 属性指定视频文件(同样可以为网络视频)。在默认情况下,< video >组件包含了控制栏(用于播放、暂停、拖动播放进度、全屏等),不过也可以通过 start、pause 等方法控制视频组件的播放功能,典型的代码如下:

```
//chapter5/JavaScriptUI/entry/src/main/js/default/pages/cpt_video/cpt_video.hml
< div class = "container">
    < video id = "video" src = "/common/test.mp4"></video >
    < button @click = "startVideo">开始视频</button>
    < button @click = "pauseVideo">暂停视频</button>
</div >
```

startVideo 和 pauseVideo 的方法实现代码如下:

```
//chapter5/JavaScriptUI/entry/src/main/js/default/pages/cpt_video/cpt_video.js
export default {
    startVideo() {
        this. $ element('video').start();
    },
    pauseVideo() {
        this. $ element('video').pause();
    }
}
```

为了控制视频播放器的尺寸,在 css 文件中的代码如下:

```
//chapter5/JavaScriptUI/entry/src/main/js/default/pages/cpt_video/cpt_video.css
video {
    height: 540px;
    width: 720px;
}
```

上述代码的显示效果如图 5-31 所示。

视频组件< video >的常用属性如下：

- src：视频文件路径。
- muted：是否静音播放。
- autoplay：是否加载后自动开始播放。
- poster：视频停止时显示的预览图片。
- controls：是否显示视频播放控制栏。

视频组件< video >的常用事件如下：

- prepared：视频准备完成时触发该事件。
- start：播放时触发该事件。
- pause：暂停时触发该事件。
- finish：播放结束时触发该事件。
- error：播放失败时触发该事件。

图 5-31　视频组件

5.2.3　常用容器

JavaScript UI 的常用容器包括基础容器< div >、列表容器< list >、堆叠容器< stack >、滑动容器< swiper >和页签容器< tabs >。其中，页签容器不支持可穿戴设备和轻量级可穿戴设备，其他容器支持各种设备。

1. 基础容器

与 HTML 类似，HML 中的< div >属于布局中的基础容器，也是应用最为广泛的容器。< div >通过 display 样式定义了 3 种布局类型：弹性布局(flex)、网络布局(grid)和 none。当 display 样式为 none 时，将不显示(隐藏)< div >容器及其内容。

1) 弹性布局

默认情况下，< div >容器为弹性布局。弹性布局是沿着某个方向(横向或纵向)依次排列组件的布局，这个方向被称为主轴。与主轴垂直的方向被称为交叉轴。

注意：从定义上看，弹性布局和 Java UI 中的定向布局非常类似。不过弹性布局更加灵活，如果在主轴方向上组件排列不下，则可以换行(换列)排列。从这个特性上来看，弹性布局又具备了 Java UI 中自适应布局的特点。

通过< div >的 flex-direction 样式定义弹性布局的主轴方向，其值可以为 column(纵向从上到下)和 row(横向从左到右)。当主轴为垂直方向时，交叉轴为水平方向，反之亦然。例如，将某个< div >的类选择器定义为 container，其中包含了 3 个文本组件，代码如下：

```
//chapter5/JavaScriptUI/entry/src/main/js/default/pages/ctn_div_flex/ctn_div_flex.hml
< div class = "container">
    < text class = "title">组件 1 </text >
    < text class = "title">组件 2 </text >
    < text class = "title">组件 3 </text >
</div>
```

随后,定义 container 和 title 的类选择器样式,代码如下:

```
//chapter5/JavaScriptUI/entry/src/main/js/default/pages/ctn_div_flex/ctn_div_flex.css
.container {
    display: flex;                    / * 弹性布局 * /
    flex - direction: column;         / * 弹性布局垂直方向 * /
}

.title {
    width: 300px;                     / * 宽度 300px * /
    height: 100px;                    / * 高度 100px * /
    background - color: bisque;       / * 背景颜色 * /
}
```

上述代码的显示效果如图 5-32 所示。

当基础组件< div >的 flex-direction 样式为 column 或 row 时,其主轴和交叉轴的方向如图 5-33 所示。

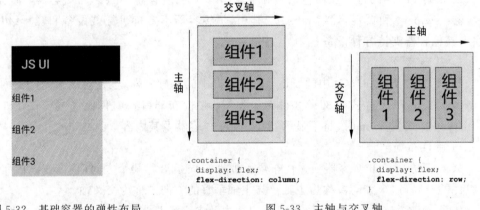

图 5-32　基础容器的弹性布局　　　　　图 5-33　主轴与交叉轴

flex-wrap 样式定义了弹性容器是否可以换行,其值可以为 nowrap(不换行)和 wrap(换行)。当 flex-wrap 样式为 wrap 时,如果主轴没有足够空间放下所有的组件,则会换行(当弹性布局为纵向时为换列)显示组件,如图 5-34 所示。

除了上述样式以外,还包括几种重要的对齐方式样式,如下所示:

(1) justify-content 样式定义主轴的对齐方式,包括依靠起始位(flex-start)、依靠结束位(flex-end)、居中(center)、平均放置且前后端不留空白(space-between)、平均放置且前后端留空白(space-around)。这些对齐方式的显示效果如图 5-35 所示。

(2) align-items 样式定义了交叉轴对齐方式,包括拉伸组件到容器宽度(stretch)、依靠起始位(flex-start)、依靠结束位(flex-end)、居中(center)。

注意:align-items 样式的 stretch 值仅适用于弹性尺寸的组件和容器。

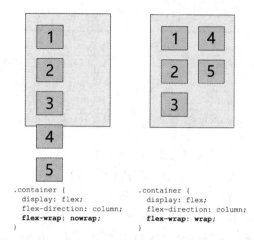

图 5-34　换行样式 flex-wrap

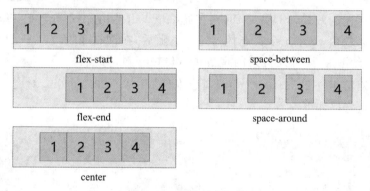

图 5-35　主轴对齐方式

（3）换行样式为 wrap 时，align-content 定义了多行对齐方式，包括依靠起始位（flex-start）、依靠结束位（flex-end）、居中（center）、平均放置且前后端不留空白（space-between）、平均放置且前后端留空白（space-around）。这些对齐方式的效果与 justify-content 样式的相应对齐方式非常类似，如图 5-35 所示。

2）网格布局

通过网格布局可以让其所包含的组件以对齐行列的方式显示在界面中。当< div >容器的 display 样式为 grid 时，该容器即为网格布局。与网格布局相关的主要样式如表 5-6 所示。

表 5-6　网格布局的相关样式

	值	描　　述
由网格布局定义	grid-template-columns	列数及其宽度
	grid-template-rows	行数及其宽度
	grid-columns-gap	列间距
	grid-rows-gap	行间距

续表

值		描　述
由网格布局内的组件定义	grid-row-start	组件所在网格布局的起始行号
	grid-row-end	组件所在网络布局的结束行号
	grid-column-start	组件所在网格布局的起始列号
	grid-column-end	组件所在网络布局的结束列号

接下来，创建一个 3 行 3 列网格布局，放置 4 个组件组成一个如图 5-36 所示的形状。其中，每个形状都跨行或跨列。左上角的组件 A 处在第 0 列且横跨第 0 行和第 1 行。右上角的组件 B 处在第 0 行且横跨第 1 列和第 2 列。左下角的组件 C 处在第 2 行且横跨第 0 列和第 1 列。右下角的组件 D 处在第 2 列且横跨第 1 行和第 2 行。

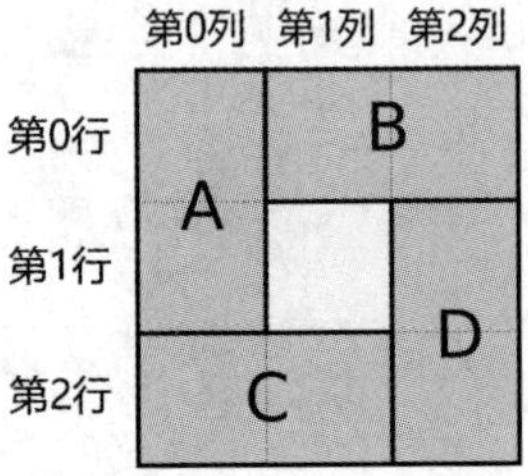

为了实现上述的效果，创建 1 个网格布局< div >组件，其网格布局的相关属性由 container 类选择器定义。随后，在网格布局中创建 4 个子组件，其所处行列的位置由 left-top（对应组件 A）、right-top（对应组件 B）、left-bottom（对应组件 C）和 right-bottom（对应组件 D）这 4 个类选择器定义。代码如下：

图 5-36　将 4 个组件放置到网格布局中（设计图稿）

```
//chapter5/JavaScriptUI/entry/src/main/js/default/pages/ctn_div_grid/ctn_div_grid.hml
< div class = "container">
    < div class = "grid left - top"></div >
    < div class = "grid left - bottom"></div >
    < div class = "grid right - top"></div >
    < div class = "grid right - bottom"></div >
</div >
```

在 CSS 文件中定义 container、grid 等类选择器样式，代码如下：

```
//chapter5/JavaScriptUI/entry/src/main/js/default/pages/ctn_div_grid/ctn_div_grid.css
.container {
    width: 400px;
    height: 400px;
    display: grid;                              /* 网格布局 */
    grid - template - columns: 1fr 1fr 1fr;      /* 分列 */
    grid - template - rows: 1fr 1fr 1fr;         /* 分行 */
    grid - columns - gap: 20px;                  /* 列间距 */
    grid - rows - gap: 20px;                     /* 行间距 */

}
.grid {
```

```
        width: 100 % ;
        height: 100 % ;
    }
    .left - top {
        grid - row - start: 0;
        grid - row - end: 1;
        grid - column - start: 0;
        grid - column - end: 0;
        background - color: red;
    }
    .left - bottom {
        grid - row - start: 2;
        grid - row - end: 2;
        grid - column - start: 0;
        grid - column - end: 1;
        background - color: green;
    }
    .right - top {
        grid - row - start: 0;
        grid - row - end: 0;
        grid - column - start: 1;
        grid - column - end: 2;
        background - color: blue;
    }
    .right - bottom {
        grid - row - start: 1;
        grid - row - end: 2;
        grid - column - start: 2;
        grid - column - end: 2;
        background - color: purple;
    }
```

上述代码的实现效果如图 5-37 所示。

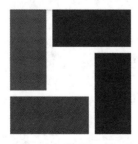

图 5-37　将 4 个组件放置到网格布局中

grid-template-columns 和 grid-template-rows 的定义方式存在以下几种：

（1）通过像素定义。例如，定义行数为 3，且其高度分别为 50px、60px 和 70px，代码如下：

```
grid - template - rows: 50px 60px 70px;
```

如果需要定义多个固定高度的行,则可以尝试以下代码:

```
grid - template - rows: repeat(10,20px);
```

其中,repeat 的第 1 个参数为行数,第 2 个参数为每行的高度,因此上面的代码定义了 10 行,且每行高度均为 20px。这行代码等价于以下代码:

```
grid - template - rows: 20px 20px 20px 20px 20px 20px 20px 20px 20px 20px;
```

(2) 通过行列占比定义。例如,定义行数为 3,且其所占比例分别为 20%、30% 和 50%,代码如下:

```
grid - template - rows: 20 % 30 % 50 % ;
```

(3) 通过行列权重定义。例如,定义行数为 3,且其所占布局权重分别为 1 份、2 份和 3 份,那么这 3 行分别占据整个布局高度的 1/6、1/3 和 1/2,代码如下:

```
grid - template - rows: 1fr 2fr 3fr;
```

另外,还可以通过 auto 来自适应宽度。例如,第 1 行的高度根据内部组件自适应,其余的空间分别按照 1 份和 2 份来分配高度,代码如下:

```
grid - template - rows: auto 1fr 2fr;
```

2. 列表容器

列表容器< list >可以方便地显示列表项< list-item >和列表项组< list-item-group >。列表容器只能直接包含< list-item >和< list-item-group >标签,且< list-item-group >只能直接包含< list-item >标签。列表内容所需要的组件,例如< text >、< image >等都需要放置到< list-item >中。

列表项组< list-item-group >可以包含多个< list-item >,单击列表项组可以折叠或者展开其内部的列表项。列表项组的第 1 个< list-item >会显示在列表项组上,并作为其内容显示在界面中。

列表容器的使用比较简单,这里仅用 1 个实例来展示其用法。首先,定义包含列表项和列表项组的列表容器,代码如下:

```
//chapter5/JavaScriptUI/entry/src/main/js/default/pages/ctn_list/ctn_list.hml
< list >
    < list - item - group >
```

```
        <list-item class="item"><text>分组1</text></list-item>
        <list-item class="item"><text>项目1-1</text></list-item>
        <list-item class="item"><text>项目1-2</text></list-item>
        <list-item class="item"><text>项目1-3</text></list-item>
    </list-item-group>
    <list-item-group>
        <list-item class="item"><text>分组2</text></list-item>
        <list-item class="item"><text>项目2-1</text></list-item>
        <list-item class="item"><text>项目2-2</text></list-item>
        <list-item class="item"><text>项目2-3</text></list-item>
    </list-item-group>
    <list-item class="item"><text>项目1</text></list-item>
    <list-item class="item"><text>项目2</text></list-item>
</list>
```

然后,在 CSS 文件中定义类选择器 item,代码如下:

```
//chapter5/JavaScriptUI/entry/src/main/js/default/pages/ctn_list/ctn_list.css
.item {
    width: 100%;
    height: 100px;
    margin-left: 20px;
}
```

上述代码的显示效果如图 5-38 所示。

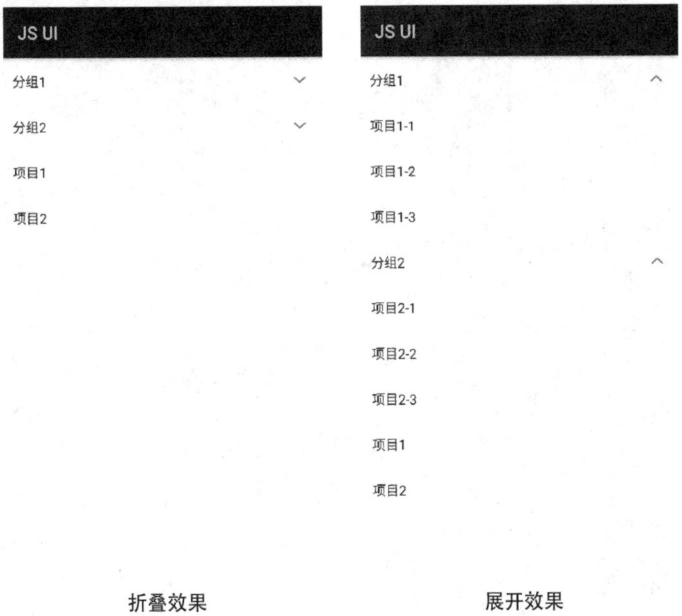

折叠效果　　　　　　　展开效果

图 5-38　列表容器

3. 堆叠容器

堆叠容器中的组件会依次堆叠起来,非常类似于 Java UI 中的堆叠布局。接下来,以一个实例来展示堆叠容器的显示效果,代码如下:

```
//chapter5/JavaScriptUI/entry/src/main/js/default/pages/ctn_stack/ctn_stack.hml
< stack class = "container">
    < div class = "stack1"></div >
    < div class = "stack2"></div >
    < div class = "stack3"></div >
    < div class = "stack4"></div >
    < div class = "stack5"></div >
</stack >
```

类选择器为 stack1、stack2 等的< div >组件按照次序堆叠到界面中。在 CSS 文件中,根据叠加次序将这 5 个< div >组件分别设置不同的宽度和高度,代码如下:

```
//chapter5/JavaScriptUI/entry/src/main/js/default/pages/ctn_stack/ctn_stack.css
.container {
    width: 100 % ;
    height: 100 % ;
    justify - content: center;
    align - items: center;
}
.stack1 {
    background - color: yellow;
    width: 500px;
    height: 500px;
}
.stack2 {
    background - color: hotpink;
    width: 400px;
    height: 400px;
}
.stack3 {
    background - color: red;
    width: 300px;
    height: 300px;
}
.stack4 {
    background - color: blue;
    width: 200px;
    height: 200px;
}
.stack5 {
    background - color: green;
    width: 100px;
    height: 100px;
}
```

以上代码的最终显示效果如图 5-39 所示。

4. 滑动容器

滑动容器可以让用户以滑动的方式切换用户界面，是一种常用且重要的内容展示容器。接下来，以滑动切换图片为例，介绍滑动容器的用法。

图 5-39　堆叠容器

首先定义滑动容器及其内部组件，代码如下：

```
//chapter5/JavaScriptUI/entry/src/main/js/default/pages/ctn_swiper/ctn_swiper.hml
< swiper class = "swiper">
    < image src = "/common/swiper1.png"/>
    < image src = "/common/swiper2.png"/>
    < image src = "/common/swiper3.png"/>
</swiper>
```

滑动容器的常用属性如下：

（1）index：当前显示的组件索引，默认为 0。

（2）autoplay：是否自动播放，默认值为 false。

（3）interval：自动播放时切换组件的时间间隔，单位为 ms，默认为 3000ms。

（4）loop：组件切换是否循环，默认值为 true。当该值为 true 时，如果当前显示的是最后一个组件，则继续切换组件即可显示第一个组件。

（5）duration：切换组件的动画时长。

（6）indicator：是否显示导航点指示器，默认值为 true。

（7）indicatormask：是否显示导航点指示器模板，默认值为 false。

（8）vertical：是否为纵向滑动，默认值为 false。

随后，定义类选择器 swiper，代码如下：

```
//chapter5/JavaScriptUI/entry/src/main/js/default/pages/ctn_swiper/ctn_swiper.css
.swiper {
    width: 100% ;
    height: 200px;
    indicator - color: white;
    indicator - selected - color: blue;
    indicator - size: 14px;
    indicator - bottom: 20px;
    indicator - right: 30px;
}
```

关于导航点指示器相关的样式说明如下：

（1）indicator-color：导航点的颜色。

（2）indicator-selected-color：选中导航点的颜色。

（3）indicator-size：导航点大小。

（4）indicator-left：导航点指示器距离< swiper >左侧的距离。

（5）indicator-right：导航点指示器距离< swiper >右侧的距离。

（6）indicator-top：导航点指示器距离< swiper >上方的距离。

（7）indicator-bottom：导航点指示器距离< swiper >下方的距离。

上述代码的显示效果如图 5-40 所示。

另外，还可以通过 swipeTo(index)方法跳转到指定的组件位置；通过 showNext()方法跳转到下一个组件；通过 showPrevious()方法跳转到上一个组件。

5. 页签容器

页签容器< tabs >可以容纳多个页面< tab-content >，用户可以通过选择< tab-bar >或滑动的方式切换这些页签，因此，< tabs >内只能直接容纳< tab-bar >和< tab-content >这两种组件。< tab-content >中的每个子组件（或容器）是用户切换页签的对象。

图 5-40　滑动容器

页签容器的典型代码如下：

```
//chapter5/JavaScriptUI/entry/src/main/js/default/pages/ctn_tabs/ctn_tabs.hml
< tabs >
    < tab – bar class = "tabbar" mode = "fixed">
        < text class = "tab – text">页面 1 </text>
        < text class = "tab – text">页面 2 </text>
        < text class = "tab – text">页面 3 </text>
    </tab – bar >
    < tab – content class = "tabcontent" scrollable = "true">
        < div class = "item – content">
            < text class = "item – title">页面 1 </text>
        </div>
        < div class = "item – content" >
            < text class = "item – title">页面 2 </text>
        </div>
        < div class = "item – content" >
            < text class = "item – title">页面 3 </text>
        </div>
    </tab – content >
</tabs >
```

< tabs >的常见属性如下：

（1）index：当前显示的组件（容器）索引，默认为 0。

（2）vertical：是否纵向显示组件（容器），默认值为 false，即横向显示组件（容器）。

< tab-bar >的 mode 属性包括 scrollable 和 fixed 两类。当 mode 为 scrollable 时，其内部的组件宽度由其自身组件大小决定，如果子组件大小超过了< tab-bar >的宽度，用户可以滑动< tab-bar >查看或选择这些子组件。

<tab-content>的 scrollable 属性指定了用户是否可以通过滑动的方式切换子组件(容器),默认值为 true。

在 CSS 文件中,定义 tabbar、tabcontent 等类选择器,使< tab-bar >占据 10%的屏幕空间,使< tab-content >占据 90%的屏幕空间,代码如下:

```
//chapter5/JavaScriptUI/entry/src/main/js/default/pages/ctn_tabs/ctn_tabs.css
.tabbar {
    width: 100%;
    height: 10%;
}
.tabcontent {
    width: 100%;
    height: 90%;
}
.item-content {
    height: 100%;
    justify-content: center;
}
.item-title {
    font-size: 60px;
}
```

以上代码的显示效果如图 5-41 所示。

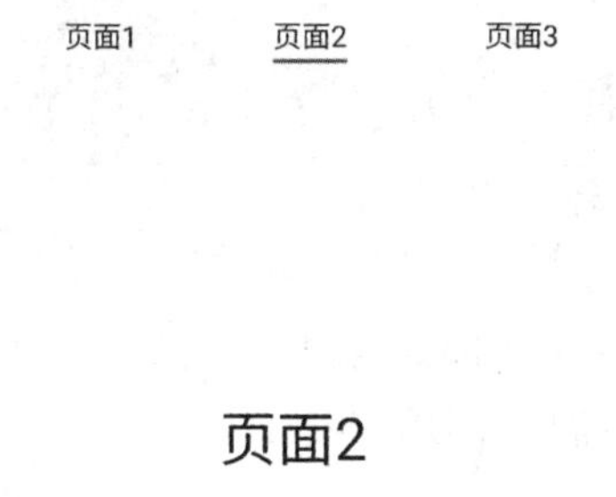

页面1　　　页面2　　　页面3

页面2

图 5-41　页签容器

5.2.4　对话框

对话框可以通过两种方式实现:通过< dialog >组件实现并弹出对话框;通过 prompt 模块弹出对话框。相对来讲,使用 prompt 模块会更加方便一些,而通过< dialog >组件的方

4min

式的自定义能力更强，下面介绍这两种实现方式。

1. 通过< dialog >组件实现并弹出对话框

开发者在 HML 中定义对话框组件< dialog >中的内容，包含 2 个重要的方法：显示对话框 show()和关闭对话框 close()。< dialog >并不会直接显示在界面中，而是需要调用< dialog >组件的 show()方法才能显示在界面中。使用< dialog >的典型代码如下：

```
//chapter5/JavaScriptUI/entry/src/main/js/default/pages/dialogtest/dialogtest.hml
< button class = "btn" @click = "showDialog">通过 dialog 组件显示对话框</button >
< dialog id = "dialog">
    < div class = "dialog - content">
        < text >提示信息</text >
        < button class = "btn" @click = "closeDialog">确认</button >
        < button class = "btn" @click = "closeDialog">取消</button >
    </div >
</dialog >
```

在 CSS 文件中定义 btn 和 dialog-content 类选择器，代码如下：

```
//chapter5/JavaScriptUI/entry/src/main/js/default/pages/dialogtest/dialogtest.css
.btn {
    margin: 10px;
}

.dialog - content {
    flex - direction: column;
    align - items: center;
}
```

单击【通过 dialog 组件显示对话框】按钮后，调用 showDialog()方法显示对话框；单击对话框内的【确认】或【取消】按钮后，调用 closeDialog()方法关闭对话框，代码如下：

```
//chapter5/JavaScriptUI/entry/src/main/js/default/pages/dialogtest/dialogtest.js
showDialog() {
    this. $ element('dialog').show();
},
closeDialog() {
    this. $ element('dialog').close();
}
```

上述代码的对话框显示效果如图 5-42 所示。

注意：对话框组件< dialog >不支持轻量级可穿戴设备。

2. 通过 prompt 模块弹出对话框

通过 prompt 模块弹出对话框非常简单，只需调用 prompt 的 showDialog 方法或

图 5-42　通过<dialog>组件实现并弹出对话框

showToast 方法,前者用于弹出一般对话框,后者用于弹出 Toast 对话框。

在使用这两种方法之前,需要在 js 文件中导入 prompt 模块,代码如下:

```
import prompt from '@system.prompt';
```

1) 通过 showDialog 方法弹出一般对话框

使用 showDialog 方法需要传入 Dialog 对象,主要包含以下几个属性:

(1) title:对话框的标题。

(2) message:对话框的提示信息。

(3) buttons:对话框按钮数组,其中每个按钮对象都包括按钮文字 text 和按钮颜色 color。

(4) success:当用户单击了对话框的按钮后回调并关闭对话框。

(5) cancel:当用户单击了对话框之外的空白处,或触发了系统的返回事件后回调并关闭对话框。

(6) complete:对话框关闭后回调。

通过 showDialog 方法弹出一般对话框的代码如下:

```
//chapter5/JavaScriptUI/entry/src/main/js/default/pages/dialogtest/dialogtest.js
showDialogByPrompt() {
    prompt.showDialog({
        title: "对话框标题",
        message: "对话框信息",
        buttons: [
            {text:'按钮 1', color: '#666666'},
            {text:'按钮 2', color: '#666666'}
        ],
        success: function(data) {
            console.info('对话框已选择,选择按钮为: ' + data.index);
        },
        cancel: function() {
            console.info('对话框已取消.');
        },
    })
}
```

上述代码的显示效果如图 5-43 所示。

2）通过 showToast 方法弹出 Toast 对话框

showToast 方法更加简单，只需传入 Toast 对象。Toast 对象包括 message 和 duration 两个属性：前者用于定义 Toast 对话框显示的字符串，后者用于定义 Toast 对话框显示的时间，单位为 ms。通过 showToast 方法弹出 Toast 对话框的典型代码如下：

```
//chapter5/JavaScriptUI/entry/src/main/js/default/pages/dialogtest/dialogtest.js
showToast() {
    prompt.showToast({
        message: 'Toast 信息',
        duration: 2000
    });
}
```

上述代码的显示效果如图 5-44 所示。

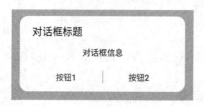

图 5-43　通过 showDialog 方法弹出一般对话框　　　图 5-44　通过 showToast 方法弹出 Toast 对话框

5.3　其他高级用法

本章开始部分的内容介绍了 JavaScript UI 的基本用法。虽然 JavaScript UI 冠以 UI 结尾，但是其功能和用法远不止如此，通过 JavaScript UI 可以管理资源、访问硬件传感器等功能，完全可以仅依靠 JavaScript UI 构建一个鸿蒙应用程序。本节介绍一些 JavaScript UI 的高级用法。虽然本节的标题冠以"高级"这个形容词，但是这些方法对于构建 JavaScript 鸿蒙应用程序来讲仍然非常重要。

5.3.1　逻辑控制

在 5.1.3 节中介绍了 HML 动态绑定的概念，可以将 JavaScript 中的数据绑定到界面中，这是一个非常实用的功能。开发者直接修改 JavaScript 中的变量就可以实时将其更新到界面中。

注意：JavaScript UI 从设计上运用了 MVVM 模式，这种动态绑定的实现实际上是借助于 ViewModel 实现的。如果读者感兴趣可以参考鸿蒙 SDK 中的 viewmodel.d.ts 源代码，该文件处于鸿蒙 SDK 目录下的 ./js/<版本号>/api/common/@internal 目录（需要将"<版本号>"替换为开发者实际使用的 JavaScript SDK 版本号）。

借助动态绑定功能和逻辑控制，开发者可以实现更加复杂的组件动态展示能力。

1. 循环控制：for

通过 for 循环控制可以根据数组的长度创建对应属性的组件，而 for 循环控制是通过组件的 for 属性实现的。

为了演示循环控制的使用方法，首先创建一个 students 数组，students 数组中的每一项都包含 name 属性（代表姓名）和 age 属性（代表年龄），代码如下：

```
//chapter5/JavaScriptUI/entry/src/main/js/default/pages/logic/logic.js
export default {
    data: {
        students: [
            {name:'张三', age:17},
            {name:'李四', age:18},
            {name:'王五', age:16},
        ],
    }
}
```

在 HTML 文件中，通过< text >组件的 for 属性动态绑定 students 数组，此时即可在其文本内容中通过 $ item 引用数组中的元素，通过 $ idx 获取当前元素的索引，代码如下：

```
//chapter5/JavaScriptUI/entry/src/main/js/default/pages/logic/logic.html
< div class = "container">
    < text for = "{{students}}">
        {{ $ idx + 1}} {{ $ item.name}} {{ $ item.age}}
    </text >
</div >
```

上述代码的显示效果如图 5-45 所示。

```
1 张三 17
2 李四 18
3 王五 16
```

图 5-45 通过 for 循环控制显示数组内容

可见，通过 for 循环控制方法创建了 3 个< text >文本组件，并且每个组件都显示了数组元素的信息。

通过 in 关键词可以自定义数组元素变量名称，例如将 student 代替 $ item，代码如下：

```
< text for = "{{student in students}}">
    {{ $ idx + 1}} {{student.name}} {{student.age}}
</text >
```

除了可以自定义元素变量名称，还可以自定义索引变量名称，例如将 index 代替 $ idx，将 student 代替 $ item，代码如下：

```
<text for = "{{(index, student) in students}}">
    {{index + 1}} {{student.name}} {{student.age}}
</text>
```

在 for 属性和 if 属性(随后将介绍)中,动态绑定的符号"{{}}"可以省略,代码如下:

```
<text for = "(index, student) in students">
    {{index + 1}} {{student.name}} {{student.age}}
</text>
```

以上 4 段代码是等价的,显示效果相同。

2. 条件控制: if

通过 if 条件控制可以控制组件的显示与否。为了演示条件控制功能,首先在 JS 文件中创建 2 个变量: isBoy 和 isOldman,代码如下:

```
data: {
    isBoy: false,
    isOldman: false
}
```

随后,即可通过 if、elif 和 else 对组件的显示与否进行控制,代码如下:

```
<text if = "{{isBoy}}">你好,男孩!</text>
<text elif = "{{isOldman}}">您好,尊敬的前辈!</text>
<text else>你好,年轻人!</text>
```

由于 isBoy 和 isOldman 变量均为 false,因此最终将会在界面中显示"你好,年轻人!"字符串。当 isBoy 为 true 时,界面会显示"你好,男孩!"字符串。当 isBoy 为 false 且 isOldman 为 true 时,界面会显示"您好,尊敬的前辈!"字符串。

在连用 if、elif 和 else 时,组件的类型必须为兄弟节点,否则无法编译通过。

注意: 通过 if 属性控制组件的显示与否,当判断结果为 false 时,该组件不仅不会显示在界面中,也无法通过 JS 方法获取其 DOM 元素,但是通过 show 属性控制组件的显示与否,当判断结果为 false 时,虽然其显示效果与前者相同,但是其 DOM 元素实则会被创建。

3. 逻辑控制块

逻辑控制块<block>是仅支持 for 和 if 属性的虚拟组件。<block>不会显示在界面中,仅仅用于逻辑控制。例如,可以通过<block>控制列表项的显示内容,代码如下:

```
//chapter5/JavaScriptUI/entry/src/main/js/default/pages/logic/logic.html
<list>
    <block for = "{{students}}">
```

```
        < list – item class = "item">
            < text>{{ $ item.name}}.</text>
            < text if = "{{ $ item.age >= 18}}">已成年</text>
            < text else>未成年</text>
        </list – item>
    </block>
</list>
```

上述代码的显示效果如图 5-46 所示。

张三.未成年

李四.已成年

王五.未成年

图 5-46 通过逻辑控制块控制列表项的显示内容

5.3.2 代码资源

资源文件存储在 JavaScript 实例中的 common 目录中,可以包含图片、视频、代码文件等。在 5.2.2 节中介绍< image >和< video >组件时,已经介绍并使用了 common 目录中的图片和视频文件。本节介绍代码文件资源的使用方法。

代码文件资源可以为 js 文件、HTML 文件和 CSS 文件。

1. js 文件资源

通过 export default 可以定义一个 js 模块。在 common 目录中创建一个名为 utils.js 的模块,并添加一个名为 getUserInformation()的方法,代码如下:

```
//chapter5/JavaScriptUI/entry/src/main/js/default/common/utils.js
export default {
    getUserInformation() {
        return {
            userid: "dongyu",
            username: "董昱",
            age: 18
        };
    }
}
```

然后,就可以在其他的 js 文件中导入这个模块,并可调用这个 getUserInformation()的方法,代码如下:

```
//chapter5/JavaScriptUI/entry/src/main/js/default/pages/userinformation/userinformation.js
import utils from '../../common/utils.js'; //导入 utils 模块

export default {
    data: {
        userinformation: null
    },
    onInit() {
        //通过 getUserInformation()获取用户信息放置到 userinformation 变量中
        this.userinformation = utils.getUserInformation();
    }
}
```

2. HML 文件资源

在 common 目录中创建一个名为 information.hml 的文件,并添加一个< text >组件,代码如下:

```
//chapter5/JavaScriptUI/entry/src/main/js/default/common/information.hml
< text >年龄: {{age}}</text >
```

然后,在页面的 HML 文件中即可应用该资源,代码如下:

```
//chapter5/JavaScriptUI/entry/src/main/js/default/pages/userinformation/userinformation.hml
< element name = "comp" src = "../../common/information.hml"></element >
< div class = "container">
    < text class = "title">用户 ID: {{userinformation.userid}}</text >
    < text class = "title">用户名称: {{userinformation.username}}</text >
    < comp class = "title" age = "{{userinformation.age}}"></comp >
</div >
```

在上面的代码中,首先通过< element >元素引用了 information.hml 文件,并将其元素名称定义为< comp >,然后,在页面中使用< comp >元素,并通过 age 属性填充了刚刚在 information.hml 中定义的 age 动态绑定变量。

3. CSS 文件资源

CSS 文件资源通过@import 语句进行引用。首先,在 common 目录中创建 customstyle.css 文件资源,代码如下:

```
//chapter5/JavaScriptUI/entry/src/main/js/default/common/customstyle.css
.container {
    flex - direction: column;
    justify - content: center;
    align - items: center;
}
.title {
```

```
    font - size: 30px;
    text - align: center;
    width: 100 % ;
    height: 100px;
}
```

然后,即可在页面的 CSS 文件中引用这个资源文件,代码如下:

```
//chapter5/JavaScriptUI/entry/src/main/js/default/pages/userinformation/userinformation.css
@ import "../../common/customstyle.css";
```

在上面的例子中,同时在页面中引用了 JS 文件资源、HML 文件资源和 CSS 文件资源,其最终显示效果如图 5-47 所示。

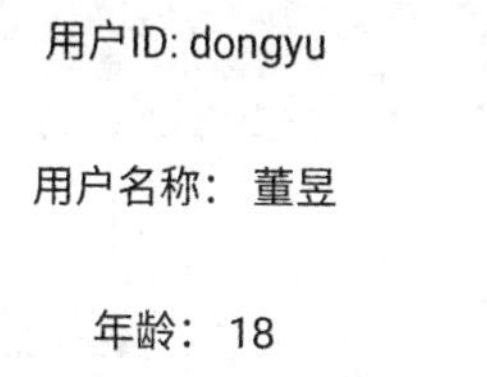

用户ID: dongyu

5.3.3 设备适配

用户名称: 董昱

鸿蒙操作系统是全场景分布式操作系统,其目标设备众多,因此通常要根据屏幕密度适配图片,以及通过媒体查询并根据屏幕的类型和尺寸适配样式文件。

年龄: 18

▶5min

图 5-47 用户信息展示界面

1. 根据屏幕密度适配图片

DPI 分为 ldpi(低密度)、mdpi(中密度)、hdpi(高密度)、xhdpi(超高密度)、xxhdpi(超超高密度)和 xxxhdpi(超超超高密度)共 6 个等级,其中各分级所定义的 DPI 范围如图 3-29 所示。

在 JavaScript UI 中,根据屏幕密度适配图片的方法如下:

(1)准备不同屏幕密度所需要的图片文件,例如 ic_test_xhdpi. png、ic_test_ xxhdpi. png、ic_test_xxxhdpi. png 等。将这些文件放置到 JavaScript 实例的 common 目录下。

(2)根据不同屏幕密度创建资源文件。在 JavaScript 实例 resources 目录下创建针对不同屏幕密度(DPI)的资源文件。资源文件为 JSON 文件,此类文件以 res-开头,后接 dpi 分级或者 defaults。

注意:如果系统根据当前的屏幕密度找不到所对应的资源,则会先查找并使用 res-defaults. json 中的图片资源。如果在 res-defaults. json 文件中仍然找不到相应的图片资源,则会选择最邻近 DPI 分级的资源。

为了简单起见,这里只在 resources 目录中创建了 res-defaults. json、res-xxhdpi. json 和 res-xxxhdpi. json 文件。此时,如果运行该程序的设备屏幕密度为 xxxhdpi,则会引用 res-xxxhdpi. json 文件的图片资源;如果运行该程序的设备屏幕密度为 xxhdpi,则会引用 res-xxhdpi. json 文件的图片资源;其他屏幕密度的设备则会直接使用 res-defaults. json 中的图片资源。

res-defaults. json 的代码如下:

```
//chapter5/JavaScriptUI/entry/src/main/js/default/resources/res-defaults.json
{
  "image": {
    "test": "common/ic_test_xhdpi.png"
  }
}
```

res-xxhdpi.json 的代码如下：

```
//chapter5/JavaScriptUI/entry/src/main/js/default/resources/res-xxhdpi.json
{
  "image": {
    "test": "common/ic_test_xxhdpi.png"
  }
}
```

res-xxxhdpi.json 的代码如下：

```
//chapter5/JavaScriptUI/entry/src/main/js/default/resources/res-xxxhdpi.json
{
  "image": {
    "test": "common/ic_test_xxxhdpi.png"
  }
}
```

在上面的 3 个文件中均定义了名为 test 的图片资源，并且根据屏幕密度的不同选择了 ic_test_xhdpi.png、ic_test_xxhdpi.png 和 ic_test_xxxhdpi.png 图片文件。

随后，在页面的 JS 文件和 HML 文件中即可通过 $r 方法获取适合当前屏幕密度的图片文件，代码如下：

```
//chapter5/JavaScriptUI/entry/src/main/js/default/pages/adaption/adaption.hml
<div class="container">
    <image src="{{ $r('image.test') }}"/>
</div>
```

此时，<image>组件显示的图片内容会根据上述资源文件的定义选择合适的图片文件。

2. 媒体查询

媒体查询是 CSS 中的概念，即根据设备类型和屏幕参数有针对性地定义页面样式。媒体查询通过@media 语句实现。例如，通过@media 筛选手机设备的代码如下：

```
@media (device-type: phone) {
    /* 这里的 CSS 代码仅适配手机设备 */
    …
}
```

上述代码中，device-type后接设备类型，可以为手机(phone)、智慧屏(tv)、可穿戴设备(wearable)等。

关于@media语句的相关用法，读者可以参考CSS和鸿蒙JS API的相关文档。以下列举常见的用法：

(1) 根据屏幕的形状筛选设备。例如，筛选圆形屏幕设备的代码如下：

```
@media screen and (round - screen: true) { … }
```

(2) 根据屏幕的宽度筛选设备。例如，筛选页面宽度在600以内设备的代码如下：

```
@media (width < = 600) { … }
```

该代码为CSS 4语法，与下面的代码(CSS 3语法)等价：

```
@media (max - width: 600) { … }
```

(3) 根据屏幕方向筛选设备。例如，筛选屏幕方向为横向且页面宽度大于500的代码如下：

```
@media screen and (orientation: landscape) and (width > 500) { … }
```

常用的媒体查询参数如表5-7所示。在多个媒体参数语句之间可以通过and、or、not等逻辑关系将其建立连接。

表5-7 常用的媒体查询参数

类　　型	说　　明	类　　型	说　　明
height	页面高度	device-type	设备类型
min-height	页面最小高度	resolution	设备的分辨率
max-height	页面最大高度	min-resolution	设备的最小分辨率
width	页面宽度	max-resolution	设备的最大分辨率
min-width	页面最小宽度	device-height	设备的高度
max-width	页面最大宽度	min-device-height	设备的最小高度
aspect-ratio	页面宽高比	max-device-height	设备的最大高度
min-aspect-ratio	页面宽高比最小值	device-width	设备的宽度
max-aspect-ratio	页面宽高比最大值	min-device-width	设备的最小宽度
round-screen	屏幕是否为圆形	max-device-width	设备的最大宽度
orientation	屏幕方向，包括竖屏(portrait)和横屏(landscape)		

5.3.4 模块

模块是一系列JavaScript工具的集合，在JavaScript鸿蒙应用程序开发中，模块提供了 4min

各种各样的高级功能。严格上说,模块已经超出了 JavaScript UI 的范畴,而涉及网络访问、数据存储、设备管理等多种多样的业务功能。

常用的 JavaScript 模块如表 5-8 所示,其中前文已经介绍过页面路由(router)和页面弹窗(prompt)模块。因篇幅有限,本节无法完整地介绍这些模块,仅介绍一些常用的模块供读者参考。详细的模块使用方法可参考鸿蒙官方的 JS API 文档。

表 5-8　常用的 JavaScript 模块

模　块		模 块 名 称	模 块 描 述
应用	应用上下文	app	获取应用的名称、版本名称、版本号
	应用配置	configuration	获取应用当前的语言和地区
	应用管理	package	通过 BundleName 判断指定的应用是否已安装
	通知消息	notification	在状态栏上显示通知消息
	快捷方式	shortcut	创建某个页面的快捷方式
设备	设备信息	device	获取设备的品牌、生产商、型号、系统语言和地区、屏幕密度和形状等信息
	媒体查询	mediaquery	通过设备类型和屏幕尺寸查询匹配设备
	电量信息	battery	获取设备的电量信息
	屏幕亮度	brightness	获取和设置屏幕亮度和亮度模式、控制屏幕常亮等
	地理位置	geolocation	获取设备的地理位置信息
	传感器	sensor	获取加速度传感器、磁传感器、计步器、心率传感器等信息
	振动	vibrator	使设备振动
页面	页面路由	router	页面跳转和页面关系
	页面弹窗	prompt	弹出 Toast 对话框或一般对话框
网络	网络状态	network	获取当前的网络状态
	上传下载	request	实现数据的上传和下载
	HTTP 访问	fetch	实现 HTTP 访问
存储	数据存储	storage	通过键值对的方式存储数据
	文件存储	file	存储文件

使用 JavaScript 模块需要注意以下两个方面:

(1) 注意申请应用权限。使用某些模块(如震动、地理位置等)需要首先申请应用权限。如果开发者没有在 config.json 中添加应用权限,则这些模块的相关方法可能无法正常调用。

(2) 使用模块前需要导入模块。在使用模块的页面中,需要在 export default 语句块前导入模块,基本的导入方法代码如下:

```
import <模块名称> from '@system.<模块名称>';
```

导入具体的模块时,需要将"<模块名称>"替换为具体的模块名称。

1. 应用上下文与应用配置

通过应用上下文模块(app)和应用配置(configuration)模块可以获得应用的一些基本信息。在使用这两个模块前,需要导入 app 和 configuration 模块,代码如下:

```
import app from '@system.app';
import configuration from '@system.configuration';
```

然后,通过 app 和 configuration 中的方法即可获得应用名称、版本信息、区域语言信息等,代码如下:

```
//chapter5/JavaScriptUI/entry/src/main/js/default/pages/module/module.js
console.info("应用名称: " + app.getInfo().appName);
console.info("版本号: " + app.getInfo().versionCode);
console.info("版本名称: " + app.getInfo().versionName);
console.info("区域: " + configuration.getLocale().countryOrRegion);
console.info("语言: " + configuration.getLocale().language);
console.info("阅读方向: " + configuration.getLocale().dir);
```

在 JavaScript UI 示例工程中,运行上述代码后在 HiLog 的输出信息如下:

```
27601 - 28040/ * I 03B00/Console: app Log: 应用名称: JS UI
27601 - 28040/ * I 03B00/Console: app Log: 版本号: 1
27601 - 28040/ * I 03B00/Console: app Log: 版本名称: 1.0
27601 - 28040/ * I 03B00/Console: app Log: 区域: CN
27601 - 28040/ * I 03B00/Console: app Log: 语言: zh
27601 - 28040/ * I 03B00/Console: app Log: 阅读方向: ltr
```

另外,通过应用上下文 app 还可以实现退出应用、请求全屏等功能。退出应用的代码如下:

```
app.terminate();
```

上述这种方法称为同步方法,方法结果会被直接返回。router 模块(在 5.1.4 节中已介绍)的 push、back 等方法,以及 prompt 模块(在 5.2.4 节中已介绍)的 showToast 等方法也均属于同步方法。这种方法在使用上非常简单直观,但是通常仅用于耗时较短的算法和信息获取功能。

注意:prompt 模块的 showDialog 方法属于异步方法。

2. 通知消息

通过通知消息(notification)模块可以在鸿蒙操作系统的通知栏中显示通知信息,具体的使用方法如下:

(1) 导入通知消息模块,代码如下:

```
import notification from '@system.notification';
```

（2）通过 notification 模块的 show 方法即可显示通知消息，该方法需要传入一个
option 对象，包括以下参数：

- contentText：通知文本内容。
- contentTitle：通知标题。
- clickAction：单击通知后进入的页面，包括 bundleName、abilityName 和 uri 参数。
  bundleName 指定打开应用的 Bundle 名称；abilityName 指定 Ability 的全路径名
  称；uri 指定打开该 Ability 下的页面路径，当该路径为"/"时表示打开其主页面。

例如，在 JavaScript UI 应用中，通过 notification 模块创建一个通知栏信息，单击该通
知后打开 5.2.4 节所介绍的对话框测试页面，代码如下：

```
//chapter5/JavaScriptUI/entry/src/main/js/default/pages/module/module.js
notification.show({
    contentText: "单击进入对话框测试页面",
    contentTitle: "JavaScript UI 给您的通知",
    clickAction: {
        bundleName: "com.example.JavaScriptui",
        abilityName: "com.example.JavaScriptui.MainAbility",
        uri: "pages/dialogtest/dialogtest"
    }
})
```

运行上述代码，在通知栏中提示的信息如图 5-48 所示。

单击该通知后即可进入 5.2.4 节中所介绍的
dialogtest 对话框测试页面。

3. 设备信息与异步方法的使用

通过设备信息（device）模块的 getInfo 方法即可
获得设备品牌、生产商、型号、系统语言和地区、屏幕
密度和形状等信息。

device 的 getInfo 方法是一个异步方法。这种方
法并不返回任何信息。设备的具体信息是通过其回
调方法实现的。在各种 JavaScript 模块中，异步方法
通常包括 3 个主要的回调方法：

图 5-48　通过 notification 模块创建通知

（1）success(data)：信息获取成功后回调该方
法，其中 data 参数包含了需要获取的信息。

（2）fail(data,code)：信息获取失败后回调该方法，其中 data 参数为错误信息，code 参
数为错误代码。参数代码可以为 200（通用错误）、202（参数错误）或 300（I/O 错误）等。如
果调用异步方法时缺少了应用权限，则其错误参数代码为 200。

（3）cancel()：当用户主动取消了这个异步方法的执行时将会回调到该方法中。例如，prompt 模块的 showDialog()方法运用了这一回调。不过，在大多数模块中 cancel()回调并不常用。

（4）complete()：该方法执行完成后回调该方法。

注意：success()、fail()和 cancel()方法互斥，一次方法调用只能回调到这 3 种方法中的 1 种方法中。最后，将会调用 complete()方法。

在使用 device 模块前需要导入该模块，代码如下：

```
import device from '@system.device';
```

在 device 模块 getInfo()方法的 success(data)回调方法中，data 包含 brand、manufacturer、model 等参数，代码如下：

```
//chapter5/JavaScriptUI/entry/src/main/js/default/pages/module/module.js
device.getInfo({
    success: function(data) {
        console.info('设备品牌：' + data.brand);
        console.info('设备生产商：' + data.manufacturer);
        console.info('设备型号：' + data.model);
        console.info('设备代号：' + data.product);
        console.info('系统语言：' + data.language);
        console.info('系统地区：' + data.region);
        console.info('可使用的窗口宽度：' + data.windowWidth);
        console.info('可使用的窗口高度：' + data.windowHeight);
        console.info('屏幕密度(dpi)：' + data.screenDensity);
        console.info('屏幕形状：' + data.screenShape);

    },
    fail: function(data, code) {
        console.info('设备信息获取错误。错误代码：' + code + '错误信息：' + data);
    },
    complete: function(){
        console.info("设备信息获取完毕");
    }

});
```

在华为 P40 手机的应用程序中，运行上述代码后在 HiLog 的输出信息如下：

```
30979 - 31227/ * I 03B00/Console: app Log: 设备品牌：HUAWEI
30979 - 31227/ * I 03B00/Console: app Log: 设备生产商：HUAWEI
30979 - 31227/ * I 03B00/Console: app Log: 设备型号：ANA - AN00
30979 - 31227/ * I 03B00/Console: app Log: 设备代号：ANA - AN00
```

```
30979 - 31227/ *  I 03B00/Console: app Log: 系统语言: zh
30979 - 31227/ *  I 03B00/Console: app Log: 系统地区: CN
30979 - 31227/ *  I 03B00/Console: app Log: 可使用的窗口宽度: 1080
30979 - 31227/ *  I 03B00/Console: app Log: 可使用的窗口高度: 2043
30979 - 31227/ *  I 03B00/Console: app Log: 屏幕密度(dpi): 3.000000
30979 - 31227/ *  I 03B00/Console: app Log: 屏幕形状: rect
30979 - 31227/ *  I 03B00/Console: app Log: 设备信息获取完毕
```

其中,屏幕形状参数 screenShape 的取值可以为 rect(矩形屏)或 circle(圆形屏)。

4. 检查应用是否安装

通过应用管理 package 模块可以检查应用程序是否已安装,在使用该模块之前需要申请 GET_BUNDLE_INFO 权限,代码如下:

```json
//chapter5/JavaScriptUI/entry/src/main/config.json
{
  ...
  "module": {
    ...
    "reqPermissions": [
      {
        "name": "ohos.permission.GET_BUNDLE_INFO"
      },
      ...
    ],
    ...
  }
}
```

然后,在使用该模块的页面中导入该模块,代码如下:

```
import pkg from '@system.package';
```

最后,通过 package 的 hasInstalled 方法即可判断指定 Bundle 名称的应用程序是否已安装,代码如下:

```javascript
//chapter5/JavaScriptUI/entry/src/main/js/default/pages/module/module.js
pkg.hasInstalled({
    bundleName: 'com.example.javaui',
    success: function(data) {
        console.info('Java UI 应用程序安装情况: ' + data);
    },
    fail: function(data, code) {
        console.info('安装信息获取错误。错误代码: ' + code + '错误信息: ' + data);
    },
    complete: function(){
```

```
        console.info("安装信息获取完毕");
    }
});
```

其中,bundleName 参数即为需要检查的应用 Bundle 的名称。如果该应用程序已经安装,则上述代码的 HiLog 输出结果如下:

```
31812-32494/* I 03B00/Console: app Log: JavaUI 应用程序安装情况: true
31812-32494/* I 03B00/Console: app Log: 安装信息获取完毕
```

5. 地理位置模块与订阅

通过地理位置 geolocation 模块可以获取设备当前的地理位置。在使用该模块之前需要申请 ohos. permission. LOCATION 权限,代码如下:

```
//chapter5/JavaScriptUI/entry/src/main/config.json
{
  ...
  "module": {
    ...
    "reqPermissions": [
      {
        "name": "ohos.permission.LOCATION"
      },
      ...
    ],
    ...
  }
}
```

地理位置 geolocation 模块的常用方法如下:

(1) getLocation():获取当前的地理位置信息。

(2) getLocationType():获取当前地理位置信息的定位方式(网络定位或 GPS 定位)。

(3) subscribe():订阅地理位置信息。

(4) unsubscribe():取消订阅地理位置信息。

(5) getSupportedCoordTypes():获取支持的坐标类型(WGS-84 或 GCJ-02)。

注意:GCJ-02 是一个由中国国家测绘局制订的用于中国范围内民用地图(包括电子地图)的加密后地理坐标系统,其中 GCJ 的 3 个字母分别为"国家""测绘"和"局"的首字母简写。GCJ-02 的加密算法是非线性的,很难通过加密坐标来反推原始的正确坐标。目前,谷歌、百度等公司发布的电子地图基本都采用了 GCJ-02 坐标系统并对原始数据进行了加密。

在使用地理位置 geolocation 模块的页面中导入该模块,代码如下:

```
import geolocation from '@system.geolocation';
```

下面介绍获取、订阅地理位置信息的方法。

1) 获取地理位置信息

与其他异步方法类似，获取地理位置信息同样需要 success()、fail() 和 complete() 方法，典型的代码如下：

```
//chapter5/JavaScriptUI/entry/src/main/js/default/pages/module/module.js
geolocation.getLocation({
    success: function(data) {
        console.info('地理位置信息获取成功。经度:' + data.longitude + "纬度:" + data.
latitude);
    },
    fail: function(data, code) {
        console.info('地理位置信息获取错误。错误代码:' + code + '错误信息:' + data);
    },
    complete: function(){
        console.info("地理位置信息获取完毕");
    }
});
```

在地理位置信息获取成功后，data 变量包含经度（longitude）、纬度（latitude）、高度（altitude）、精度（accuracy）、地理位置获取时间（time）等参数。

在运行上述代码时，系统会询问用户是否授权获取地理位置信息，如图 5-49 所示。

图 5-49　位置信息权限的动态申请

当用户同意授权后，地理位置获取成功后 HiLog 输出如下：

```
3895-4709/* I 03B00/Console: app Log:地理位置信息获取成功。经度:** 纬度: **
3895-4709/* I 03B00/Console: app Log:地理位置信息获取完毕
```

2) 订阅地理位置信息

在运行应用时，用户可能要随时监听特定的信息，以便于应用或用户能够实时处理这些信息。例如，在出行导航时应用需要根据地理位置信息的变化为用户提供导航信息。类似的信息还包括电池电量、屏幕亮度及加速度计、磁传感器、心率传感器等各种各样的设备传感器信息。

这就需要使用 JavaScript 模块中的订阅功能。对于同一个需要订阅的信息,模块都会为其设置订阅方法(subscribe)和取消订阅方法(unsubscribe)。

订阅方法通常包括 success 回调和 fail 回调,这与模块的异步方法非常类似。例如,通过 geolocation 的 subscribe()方法即可订阅地理位置信息,代码如下:

```
//chapter5/JavaScriptUI/entry/src/main/js/default/pages/module/module.js
geolocation.subscribe({
    success: function(data) {
        console.info('地理位置信息更新成功。经度:' + data.longitude + " 维度:" + data.
latitude);
    },
    fail: function(data, code) {
        console.info('地理位置信息更新错误。错误代码:' + code + '错误信息:' + data);
    }
});
```

运行上述代码后,每次地理位置更新都会在 HiLog 出现相应的更新,典型的提示信息如下:

```
3895 - 4709/* I 03B00/Console: app Log: 地理位置信息更新成功。经度:** 纬度: **
```

取消订阅方法通常为同步方法。例如,通过 geolocation 的 unsubscribe()方法即可取消订阅地理位置信息,代码如下:

```
geolocation.unsubscribe();
```

6. 传感器的相关订阅方法

传感器模块 sensor 提供了各类传感器信息的订阅获取方法,读者可参考上文中对地理位置信息的方法来订阅这些传感器信息,这里不再赘述。传感器模块 sensor 的常用订阅方法如表 5-9 所示。

表 5-9　传感器模块 sensor 的常用订阅方法

方　法	描　述	方　法	描　述
subscribeAccelerometer()	订阅加速度计信息	subscribeLight()	订阅光线传感器信息
unsubscribeAccelerometer()	取消订阅加速度计信息	unsubscribeLight()	取消订阅光线传感器信息
subscribeCompass()	订阅磁传感器信息	subscribeStepCounter()	订阅计步器信息
unsubscribeCompass()	取消订阅磁传感器信息	unsubscribeStepCounter()	取消订阅计步器信息
		subscribeBarometer()	订阅气压计信息
subscribeProximity()	订阅距离传感器信息	unsubscribeBarometer()	取消订阅气压计信息
		subscribeHeartRate()	订阅心率传感器信息
unsubscribeProximity()	取消订阅距离传感器信息	unsubscribeHeartRate()	取消订阅心率传感器信息

注意：在开发订阅传感器的相关代码之前，需要确认相关传感器的应用权限的配置是否正确。

5.4　本章小结

恭喜你又获得了一项 UI 开发的技能！笔者认为 JavaScript UI 中各类组件和容器的默认样式更加美观。具备前端开发基础的开发者可能更加容易上手。

本章介绍了 JavaScript UI 中的各种基本概念、常见组件和容器的用法，以及控制逻辑、代码资源管理等高级功能，最后介绍了功能强大的各种各样的 JavaScript 模块。通过对模块的学习可以发现，JavaScript UI 不仅包含了 UI 设计的相关组件和容器，还包含了系统通知、设备管理等各种业务逻辑代码中所设计的功能。通过 JavaScript UI（不依赖 Java 语言）完全可以开发出独立的鸿蒙应用程序，因此，JavaScript UI 的称呼似乎并不准确，称其为 JavaScript API 更加名副其实。不过，对于复杂的业务逻辑，仍然需要 Java API 的加持才能完成。

本章作为较为独立的一章，难以完整地介绍 JavaScript UI 的各个方面，不过鸿蒙官方网站提供了中文的 JavaScript API 文档，相对于 Java API 来讲可能更加方便查阅和学习。希望读者能够举一反三，学有所获。

第 6 章　通知与公共事件

通过通知（Notifiation）技术可以在应用程序处于后台的情况下告知用户应用程序中的相关信息。通常，发布的通知会在系统最上方的状态栏中显示发出应用程序通知的图标，而下拉这种状态栏即可查看通知的具体内容。如此一来，当你微信好友发来红包时，当你追的剧集有更新时，甚至当你的花呗需要还款时，都能在第一时间获得这些有用的信息。

公共事件（Common Event）是系统与应用程序之间、应用程序与应用程序之间沟通的桥梁。例如，当系统电量不足时，系统会发布一条电量不足公共事件。此时，作为一款视频播放应用程序的开发者，可以让你的应用程序接收这一事件，并可以适当调低亮度以便提高续航。再如，当系统 WiFi 断开时，系统也会发布一条公共事件，实时聊天软件就可以通过接收这一条公共事件来提示用户 WiFi 断开，从而避免用户主动查找这一问题。另外，应用程序之间也可以发布和接收公共事件。

本章介绍通知和公共事件的基本用法。

6.1　通知

通知是重要的人机交互功能，可以在应用程序处于后台时提示用户必要的信息。想必各位开发者对此并不陌生，因为无论用户正在进行何种操作，直接下拉鸿蒙操作系统的状态栏，都可以在众多快捷按钮的下方看到通知栏，而通知栏显示着各个应用程序的提示信息，如图 6-1 所示。

另外，当应用程序在后台播放音乐、播放视频（使用前台 Service）时，也需要通过通知功能显示相应的信息。

在本节中，创建一个 NotificationTest 的应用程序工程，并在其主界面（MainAbilitySlice）中添加【发布普通文本通知】、【发布普通文本通知（单击打开 Ability）】、【通过渠道发布通知】、【发布长文本通知】、【发布多行通知】、【发布图片通知】、【发布社交通知】和【发布媒体通知】等按钮，用于测试各种通知方法和通知类型，如图 6-2 所示。

图 6-1　通知栏的通知

图 6-2　NotificationTest 的主界面

17min

6.1.1　发布一个普通文本通知

在众多通知类型中,普通文本通知是最为常用的。本节通过普通文本通知的实例介绍通知的基本用法。发布一个通知通常需要以下几个步骤:

(1) 创建通知内容 NotificationContent 对象,并设计显示的通知内容。通知内容可以根据通知类型分为普通文本、长文本、图片、多行、社交、媒体等,这些通知内容均包括相应的配置类。需要将通知配置类传入 NotificationContent 对象用于设计通知内容。

(2) 创建通知请求 NotificationRequest 对象,传入 NotificationContent 对象,并定义通知的参数(渠道、按钮、进度、单击方法等)。

(3) 通过 NotificationHelper 的 publishNotification 方法发布通知。publishNotification 方法主要包括以下重载方法:

- publishNotification(NotificationRequest request):通过 NotificationRequest 对象发布通知。
- publishNotification(String label,NotificationRequest request):通过 NotificationRequest 对象发布通知,并通过 label 字符串定义其标签。在通知栏中仅能保留一个相同标签的通知。
- publishNotification(NotificationRequest request,String deviceId):远程发布通知,根据 deviceId 将通知发送到组网的其他设备中。分布式组网可参考 7.4 节的相关内容。

由于 publishNotification()方法可能会抛出 RemoteException 异常,所以开发者需要通过 try-catch()方法捕获异常进行处理。

上述的通知发布过程如图 6-3 所示。

图 6-3　发布通知

本节首先介绍发布普通文本通知的方法,然后介绍如何通过 IntentAgent 实现单击通知的动作,最后介绍取消通知的相关方法。

1. 发布普通文本通知

接下来,在【发布普通文本通知】按钮的单击事件监听方法中加入发布普通文本通知的功能,代码如下:

```java
//chapter6/NotificationTest/entry/src/main/java/com/example/notificationtest/slice/
//MainAbilitySlice.java
//普通文本通知内容
NotificationNormalContent content = new NotificationNormalContent()
        .setTitle("标题 Title")
        .setText("内容 Text")
        .setAdditionalText("次要内容 AdditionalText");
//创建 NotificationContent 通知内容对象
NotificationContent notificationContent = new NotificationContent(content);
//创建 NotificationRequest 通知请求对象
NotificationRequest request = new NotificationRequest(1001)
        .setContent(notificationContent);
try {
    //发布通知
    NotificationHelper.publishNotification(request);
} catch (RemoteException e) {
    Utils.log("发布通知异常: " + e.getLocalizedMessage());
}
```

在上述代码中,NotificationNormalContent 对象定义了普通文本通知的内容,通过 setTitle()方法设置了通知标题,通过 setText()方法设置了通知内容,通过 setAdditionalText()方法设置了次要内容(显示在通知顶端)。

值得注意的是,在创建 NotificationRequest 对象时,构造方法的第一个参数 1001 表示这个通知的 ID。相同的通知 ID 仅能够在通知栏中显示一个。

图 6-4　普通文本通知

运行 NotificationTest 应用程序，单击【发布普通文本通知】按钮，即可在通知栏中找到该通知，如图 6-4 所示。

不过，此时单击这个通知还没有任何反应，接下来通过 IntentAgent 实现单击通知打开 Ability 的功能。

2. 通过 IntentAgent 实现单击通知的动作

IntentAgent 可以将一个或多个 Intent 对象囊入其中。由于通过 Intent 可以打开 FA，也可以打开 Service（将在第 7 章进行介绍），还可以发送公共事件（将在 6.2 节进行介绍），因此通过 IntentAgent 可以实现单击通知启动 FA、启动 Service，也可以发送公共事件。

IntentAgent 不能单独实例化，需要通过 IntentAgentHelper 的 getIntentAgent 方法创建，而使用 getIntentAgent 方法时还需要传入 IntentAgentInfo 对象。IntentAgentInfo 在构造时需要提供以下参数：

- requestCode：请求参数。
- operationType：操作类型，通过枚举类型定义，包括启动 FA（START_ABILITY）、启动多个 FA（START_ABILITIES）、启动 Service（START_SERVICE）、发送公共事件（SEND_COMMON_EVENT）等。
- flags：标志列表，可以包含多个标志项（通过枚举类型定义）。例如，通过 ONE_TIME_FLAG 即可标志着该 IntentAgent 仅能使用一次。
- intents：Intent 列表，可以包含多个 Intent 对象。
- extraInfo：用于声明 FA 的启动类型。

接下来，在 MainAbilitySlice 中创建 createOpenThisAbilityIntentAgent()方法，并创建一个可以启动 NotificationTest 应用程序的 MainAbility 的 IntentAgent 对象，代码如下：

```
//chapter6/NotificationTest/entry/src/main/java/com/example/notificationtest/slice/
//MainAbilitySlice.java
private IntentAgent createOpenThisAbilityIntentAgent() {

    //创建打开 Ability 的 Intent 对象
    Operation operation = new Intent.OperationBuilder()
            .withDeviceId("")
            .withBundleName("com.example.notificationtest")
            .withAbilityName("com.example.notificationtest.MainAbility")
            .build();
    Intent intent = new Intent();
    intent.setOperation(operation);
    //将 Intent 对象添加到 List < Intent >对象中
    List < Intent > intents = new ArrayList<>();
    intents.add(intent);
```

```
        //创建 flags 对象
        List < Flags > flags = new ArrayList <>();
        flags.add(Flags.ONE_TIME_FLAG);

        //创建启动 Ability 的 IntentAgentInfo 对象
        IntentAgentInfo info = new IntentAgentInfo(
                200,
                OperationType.START_ABILITY,
                flags,
                intents,
                null);
        //通过 IntentAgentHelper 创建 IntentAgent 对象
        IntentAgent agent = IntentAgentHelper.getIntentAgent(this, info);
        return agent;
}
```

然后,即可在 NotificationRequest 中,通过 setIntentAgent()方法设置单击通知时启动 IntentAgent 对象。在【发布普通文本通知(单击打开 Ability)】按钮的单击事件监听方法中,加入单击通知启动 IntentAgent 的功能,代码如下:

```
//chapter6/NotificationTest/entry/src/main/java/com/example/notificationtest/slice/
//MainAbilitySlice.java
//创建 IntentAgent 对象
IntentAgent agent = createOpenThisAbilityIntentAgent();
NotificationNormalContent content = new NotificationNormalContent()
        .setTitle("NotificationTest")
        .setText("单击打开主界面");
NotificationContent notificationContent = new NotificationContent(content);
NotificationRequest request = new NotificationRequest(1002)
        .setContent(notificationContent)
        .setIntentAgent(agent);
try {
    NotificationHelper.publishNotification(request);
} catch (RemoteException e) {
    Utils.log("发布通知异常: " + e.getLocalizedMessage());
}
```

运行上述代码,单击【发布普通文本通知(单击打开 Ability)】按钮弹出如图 6-5 所示的通知后进入桌面。此时,单击该通知后即可跳转到 NotificationTest 应用程序的 MainAbility(即主页面)。

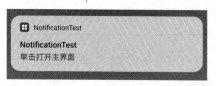

图 6-5 普通文本通知(单击可打开 Ability)

3. 取消通知

取消通知即从通知栏中删除已经发布的通知,有点类似于微信的撤回功能。前文讲到,在创建 NotificationRequest 对象时,构造方法的第一个参数表示通知的 ID。在前面两个例子中,这个通知 ID 是不同的,分别是 1001 和 1002。通过这个通知 ID 可以取消这个通知。

取消通知需要使用 NotificationHelper 的 cancelNotification()方法,包括 2 个重载方法:

- cancelNotification(int notificationId)
- cancelNotification(String label,int notificationId)

在上面的第 2 个重载方法中,label 参数用于指定通知标签。这个 label 标签可以在 NotificationHelper 的 publishNotification()方法中设置(前文已述)。通知标签的作用和通知 ID 的作用基本相同,只不过通知 ID 是必选项。

另外,还可以通过 NotificationHelper 的 cancelAllNotifications()方法取消该应用的所有通知。这些功能比较简单,读者可自行尝试。

6.1.2 通知渠道

通知对于应用程序来讲非常重要,适时适度地发布通知可以提升用户对应用程序的好感和关注度,但是过分过多地发布通知又会引起用户的反感。通常,即使在同一个应用程序内,也可以包含许多不同类型的通知。如果开发者将这些通知进行归类,用户就可以有选择性地屏蔽一些通知。在鸿蒙操作系统中,可以通过通知渠道(NotificationSlot)定义通知的类别。这些类别体现在应用程序的通知管理页面(在设置→通知中,选择具体的应用程序即可查看该应用的通知渠道)。例如,知乎包括了常驻信息、私信、推送消息、营销通知、状态信息等通知渠道,如图 6-6 所示。

在这里,用户可以定义每种通知的通知方式。如果用户并不关注知乎的推送消息,甚至还可以直接关闭这种通知类型,可谓是非常良心了。

另外,通过通知渠道还可以由开发者定义通知的级别、通知方式等。定义渠道时,需要指定渠道的 ID。在应用程序发送具体的通知时,指定其渠道类型即可。

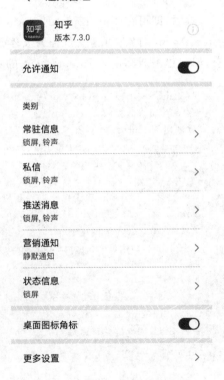

图 6-6　知乎的通知管理页面

接下来,为 NotificationTest 应用程序定义 2 种不同的通知渠道,代码如下:

```
//chapter6/NotificationTest/entry/src/main/java/com/example/notificationtest/slice/
//MainAbilitySlice.java
```

```
@Override
public void onStart(Intent intent) {
    super.onStart(intent);
    super.setUIContent(ResourceTable.Layout_ability_main);

    //创建通知渠道
    NotificationSlot slot = new NotificationSlot("slot1", "一般性通知", NotificationSlot.
LEVEL_DEFAULT);
    slot.setDescription("一般性通知");

    NotificationSlot slot2 = new NotificationSlot("slot2", "特别重要通知", NotificationSlot.
LEVEL_HIGH);
    slot2.setDescription("特别重要通知");
    //震动提醒
    slot2.setEnableVibration(true);
    //锁屏通知
slot2.setLockscreenVisibleness(NotificationRequest.VISIBLENESS_TYPE_PUBLIC);
    //绕过免打扰模式
    slot2.enableBypassDnd(true);
    //开启呼吸灯提醒
    slot2.setEnableLight(true);
    //设置呼吸灯的提醒颜色
    slot2.setLedLightColor(Color.RED.getValue());

    try {
        NotificationHelper.addNotificationSlot(slot);
        NotificationHelper.addNotificationSlot(slot2);
    } catch (RemoteException e) {
        Utils.log("加入通知渠道失败: " + e.getLocalizedMessage());
    }
}
```

NotificationSlot 构造方法的第 1 个参数为渠道 ID,第 2 个参数为渠道名称(显示在通知管理中),第 3 个参数为通知的级别。鸿蒙操作系统定义了以下级别:

(1) LEVEL_NONE:不发布通知。

(2) LEVEL_MIN:发布通知,但是不显示在通知栏,不自动弹出,无提示音。

(3) LEVEL_LOW:发布通知且显示在通知栏,不自动弹出,无提示音,通常用于营销通知。

(4) LEVEL_DEFAULT:发布通知并显示在通知栏,不自动弹出,触发提示音。

(5) LEVEL_HIGH:发布通知并显示在通知栏,自动弹出,触发提示音,通常用于即时通信中的消息提醒等非常重要的信息。

不仅如此,还可以通过 NotificationSlot 的方法定义震动提醒、呼吸灯提醒等方法:

(1) enableBypassDnd(boolean bypassDnd):是否绕过免打扰模式。

（2）setEnableVibration(boolean vibration)：是否震动提醒。

（3）setLockscreenVisibleness(int visibleness)：在锁屏状态下是否提醒。

（4）setEnableLight(boolean isLightEnabled)：是否使用呼吸灯提醒。

（5）setLedLightColor(int color)：呼吸灯提醒的灯光颜色。

然后，通过 NotificationRequest 对象的 setSlotId()方法即可定义该通知的通知渠道。
接下来在【通过渠道发布通知】按钮的单击事件监听方法中通过 slot2 渠道发布通知，代码
如下：

```
//chapter6/NotificationTest/entry/src/main/java/com/example/notificationtest/slice/
//MainAbilitySlice.java
//普通文本通知内容
NotificationNormalContent content = new NotificationNormalContent()
        .setTitle("重要通知")
        .setText("通知内容");
//创建 NotificationContent 通知内容对象
NotificationContent notificationContent = new NotificationContent(content);
//创建 NotificationRequest 通知请求对象
NotificationRequest request = new NotificationRequest(1003)
        .setContent(notificationContent)
        .setSlotId("slot2");
try {
    //发布通知
    NotificationHelper.publishNotification(request);
} catch (RemoteException e) {
    Utils.log("发布通知异常: " + e.getLocalizedMessage());
}
```

运行该程序，单击【通过渠道发布通知】按钮即可按照所设定的通知级别和提醒方法显
示对应通知，如图 6-7 所示。

另外，还可以在通知管理中找到这两个通知渠道，如图 6-8 所示。

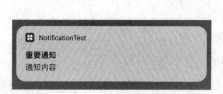

图 6-7　通过渠道发布通知　　　　　　　图 6-8　NotificationTest 的通知渠道

6.1.3 各种各样的通知类型

6min

除了上面介绍的普通文本通知以外,还包括长文本通知、多行通知、图片通知、社交通知、媒体通知等类型。各种通知类型的内容配置类和相关的说明如表 6-1 所示。

表 6-1 各种通知类型

通知类型	内容配置类	描述
普通文本通知	NotificationNormalContent	显示普通文本内容
长文本通知	NotificationLongTextContent	显示长文本内容
多行通知	NotificationMultiLineContent	显示多行文本内容
图片通知	NotificationPictureContent	显示图片及简短的描述
社交通知	NotificationConversationalContent	显示即时通信软件的消息
媒体通知	NotificationMediaContent	显示信息和相关的按钮

普通文本通知前面已经介绍过。接下来,让我们一睹其他通知类型的真容。

1. 长文本通知

长文本通知内容通过 NotificationLongTextContent 对象定义。除了与文本通知相同的 setTitle()方法和 setAdditionalText 以外,还可以通过 setExpandedTitle()方法设置扩展标题(展开通知内容后显示),需要通过 setLongText 方法设置长文本内容。

在【发布长文本通知】按钮的单击事件监听方法中发布长文本通知,代码如下:

```
//chapter6/NotificationTest/entry/src/main/java/com/example/notificationtest/slice/
//MainAbilitySlice.java
//长文本通知内容。因篇幅有限,省略 setLongText 方法中长文本的内容
NotificationLongTextContent content = new NotificationLongTextContent()
        .setTitle("标题 Title")
        .setExpandedTitle("扩展标题 ExpandedTitle")
        .setAdditionalText("次要内容 AdditionalText")
        .setLongText("长文本 LongText...长文本 LongText");
//创建 NotificationContent 通知内容对象
NotificationContent notificationContent = new NotificationContent(content);
//创建 NotificationRequest 通知请求对象
NotificationRequest request = new NotificationRequest(1004)
        .setContent(notificationContent);
try {
    //发布通知
    NotificationHelper.publishNotification(request);
} catch (RemoteException e) {
    Utils.log("发布通知异常: " + e.getLocalizedMessage());
}
```

单击【发布长文本通知】按钮执行代码,其显示效果如图 6-9 所示。

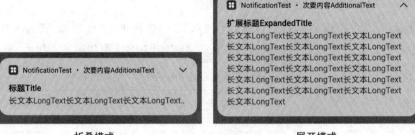

图 6-9　长文本通知

2．多行文本通知

多行文本通知内容通过 NotificationLongTextContent 对象定义，可分别通过 setTitle()、setText()和 setExpandedTitle()设置标题、内容（折叠时显示）和扩展标题（展示时显示），在展开时还可以通过 addSingleLine()方法设置多行文本内容。在【发布多行通知】按钮的单击事件监听方法中发布多行通知，代码如下：

```java
//chapter6/NotificationTest/entry/src/main/java/com/example/notificationtest/slice/
//MainAbilitySlice.java
NotificationMultiLineContent content = new NotificationMultiLineContent()
        .setTitle("标题 Title")
        .setText("内容 Text")
        .setExpandedTitle("扩展标题 ExpandedTitle")
        .addSingleLine("行 1 内容")
        .addSingleLine("行 2 内容")
        .addSingleLine("行 3 内容");
//创建 NotificationContent 通知内容对象
NotificationContent notificationContent = new NotificationContent(content);
//创建 NotificationRequest 通知请求对象
NotificationRequest request = new NotificationRequest(1005)
        .setContent(notificationContent);
try {
    //发布通知
    NotificationHelper.publishNotification(request);
} catch (RemoteException e) {
    Utils.log("发布通知异常: " + e.getLocalizedMessage());
}
```

单击【发布多行文本通知】按钮执行代码，其显示效果如图 6-10 所示。

3．图片通知

图片通知内容通过 NotificationPictureContent 对象定义，可分别通过 setTitle()、setText()和 setExpandedTitle()设置标题、内容（折叠时显示）和扩展标题（展示时显示），在展开时还可

折叠模式　　　　　　　　　　　　展开模式

图 6-10　多行文本通知

以通过 setBigPicture()方法设置显示图片,以及通过 setBriefText()方法设置图片的基本描述信息。在【发布图片通知】按钮的单击事件监听方法中发布图片通知,代码如下:

```java
//chapter6/NotificationTest/entry/src/main/java/com/example/notificationtest/slice/
//MainAbilitySlice.java
//图片通知内容
NotificationPictureContent content = new NotificationPictureContent()
        .setTitle("标题 Title")
        .setText("内容 Text")
        .setBriefText("简介文本 BriefText")
        .setExpandedTitle("扩展标题 ExpandedTitle")
        .setBigPicture(getPixelMap(ResourceTable.Media_testpicture));
//创建 NotificationContent 通知内容对象
NotificationContent notificationContent = new NotificationContent(content);
//创建 NotificationRequest 通知请求对象
NotificationRequest request = new NotificationRequest(1006)
        .setContent(notificationContent);
try {
    //发布通知
    NotificationHelper.publishNotification(request);
} catch (RemoteException e) {
    Utils.log("发布通知异常: " + e.getLocalizedMessage());
}
```

其中,getPixelMap()方法可以通过媒体资源 ID 读取 PixelMap 对象,代码如下:

```java
/**
 * 通过资源 ID 获取 PixelMap 对象
 **/
private PixelMap getPixelMap(int drawableId) {
    InputStream drawableInputStream = null;
    try {
        drawableInputStream = getResourceManager().getResource(drawableId);
        ImageSource.SourceOptions sourceOptions = new ImageSource.SourceOptions();
        sourceOptions.formatHint = "image/png";
```

```
                    ImageSource imageSource = ImageSource.create(drawableInputStream, sourceOptions);
                    ImageSource.DecodingOptions decodingOptions = new ImageSource.DecodingOptions();
                    decodingOptions.desiredSize = new Size(0, 0);
                    decodingOptions.desiredRegion = new Rect(0, 0, 0, 0);
                    decodingOptions.desiredPixelFormat = PixelFormat.ARGB_8888;
                    PixelMap pixelMap = imageSource.createPixelmap(decodingOptions);
                    return pixelMap;
                } catch (Exception e) {
                    e.printStackTrace();
                } finally {
                    try {
                        if (drawableInputStream != null) {
                            drawableInputStream.close();
                        }
                    } catch (Exception e) {
                        e.printStackTrace();
                    }
                }
                return null;
            }
```

单击【发布图片通知】按钮执行代码，其显示效果如图 6-11 所示。

折叠模式　　　　　　　　　　　　　　　　　展开模式

图 6-11　图片通知

4. 社交通知

社交通知内容通过 NotificationConversationalContent 对象定义，可分别通过 setConversationTitle 和 addConversationalMessage 设置消息的标题和信息的具体内容。

不过，在使用社交通知时，需要通过 MessageUser 定义消息用户，并通过 setName() 方法为其设置姓名（必选），可以通过 setPixelMap() 方法设置头像。在 addConversationalMessage 方法中需要传入 ConversationalMessage 对象。在创建 ConversationalMessage 对象的构造方法中,第 1 个参数用于设置消息内容,第 2 个参数用于设置消息发送的时间,第 3 个参数用于设置消息用户 MessageUser 对象。

接下来,在【发布社交通知】按钮的单击事件监听方法中发布社交通知,代码如下:

```
//chapter6/NotificationTest/entry/src/main/java/com/example/notificationtest/slice/
//MainAbilitySlice.java
//消息用户 1
MessageUser user1 = new MessageUser();
user1.setName("董昱");
user1.setPixelMap(getPixelMap(ResourceTable.Media_profile_1));
//消息用户 2
MessageUser user2 = new MessageUser();
user2.setName("王娜");
user2.setPixelMap(getPixelMap(ResourceTable.Media_profile_2));
//社交通知内容
NotificationConversationalContent content = new NotificationConversationalContent(user1)
        .setConversationTitle("即时消息")
        .addConversationalMessage(
                new ConversationalMessage("你好!"
                        , Time.getCurrentTime(), user1))
        .addConversationalMessage(
                new ConversationalMessage("在,帅哥!"
                        , Time.getCurrentTime(), user2));

//创建 NotificationContent 通知内容对象
NotificationContent notificationContent = new NotificationContent(content);
//创建 NotificationRequest 通知请求对象
NotificationRequest request = new NotificationRequest(1007)
        .setContent(notificationContent);
try {
    //发布通知
    NotificationHelper.publishNotification(request);
} catch (RemoteException e) {
    Utils.log("发布通知异常: " + e.getLocalizedMessage());
}
```

运行 NotificationTest 应用程序后,单击【发布社交通知】按钮,其通知显示效果如图 6-12 所示。

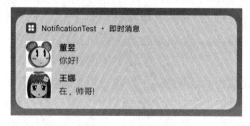

图 6-12 社交通知

5. 媒体通知

媒体通知内容通过 NotificationMediaContent 对象定义，可分别通过 setTitle()、setText()和 setAdditionalText()设置标题、内容和次要内容。

在媒体通知中，通常需要通过 NotificationRequest 对象的 addActionButton()方法添加按钮，并通过 IntentAgent 对象为其设置单击动作。根据 addActionButton()方法添加按钮的次序，其索引从 0 开始计数。如果添加了 3 个按钮，其索引分别为 0、1、2。通过 NotificationMediaContent 对象的 setShownActions()方法可以设置这些按钮是否在折叠状态下被显示出来。

接下来，创建一个媒体通知，并为该通知设置 3 个按钮，按照添加的次序分别为【开始】、【喜欢】和【收藏】按钮，其中，【开始】按钮在折叠和展开状态下显示，其他两个按钮仅在展开状态下显示。在【发布媒体通知】按钮的单击事件监听方法中发布上述的媒体通知，代码如下：

```java
//chapter6/NotificationTest/entry/src/main/java/com/example/notificationtest/slice/
//MainAbilitySlice.java
//媒体通知内容
NotificationMediaContent content = new NotificationMediaContent()
        .setTitle("标题 Title")
        .setText("内容 Text")
        .setAdditionalText("次要内容 AdditionalText")
        .setShownActions(new int[]{0});
//定义 3 个按钮
NotificationActionButton button1 = new NotificationActionButton.Builder(
        getPixelMap(ResourceTable.Media_play),
        "开始", null).build();
NotificationActionButton button2 = new NotificationActionButton.Builder(
        getPixelMap(ResourceTable.Media_like),
        "喜欢", null).build();
NotificationActionButton button3 = new NotificationActionButton.Builder(
        getPixelMap(ResourceTable.Media_star),
        "收藏", null).build();

//创建 NotificationContent 通知内容对象
NotificationContent notificationContent = new NotificationContent(content);
//创建 NotificationRequest 通知请求对象
NotificationRequest request = new NotificationRequest(1008)
        .setContent(notificationContent)
        .addActionButton(button1)
        .addActionButton(button2)
        .addActionButton(button3);
try {
    //发布通知
    NotificationHelper.publishNotification(request);
} catch (RemoteException e) {
    Utils.log("发布通知异常： " + e.getLocalizedMessage());
}
```

运行 NotificationTest 应用程序后,单击【发布媒体通知】按钮,其通知显示效果如图 6-13 所示。

折叠模式　　　　　　　　　　　　　展开模式

图 6-13　媒体通知

6.2　公共事件

如果说每个应用程序都是局域网内的一台计算机,则操作系统就像是一台路由器,公共事件就像是网线内不断发送的广播数据。发布在操作系统上的公共事件可以被所有的应用程序监听。公共事件的发送者就像是喊了一句“大家注意,这里有情况,狼来了。”,但是,至于哪些应用程序会响应这一公共事件发送者是管不着的。怕狼的应用程序会躲起来,不怕狼的应用程序则会当耳旁风,至于喜欢吃狼的应用程序那就……

6.2.1　公共事件简介

公共事件功能是通过鸿蒙操作系统的公共事件服务(Common Event Service,CES)提供的,CES 可以为应用程序提供订阅、发布和退订公共事件的能力。公共事件的开发包括公共事件的发布者和公共事件的订阅者共两个方面。公共事件发布者发布公共事件,而公共事件订阅者接收公共事件。

注意:目前公共事件仅支持动态订阅,即在业务代码中进行订阅。

根据公共事件的发布者的不同,公共事件分为两类:系统公共事件和自定义公共事件。系统公共事件由操作系统发布,例如电量信息、USB 插拔信息、网络连接信息等公共事件都属于系统公共事件。自定义公共事件由应用程序发布。

根据使用方式的不同,公共事件还可以分为普通公共事件、有序公共事件及粘性公共事件 3 类:

(1) 普通公共事件:发布普通公共事件后,所有的应用程序都可以几乎同时接收到这一事件,这种公共事件最符合直觉,效率很高,也最常用,如图 6-14 所示。

(2) 有序公共事件:有序公共事件发布后,应用程序按照顺序接收这一公共事件。某些应用会先收到公共事件,某些应用会后收到公共事件,并且先收到公共事件的应用程序可以决定是否继续传递:如果此时选择了截断,则后面的应用程序就无法收到这一公共事件了,如图 6-15 所示。

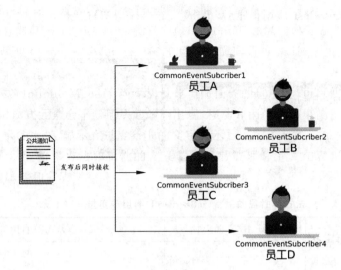

图 6-14　普通公共事件

图 6-15　有序公共事件

（3）粘性公共事件：粘性公共事件发布后，这一公共事件会驻留在操作系统一段时间。在公共事件发布后的一段时间内，刚刚开始订阅的应用程序也能接收到这一公共事件，如图 6-16 所示。粘性公共事件所包含的信息往往是比较重要的，例如电量不足、WiFi 断开等系统公共事件等。

接下来开始公共事件的开发之旅。

6.2.2　订阅系统公共事件

订阅公共事件需要通过 CommonEventManager、CommonEventSubscriber、CommonEventSubscriberInfo 和 MatchingSkills 的共同参与，实现步骤如下：

（1）实例化 MatchingSkills 对象，并通过 addEvent 方法定义需要订阅的公共事件。

（2）实例化 CommonEventSubscribeInfo 对象，传入 MatchingSkills 对象，并配置订阅参数。

（3）实例化 CommonEventSubscriber 对象，传入 CommonEventSubscribeInfo 对象，并

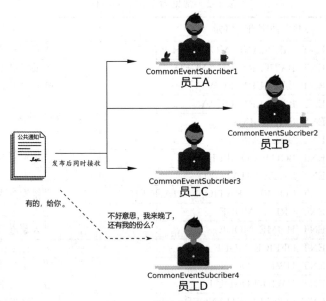

图 6-16 粘性公共事件

通过 CommonEventSubscriber 的 onReceiveEvent(CommonEventData commonEventData)
方法实现接收公共事件后需要执行的代码。

（4）通过 CommonEventManager 订阅或退订公共事件。

订阅系统公共事件所涉及对象的关系如图 6-17 所示。

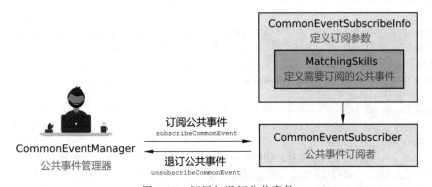

图 6-17 订阅与退订公共事件

订阅公共事件时，需要监听的公共事件是通过字符串进行定义的。系统公共事件字符串
已经通过 CommonEventSupport 类的常量字符串为我们准备好了，例如 CommonEventSupprt.
COMMON_EVENT_TIME_TICK 字符串表示系统时间变化公共事件等。表 6-2 列举了
几种常见的公共事件，更多的公共事件可参考 API 中 CommonEventSuppert 类的相关
说明。

表 6-2　常见的系统公共事件

公共事件字符串常量	公共事件描述
COMMON_EVENT_AIRPLANE_MODE_CHANGED	飞行模式变化
COMMON_EVENT_BATTERY_CHANGED	电池状态改变
COMMON_EVENT_BATTERY_LOW	低电量警报
COMMON_EVENT_BATTERY_OKAY	解除低电量警报
COMMON_EVENT_CHARGING	开始充电
COMMON_EVENT_DISCHARGING	停止充电
COMMON_EVENT_BOOT_COMPLETED	系统启动完毕
COMMON_EVENT_DATE_CHANGED	日期变化
COMMON_EVENT_CONFIGURATION_CHANGED	系统配置改变
COMMON_EVENT_DRIVE_MODE	进入驾驶模式
COMMON_EVENT_HOME_MODE	进入家庭模式
COMMON_EVENT_OFFICE_MODE	进入办公室模式
COMMON_EVENT_HWID_LOGIN	登录华为账号
COMMON_EVENT_HWID_LOGOUT	退出华为账号
COMMON_EVENT_LOCALE_CHANGED	语言区域变化
COMMON_EVENT_SCREEN_OFF	熄屏
COMMON_EVENT_SCREEN_ON	亮屏
COMMON_EVENT_WIFI_CONN_STATE	WiFi 状态改变

接下来,通过一个实例介绍订阅公共事件的具体用法。首先,创建名为 CommonEventTest 工程,并在其默认的 MainAbilitySlice 中订阅开始充电的系统公共事件,代码如下:

```
//chapter6/CommonEventTest/entry/src/main/java/com/example/commoneventtest/slice/
//MainAbilitySlice.java
//公共事件订阅者
private CommonEventSubscriber subscriber;

@Override
public void onStart(Intent intent) {
    super.onStart(intent);
    super.setUIContent(ResourceTable.Layout_ability_main);
    //通过 MatchingSkills 定义需要订阅的事件
    MatchingSkills matchingSkills = new MatchingSkills();
    //订阅充电状态改变事件
matchingSkills.addEvent(CommonEventSupport.COMMON_EVENT_CHARGING);
    //通过 CommonEventSubscribeInfo 对象设置订阅参数
    CommonEventSubscribeInfo subscribeInfo = new CommonEventSubscribeInfo(matchingSkills);
    //实例化订阅者
    subscriber = new CommonEventSubscriber(subscribeInfo) {
        @Override
```

```
        public void onReceiveEvent(CommonEventData commonEventData) {
            Utils.showToast(MainAbilitySlice.this, "开始充电!");
        }
    };
    //通过 CommonEventManager 开始订阅
    try {
        CommonEventManager.subscribeCommonEvent(subscriber);
    } catch (RemoteException e) {
        Utils.log("订阅失败:" + e.getLocalizedMessage());
    }
}
```

在上述代码中,定义了公共事件订阅者 subscriber 对象。当 subscriber 接收到开始充电的公共事件时,会弹出"开始充电!"提示。注意,这里的 subscriber 对象为 MainAbilitySlice 的成员变量,这样方便在 MainAbilitySlice 的 onStop 生命周期方法中退订该公共事件,代码如下:

```
//chapter6/CommonEventTest/entry/src/main/java/com/example/commoneventtest/slice/
//MainAbilitySlice.java
@Override
protected void onStop() {
    super.onStop();
    try {
        CommonEventManager.unsubscribeCommonEvent(subscriber);
    } catch (RemoteException e) {
        Utils.log("退订失败:" + e.getLocalizedMessage());
    }
}
```

subscribeCommonEvent 和 unsubscribeCommonEvent 方法成对出现,是非常好的编程习惯。

运行 CommonEventTest 应用程序,当连接充电线(或使用无线充电工具)开始充电时,会弹出"开始充电!"提示,如图 6-18 所示。

开始充电!

图 6-18　开始充电提示

6.2.3　自定义公共事件

应用程序可以自定义公共事件,包括发布自定义公共事件和接收自定义公共事件两个部分。在本节中,仍然通过上一节所创建的 CommonEventTest 应用程序发送和接收自定义公共事件,在 MainAbilitySlice 中添加【发布普通公共事件】、【发布有序公共事件】、【发布粘性公共事件】、【订阅自定义公共事件】和【取消订阅自定义公共事件】等按钮以便于测试,如图 6-19 所示。

12min

图 6-19　CommonEventTest 应用主界面

1. 发布自定义公共事件

通过 CommonEventManager 的 publishCommonEvent()方法即可发布公共事件,包括以下 3 个重载方法:

- publishCommonEvent(CommonEventData data)
- publishCommonEvent(CommonEventData data,CommonEventPublishInfo info)
- publishCommonEvent(CommonEventData data,CommonEventPublishInfo info, CommonEventSubscriber subscriber)

CommonEventData 对象用于定义发布公共事件的 Intent 对象(定义公共事件字符串)及有序公共事件的 Code 和 Data 等参数。CommonEventPublishInfo 对象用于定义公共事件的类型,以及订阅者订阅所需要的权限等。对于有序公共事件,CommonEventSubscriber 对象可以作为订阅者,在其他所有订阅者接收完毕后再接收公共事件。

发布公共事件对象之间的关系如图 6-20 所示。

图 6-20　发布自定义公共事件

注意:当发布公共事件的参数有误时,CommonEventManager 的 publishCommonEvent 方法可能会抛出 RemoteException 异常,注意使用 try-catch 捕获处理。

接下来,按照公共事件的类型,介绍发布自定义公共事件的方法:

1）普通公共事件

发布一个普通公共事件非常简单，只需通过 Intent 对象的 setAction（）方法定义公共事件字符串，然后将 Intent 对象传入 CommonEventData 对象，最后通过 publishCommonEvent（）方法发布公共事件，这里不需要 CommonEventPublishInfo 对象的参与。

在【发布普通公共事件】按钮的单击监听方法中发布普通公共事件，代码如下：

```
//chapter6/CommonEventTest/entry/src/main/java/com/example/commoneventtest/slice/
//MainAbilitySlice.java
try {
    //公共事件 Intent 对象,定义了公共事件字符串
    Intent intent = new Intent();
    Operation operation = new Intent.OperationBuilder()
            .withAction("com.example.commoneventtest.NormalCommonEvent")
            .build();
    intent.setOperation(operation);
    //创建 CommonEventData 对象
    CommonEventData eventData = new CommonEventData(intent);
    //发布公共事件
    CommonEventManager.publishCommonEvent(eventData);
} catch (RemoteException e) {
    Utils.log("发布普通公共事件失败:" + e.getLocalizedMessage());
}
```

上述代码中将公共事件字符串定义为 com. example. commoneventtest. NormalCommonEvent，在这个字符串中建议包含应用程序的 Bundle 名称，并且最好以静态常量的方式定义该字符串。

当然，在发布普通公共事件中，也可以使用 CommonEventPublishInfo 对象的 setSubscriberPermissions 方法定义订阅者所需要的权限。如果该权限为自定义权限，则需要在 config. json 文件中声明。

2）有序公共事件

发布有序公共事件与发布普通公共事件类似，只不过需要通过 CommonEventPublishInfo 对象的 setOrdered（true）方法声明该公共事件为有序公共事件。另外，还可以通过 CommonEventPublishInfo 对象的 setCode(int code) 和 setData(String data) 方法设置公共事件的结果码和结果数据。结果码和结果数据对象可以在订阅者的订阅方法中修改，这样在下一个订阅者的订阅方法中即可接收到新的结果码和结果数据对象。在 publishCommonEvent 的 CommonEventSubscriber 对象中，可以通过结果码和结果数据来判断各个订阅者对该公共事件的处理情况。

在【发布有序公共事件】按钮的单击监听方法中发布有序公共事件，代码如下：

```
//chapter6/CommonEventTest/entry/src/main/java/com/example/commoneventtest/slice/
//MainAbilitySlice.java
```

```
try {
    //公共事件 Intent 对象,定义公共事件字符串
    Intent intent = new Intent();
    Operation operation = new Intent.OperationBuilder()
            .withAction("com.example.commoneventtest.OrderedCommonEvent")
            .build();
    intent.setOperation(operation);
    //创建 CommonEventData 对象
    CommonEventData eventData = new CommonEventData(intent);
    eventData.setCode(0);                           //设置结果码
    eventData.setData("初始数据");                    //设置结果数据
    //创建 CommonEventPublishInfo 对象
    CommonEventPublishInfo info = new CommonEventPublishInfo();
    info.setOrdered(true);                          //定义有序公共事件
    //发布公共事件
    CommonEventManager.publishCommonEvent(eventData);
} catch (RemoteException e) {
    Utils.log("发布有序公共事件失败:" + e.getLocalizedMessage());
}
```

在上述代码中,传递了有序公共事件的结果码 0 和结果数据"初始数据"。

3) 粘性公共事件

发布粘性公共事件需要 COMMONEVENT_STICKY 权限,因此首先需要在 config.json 中的 module 对象下声明该权限,代码如下:

```
//chapter6/CommonEventTest/entry/src/main/config.json
"reqPermissions": [
  {
    "name": "ohos.permission.COMMONEVENT_STICKY"
  }
],
```

然后,需要通过 CommonEventPublishInfo 对象的 setSticky(true)方法将该公共事件声明为粘性公共事件。在【发布粘性公共事件】按钮的单击监听方法中发布粘性公共事件,代码如下:

```
//chapter6/CommonEventTest/entry/src/main/java/com/example/commoneventtest/slice/
//MainAbilitySlice.java
try {
    //公共事件 Intent 对象,定义公共事件字符串
    Intent intent = new Intent();
    Operation operation = new Intent.OperationBuilder()
            .withAction("com.example.commoneventtest.StickyCommonEvent")
            .build();
```

```
        intent.setOperation(operation);
        //创建 CommonEventData 对象
        CommonEventData eventData = new CommonEventData(intent);
        //创建 CommonEventPublishInfo 对象
        CommonEventPublishInfo info = new CommonEventPublishInfo();
        info.setSticky(true); //定义粘性公共事件
        //发布公共事件
        CommonEventManager.publishCommonEvent(eventData, info);
    } catch (RemoteException e) {
        Utils.log("发布粘性公共事件失败:" + e.getLocalizedMessage());
    }
```

上面介绍了各种公共事件的发布方法,下面通过代码订阅这些公共事件,以测试这些公共事件是否发布成功。

2. 订阅自定义公共事件

这里依然在 CommonEventTest 工程中订阅自定义公共事件。不过,读者可以尝试在其他的应用程序中实现这些代码,公共事件是可以跨应用程序订阅的。

订阅自定义公共事件的方法与订阅系统公共事件几乎一样,没有什么差别,只不过将订阅公共事件的字符串进行修改即可。为了精简代码,下面使用同一个订阅者监听上述 3 种公共事件,并通过 CommonEventData 中的 getIntent(). getAction()方法区分公共事件的来源。

首先,在主界面 MainAbilitySlice 的 onStart()方法中定义并实例化这个订阅者,代码如下:

```
//chapter6/CommonEventTest/entry/src/main/java/com/example/commoneventtest/slice/
//MainAbilitySlice.java
//自定义公共事件订阅者
private CommonEventSubscriber customCommonEventSubscriber;

@Override
public void onStart(Intent intent) {
    super.onStart(intent);
    super.setUIContent(ResourceTable.Layout_ability_main);
    …

    MatchingSkills skills = new MatchingSkills();
    //订阅普通公共事件
    skills.addEvent("com.example.commoneventtest.NormalCommonEvent");
    //订阅有序公共事件
    skills.addEvent("com.example.commoneventtest.OrderedCommonEvent");
    //订阅粘性公共事件
    skills.addEvent("com.example.commoneventtest.StickyCommonEvent");
    //实例化自定义公共事件订阅者
```

```
        customCommonEventSubscriber = new CommonEventSubscriber(
            new CommonEventSubscribeInfo(skills)) {
        @Override
        public void onReceiveEvent(CommonEventData data) {
            //公共事件字符串
            String action = data.getIntent().getAction();
            if (action == "com.example.commoneventtest.NormalCommonEvent") {
                Utils.showToast(MainAbilitySlice.this, "接收普通公共事件");
            }
            if (action == "com.example.commoneventtest.OrderedCommonEvent") {
                Utils.showToast(MainAbilitySlice.this,
                        "接收有序公共事件。结果码:" + data.getCode()
                                + " 结果数据:" + data.getData());
            }
            if (action == "com.example.commoneventtest.StickyCommonEvent") {
                Utils.showToast(MainAbilitySlice.this, "接收粘性公共事件");
            }
        }
    };
}
```

然后，在【订阅自定义公共事件】按钮的单击监听方法中发布订阅自定义公共事件，代码如下：

```
//chapter6/CommonEventTest/entry/src/main/java/com/example/commoneventtest/slice/
//MainAbilitySlice.java
try {
    CommonEventManager.subscribeCommonEvent(customCommonEventSubscriber);
} catch (RemoteException e) {
    Utils.log("订阅失败:" + e.getLocalizedMessage());
}
```

最后，在【取消订阅自定义公共事件】按钮的单击监听方法中退订自定义公共事件，代码如下：

```
//chapter6/CommonEventTest/entry/src/main/java/com/example/commoneventtest/slice/
//MainAbilitySlice.java
try {
    CommonEventManager.unsubscribeCommonEvent(
                    customCommonEventSubscriber);
} catch (RemoteException e) {
    Utils.log("退订失败:" + e.getLocalizedMessage());
}
```

编译并运行 CommonEventTest 应用程序，首先单击【订阅自定义公共事件】，然后分别

单击【发布普通公共事件】、【发布有序公共事件】和【发布粘性公共事件】按钮,可以在界面中
分别看到如图 6-21 所示的提示信息,这说明上述自定义公共事件发布成功。

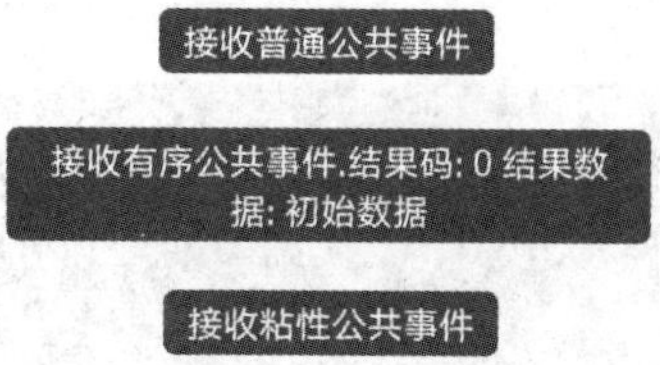

接收普通公共事件

接收有序公共事件,结果码: 0 结果数
据: 初始数据

接收粘性公共事件

图 6-21　接收自定义公共事件

6.3　Git 版本控制

　　应用程序通常并不是固定不变的,从创建项目开始应用程序本身就处在不断开发、不断
更新的过程中。通常,通过应用程序的版本号来标识当前软件的版本信息。近年来,随着互
联网和移动技术的高速发展,应用程序的更新进度就更快了,例如购物软件每逢双十一、双
十二、新年和 618 等众多时间节点都会推出新的版本,而且还非常贴心地为用户更换图标。
对于开源软件来讲更新进度就更快了,除了稳定版本(Stable)、开发版本(Development),甚
至有些开源软件每天晚上都会编译更新,常被称为 Nightly Release。

　　世间无常,我们永远不知道我们的硬盘会不会坏掉。这教会开发者一件事,那就是备
份。正常来讲,每更新一个版本就要将旧版本进行备份。不知道你有没有想过这样一个问
题,随着应用程序的版本越来越多,你的备份就会越发冗杂且低效。因为在这些代码中,有
许多内容是重复的。例如,某一个 Java 类在 100 个版本迭代中都没有被更改过,然而要被
备份及存储 100 次。即使开发者更改过其中的内容,估计许多其他内容也是重复的,增加的
代码一定比删除的代码多。

　　这就需要版本控制系统登场了,版本控制系统用于管理一系列文件版本之间的差异,并
对变更进行有效管理。

6.3.1　Git 的安装与配置

5min

　　Git 是一种轻量级分布式版本控制系统(Distributed Version Control Systems,
DVCS),由被誉为 Linux 之父的 Torvalds Linus 开发。目前,Git 非常流行且易用,相对于
CVS 和 SVN 等中心化版本控制工具来讲更加高效,在各种项目中经常可以看到 Git 的身
影。不过,Git 仅能够管理文本数据,例如源代码、各种文本书档等,但是对于图片、视频等
二进制文件,Git 就无能为力了。

　　由于 Git 由 C 语言编写,因此可以在 macOS、Linux 和 Windows 系统上编译和运行,是
一个名副其实的跨平台软件。在 Windows 和 macOS 系统上安装 Git 非常简单,在 Git 官方网
站(https://git-scm.com/downloads)上可以直接下载其安装程序,读者可以直接下载安装。

在 Windows 系统中,安装完成后可以将 C:\Program Files\Git\bin\目录加入系统的 Path 变量,这样就能够在命令提示符或 PowerShell 中直接使用 git 命令,如图 6-22 所示。

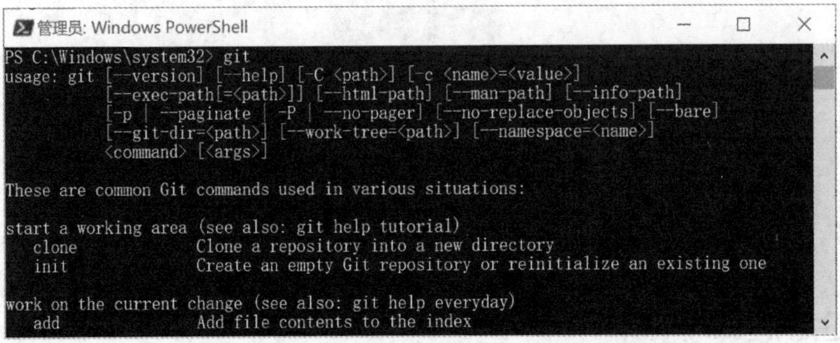

图 6-22　在 PowerShell 中运行 git 命令

在使用 Git 之前,可以在 PowerShell 中执行以下命令,用于设置开发者的名称和邮箱, 命令如下:

```
git config -- global user. name "< myname >"
git config -- global user. email "< email >"
```

另外,还可以通过以下命令将 git 命令的回显修改为彩色,命令如下:

```
git config -- global color. ui true # colorful git echo
```

然后,就可以尽情使用 Git 了。

6.3.2　Git 的基本用法

Git 的基本用法包括创建仓库、版本控制、分支管理、标签管理等,下面分别介绍这些用法的基本操作。

1. 创建仓库

通过 Git 管理源代码时,需要在其目录中通过初始化命令创建代码仓库(Repository), 命令如下:

```
git init
```

对于鸿蒙应用程序工程来讲,除了通过上述命令创建代码仓库以外,还可以通过单击 DevEco Studio 菜单栏中的 VCS→Enable Version Control Integration 菜单,在弹出的对话框中选择版本控制工具为 Git,单击 OK 按钮即可创建 Git 代码仓库,如图 6-23 所示。

然后,可在 DevEco Studio 的菜单栏下方找到 Git 工具栏,如图 6-24 所示。

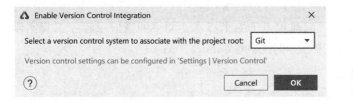

图 6-23　在 DevEco Studio 中创建 Git 代码仓库　　　　图 6-24　Git 工具栏

Git 工具栏中的这 4 个按钮的功能如下：

（1）　更新代码（Update Project）：从 Git 服务器中更新最新的工程文件，快捷键为 Ctrl＋T。

（2）　提交代码（Commit）：将当前的工程代码提交到 Git 仓库中，快捷键为 Ctrl＋K。

（3）　查看历史（Show History）：查看版本历史。

（4）　回溯代码（Revert）：回溯到仓库中最新的版本，快捷键为 Ctrl＋Alt＋Z。

鸿蒙操作系统开源代码也在码云上。

注意：当创建应用程序工程的仓库后，会在工程目录下创建一个名为.git 的目录。在 Windows 系统中，这个目录为隐藏目录。所有的版本控制信息都保存在.git 目录中，如果删除该目录，则其版本信息也就全部被删除了。

在鸿蒙应用程序工程中，许多目录和文件是不需要进行版本控制的。例如，.gradle 目录下的文件，编译目录 build 中的文件等。这些文件和目录都可以在.gitignore 文件中声明。默认情况下，在创建鸿蒙应用程序工程时，会自动创建.gitignore 文件，代码如下：

```
*.iml
.gradle
/local.properties
/.idea/caches
/.idea/libraries
/.idea/modules.xml
/.idea/workspace.xml
/.idea/navEditor.xml
/.idea/assetWizardSettings.xml
.DS_Store
/build
/captures
.externalNativeBuild
.cxx
```

在该文件中声明的文件和目录都不会进行版本控制。

2. 版本控制

这里介绍 Git 的基本版本控制功能。

1）添加和提交代码

在没有分支的情况下，每次提交代码都相当于一个版本。如果鸿蒙应用程序工程刚刚被创建，则其代码文件还没有被添加（Add）和提交（Commit）。

通过命令添加文件的命令如下：

```
git add < filename >...
```

如果添加目录中所有的文件，则可以用"."表示当前目录，命令如下：

```
git add.
```

文件添加完成后，通过 git commit 命令即可创建一个版本，命令如下：

```
git commit - m "<描述信息>"
```

其中，-m 参数是必选参数，必须添加描述信息。

注意：如果文件添加错误，则可以通过 git rm < filename >命令进行撤销。

在 DevEco Studio 中，添加和提交代码就更加简单了。如果代码文件被改动过，并且没有添加和提交，其文件名的颜色为深红色。

如果存在没有被添加和提交的代码，单击 Git 工具栏中的 ✔ 按钮即可打开变更提交对话框，如图 6-25 所示。

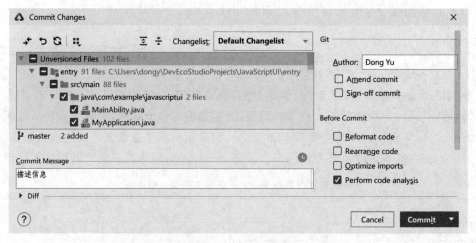

图 6-25　变更提交

在变更提交对话框中，选中需要添加和提交的文件，并在 Commit Message 中输入描述信息，单击 Commit 按钮即可提交。此时，被提交文件的文件名的颜色为绿色。

2）查看历史

在 PowerShell 中，通过以下命令即可查看提交历史：

```
git log
```

通过上述命令即可查看刚刚被提交的版本,如图 6-26 所示。

图 6-26 版本历史

当然,在 DevEco Studio 中单击 Git 工具栏中的 🕔 按钮,此时会打开 Version Control 工具窗体并显示工程历史,如图 6-27 所示。

图 6-27 在 DevEco Studio 中查看版本历史

3) 查看当前工程的状态和文件变化

如果需要查看相对于最近一个版本有所变化的文件列表,则可以通过以下命令查询:

```
git status
```

如果需要查看文件中具体的文本变化,则可以通过以下命令查询:

```
git diff
```

4) 撤销修改

通过 git checkout 可以撤销某些文件的修改,命令如下:

```
git checkout -- <filename>...
```

在 DevEco Studio 中,单击 Git 工具栏中的 ↩ 按钮,并在弹出的对话框中选择需要撤销修改的文件,单击 Revert 按钮就可以实现文件修改的撤销,如图 6-28 所示。

注意:撤销修改的操作是非常危险的,因为一切修改的代码内容将会被清除和覆盖。如果这些代码是有用的,则再也找不回来它们了。撤销修改前请一定三思。

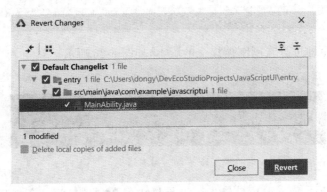

图 6-28　撤销文件的修改

5）工程回退

通过 git reset 命令可以回溯工程到指定版本上，回溯到上一个版本的命令如下：

```
git reset -- hard HEAD^
```

回溯到上上个版本的命令如下：

```
git reset -- hard HEAD^^
```

回溯到向前 10 个版本以前的命令如下：

```
git reset -- hard HEAD～10
```

回溯到指定版本的命令如下：

```
git reset -- hard <Commit ID>
```

<Commit ID>可以从版本历史中查询。在实际使用中，不需要将版本历史的字符串写全，只需填写 Commit ID 前几位，并保证其前几位是唯一的。

3. 分支管理

上面所介绍的版本控制是线性的，但是实际工作中可能会出现非线性开发的情况。例如，应用程序推出了手机版本，但是为了适配平板计算机，可能会从手机的某个版本中进行修改，从而形成 Pad 版，此时这个应用程序就具备了 Phone 版和 Pad 版两个分支。这两个分支可能会同步开发、同步迭代，许多代码也需要进行合并处理。再如，bilibili 应用程序推出了手机版，但是为了实验最新的技术和用户体验，需要开发 bilibili 概念版。此时，就可以在 bilibili 应用程序的某个版本上创建一个分支，形成 bilibili 概念版，当许多功能完善后，有可能将这些功能合并到 bilibili 的普通版上。许多开源软件也会将其版本分为稳定版和开发版等。稳定版需要在开发版上建立分支，然后进行更为严格的测试，不断地修复 Bug，其更新迭代比开发版要慢很多。稳定版修复的 Bug 也可能会合并到开发版上解决相同的问题。

　　在上述这些场景下就需要开发者创建应用程序分支。在默认情况下,Git 会自动创建一个名为 master 的分支,作为主分支。通常,主分支的代码应当是最为稳定的,此时可以创建名为 dev 的分支进行开发,参与应用程序开发的每个开发者创建名为自己名字的分支。当开发者完成开发某个功能后,合并到 dev 分支。当 dev 分支中的某个功能稳定后,合并到 master 分支。

　　下面介绍一些分支管理中常见的命令。

　　(1) 查看当前的所有分支,命令如下:

```
git branch
```

　　(2) 创建分支,命令如下:

```
git branch < branch_name >
```

　　(3) 切换分支,命令如下:

```
git checkout < branch_name >
```

　　(4) 删除分支,命令如下:

```
git branch − D < branch_name >
```

　　(5) 将某个分支合并到当前分支,命令如下:

```
git merge < branch_name >
```

　　注意:合并分支时,需要开发者核对并解决代码冲突。

　　4. 标签管理

　　开发者可以为重要的版本设置标签,开发者通过标签即可定位特定的版本。这里仅列举一些常用的标签管理命令。

　　(1) 查看当前的所有标签,命令如下:

```
git tag
```

　　(2) 创建标签,命令如下:

```
git tag < tag_name >
```

　　(3) 查看当前标签下的版本信息,命令如下:

```
git show < tag_name >
```

（4）删除标签，命令如下：

```
git tag - d < tag_name >
```

6.3.3　由 Gitee 托管鸿蒙应用程序工程

为了便于多个开发者协作和备份，可以选择一个 Git 服务器托管工程。除了自己建立 Git 服务器以外，使用码云（Gitee）和 GitHub 等开放的 Git 服务器也是不错的选择。

GitHub 是目前规模最大的免费全球 Git 服务器，但是使用 GitHub 常常会遇到网络问题，使用码云也是非常不错的选择。鸿蒙操作系统的开源代码也在 Gitee 上进行托管。

本节介绍将鸿蒙应用程序工程的 Git 仓库上传到 Gitee 的方法。

1. 上传 SSH 公钥

为了保证代码安全，本地和 Gitee 之间的数据传输通常需要采用 SSH 方式进行加密，因此，需要通过 ssh-keygen 命令在本地创建 SSH 密钥和公钥。ssh-keygen 命令可以在 Git 的安装目录（C:\Program Files\Git\usr\bin\ssh-keygen. exe）中找到。

首先，在 PowerShell 中创建 SSH 密钥和公钥，命令如下：

```
ssh - keygen - t rsa - C "< content >"
```

其中，< content >可以被替换为任意内容。执行命令后，根据提示输入文件名、密码等信息，即可创建 SSH 公钥和密钥，如图 6-29 所示。

```
管理员: Windows PowerShell                                    —    □    ×
PS C:\Windows\system32> ssh-keygen -t rsa -C "test
Generating public/private rsa key pair.
Enter file in which to save the key (C:\Users\dongy/.ssh/id_rsa): test
Enter passphrase (empty for no passphrase):
Enter same passphrase again:
Your identification has been saved in test.
Your public key has been saved in test.pub.
The key fingerprint is:
SHA256:1BRQbwH7AWY7A/ccd15kNmYx2zNdzyghDL6dVie5LOM test
The key's randomart image is:
+---[RSA 2048]----+
|    oo@=+ o .BB   |
|    B 0. = =o*O   |
|    0 * = ++=     |
|   . B = = o      |
|    S B o         |
|     o o          |
|      E           |
|                  |
+----[SHA256]-----+
PS C:\Windows\system32>
```

图 6-29　创建 SSH 公钥和密钥

此时，在目录下会生成 id_rsa 文件和 id_rsa. pub 文件，前者用于保存密钥信息，后者用于保存公钥信息，如图 6-30 所示。

随后，打开并登录 Gitee 网站，进入【设置】页面。选择页面左侧【SSH 公钥】选项后，将

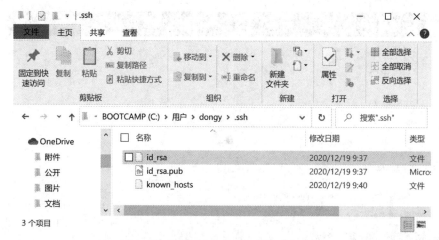

图 6-30　被创建的 SSH 公钥和密钥文件

id_rsa.pub 文件中的公钥信息填入该页面中,其中【标题】选项可以任意命名,【公钥】选项填入公钥信息字符串,单击【确定】按钮即可,如图 6-31 所示。

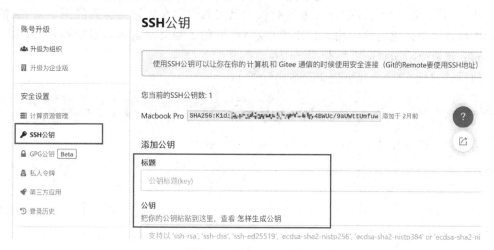

图 6-31　添加 SSH 公钥

2. 在 Gitee 中创建仓库

在页面的右上角的菜单中选择【＋】→【新建仓库】,并在弹出页面中输入仓库信息,单击【创建】按钮即可,如图 6-32 所示。

仓库创建成功后,会自动生成一个仓库地址,例如 git@gitee.com/dongyu1009/test。

3. 将本地代码仓库上传到 Gitee

在本地通过以下命令克隆代码仓库:

```
git clone <git 远程仓库地址>
```

图 6-32　在 Gitee 中创建仓库

这里的"< git 远程仓库地址>"需要替换为真实的远程仓库地址。克隆完成后,在被克隆的本地目录中创建鸿蒙应用程序工程(或将已有的工程复制进来),然后通过 git add 和 git commit 命令添加和提交版本。

随后,通过以下命令即可提交版本:

```
git push
```

通过以下命令即可从 Gitee 上更新工程的最新版本:

```
git pull
```

当然,在 DevEco Studio 中,单击 Git 工具栏中的 ✔ 按钮,此时会打开 Update Project 对话框,单击 OK 按钮即可从 Gitee 上更新最新的版本,如图 6-33 所示。

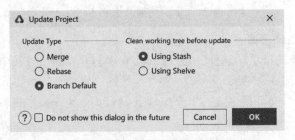

图 6-33　更新工程

通过版本控制,开发者可以方便地对鸿蒙应用程序工程进行备份和版本管理了,这项技能对于团队协作非常重要。

6.4　本章小结

本章分别介绍了通知和公共事件的用法,这两种技术相对来讲比较独立。通知技术解决的是当应用程序处于后台时,如何继续与用户有效沟通的问题。公共事件技术解决的是如何实现应用程序之间及系统和应用程序之间的沟通问题。

对于通知来讲,这里介绍了各种通知的实现方法,以及介绍了通知提醒的途径,几乎是应用程序必须实现的功能。通知通常和推送功能结合使用,用以显示用户所可能希望看到的最新消息,但是,用户具有通知是否提醒及如何提醒的最终决定权。你可以打开鸿蒙操作系统的设置→通知界面,在这里面显示了所有应用程序通知的各种选项,用户可以开闭任何渠道下的通知,并设置其提醒效果。如果用户并不心仪通知的内容,还可以关闭应用程序的所有通知,因此,在应用程序的开发和运营时,一定要照顾用户的感受,切忌滥用通知技术。

对于公共事件来讲,在很多场景下可能会订阅一些系统公共事件。因为通过系统公共事件可以获得系统的最新状态信息,从而改变应用程序的一些特性,以便于提高用户对应用程序的好感。例如,根据系统的电量情况调整视频播放的亮度,根据系统的语言区域变化来切换本地化的特色功能,根据系统所处的模式(驾驶模式、家庭模式)来改变音乐播放的操作界面。

从下一章开始,介绍服务(Service)的基本用法。在 Service 中,还会见到通知的面孔,因为前台 Service 的运行必须显示在通知栏中,并且 Service 也经常会和公共事件结合使用,公共事件向用户传递消息,而 Service 用于业务处理。

第7章

幕后小英雄 Service Ability

应用程序的许多功能需要在后台运行。例如,视频软件在后台缓存视频内容,音乐软件在后台播放音乐,备份软件在后台同步照片,导航软件在后台根据地理位置规划道路路线等。有了这些多种多样的后台功能,就可以实现以下高级功能:玩游戏的时候听音乐,听音乐的时候看朋友圈,看朋友圈的时候和朋友聊语音等,而 Service Ability(以下简称 Service)就是程序后台运行的解决方案,它默默无闻、兢兢业业、坚守岗位,一定能对得起"幕后小英雄"的美称。

Service 和第 6 章介绍的公共事件虽然可以用于应用程序之间的交互,但是其用法有较大的差异。公共事件发送的信息是公共的,所有的应用程序都能接收,并且发送者是无法知晓和管理接收者是如何处理这一事件的。公共事件就好像菜摊的大扬声器,摊主告诉你菜价,但是至于顾客买不买账摊主就无能为力了。Service 之间的调用具有强烈的指向性:调用者会明确指出需要某个应用的某个服务,并且非常在意服务的内容。就好像你是一个会修计算机的维修人员,有个用户请求你去他家,使用你会修计算机的这个服务。此时,你同意还是拒绝,以及服务的效果如何,似乎对这个用户来讲还是非常重要的。

有的时候,公共事件和服务需要配合使用。例如,应用 A 告知应用 B 发生了某个事件,而应用 B 处理这个事件的业务逻辑比较复杂,需要通过服务进行后台操作。此时,公共事件起到"通知用户"的作用,而通过服务处理事务就比较私密了。

在鸿蒙操作系统中,一个应用程序运行在一个进程之中,而应用程序中的 Service 也不例外,需要运行在应用程序的进程中,并没有独立的进程。当应用程序关闭了,Service 也关闭了。另外,Service 虽然在后台运行,但是它本身并不会创建线程,当需要 Service 完成耗时、复杂的任务时,开发者有义务帮它创建线程,分发任务。总之,Service 提供了后台运行程序的方案,但是开发者仍然需要在任务调度上做工作。

本章首先介绍任务分发器 TaskDispatcher,然后介绍 Service 基本功能和前台 Service、JS UI 调用 Service 等高级用法,最后介绍鸿蒙的分布式任务调度能力。

7.1 任务分发器 TaskDispatcher

本节介绍鸿蒙应用程序的任务分发能力。在传统的 Java 程序中,通常通过多线程和异步调用等方式分发任务。这种方式比较复杂,非常考验开发者的基础知识和抽象思维能力。

当然,在鸿蒙应用程序开发中使用传统的 Thread 类创建多线程也是可以的,不过我们拥有更加高效的任务管理工具:任务分发器 TaskDispatcher。

注意: TaskDispatcher 类似于 Android 中的 ThreadPoolExecutor,用于管理线程分发任务,但是其使用方法非常不一致。

TaskDispatcher 采用了多线程技术,但是隐藏了 Java 的线程管理的众多细节。开发者只需告诉 TaskDispatcher 需要执行的任务及执行的方法(串行还是并发、同步还是异步),TaskDispatcher 会自动创建并选用合适的线程完成既定任务。

本节创建 TaskDispatcher 应用程序工程,并在主界面中加入【同步分发】、【异步分发】、【异步延迟任务分发】、【分组任务分发】、【屏蔽任务分发】和【多次任务分发】等按钮,并且加入一个不断运动的无限进度条以便于观察 UI 线程是否阻塞,如图 7-1 所示。本节会介绍使用任务分发器的各种任务分发方式,所有代码均可在 TaskDispatcher 应用程序工程中找到。

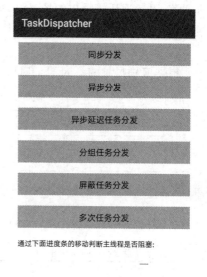

图 7-1　TaskDispatcher 应用主界面

7.1.1　选用合适的任务分发器

任务分发器有 4 种类型。根据应用场景的不同,需要选择合适的任务分发器分发任务。在介绍这些分发器类型之前,先来了解一下 Java 线程及其优先级。

1. 线程及其优先级

Java 本身具有完善的多线程技术,是实现并发的重要技术手段,包含基本的 Thread 类和 Runnable 接口。

注意:要区分进程(Process)和线程(Thread)的概念。进程和线程都是用于实现并发的技术,但是进程的调度依靠操作系统和 CPU。在鸿蒙操作系统中,一个应用程序运行在一个进程之中。作为应用程序开发者,我们不能控制进程的调度。线程是进程内部的概念,一个进程可以包含多个线程。应用程序开发者需要对线程进行有效和合理的调度控制工作。

在鸿蒙应用程序中,默认存在 1 个线程,即主线程。由于主线程负责管理最为重要的 FA,同时帮助 FA 绘制用户界面,因此主线程也常常称为 UI 线程。

线程并不是平等的,而是分为 3 个优先级(通过 TaskPriority 枚举类型定义):高优先级(HIGH)、默认优先级(DEFAULT)和低优先级(LOW)。优先级更高的线程任务能够执行得更快。

鸿蒙应用程序的主线程就是高优先级的线程,以便于能够更加快速地绘制 UI、绘制更加流畅的 UI 动画。用户盯着屏幕看效果,主线程不敢有任何懈怠。在开发应用程序的过程中,如果要创建线程,建议优先选用默认优先级。如果动不动就创建高优先级的线程,则肯定会挤占主线程的资源,从而可能让你的应用程序变卡变慢。建议只有在行车导航、无人机通信、语音通话等重要的场景下,可以创建使用高优先级线程。另外,对于照片备份、视频缓存这种非常耗时,且用户并不期待快速完成的任务,建议使用低优先级线程。

2. TaskDispatcher 类型

根据应用场景的不同,TaskDispatcher 分为 4 类,如表 7-1 所示。

表 7-1　任务分发器 TaskDispatcher 类型

任务分发器	应 用 场 景	全局唯一性
全局并行任务分发器(GlobalTaskDispatcher)	用于分发并行任务,适用于任务没有关联的情况	全局唯一
并行任务分发器(ParallelTaskDispatcher)	分发并行任务	可创建不同名称的并行任务分发器
串行任务分发器(SerialTaskDispatcher)	分发串行任务	可创建不同名称的串行任务分发器
专有任务分发器(SpecTaskDispatcher)	在主线程中分发任务	全局唯一

并行是指多个任务被同时处理,串行是指按照顺序完成一个任务后再完成另外一个任务。至于究竟选择并行分发还是串行分发,需要考虑应用场景。通常,少量且不同类型的多个任务使用并行较为合理,大量且相关类型的多个任务使用串行较为合理。例如,当需要通过 HTTP 下载 100 张照片,通常需要串行任务分发,下载 1 张后再下载另外 1 张。这是因为如果并行下载 100 张照片,则需要同时建立 100 个 HTTP 连接,效率会非常低下。

任务分发器虽然有 4 种类型,但共用 TaskDispatcher 类。接下来,介绍这几种任务分发器的获取方法:

1) 全局并行任务分发器

GlobalTaskDispatcher 是单例,通过 getGlobalTaskDispatcher(TaskPriority priority) 方法获取,priority 参数指定了执行任务的线程优先级。创建默认优先级的全局并行任务分发器的代码如下:

```
TaskDispatcher dispatcher = getGlobalTaskDispatcher(TaskPriority.DEFAULT);
```

2) 并行任务分发器

ParallelTaskDispatcher 通过 createParallelTaskDispatcher(String name, TaskPriority priority) 方法创建,其中 name 参数用于指定任务分发器名称,priority 参数用于指定执行任务的线程优先级。创建默认优先级的并行任务分发器的代码如下:

```
TaskDispatcher dispatcher = createParallelTaskDispatcher(
        "dispatcher_name",
        TaskPriority.DEFAULT);
```

3）串行任务分发器

与并行任务分发器类似，SerialTaskDispatcher 通过 createSerialTaskDispatcher(String name，TaskPriority priority)方法创建。创建默认优先级的串行任务分发器的代码如下：

```
TaskDispatcher dispatcher = createSerialTaskDispatcher(
        "dispatcher_name",
        TaskPriority.DEFAULT);
```

4）专有任务分发器

专有任务分发器包括主任务分发器 MainTaskDispatcher 和 UI 任务分发器 UITaskDispatcher，可分别通过 getMainTaskDispatcher()和 getUITaskDispatcher()获取，代码如下：

```
//主任务分发器
TaskDispatcher mainTaskDispatcher = getMainTaskDispatcher();
//UI 任务分发器
TaskDispatcher uiTaskDispatcher = getUITaskDispatcher();
```

实际上，这两个任务分发器没有太大区别，都是用于在主线程（UI 线程）上分发任务的任务分发器。官方更加推荐使用 UITaskDispatcher。

7.1.2　任务分发

任务分发主要包括同步（Synchronous）方法和异步（Asynchronous）方法。同步方法会阻塞当前线程（直到任务执行完毕），而异步方法则不会阻塞当前线程。

1. 同步分发任务

同步分发方法为 syncDispatch(Runnable runnable)，开发者需要实现 Runnable 接口的 run()方法，并实现需要执行的任务。接下来，在 TaskDispatcher 应用的【同步分发】按钮单击事件监听方法中，通过全局并行任务分发器同步分发 3 个任务，代码如下：

```
//chapter7/TaskDispatcher/entry/src/main/java/com/example/taskdispatcher/slice/
//MainAbilitySlice.java
//全局并行任务分发器
TaskDispatcher dispatcher =
        getGlobalTaskDispatcher(TaskPriority.DEFAULT);
Utils.log("主线程:" + Thread.currentThread().getName());
//同步分发任务 1
Utils.log("同步分发任务 1!");
dispatcher.syncDispatch(new Runnable() {
    @Override
    public void run() {
        try {
            Utils.log("执行任务 1 的线程:"
```

```
                        + Thread.currentThread().getName());
                Thread.sleep(2000);
                Utils.log("任务 1 完成!");
            } catch (InterruptedException e) {
                Utils.log("任务 1 失败!");
            }
        }
    });
    //同步分发任务 2
    Utils.log("同步分发任务 2!");
    dispatcher.syncDispatch(new Runnable() {
        @Override
        public void run() {
            try {
                Utils.log("执行任务 2 的线程:"
                        + Thread.currentThread().getName());
                Thread.sleep(2000);
                Utils.log("任务 2 完成!");
            } catch (InterruptedException e) {
                Utils.log("任务 2 失败!");
            }
        }
    });
    Utils.log("同步分发任务 3!");
    //同步分发任务 3
    dispatcher.syncDispatch(new Runnable() {
        @Override
        public void run() {
            try {
                Utils.log("执行任务 3 的线程:"
                        + Thread.currentThread().getName());
                Thread.sleep(2000);
                Utils.log("任务 3 完成!");
            } catch (InterruptedException e) {
                Utils.log("任务 3 失败!");
            }
        }
    });
    Utils.log("完成!");
```

在上述代码中,同步分发了 3 个任务。在每个任务中,通过 Thread.currentThread(). getName()方法获取了当前线程的名称,并通过 Thread.sleep(2000)方法将线程暂停 2s,以模拟执行任务的时间消耗。执行上述代码,HiLog 输出信息如下:

```
11973 - 11973/ * I 00101/TaskDispatcher: 主线程: main
11973 - 11973/ * I 00101/TaskDispatcher: 同步分发任务 1!
11973 - 12340/ * I 00101/TaskDispatcher: 执行任务 1 的线程:PoolThread - 1
11973 - 12340/ * I 00101/TaskDispatcher: 任务 1 完成!
11973 - 11973/ * I 00101/TaskDispatcher: 同步分发任务 2!
```

```
11973 - 12341/ *  I 00101/TaskDispatcher: 执行任务2的线程:PoolThread - 2
11973 - 12341/ *  I 00101/TaskDispatcher: 任务2完成!
11973 - 11973/ *  I 00101/TaskDispatcher: 同步分发任务3!
11973 - 12348/ *  I 00101/TaskDispatcher: 执行任务3的线程:PoolThread - 3
11973 - 12348/ *  I 00101/TaskDispatcher: 任务3完成!
11973 - 11973/ *  I 00101/TaskDispatcher: 完成!
```

上面所输出的信息的顺序是不变的,按照主线程同步分发任务的顺序依次完成任务1、任务2和任务3。由于每个任务的执行时间大约是2s,因此打印完上述信息所需的时间大约是6s。在这个过程中,UI界面的操作无响应(进度条停止运动)。这是因为主线程在同步分发任务时,需要等待任务结束后才执行后面的代码,因此主线程被阻塞。

不过,这些任务的执行并不是在主线程中执行的,而是由 GlobalTaskDispatcher 负责分配合适的线程执行的,开发者无法参与分配。在上面的例子中,这3个任务分别由3个不同的线程执行,这3个任务的执行过程如图7-2所示。

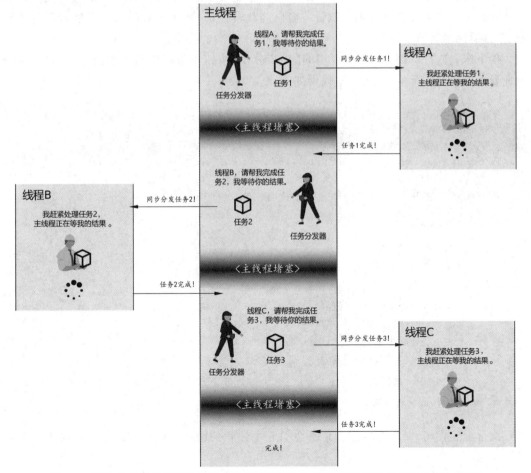

图7-2　同步分发任务时当前线程会被堵塞(线程 A、线程 B 和线程 C 可能为同一线程)

由于同步分发任务的线程会等待任务结束后才能执行后面的代码,因此同步分发不能达到并发的效果,因此在开发中并不常用。

注意:同步分发还可能引发死锁问题。例如,使用 UI 任务分发器的同步分发方法必产生死锁,绝对不能这么使用。在串行任务分发器中这种情况也可能会发生,例如串行任务分发器 dispatcher 同步派发了任务 1,而在任务 1 中还通过 dispatcher 同步派发了任务 2,那么此时任务 2 需要等待任务 1 结束后继续执行,但是此时任务 1 也需要等待任务 2 结束后继续执行,因此程序就卡在这里,产生了死锁。

2. 异步分发任务

异步分发任务使用得很多,通过 asyncDispatch(Runnable runnable)方法分发任务,开发者需要实现 Runnable 接口的 run()方法,并实现需要执行的任务。该方法在分发任务后,不用等待该任务结束即可继续执行后面的代码。实际上,分发器在该方法中会指派一个线程执行这个任务,而这个任务什么时候执行,什么时候执行完毕,分发器就不管了。不过 asyncDispatch()会返回一个 Revocable 对象。通过 Revocable 对象的 revoke()方法可取消该任务。不过如果任务已经正在执行或者已经执行完毕,则 revoke()方法无法取消这个任务,并且返回值为 false。

接下来,在 TaskDispatcher 应用的【异步分发】按钮单击事件监听方法中,通过全局并行任务分发器异步分发 1 个任务,代码如下:

```
//chapter7/TaskDispatcher/entry/src/main/java/com/example/taskdispatcher/slice/
//MainAbilitySlice.java
//全局并行任务分发器
TaskDispatcher dispatcher = getGlobalTaskDispatcher(TaskPriority.DEFAULT);
//异步分发任务
Revocable revocable = dispatcher.asyncDispatch(new Runnable() {
    @Override
    public void run() {
        try {
            Utils.log("执行任务的线程:"
                    + Thread.currentThread().getName());
            Thread.sleep(2000);
            Utils.log("任务完成!");
        } catch (InterruptedException e) {
            Utils.log("任务失败!");
        }
    }
});
Utils.log("当前线程继续执行代码!");
```

执行上述代码,发现异步方法并不会引起主线程的阻塞,并在 HiLog 工具窗体中输出以下信息:

```
17519 - 17519/ *  I 00101/TaskDispatcher: 当前线程继续执行代码!
17519 - 18115/ *  I 00101/TaskDispatcher: 执行任务的线程:PoolThread - 2
17519 - 18114/ *  I 00101/TaskDispatcher: 任务完成!
```

输出信息也有可能将第 1 条信息和第 2 条信息颠倒,输出信息如下:

```
17519 - 18115/ *  I 00101/TaskDispatcher: 执行任务的线程:PoolThread - 2
17519 - 17519/ *  I 00101/TaskDispatcher: 当前线程继续执行代码!
17519 - 18114/ *  I 00101/TaskDispatcher: 任务完成!
```

也就是说,在异步分发任务之后,主线程和执行分发任务的线程就各干各的了,两个线程同时存在并运行,主线程也不需要等待而被阻塞了,这 3 个任务的执行过程如图 7-3 所示。

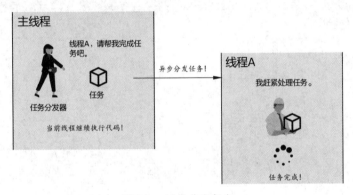

图 7-3 异步分发任务

异步分发任务得到结果后,可能需要更新 UI 界面,那么只需通过 UI 任务分发器的异步任务分发方法将结果更新到 UI 界面上,典型的代码如下:

```
//在主线程中分发异步任务
getGlobalTaskDispatcher(TaskPriority.DEFAULT).asyncDispatch(() -> {
    //执行被分发的任务,并得出结果
    final String output = "输出结果";      //在主线程中使用的变量建议使用 final 修饰
    getUITaskDispatcher().asyncDispatch(() -> {
        //将结果更新到 UI 界面上
        txtOutput.text = output;
    });
});
```

这样就相当于完成了线程之间的简单通信。

7.1.3 更多高级分发方法

除了上面介绍的同步分发和异步分发以外,TaskDispatcher 还提供了异步延迟任务分 10min

发、分组任务分发、屏蔽任务分发、多次任务分发。

1. 异步延迟任务分发

异步延迟任务分发通过 TaskDispatcher 的 delayDispatch(Runnable runnable, long delay)方法进行,第 1 个参数用于设置具体执行的任务,第 2 个参数用于设置执行异步任务延迟的时间,单位为 ms。不过,实际的执行延迟的时间不一定恰好为开发者所设置的时间,可能会比这个延迟的时间更长一些。

接下来,在 TaskDispatcher 应用的【异步延迟任务分发】按钮单击事件监听方法中,通过全局并行任务分发器延迟 5s 异步执行任务,代码如下:

```java
//chapter7/TaskDispatcher/entry/src/main/java/com/example/taskdispatcher/slice/
//MainAbilitySlice.java
//全局并行任务分发器
TaskDispatcher dispatcher = getGlobalTaskDispatcher(TaskPriority.DEFAULT);
//异步延迟任务分发
dispatcher.delayDispatch(() -> {
    Utils.log("任务开始!");
    try {
        Thread.sleep(2000);
        Utils.log("任务完成!");
    } catch (InterruptedException e) {
        Utils.log("任务失败!");
    }
}, 5000);
Utils.log("当前线程继续执行代码!");
```

上述代码执行后,在 HiLog 工具窗体中先输出"当前线程继续执行代码!"字符串,5s 以后输出"任务开始!",再过 2s 输出"任务完成!",如下所示:

```
20512 - 20512/ * I 00101/TaskDispatcher: 当前线程继续执行代码!
20512 - 21484/ * I 00101/TaskDispatcher: 任务开始!
20512 - 21484/ * I 00101/TaskDispatcher: 任务完成!
```

2. 分组任务分发

分组任务分发可以将任务分组执行,并在组内的所有任务完成后执行某个任务。通过 TaskDispatcher 的 createDispatchGroup()方法可以创建一个分组 Group 对象。随后,通过 asyncGroupDispatch(Group group, Runnable runnable)方法将任务加入分组中;通过 groupDispatchNotify(Group group, Runnable runnable)方法可以设计该分组内所有任务执行完成后执行的任务。不过要注意的是,当任务被加入分组中,这个任务就可能已经被执行了,不需要开发者的额外操作。

接下来,在 TaskDispatcher 应用的【分组任务分发】按钮单击事件监听方法中,创建 1 个分组,并在分组中加入两个任务,在这两个任务结束后再执行一个任务,输出"组任务全部

完成!"字符串,代码如下:

```
//chapter7/TaskDispatcher/entry/src/main/java/com/example/taskdispatcher/slice/
//MainAbilitySlice.java
//全局并行任务分发器
TaskDispatcher dispatcher = getGlobalTaskDispatcher(TaskPriority.DEFAULT);
//创建任务组
Group group = dispatcher.createDispatchGroup();
//将任务1加入任务组
dispatcher.asyncGroupDispatch(group, new Runnable(){
    @Override
    public void run() {
        Utils.log("任务1完成!");
    }
});
//将任务2加入任务组
dispatcher.asyncGroupDispatch(group, new Runnable(){
    @Override
    public void run() {
        Utils.log("任务2完成!");
    }
});
//在任务组中的所有任务执行完成后执行
dispatcher.groupDispatchNotify(group, new Runnable(){
    @Override
    public void run() {
        Utils.log("组任务全部完成!");
    }
});
```

执行上述代码后,HiLog工具窗体输出如下信息:

```
20512 - 21625/ * I 00101/TaskDispatcher: 任务1完成!
20512 - 21626/ * I 00101/TaskDispatcher: 任务2完成!
20512 - 21627/ * I 00101/TaskDispatcher: 组任务全部完成!
```

由于是异步分发任务,"任务1完成!"和"任务2完成!"的字符串的输出顺序可能颠倒,但是"组任务全部完成!"总是在最后被输出出来。

3. 屏蔽任务分发

屏蔽任务分发相当于分组任务分发的升级版本,可以将分组任务中的任务执行隔离开。在TaskDispatcher加入屏蔽任务后,之前的所有分组任务执行结束后才会执行这个屏蔽任务,并且在加入屏蔽任务之后加入的分组任务也一定要等待屏蔽任务执行完成后才会执行。

注意:屏蔽任务分发无法在全局并行任务分发器中使用。

简单来讲,屏蔽任务可以隔离任务的执行,下面通过实例来介绍屏蔽任务的用法:

（1）添加 2 个分组任务，其中一个分组任务在线程等待 1s 后输出"任务 1-1"信息，另外一个分组任务在线程等待 0.5s 后输出"任务 1-2"信息。

（2）添加 1 个屏蔽任务，输出"屏蔽任务 1"信息。该屏蔽任务会在"任务 1-1"和"任务 1-2"结束后执行。

（3）添加 2 个分组任务，其中一个分组任务在线程等待 1s 后输出"任务 2-1"信息，另外一个分组任务在线程等待 2s 后输出"任务 2-2"信息。这两个任务会在"屏蔽任务 1"结束后执行。

（4）添加 1 个屏蔽任务，输出"屏蔽任务 2"信息。该屏蔽任务会在"任务 2-1"和"任务 2-2"结束后执行。

上述任务的执行流程如图 7-4 所示。

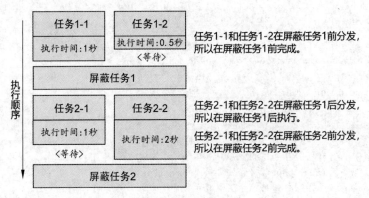

图 7-4　屏蔽任务分发

接下来，在 TaskDispatcher 应用的【屏蔽任务分发】按钮单击事件监听方法中实现上述功能，代码如下：

```java
//chapter7/TaskDispatcher/entry/src/main/java/com/example/taskdispatcher/slice/
//MainAbilitySlice.java
//并行任务分发器
TaskDispatcher dispatcher =
        createParallelTaskDispatcher(
                "Dispatcher",
                TaskPriority.DEFAULT);
//创建任务组
Group group = dispatcher.createDispatchGroup();
//将任务加入任务组
dispatcher.asyncGroupDispatch(group, () ->{
    ThreadSleep(1000);
    Utils.log("任务 1 - 1 完成!");
});
dispatcher.asyncGroupDispatch(group, () ->{
    ThreadSleep(500);
```

```
    Utils.log("任务 1-2 完成!");
});
dispatcher.asyncDispatchBarrier(() ->{
    Utils.log("屏蔽任务 1 完成!");
});
dispatcher.asyncGroupDispatch(group, () ->{
    ThreadSleep(1000);
    Utils.log("任务 2-1 完成!");
});
dispatcher.asyncGroupDispatch(group, () ->{
    ThreadSleep(2000);
    Utils.log("任务 2-2 完成!");
});
dispatcher.asyncDispatchBarrier(() ->{
    Utils.log("屏蔽任务 2 完成!");
});
Utils.log("任务分配完毕");
```

其中,ThreadSleep(long ms)方法用于暂停当前线程,代码如下:

```
private static void ThreadSleep(long ms) {
    try {
        Thread.sleep(ms);
    } catch (InterruptedException e) {
        Utils.log("线程暂停失败!");
    }
}
```

执行上述屏蔽任务分发代码,HiLog 工具窗体的信息输出结果如下:

```
22887-22887/* I 00101/TaskDispatcher: 任务分配完毕
22887-23478/* I 00101/TaskDispatcher: 任务 1-2 完成!
22887-23477/* I 00101/TaskDispatcher: 任务 1-1 完成!
22887-23479/* I 00101/TaskDispatcher: 屏蔽任务 1 完成!
22887-23480/* I 00101/TaskDispatcher: 任务 2-1 完成!
22887-23480/* I 00101/TaskDispatcher: 任务 2-2 完成!
22887-23484/* I 00101/TaskDispatcher: 屏蔽任务 2 完成!
```

任务 1-1 和任务 1-2 完成后,执行屏蔽任务 1。屏蔽任务 1 完成后执行任务 2-1 和任务 2-2。任务 2-1 和任务 2-2 完成后执行屏蔽任务 2。从宏观上看,这些任务串行执行,但是任务 1-1 和任务 1-2 之间并行,且任务 2-1 和任务 2-2 之间并行。可见,屏蔽任务可以实现宏观串行,微观并行的效果。

4. 多次任务分发

通过 applyDispatch(Consumer < T > consumer,int count)方法可以实现任务的一次分

发,多次执行的能力,其中 consumer 参数定义需要执行的任务,count 参数定义执行次数。

接下来,在 TaskDispatcher 应用的【多次任务分发】按钮单击事件监听方法中,通过全局并行任务分发器执行 10 次任务,代码如下:

```
//chapter7/TaskDispatcher/entry/src/main/java/com/example/taskdispatcher/slice/
//MainAbilitySlice.java
getGlobalTaskDispatcher(TaskPriority.DEFAULT).applyDispatch(new Consumer < Long >() {
    @Override
    public void accept(Long index) {
        Utils.log("执行次数: " + (index + 1));
    }
}, 10);
```

执行上述代码,在 HiLog 工具窗体中输出信息如下:

```
24015 - 24628/ * I 00101/TaskDispatcher: 执行次数: 1
24015 - 24631/ * I 00101/TaskDispatcher: 执行次数: 3
24015 - 24630/ * I 00101/TaskDispatcher: 执行次数: 2
24015 - 24632/ * I 00101/TaskDispatcher: 执行次数: 4
24015 - 24633/ * I 00101/TaskDispatcher: 执行次数: 5
24015 - 24634/ * I 00101/TaskDispatcher: 执行次数: 6
24015 - 24635/ * I 00101/TaskDispatcher: 执行次数: 7
24015 - 24637/ * I 00101/TaskDispatcher: 执行次数: 9
24015 - 24636/ * I 00101/TaskDispatcher: 执行次数: 8
24015 - 24638/ * I 00101/TaskDispatcher: 执行次数: 10
```

7.2 Service 的基本用法

本节介绍 Service 的基本用法,包括 Service 的创建和销毁,以及 FA 与 Service 之间的通信方法,最后介绍 Service 的生命周期。

本节通过 DevEco Studio 的 Empty Feature Ability(Java)模板创建 ServiceAbility 应用程序工程,并在其主页面上创建【启动服务】、【停止服务】、【连接服务】和【断开连接服务】共 4 个按钮,用于显示 Service 的基本用法,如图 7-5 所示。本节所有的代码均可在 ServiceAbility 应用程序工程中找到。

图 7-5 ServiceAbility 应用主界面

注意:ServiceAbility 的功能和用法非常类似于 Android 中四大组件之一的 Service。

7.2.1 创建 Service

首先在 ServiceAbility 工程中创建一个名为 TestService 的 Service。在 Project 工具窗

体中,在 com. example. serviceability 包上右击,选择 New→Ability→Empty Service Ability
菜单,弹出创建 Service 窗口,如图 7-6 所示。

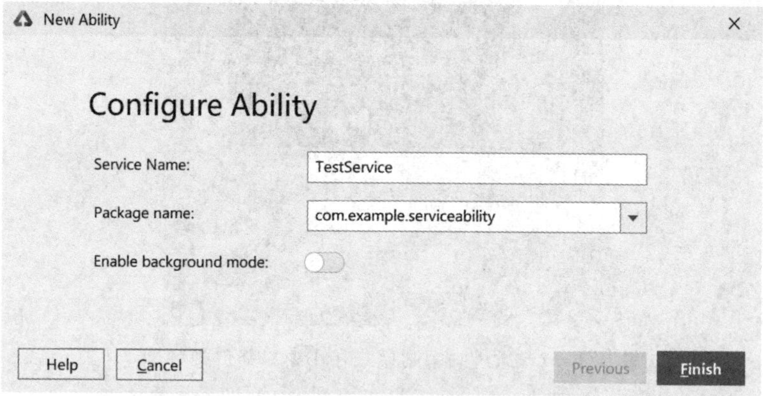

图 7-6　创建 Service

在 Service Name 中输入服务的名称 TestService;在 Package name 选项中选择创建该
类所在的包名(保持默认即可);在 Enable background name 选项中选择是否启用后台模
式,这里先不选择后台模式。单击 Finish 按钮即可自动创建 TestService 类,并且该 Service
会在 config. json 中 module 对象下的 abilities 数组中自动注册,代码如下:

```
//chapter7/ServiceAbility/entry/src/main/config.json
{
  "name": "com.example.serviceability.TestService",
  "icon": "$media:icon",
  "description": "$string:testservice_description",
  "type": "service"
}
```

其中,type 属性指定了该 Ability 为 Service Ability;name 属性需要设置为 Service 的
全类名;icon 属性为图标;description 为 Service 的描述信息。如果需要让其他应用程序跨
应用访问该 Service 服务,则还需要加入 visible 属性,并设置为 true。

如果需要为该 Service 开启后台模式,则还需要在上面的代码中加入 backgroundMode
属性数组,该数组可以包括:

- dataTransfer:提供后台网络服务,包括上传、下载、备份和恢复数据等。
- audioPlayback:播放声频。
- audioRecording:录制声频。
- pictureInPicture:提供画中画、小窗口播放视频功能,如图 7-7 所示。
- voip:提供视频聊天、语音聊天等功能。
- location:提供后台定位和导航功能。

图 7-7　通过画中画模式在小窗口播放视频

- bluetoothInteraction：使用蓝牙功能。
- WiFiInteraction：使用 WLAN。
- screenFetch：录制屏幕、截屏功能。

注意：在鸿蒙操作系统中，默认模式下 Service 会随着应用进入后台而随时可能被系统销毁，但是，被设置为后台模式的 Service 会常驻内存（不会被系统随意销毁）。不过，此时该 Service 会在系统通知栏中显示一个常驻通知，以便告知用户该服务正在占据着内存并处于活动状态，以防止应用程序在内存中恶意驻留。

如果在创建 Service 时选中了 Enable background mode 选项，则会提供上述后台模式的类型选项，如图 7-8 所示。

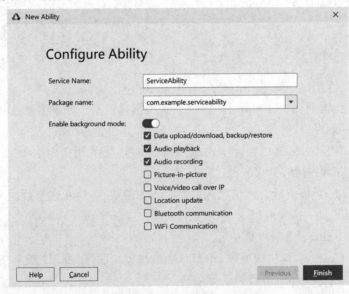

图 7-8　创建 Service 时打开后台模式

这些选项和 config.json 中 Service 的 backgroundMode 中的属性是一一对应的,如果按照图 7-8 所示选中了 Data upload/download,backup/restore、Audio playback 和 Audio recording 选项,则在 config.json 中会自动为该 Service 添加相应的 backgroundMode 属性,代码如下:

```
{
  "backgroundModes": [
    "dataTransfer",
    "audioPlayback",
    "audioRecording"
  ],
  …
  "type": "service"
}
```

TestService 类继承自 Ability 类,其父类与 FA 的父类是一样的。只不过该类在 config.json 中被注册为 Service,这样该类才会被系统认定为 ServiceAbility。不过,无论是否选择了后台模式,DevEco Studio 自动创建的 Service 代码都是一致的。在 TestService 中,DevEco Studio 所创建的方法均为 Service 的生命周期方法,常用生命周期方法如下:

(1) onStart(Intent intent):首次启动 Service 时调用。

(2) onBackground():当 Service 进入后台时调用。

(3) onStop():停止 Service 时调用。

(4) onCommand(Intent intent,boolean restart,int startId):每次启动 Service 时调用。

(5) onConnect(Intent intent):连接 Service 时调用。

(6) onDisconnect(Intent intent):断开连接 Service 时调用。

在接下来的内容中,会贯穿介绍这些生命周期方法。为了能够查看每个生命周期方法的调用情况,接下来对 TestService 类进行一些修改,在各种方法调用时均输出相应方法名称的 HiLog 信息,代码如下:

```java
//chapter7/ServiceAbility/entry/src/main/java/com/example/serviceability/TestService.java
public class TestService extends Ability {
    private static final HiLogLabel LABEL_LOG = new HiLogLabel(3, 0xD001100, "TestService");

    @Override
    public void onStart(Intent intent) {
        super.onStart(intent);
        HiLog.info(LABEL_LOG, "onStart");
    }

    @Override
    public void onBackground() {
        super.onBackground();
```

```
            HiLog.info(LABEL_LOG, "onBackground");
        }

        @Override
        public void onStop() {
            super.onStop();
            HiLog.info(LABEL_LOG, "onStop");
        }

        @Override
        public void onCommand(Intent intent, boolean restart, int startId) {
            HiLog.info(LABEL_LOG, "onCommand");
        }

        @Override
        public IRemoteObject onConnect(Intent intent) {
            HiLog.info(LABEL_LOG, "onConnect");
            return null;
        }

        @Override
        public void onDisconnect(Intent intent) {
            HiLog.info(LABEL_LOG, "onDisconnect");
        }
    }
```

7.2.2 启动和停止 Service

5min

本节实现 Service 的启动和停止,然后通过这一过程控制 Service 的生命周期。通过 startAbility(Intent intent)方法即可启动 Service:首先需要构建启动 Service 的 Intent 对象,然后通过 startAbility()方法将 Intent 对象传入即可。

在【启动服务】按钮的单击处理方法中实现启动 TestService 的功能,代码如下:

```
//chapter7/ServiceAbility/entry/src/main/java/com/example/serviceability/slice/
//MainAbilitySlice.java
Intent intent = new Intent();
Operation operation = new Intent.OperationBuilder()
        .withDeviceId("")
        .withBundleName("com.example.serviceability")
        .withAbilityName("com.example.serviceability.TestService")
        .build();
intent.setOperation(operation);
startAbility(intent);
```

这段代码是不是似曾相识？对了，启动 Service 和启动 FA 的方法几乎是一样的。唯一不同的是在构建 Operation 对象时，调用 withAbilityName()方法时传入的是 Service 类型的 TestService 类。细心的读者可能发现了，Service 与 FA 一样，都支持跨设备的远程调用，即通过 withDeviceId()方法指定相应的设备 ID 即可，详见 7.4 节。

不过与启动 FA 不同的是，相同的 Service 只能存在一个实例，而相同的 FA 则可以启动很多个（虽然启动多个 FA 好像没有什么用处）。

通过 stopAbility(Intent intent)方法即可停止 Service，其 Intent 的构建方法与使用 startAbility()时构建 Intent 的方法是一样的。在【停止服务】按钮的单击监听方法中停止 TestService 服务，代码如下：

```
//chapter7/ServiceAbility/entry/src/main/java/com/example/serviceability/slice/
//MainAbilitySlice.java
Intent intent = new Intent();
Operation operation = new Intent.OperationBuilder()
        .withDeviceId("")
        .withBundleName("com.example.serviceability")
        .withAbilityName("com.example.serviceability.TestService")
        .build();
intent.setOperation(operation);
stopAbility(intent);
```

注意：如果希望在 Service 内停止服务，则直接使用 terminateAbility()方法即可，这和在 FA 内部结束 FA 的方法时调用的方法是一样的。

编译并运行 ServiceAbility 应用程序，接下来体会一下启动和停止 Service 功能。运行程序后，单击【启动服务】按钮后会出现如下 HiLog 提示：

```
32220 - 32220/ * I 01100/TestService: onStart
32220 - 32220/ * I 01100/TestService: onCommand
```

onStart 和 onCommand 方法先后被调用了。

如果此时再次单击【启动服务】按钮，则仍然会调用 onCommand 方法，但是不会调用 onStart 方法了，HiLog 提示如下：

```
32220 - 32220/ * I 01100/TestService: onCommand
```

这是由于 onStart 方法会在首次启动 Service 时被调用，而 onCommand 方法则会在每次启动 Service 时被调用。

现在，单击【停止服务】按钮，HiLog 提示如下：

```
32220 - 32220/ * I 01100/TestService: onBackground
32220 - 32220/ * I 01100/TestService: onStop
```

onBackground()和 onStop()方法被先后调用,此时 Service 被停止。如果此时再次单击【启动服务】按钮,则会重新调用 onStart()和 onCommand()方法。

这里形成了一个完整的闭环,通常用于执行长期驻留内存的服务,例如播放音乐、路线导航等。在 Intent 方法启动 Service 时可以传入相关的参数和对象,并在 onStart()方法中处理。在 onCommand()方法中可以加入主要的业务代码,并提供服务。这种生命周期闭环如图 7-9 所示。

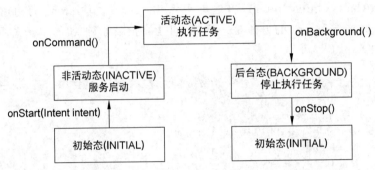

图 7-9 通过启动和停止控制 Service 的生命周期

7.2.3 连接和断开连接 Service

本节实现 FA 与 Service 之间的连接和断开连接,然后通过这一方式控制 Service 的生命周期。连接 Service 需要通过远程对象(IRemoteObject)和 Ability 连接对象(AbilityConnection)实现。IRemoteObject 由 Service 创建,开发者需要在 IRemoteObject 中实现控制 Service 的相关方法。AbilityConnection 由需要连接 Service 的 FA 创建,用于获取 IRemoteObject 对象,从而对 Service 进行控制。

首先,在 TestService 内部类中创建一个自定义的远程对象类 MyRemoteObject,代码如下:

```
//chapter7/ServiceAbility/entry/src/main/java/com/example/serviceability/TestService.java
//创建自定义 IRemoteObject 实现类
public class MyRemoteObject extends LocalRemoteObject {
    public MyRemoteObject() {
        HiLog.info(LABEL_LOG, "MyRemoteObject 被创建!");
    }

    public void manipulateService() {
        HiLog.info(LABEL_LOG, "自定义方法,用于控制 Service");
    }
}
```

MyRemoteObject 类为 TestService 的内部类,继承 LocalRemoteObject 类,而 LocalRemoteObject 类是 IRemoteObject 的实现。在 MyRemoteObject 类中,不需要复写

任何父类的方法，只需自定义创建控制 Service 的方法。这里为了演示起见，创建了 manipulateService()方法。在实际应用中，开发者可以扩展 MyRemoteObject 类的功能，例如暂停和播放音乐、暂停和开始导航等。

在 FA 连接到该 Service 时，需要将 MyRemoteObject 类的对象传递给 FA，因此在 TestService 的 onConnect(Intent intent)方法中实例化并返回 MyRemoteObject 对象，代码如下：

```java
//chapter7/ServiceAbility/entry/src/main/java/com/example/serviceability/TestService.java
@Override
public IRemoteObject onConnect(Intent intent) {
    HiLog.info(LABEL_LOG, "onConnect");
    //返回远程对象 MyRemoteObject
    return new MyRemoteObject();
}
```

注意：onConnect(Intent intent)方法的 intent 参数可用于接收连接 Service 时传递来的数据信息。

在 TestService 调用方法 MainAbilitySlice 时，还需要创建一个 IAbilityConnection 对象，用于接收 Service 返回来的 MyRemoteObject 对象，代码如下：

```java
//chapter7/ServiceAbility/entry/src/main/java/com/example/serviceability/slice/
//MainAbilitySlice.java
//连接远程的 Service 的 IAbilityConnection 对象
private IAbilityConnection connection = new IAbilityConnection() {
    @Override
    public void onAbilityConnectDone(ElementName elementName, IRemoteObject iRemoteObject,
int i) {
        //通过远程对象操纵 Service
        TestService.MyRemoteObject object = (TestService.MyRemoteObject)iRemoteObject;
        object.manipulateService();
    }

    @Override
    public void onAbilityDisconnectDone(ElementName elementName, int i) {

    }
};
```

在 IAbilityConnection 接口中，有两个需要实现的接口方法，分别为 onAbilityConnectDone()方法和 onAbilityDisconnectDone()方法。onAbilityConnectDone()方法在连接 Service 时回调，并可返回 IRemoteObject 对象。在上面的代码中，将 IRemoteObject 对象转型为 MyRemoteObject 对象，并调用了 MyRemoteObject 对象的 manipulateService()方法，可用于对 Service 的控制。onAbilityDisconnectDone()方法在断

开连接 Service 时回调。

随后，在【连接服务】按钮的单击监听事件方法中，通过 connectAbility（Intent intent，IAbilityConnection connection）方法连接 TestService，代码如下：

```
//chapter7/ServiceAbility/entry/src/main/java/com/example/serviceability/slice/
//MainAbilitySlice.java
//TestService 的 Intent 对象
Intent intent = new Intent();
Operation operation = new Intent.OperationBuilder()
        .withDeviceId("")
        .withBundleName("com.example.serviceability")
        .withAbilityName("com.example.serviceability.TestService")
        .build();
intent.setOperation(operation);
//连接 Service
connectAbility(intent, connection);
```

在【断开连接服务】按钮的单击监听事件方法中，通过 disconnectAbility（IAbilityConnection connection）方法断开连接 TestService，代码如下：

```
//chapter7/ServiceAbility/entry/src/main/java/com/example/serviceability/slice/
//MainAbilitySlice.java
//断开连接 Service
disconnectAbility(connection);
```

编译并运行 ServiceAbility 应用程序，接下来体会一下连接和断开连接 Service 功能。运行程序后，单击【连接服务】按钮后会出现如下 HiLog 提示：

```
7805 - 7805/ * I 01100/TestService: onStart
7805 - 7805/ * I 01100/TestService: onConnect
7805 - 7805/ * I 01100/TestService: MyRemoteObject 被创建!
7805 - 7805/ * I 01100/TestService: 自定义方法,用于控制 Service
```

连接 TestService 时，由于 TestService 没有被启动，所以应用程序会自动启动 TestService，并调用 onStart()方法（注意不调用 onCommand 方法）。随后，调用了 TestService 的 onConnect()方法，实例化并返回了 MyRemoteObject 对象。MainAbilitySlice 获得了 TestService 返回的 MyRemoteObject 对象后，调用了 manipulateService()方法。

此时，单击【断开连接服务】按钮后会出现如下 HiLog 提示：

```
7805 - 7805/ * I 01100/TestService: onDisconnect
7805 - 7805/ * I 01100/TestService: onBackground
7805 - 7805/ * I 01100/TestService: onStop
```

断开连接后，由于 TestService 没有被其他 FA 连接，此时 TestService 会自动停止，即调用了 onBackground 方法和 onStop 方法。这是另外一种 Service 的使用方法，形成了一个 Service 生命周期的闭环，如图 7-10 所示。

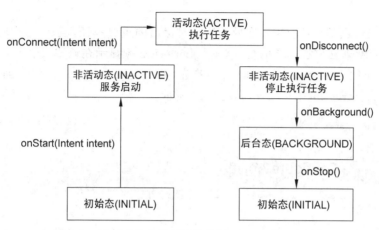

图 7-10　通过连接和断开连接控制 Service 的生命周期

这种生命周期闭环通常用于执行短期使用的 Service，例如画中画、语音通话、视频通话、上传下载等场景中。

值得注意的是，如果先通过 startAbility 启动了 Service 并且通过 connectAbility 连接了 Service（不区分先后顺序），再通过 disconnectAbility 方法断开连接 Service，则只会调用 onDisconnect 生命周期方法，不会停止该 Service，也不会调用 onBackground 和 onStop 生命周期方法。此时只有调用 stopAbility 方法（或在 Service 内部调用 terminateAbility 方法）才能停止这个服务，因此，7.2.2 节和 7.2.3 节所介绍的是相对独立的控制 Service 生命周期的方法。

7.3　Service 的高级用法

本节介绍前台 Service、JavaScript UI 页面调用 Service 的方法。本节仍然在 7.2 节所创建的 ServiceAbility 应用程序工程的基础上介绍这些功能，并在其主页面上继续添加【启动前台 Service】和【打开 index 页面】共 2 个按钮，如图 7-11 所示。本节所有的代码均可在 ServiceAbility 应用程序工程中找到。

7.3.1　前台 Service

在本章的开头部分介绍过，当应用程序进入后台后，由于操作系统的内存限制，前台 Service 会跟随应

图 7-11　ServiceAbility 应用主界面

8min

用程序本身随时可能被系统杀掉。假如前台 Service 正在进行一些重要的功能,例如导航、播放音乐等,此时该前台 Service 被系统杀掉会给用户带来非常不好的体验,因此,如果希望应用程序在进入后台时,前台 Service 仍能够稳定提供服务,那么就需要将 Service 设置为前台 Service。

前台 Service 也是一种应用程序处于后台时保活的重要途径,但是,为了防止恶意软件在后台抢占资源,非法监控用户的行为,前台 Service 必须显示在通知栏中。

接下来,介绍前台 Service 的用法。首先,在 ServiceAbility 工程中创建一个新的 Service,命名为 ForegroundService,如图 7-12 所示。

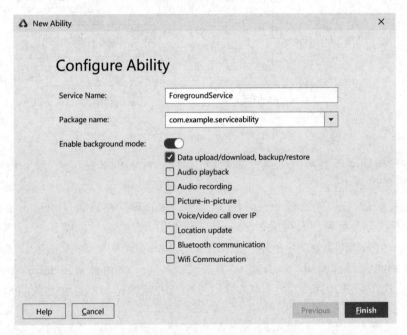

图 7-12　创建 ForegroundService

创建 ForgroundService 时,勾选 Enable background mode 选项,并至少选择一类后台模式的类型。如果未指明后台模式(未指明该前台 Service 的用途),则该前台 Service 将无法正常驻留系统后台。

然后,为了能够将 Service 常驻后台,首先需要创建一个 NotificationRequest 通知请求对象,再通过 keepBackgroundRunning(int id, NotificationRequest request)方法将该 Service 设置为前台 Service,其中 id 参数为通知 ID,request 参数为通知请求对象。接下来,在 ForegroundService 的 onStart()生命周期方法中,将 ForegroundService 常驻后台,代码如下:

```
//chapter7/ServiceAbility/entry/src/main/java/com/example/serviceability/ForegroundService.java
//普通文本通知内容
```

```
NotificationNormalContent content = new NotificationNormalContent()
        .setTitle("测试应用")
        .setText("该 Service 会常驻后台");
//创建 NotificationContent 通知内容对象
NotificationContent notificationContent = new NotificationContent(content);
//创建 NotificationRequest 通知请求对象
NotificationRequest request = new NotificationRequest(1001)
        .setContent(notificationContent);

//绑定通知,1005 为创建通知时传入的 notificationId
keepBackgroundRunning(1001, request);
```

应用程序还需要添加 ohos. permission. KEEP_BACKGROUND_RUNNING 权限。在 ServiceAbility 的 config. json 中,声明这个权限,代码如下:

```
//chapter7/ServiceAbility/entry/src/main/config.json
{
  ...
  "module": {
    ...
    "reqPermissions": [
      {
        "name": "ohos. permission. KEEP_BACKGROUND_RUNNING"
      }
    ]
  }
}
```

最后,与普通 Service 一样启动前台 Service 即可。在【启动前台 Service】按钮的单击处理方法中实现启动 ForegroundService 的功能,代码如下:

```
//chapter7/ServiceAbility/entry/src/main/java/com/example/serviceability/slice/
//MainAbilitySlice. java
Intent intent = new Intent();
Operation operation = new Intent. OperationBuilder()
            .withDeviceId("")
            .withBundleName("com. example. serviceability")
            .withAbilityName(ForegroundService.class.getName())
            .build();
intent. setOperation(operation);
startAbility(intent);
```

运行 ServiceAbility 应用程序,单击【启动前台 Service】按钮,即可使 ForegroundService 常驻后台,状态栏中显示的内容如图 7-13 所示。

图 7-13 前台 Service 持续驻留在系统后台

23min

7.3.2 JavaScript UI 调用 Service

在第 5 章中介绍了 JavaScript UI(JS UI),当时我们说到 JS UI 虽然被冠以 UI 称呼,但是实际上通过模块包含了许多非 UI 功能(如网络访问、文件读写、设备控制等),因此 JS UI 也被称为 JavaScript API(JS API),但是 JS API 的功能是有限的,独立的 JS API 不能完成复杂的功能开发,这时就需要实现 JS API 与 Java API 之间的交互。目前,鸿蒙操作系统仅提供了 JS UI 调用 Service 这一种交互方式。

本节在 ServiceAbility 工程中创建一个名为 index 的 JS UI 页面,并创建一个 ComputeService 服务,最后实现 index 页面调用 ComputeService 服务的功能。

1. 在 Java UI 中打开 JavaScript 页面

首先,创建一个 JS 模块,这里通过手工创建的方法,在 ServiceAbility 工程中 entry→src→main 目录下创建 js 目录,在该目录中创建一个名为 default 的 JavaScript 模块,并在其中创建默认的 index 页面,如图 7-14 所示。

在 index.hml 中,创建仅包含 1 个【调用 Java 服务】按钮的页面,代码如下:

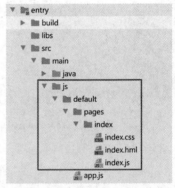

图 7-14 创建 default 模块

```
//chapter7/ServiceAbility/entry/src/main/js/default/pages/index/index.hml
<div class = "container">
    <button class = "button"
            onclick = "onButtonClicked">
        调用 Java 服务
    </button>
</div>
```

在 index.css 中,实现 container 和 button 类选择器的样式,代码如下:

```
//chapter7/ServiceAbility/entry/src/main/js/default/pages/index/index.css
.container {
    flex - direction: column;
    justify - content: center;
    align - items: center;
```

```
    }

    .button {
        font - size: 30px;
        margin: 30px;
    }
```

在 index.js 中,添加 variableA 和 variableB 两个变量用于调用服务时传递参数,并实现 onButtonClicked()方法,代码如下:

```
//chapter7/ServiceAbility/entry/src/main/js/default/pages/index/index.js
export default {
    data: {
        variableA: 10,
        variableB: 20
    },
    onButtonClicked() {
        //单击[调用 Java 服务]后调用
    }
}
```

注意 JavaScript 模块还需要在 config.json 中注册,代码如下:

```
//chapter7/ServiceAbility/entry/src/main/config.json
{
  ...
  "module": {
    ...
    "js": [
      {
        "pages": [
        "pages/index/index"
          ],
        "name": "default",
        "window": {
          "designWidth": 720,
          "autoDesignWidth": false
        }
      }
    ]
  }
}
```

然后,创建承载 default 模块的 JSPageAbility,代码如下:

```
//chapter7/ServiceAbility/entry/src/main/java/com/example/serviceability/JSPageAbility.java
public class JSPageAbility extends AceAbility {
    @Override
    public void onStart(Intent intent) {
        super.setInstanceName("default");
        super.onStart(intent);
    }
}
```

不需要为该 JSPageAbility 创建 AbilitySlice 和布局文件,因此只需通过创建普通 Java 类的方式创建 JSPageAbility。此时,打开 JSPageAbility 就会自动启动 default 模块。

最后,在 MainAbilitySlice 中的【打开 index 页面】单击事件监听方法中以启动普通 FA 的方法启动 JSPageAbility 即可,代码如下:

```
//chapter7/ServiceAbility/entry/src/main/java/com/example/serviceability/slice/
//MainAbilitySlice.java
Intent intent = new Intent();
Operation operation = new Intent.OperationBuilder()
        .withDeviceId("")
        .withBundleName("com.example.serviceability")
        .withAbilityName("com.example.serviceability.JSPageAbility")
        .build();
intent.setOperation(operation);
startAbility(intent);
```

运行 ServiceAbility 程序,单击【打开 index 页面】按钮即可打开 index 页面,如图 7-15 所示。

图 7-15　index 页面的用户界面

2. 实现 ComputeService

JavaScript 调用的 Service 具有一些限制,主要包括以下 2 个方面:

(1) 用于 JavaScript 调用的 Service 中,远程对象 (RemoteObject)必须实现 IRemoteBroker 接口,并实现接口方法 asObject(),将当前对象返回,作为远程代理对象。JavaScript 调用 Service 时,会调用 Servie 的 onConnect()生命周期方法,开发者需要通过 asObject()方法返回远程对象的远程代理对象。此时,JavaScript 代码中就可以使用这个远程代理对象了。

(2) Service 的功能业务代码需要放置到远程对象的 onRemoteRequest(int code, MessageParcel data,MessageParcel reply,MessageOption option)方法中,这些参数的意义如下:

- code 参数:表示调用码,不同的调用码所对应的功能不同。

- data 参数：用于获取输入数据。
- reply 参数：用于返回输出数据。
- option 参数：用于获取调用参数，包括同步和异步调用，以及等待时间等。

为了方便解析和包装数据，输入数据和输出数据都尽量使用 JSON 字符串。

接下来，创建用于复杂计算的 ComputeService，代码如下：

```java
//chapter7/ServiceAbility/entry/src/main/java/com/example/serviceability/ComputeService.java
public class ComputeService extends Ability {

    //创建用于计算数据的远程对象
    class MyRemoteObject extends RemoteObject implements IRemoteBroker {
        MyRemoteObject() {
            super("MyRemoteObject");
        }

        @Override
        public boolean onRemoteRequest(int code, MessageParcel data, MessageParcel reply,
MessageOption option) {
            //判断调用代码
            if (code != 1001) {
                reply.writeString("调用错误!");
                return false;
            }

            //获取输入参数，这里最好用 try-catch 捕获异常
            ZSONObject object = ZSONObject.stringToZSON(data.readString());
            int a = object.getInteger("variableA");
            int b = object.getInteger("variableB");
            //计算输出结果
            int result = a * b;
            //将输出结果进行包装
            ZSONObject resultObject = new ZSONObject();
            resultObject.put("code", 200);
            resultObject.put("result", result);
            String output = ZSONObject.toZSONString(resultObject);
            //返回输出结果
            reply.writeString(output);
            return true;
        }

        @Override
        public IRemoteObject asObject() {
            //返回当前对象
            return this;
        }
```

```
    }

    @Override
    public IRemoteObject onConnect(Intent intent) {
        //返回远程代理对象
        return new MyRemoteObject().asObject();
    }
}
```

在上面的代码中,实现了简单的乘法功能。当 JS 调用方法的调用代码为 1001 时,可以通过 variableA 和 variableB 传入数据。在 onRemoteRequest 方法中可以实现复杂的计算功能,然后组装并返回包含结果数据的 JSON 字符串。

注意: ZSONObject 的 GET 方法可能会抛出异常,最好加入 try-catch 语句捕获异常并进行处理。

3. 实现 JS UI 页面调用 ComputeService

通过 FeatureAbility 的 callAbility 方法可实现 JS UI 页面调用 Service 的功能。另外,还可以通过 subscribeAbilityEvent 和 unsubscribeAbilityEvent 订阅和退订 Service 能力。接下来,介绍通过 callAbility 的直接调用方法。

使用 callAbility 方式时,需要传入 action 对象参数,该参考需要包括以下属性:

(1) bundleName:调用 Service 的 Bundle 名称。

(2) abilityName:调用的 Service。

(3) messageCode:调用代码。

(4) abilityType:Ability 类型,0 代表 Ability,1 代表 Internal Ability。

(5) data:输入数据。

(6) syncOption:同步/异步选项,0 代表同步,1 代表异步。当前异步选项仅支持 Internal Ability。

注意:同步调用 Service 时,由于 callAbility 返回的是 promise 对象,JS 方法需要使用 async 修饰,并且 callAbility 方法需要 await 修饰。

这里的 Ability 类型是指 Service 的不同实现方式:Ability 是基本的实现方式,上文实现的 ComputeService 就是这种方式。通过 Internal Ability 实现的 Service 通常用于需要快速响应的场景,具有以下特点:

(1) 需要将 Service 绑定到某个 FA,并与该 FA 共进程。

(2) 不具有独立的生命周期,其生命周期由绑定的 FA 所控制。

(3) Service 继承 AceInternalAbility 类,而非 Ability 类。

接下来,在 index.js 中实现 onButtonClicked()方法,同步调用 ComputeService,代码如下:

```
//chapter7/ServiceAbility/entry/src/main/js/default/pages/index/index.js
async onButtonClicked() {
```

```
//组装输入数据
var params = {};
params.variableA = this.variableA;
params.variableB = this.variableB;
//创建 Action 对象,设置调用参数
var action = {};
//调用 Service 的 Bundle 名称
action.bundleName = 'com.example.serviceability';
//调用的 Service
action.abilityName = 'com.example.serviceability.ComputeService';
//调用代码
action.messageCode = 1001;
//加入输入数据
action.data = params;
//Ability 类型:普通 Service
action.abilityType = 0;
//同步调用
action.syncOption = 0;
//调用 Service,并返回结果
var result = await FeatureAbility.callAbility(action);
//解析结果字符串
var ret = JSON.parse(result);
//当成功调用时,输出结果
if (ret.code == 200) {
    prompt.showToast({
        message: '服务输出结果:' + ret.result
    });
}
}
```

运行程序进入 index.hml 后,单击【调用 Java 服务】按钮,即可弹出"服务输出结果:
200"提示,如图 7-16 所示,输出的是参数 10 和 20 的乘积。

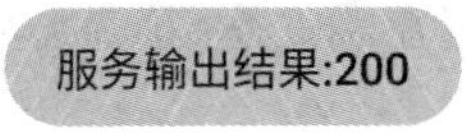

服务输出结果:200

图 7-16　JS 方法调用 ComputeService 的输出结果

7.4　分布式任务调度

鸿蒙操作系统是分布式操作系统,可以在多种不同设备中运行鸿蒙操作系统,并且可以
实现有效地协同和交互,形成"超级虚拟终端",这就需要鸿蒙的分布式任务调度能力了。本
节对分布式任务调度进行简单的用法介绍,开发者可以根据分布式任务调度能力充分利用

鸿蒙操作系统的优势,打通设备间的隔阂,简简单单地解开物联网的面纱。

12min

7.4.1 基本概念和用法

分布式任务调度的基本组件为 Ability,分布式任务调度就是可以远程跳转和调用 Ability。在第 2 章中介绍了 Ability 的基本概念,包括 FA 和 PA 两个基本分类。本节在 FA 和 PA 这 2 个层次上介绍分布式任务调度的基本能力。最后,介绍流转和协同的基本概念。

1. FA 的分布式能力

FA 承载了用户界面,是分布式任务调度能力的基础所在。FA 具有 2 个方面的分布式能力,打开/关闭远程设备上的 FA,以及应用迁移的能力。

1) 打开/关闭远程设备上的 FA

打开/关闭远程设备上的 FA 与本地操作 FA 的方法基本相同,需要 Intent 对象设置参数,并使用 startAbility()和 stopAbility()方法打开和关闭 FA,但是,操作远程设备上的 FA 需要特别注意以下 3 点:

(1) 需要 DISTRIBUTED_DATASYNC 权限(需要用户动态授权)和 GET_BUNDLE_ INFO 权限(用于判断应用是否安装,并获取相关信息)。

(2) 需要在 Operation 对象中通过 withDeviceId()方法设置设备 ID(设备 ID 的获取详见 7.4.2 节),通过 withFlags()方法添加 Intent.FLAG_ABILITYSLICE_MULTI_DEVICE 远程调用参数。

(3) 如果不仅跨设备,还要跨应用操作 FA,则还需要在 config.json 中将 ability 的 visible 属性设置为 true。

例如,打开远程设备上的 FA 的典型代码如下:

```
Operation operation = new Intent.OperationBuilder()
    .withDeviceId("<设备 ID>")
    .withBundleName("< Bundle 名称>")
    .withAbilityName("< FA 名称>")
    .withFlags(Intent.FLAG_ABILITYSLICE_MULTI_DEVICE)
    .build();
Intent intent = new Intent();
intent.setOperation(operation);
startAbility(intent);
```

是不是非常简单,操作远程设备的 FA 和操作本地 FA 几乎是一样的。

2) 应用迁移的能力

应用迁移比较特殊,不需要 Intent 对象的参与,可以将设备中的某个 FA 直接迁移到另外一个设备上运行,是应用程序流转的主要实现方法。这里面涉及的概念和用法比较多,详见 7.4.3 节。

2. PA 的分布式能力

PA 包括 Service 和 Data。在本章已经介绍了 Service，Data 将在第 8 章中进行介绍。无论是 Service 还是 Data 都可以通过分布式任务调度实现远程调用。这里介绍远程调用需要注意的问题。

1) 远程调用 Service

与 FA 一样，Service 的调用同样需要 Intent 对象的参与。不同的是，不仅可以通过 startAbility() 和 stopAbility() 方法打开和关闭远程 Service，还可以通过 connectAbility 和 disconnectAbility 来连接和断开连接远程的 Service。与 FA 一样，操作远程设备上的 Service 需要特别注意以下 3 点：

(1) 需要 DISTRIBUTED_DATASYNC 权限（需要用户动态授权）和 GET_BUNDLE_INFO 权限（用于判断应用是否安装，并获取相关信息）。

(2) 需要在 Operation 对象中通过 withDeviceId 方法设置设备 ID（设备 ID 的获取详见 7.4.2 节），通过 withFlags() 方法添加 Intent.FLAG_ABILITYSLICE_MULTI_DEVICE 远程调用参数。

(3) 如果不仅跨设备，还要跨应用操作 Service，则还需要在 config.json 中将 ability 的 visible 属性设置为 true。

这里 Intent 对象的创建方法与操作远程 FA 时所创建的 Intent 对象是相同的，这里不再赘述。

2) 远程调用 Data

Data 的用法详见 8.3 节，需要先学习第 8 章的内容再尝试远程调用 Data。与 FA 与 Service 不同的是，使用 Data 时不需要 Intent 对象的参与。不过，使用远程设备上的 Data 就更加简单了，只需要在访问 Data 的 URI 中加入设备 ID（设备 ID 的获取详见 7.4.2 节）。不过，操作远程设备上的 Data 需要特别注意以下两点：

(1) 需要 DISTRIBUTED_DATASYNC 权限（需要用户动态授权）。通过 Data 访问远程设备上的文件时还需要 READ_USER_STORAGE 和 WRITE_USER_STORAGE 权限。

(2) 如果不仅跨设备，还要跨应用操作 Data，则还需要在 config.json 中将 ability 的 visible 属性设置为 true。

上面介绍了分布式任务调度的基本使用要点。由于操作远程设备上的 Ability 和操作本地上的 Ability 从开发上并没有太大的区别，所以本节并没有（也没必要）以实例的方式介绍这些内容（应用迁移的使用方法比较特殊，详见 7.4.3 节的相关内容），读者可以自行尝试这些用法。

3. 流转与协同

流转和协同是从用户的角度对分布式任务调度进行描述。

1) 应用程序流转

流转是指一个应用程序在某一个设备上运行时，因用户需要将应用程序切换到另外一个设备上继续运行，同时在原来的设备上停止运行。流转包括迁移（Migrate）和迁回两个层面,如图 7-17 所示。在流转过程中,FA 在原设备上的数据信息可以安全地转移到新设备上。虽然流转的过程是在设备 A 上关闭 FA,在设备 B 上打开 FA,但是从用户的角度来看就像是一个应用程序在两个屏幕上进行跳转。

图 7-17　应用程序流转

注意：应用程序的流转单位是 HAP。在流转过程中,如果指定的设备上没有安装需要流转的应用程序(HAP),则系统会自动从应用商店中下载 10MB 以内的 HAP。超过 10MB 的 HAP 会通知用户是否安装下载,因此,建议开发者将需要流转的用户界面封装到一个较小的 HAP 中,这样可以帮助用户节约带宽,并能够在较快的时间内实现流转。

流转的实现方式是应用迁移,参见 7.4.3 节的内容。

流转类似于苹果生态下的应用接力(Hand Off),但是接力的实现往往需要在 Mac 端和移动端分别开发应用程序。鸿蒙操作系统的流转则更加简洁和方便,并且配合其他的分布式任务调度能力还可以实现应用协同。

2) 应用程序协同

协同是指在多个设备上同时运行同一个应用程序,并且用户在多个设备的支持下进行同一工作任务。例如,在设备 A 和设备 B 上均运行某个应用程序,通过选择设备 A 上的列表项可以控制设备 B 上的显示界面,如图 7-18 所示。在用户的角度,就好像一个应用程序占据了两个设备屏幕。通常,通过 FA 和 PA 之间的相互调用就可以实现应用协同了。对于复杂的应用场景,还需要分布式数据管理的配合。

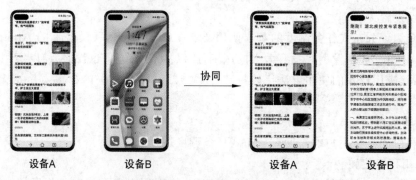

图 7-18　应用程序协同

7.4.2　分布式组网与远程设备信息获取

6min

实现鸿蒙操作系统的分布式功能的前提是必须先对设备进行分布式组网。分布式组网的内在含义就是形成了分布式软总线，从而可以使用分布式任务调度和分布式数据管理功能。分布式组网需要依次具备以下条件：

（1）组网间的设备均安装鸿蒙操作系统。

（2）设备间必须处于可信状态，即设备处于同一网络下且登录同一华为账号。这里的同一网络并非仅指连接在同一个WiFi中，或者仅连接在同一个蓝牙网络中。事实上，如果设备A和设备B连接在同一个WiFi中，设备B和设备C连接在同一个蓝牙网络中，并且设备A、B、C均登录同一个华为账号，则设备A和设备C之间处于可信状态，可通过分布式软总线连通，如图7-19所示。

图 7-19　设备之间处于可信状态

（3）打开设备的多设备协同功能。在操作系统的设置→更多连接→多设备协同页面中，打开多设备协同选项，如图7-20所示。

满足上述条件的设备间就形成了分布式软总线，此时应用就可以使用分布式任务调度和分布式数据管理能力了，但是，需要注意的是由于应用程序间存在沙箱机制，不同设备相同应用程序内可以进行Ability相互调用（注意权限的设置），但是不同设备不同应用程序间仅能调用visible属性为true的Ability。这里的相同应用指的是Bundle名称且签名相同的应用。

那么在开发中如何了解分布式组网内的设备信息呢？如何获取指定设备的设备ID呢？通过DeviceManager的getDeviceList(int flag)方法即可获得组网内的设备信息，这里的flag参数是指获取设备的类型，包括：

- FLAG_GET_ALL_DEVICE：全部设备。
- FLAG_GET_OFFLINE_DEVICE：离线设备。
- FLAG_GET_ONLINE_DEVICE：在线设备。

getDeviceList(int flag)方法返回的对象为设备信息DeviceInfo对象的列表。例如，获取组网内在线设备的设备信息代码如下：

```
List < DeviceInfo > deviceInfoList = DeviceManager.getDeviceList(
        DeviceInfo.FLAG_GET_ONLINE_DEVICE);
```

← **多设备协同**

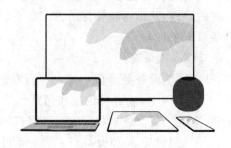

多设备协同 ⬤▭

本服务及其底层服务需**联网**，调用**蓝牙**权限，获取设备标识符、华为账号信息。打开开关，即表示您同意上述内容及关于**多设备协同与隐私的声明**。

多设备控制中心   已开启 ＞

多设备图库浏览   已开启 ＞

图 7-20　多设备协同设置选项

DeviceInfo 对象包含如下获取设备信息的方法：

（1）getDeviceId()：获取设备 ID 字符串，该值全局唯一。

（2）getDeviceName()：获取设备名称字符串，由用户自行设定，默认为产品型号。

（3）getDeviceState()：获取设备状态，由 DeviceState 枚举类型定义，包括 ONLINE（在线）、OFFLINE（离线）和 UNKNOWN（未知）。

（4）getDeviceType()：获取设备类型，由 DeviceType 枚举类型定义，包括 LAPTOP（便携式计算机）、SMART_CAR（车机）、SMART_PAD（平板计算机）、SMART_PHONE（手机）、SMART_TV（智慧屏）、SMART_WATCH（可穿戴设备）、UNKNOWN_TYPE（未知）等。

将组网内所有的设备信息打印到 HiLog 中的代码如下：

```
//获得 DeviceInfo 列表,包含已经连接的所有设备信息
List<DeviceInfo> deviceInfoList = DeviceManager.getDeviceList(
        DeviceInfo.FLAG_GET_ONLINE_DEVICE);

//遍历 DeviceInfo 列表,获得所有的设备 ID
for (DeviceInfo deviceInfo : deviceInfoList) {
```

```
    Utils.log("Device ID: " + deviceInfo.getDeviceId());
    Utils.log("Device Name: " + deviceInfo.getDeviceName());
    Utils.log("Device State: " + deviceInfo.getDeviceState());
    Utils.log("Device Type: " + deviceInfo.getDeviceType());
}
```

调取组网内的设备信息需要 GET_DISTRIBUTED_DEVICE_INFO 权限,不要忘记将其在 config.json 中声明。

在实现流转和协同功能时,可将 DeviceInfo 列表中的信息提示到用户界面,供用户选择需要流转或协同的设备。然后,在 Intent 对象的 Operation 中,或者在 Data URI 中设置正确的设备 ID 即可实现响应的分布式任务调度功能。

7.4.3　应用迁移

应用迁移就是将当前的应用程序(实际上是当前的 FA)迁移到另外一个组网设备上的过程。为了描述方便,将迁移前调用迁移方法的设备称为原设备,将迁移到的目标设备称为迁移设备。

在原设备中,在 MainAbility 或 AbilitySlice 中通过上下文对象方法即可实现应用迁移:

(1) continueAbility():迁移应用程序。

(2) continueAbility(String deviceId):迁移应用程序到指定的设备。

(3) continueAbilityReversibly():迁移应用程序,通过该方法迁移后在迁移设备上还可通过 reverseContinueAbility()方法将该应用程序迁移到原设备上。

(4) continueAbilityReversibly (String deviceId):迁移应用程序到指定的设备,通过该方法迁移后在迁移设备上还可通过 reverseContinueAbility()方法将该应用程序迁移到原设备上。

不过,调用迁移方法的 FA 必须实现 IAbilityContinuation 接口。如果当前用户界面由 AbilitySlice 管理,则该 AbilitySlice 和 FA 都必须实现 IAbilityContinuation 接口。

IAbilityContinuation 接口主要包括以下接口方法:

(1) onStartContinuation():开始迁移时回调,由原设备调用。

(2) onSaveData(IntentParams params):迁移时保存当前应用中的数据,由原设备调用。

(3) onRestoreData(IntentParams params):迁移时获取当前应用中的数据,由迁移设备调用。

(4) onCompleteContinuation(int res):迁移结束后回调,由原设备调用。

上述各个接口方法在迁移时的调用过程如图 7-21 所示。

本节通过一个简单的流转实例介绍应用迁移的基本用法。本节创建一个名为 DistributedApp 应用程序,在其主界面 MainAbilitySlice 中加入一个【迁移】按钮,代码如下:

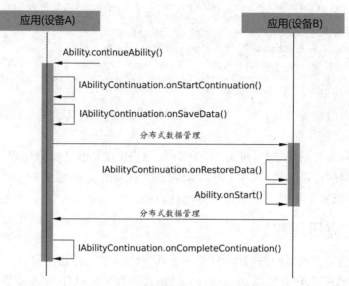

图 7-21　迁移过程中各个主要方法的调用顺序

```
//chapter7/DistributedApp/entry/src/main/resources/layout/ability_main.xml
<?xml version = "1.0" encoding = "utf - 8"?>
< DirectionalLayout
    xmlns:ohos = "http://schemas.huawei.com/res/ohos"
    ohos:height = "match_parent"
    ohos:width = "match_parent"
    ohos:orientation = "vertical">
    < Button
        ohos:id = " $ + id:btn_continue"
        ohos:height = "match_parent"
        ohos:width = "match_parent"
        ohos:layout_alignment = "horizontal_center"
        ohos:text = "迁移"
        ohos:text_size = "50"
    />

</DirectionalLayout >
```

然后,在该页面中实现应用程序迁移。单击【迁移】按钮即可将该页面迁移到另外一个组网设备上,具体步骤如下:

(1) 在 DistributedApp 应用程序的 config.json 中添加 DISTRIBUTED_DATASYNC 和 GET_DISTRIBUTED_DEVICE_INFO 权限。另外,DISTRIBUTED_DATASYNC 需要动态申请,不要忘了在 MainAbility 的 onStart 生命周期方法中添加动态申请权限的代码。

（2）将 MainAbility 类实现 IAbilityContinuation 接口，并实现 onStartContinuation（）、onSaveData（）、onRestoreData（）和 onCompleteContinuation（）方法，代码如下：

```
//chapter7/DistributedApp/entry/src/main/java/com/example/distributedapp/MainAbility.java
public class MainAbility extends Ability implements IAbilityContinuation {
    ...

    @Override
    public boolean onStartContinuation() {
        return true;
    }

    @Override
    public boolean onSaveData(IntentParams intentParams) {
        return true;
    }

    @Override
    public boolean onRestoreData(IntentParams intentParams) {
        return true;
    }

    @Override
    public void onCompleteContinuation(int i) {
    }
}
```

（3）将 MainAbilitySlice 类实现 IAbilityContinuation 接口，并实现 onStartContinuation（）、onSaveData（）、onRestoreData（）和 onCompleteContinuation（）方法，代码如下：

```
//chapter7/DistributedApp/entry/src/main/java/com/example/distributedapp/slice/
//MainAbilitySlice.java
public class MainAbilitySlice extends AbilitySlice implements IAbilityContinuation {
    ...

    //迁移时传递的数据对象
    private int index = 0;

    @Override
    public boolean onStartContinuation() {
        return true;
    }
```

```
    @Override
    public boolean onSaveData(IntentParams intentParams) {
        //传递数据
        intentParams.setParam("index" , index);
        return true;
    }


    @Override
    public boolean onRestoreData(IntentParams intentParams) {
        //接收数据
        index = (int)intentParams.getParam("index") + 1;
        return true;
    }
    @Override
    public void onCompleteContinuation(int i) {
        //迁移完成后关闭原设备上的 MainAbility
        terminateAbility();
    }


}
```

在上述代码中，在页面迁移过程传递了 index 对象，并且每次迁移结束后在接收数据时均将 index 值加 1。在原设备上调用 onSaveData()方法，将 index 的值保存在 IntentParams对象中。在迁移设备上调用 onRestoreData()方法，获取以后将 index 的值加 1 并保存在index 成员变量中。

另外，在迁移结束后，通过 onCompleteContinuation 回调调用了 terminateAbility()方法用于关闭原设备上的 MainAbility。

（4）在 onStart()方法中，获取 MainAbilitySlice 上的【迁移】按钮对象，显示 index 的当前值，并在其单击事件监听方法中通过 continueAbility()方法实现迁移，代码如下：

```
//chapter7/DistributedApp/entry/src/main/java/com/example/distributedapp/slice/
//MainAbilitySlice.java
@Override
public void onStart(Intent intent) {
    super.onStart(intent);
    super.setUIContent(ResourceTable.Layout_ability_main);


    Button btnContinue = (Button)
findComponentById(ResourceTable.Id_btn_continue);
    btnContinue.setText("迁移(当前数据:" + index + ")");
    btnContinue.setClickedListener(new Component.ClickedListener() {
```

```
        @Override
        public void onClick(Component component) {
            //获取组网内在线设备列表
            List < String > deviceIds = getAvailableDeviceIds();
            if (deviceIds != null) {
                //迁移到组网内设备列表中的第1个设备上
                continueAbility(deviceIds.get(0));
            }
        }
    });
}


/**
 * 获取所有已经连接的设备 ID
 * @return 设备 ID 列表
 */
public static List < String > getAvailableDeviceIds() {
    //获取 DeviceInfo 列表,包含已经连接的所有设备信息
    List < DeviceInfo > deviceInfoList = DeviceManager.getDeviceList(
            DeviceInfo.FLAG_GET_ONLINE_DEVICE);

    //如果 DeviceInfo 列表为空则返回
    if (deviceInfoList == null || deviceInfoList.size() == 0) {
        return null;
    }
    //遍历 DeviceInfo 列表,获取所有的设备 ID
    List < String > deviceIds = new ArrayList <>();
    for (DeviceInfo deviceInfo : deviceInfoList) {
        deviceIds.add(deviceInfo.getDeviceId());
    }
    //返回所有的设备 ID
    return deviceIds;
}
```

　　在上述代码中,为了简化代码,将该 MainAbilitySlice 迁移到组网内设备列表中的第 1 个设备上。在实际应用中,建议开发者通过列表等方式提示用户选择迁移的设备后再进行迁移,并最好为其设置"是否迁移?"这样的确认对话框。

　　编译并运行程序,【迁移(当前数据:0)】按钮显示 index 的值。将两个以上的设备进行组网后,每次单击【迁移(当前数据:0)】按钮即可实现该页面的跨设备迁移,每次迁移后index 的值会加 1,即按钮会依次变为【迁移(当前数据:1)】、【迁移(当前数据:2)】、【迁移(当前数据:3)】等,如图 7-22 所示。

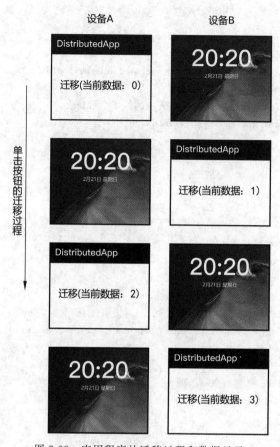

图 7-22　应用程序的迁移过程和数据显示

7.5　本章小结

　　本章以 Service 为中心介绍了鸿蒙应用程序的线程控制方法：任务分发器，介绍了 Service 的基本用法和各种高级用法，并介绍了分布式任务调度的相关内容。本章所介绍的内容都是开发者应当重点关注的非界面开发部分知识点。与用户界面开发不同，这些特性在开发者的使用上非常灵活，并没有统一的规范可供参照。这些特性如果使用得当，能够为用户带来非常流畅的应用程序。

　　在第 1 章中介绍过鸿蒙操作系统的系统服务层包含了分布式软总线、分布式数据管理和分布式任务调度 3 个主要的分布式模块。这其中，分布式软总线的实现细节是隐藏的，而开发者可以直接使用的就是分布式任务调度和分布式数据管理了。本章简单地介绍了分布式任务调度，而第 8 章会详细介绍分布式数据管理的用法。拥有了这两把"利刃"，开发者就可以开发运行在鸿蒙操作系统上的分布式应用了。

第 8 章 数据持久化与 Data Ability

想想平时你为什么看手机？打电话、刷微博、聊微信、看抖音,无疑都是在有意或无意地获取或发布信息,而数据承载着一个应用程序中的文字、图片、视频等各式各样的信息,是信息的载体,也是应用程序的"灵魂"。

烟花易冷,人事易分。我们总是希望在我们的手机中能够留下一些美好的回忆。网上购物时的订单信息、玩游戏时的进度和成就、和心上人出游时的照片和视频,以及老板分配任务时的聊天记录,对于用户来讲这些数据绝对不能转瞬即逝,成为过眼云烟,而是要持久地保存在设备中。这种将数据持久地存储起来的技术被称为数据的持久化(Persistence)。

数据可以持久化地保存在鸿蒙设备中,也可以持久化地保存在云端服务器,而后者涉及服务器后端技术,不在本书的讨论范围之内。本书只讨论鸿蒙设备的本地存储和分布式数据管理。本地存储就是将数据存储在应用程序所在的独立设备中,其他的设备无法直接访问,这是一种常规的存储方案。分布式数据管理是鸿蒙操作系统的特色之一。多个组网的鸿蒙设备(同一组网环境之下且登录同一华为账号的设备)之间可以实现应用程序数据的互联互通。另外,分布式数据管理的 API 也非常简单,方便开发工作。

从数据的类型上看,分为结构化数据和非结构化数据。简单来讲,结构化数据是可以通过二维表结构进行定义和组织的数据,通常采用关系数据库进行存储。非结构化数据即不方便采用二维表结构进行定义和组织的数据,例如独立的参数、字符串、图片、声频、视频、文档等数据。

本章首先介绍数据库存储方式,可以用于存储结构化数据和部分非结构化数据(参数、字符串等),然后介绍文件存储方式,可以用于存储图片、声频、视频、文档等非结构化数据,最后介绍 Data Ability 及应用间共享数据的方法。

8.1　数据库存储

本节分别介绍本地数据库和分布式数据库。本地数据库包括关系数据库、对象关系映射(Object Relational Mapping,ORM)和应用偏好数据库。关系数据库和对象关系映射都是基于 SQLite 的数据库方案,只是提供了两种不同的访问接口。ORM 对于使用面向对象开发思路的开发者更加具有亲和力,开发更加便捷高效。应用偏好数据库存储非结构化数据,多用于存储一些应用程序中经常使用的参数设置选项,采用键值对(Key-Value)的方式存储数据。

分布式数据库同样以参数键值对的方式存储数据,但是提供了结构化数据的存储能力。开发者可以使用几乎相同的接口存储结构化和非结构化数据。多个组网的鸿蒙设备之间可以实现同一应用程序下的分布式数据库同步。

本节创建一个 Database 工程,并在 MainAbility 中创建【关系数据库】、【对象关系映射】、【应用偏好数据库】和【分布式数据库】共 4 个按钮,单击按钮可分别进入 RdbAbility、OrmAbility、PreferenceAbility 和 DistributedAbility,如图 8-1 所示。这几个 Ability 分别对应了本节所要介绍的数据库类型。本章所有代码均可在 Database 工程中找到。

8.1.1 关系数据库

关系数据库(Relational Database)是最为常见的数据库类型之一,用于存储结构化数据。移动应用程序对于关系数据库的需求通常具有轻量化、低内存占用、快速高效等特点,通常会选择轻量级数据库,例如 SQLite、CouchDB、Berkeley DB 等。其中,SQLite 是最为常用、最为传统,且应用较为广泛的开源轻量级无服务器数据库。在许多 Android 和 iOS 应用程序中都会选择 SQLite。在鸿蒙应用程序开发中,关系数据库和对象关系映射的 API 实际上就是对 SQLite 的各类操作方式进行了统一封装。下面将对关系数据库的 API 进行介绍。

本节在 RdbAbility 中进行关系数据库的学习和开发。在 RdbAbilitySlice 中创建【插入数据】、【批量插入数据】、【查询数据】、【更新数据】、【删除数据】等按钮,并实现其单击监听事件处理方法,如图 8-2 所示。

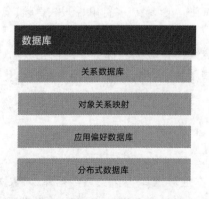

图 8-1　Database 应用程序工程的主界面

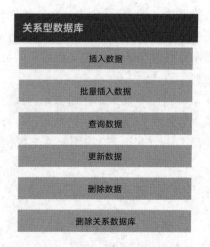

图 8-2　RdbAbility 的界面

1. DatabaseHelper、RdbConfig 和 RdbStore

DatabaseHelper 是管理本地数据库的"老大哥",所有操作都得先通过 DatabaseHelper 之手。在本节、8.1.2 节和 8.1.3 节都会出现 DatabaseHelper 的身影。通过 DatabaseHelper 可以获取、创建和删除关系数据库。不过,DatabaseHelper 并不是单例,使用时需要实例化,代码如下:

```
DatabaseHelper helper = new DatabaseHelper(getContext());
```

RdbConfig 是关系数据库的配置选项对象,而 RdbStore 则是关系数据库对象。在开发中,RdbConfig 对象就像一张数据库的配置清单,由开发者填写完毕后提交给 DatabaseHelper,告知其需要一个什么样的数据库,最后由 DatabaseHelper 获取(第一次获取时需要创建)数据库并返回 RdbStore 对象。RdbStore 对象是操作数据库的"工具人",用来完成增、删、改、查等工作,如图 8-3 所示。

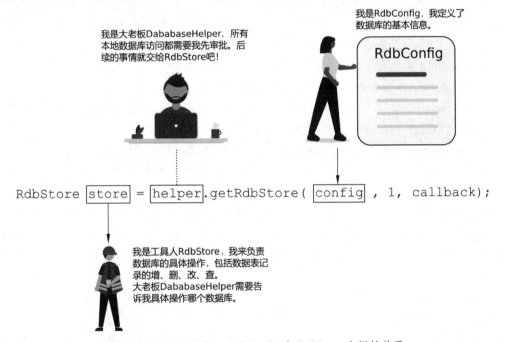

图 8-3　DatabaseHelper、RdbConfig 和 RdbStore 之间的关系

通过 DatabaseHelper 获取数据库的方法如下:

(1) getRdbStore(StoreConfig config,int version,RdbOpenCallback openCallback):通过 StoreConfig 对象、版本号 version 和 RdbOpenCallback 回调获取数据库。

(2) getRdbStore(StoreConfig config,int version,RdbOpenCallback openCallback,ResultSetHook resultSetHook):通过 StoreConfig 对象、版本号 version 和 RdbOpenCallback 回调获取数据库。同时,通过 ResultSetHook 可以自定义 SQL 的结果集。

getRdbStore 的返回对象即为 RdbStore 对象。RdbOpenCallback 接口定义了数据库创建、打开、升级、降级时的回调方法,包括:

(1) onCreate(RdbStore store):创建数据库时的回调方法。

(2) onOpen(RdbStore store):打开数据库时的回调方法。

(3) onUpgrade(RdbStore store,int currentVersion,int targetVersion):升级数据库时的回调方法。其中,currentVersion 是当前数据库版本号,而 targetVersion 是数据库升级后的版本号。

(4) onDowngrade(RdbStore store,int currentVersion,int targetVersion):降级数据库时的回调方法。其中,currentVersion 是当前数据库版本号,而 targetVersion 是数据库降级后的版本号。

(5) onCorruption(File DatabaseFile):当数据库文件损坏时的回调方法。

其中,onCreate()方法和 onUpgrade()方法必须实现。当通过 getRdbStore 方法获取数据库时,如果数据库还没有被创建,则会回调到 onCreate()方法,开发者需要在该回调中初始化这个数据库,例如创建一些必要的数据表等。当数据库版本号更新时,会回调到 onUpgrade 方法中,开发者需要实现更新数据库操作。

StoreConfig 对象通过其 Builder 类负责创建,Builder 类的常用方法如下:

(1) setName(String name):设置数据库文件名称。

(2) setDatabaseFileType(DatabaseFileType DatabaseFileType):数据库文件类型,包括 NORMAL(正常)、CORRUPT(损坏)和 BACKUP(备份)选项。

(3) setEncryptKey(Byte[] encryptKey):加密数据库并设置数据库密钥。

(4) setReadOnly(boolean isReadOnly):设置数据库是否为只读。

(5) setJournalMode(StoreConfig. JournalMode journalMode):设置日志模式,包括 MODE_DELETE(仅保留当前事务日志,每次事务结束后日志文件就会被删除)、MODE_MEMORY(日志记录在内存中)、MODE_PERSIST(日志记录在 ROM 中)、MODE_TRUNCATE(截断之前日志记录)、MODE_WAL(WAL 模式)、MODE_OFF(不进行日志)等选项。

(6) setStorageMode(StoreConfig. StorageMode storageMode):设置存储模式,包括 MODE_DISK(存储在 ROM 中)和 MODE_MEMORY(存储在内存中)等选项。

(7) setSyncMode(StoreConfig. SyncMode syncMode):设置同步模式,包括 MODE_EXTRA(额外)、MODE_FULL(完整)、MODE_NORMAL(正常)、MODE_OFF(关闭)等选项。

(8) build():构建 StoreConfig 对象。

注意:上述这些数据库配置选项许多都可以通过 SQLite 的 PRAGMA 命令进行设置,读者可以参考 SQLite 的相关文档获取更多信息。

Builder 类采用了 Builder 设计模式,因此除了 build()方法之外,其他方法都返回 Builder 对象,因此可以通过方法连用进行选项配置,最后通过 builder()方法返回

RdbConfig 对象。例如，设置一个存储模式为 MODE_DISK、文件名称为 test.db 的只读数据库，代码如下：

```
StoreConfig storeConfig = new StoreConfig.Builder()
        .setReadOnly(true)
        .setStorageMode(StorageMode.MODE_DISK)
        .setName("test.db")
        .build();
```

上述代码返回了 StoreConfig 对象。通过 StoreConfig 对象的各种 GET 方法可以查询数据库的各种配置选项。

另外，StoreConfig 内置了 3 个常见的创建数据库的静态方法：

- newDefaultConfig(String name)：创建一个存储模式为 MODE_DISK、可读写的数据库。数据库文件名称通过 name 参数进行设置。
- newMemoryConfig()：创建一个存储模式为 MODE_MEMORY、可读写的数据库。
- newReadOnlyConfig(String name)：创建一个存储模式为 MODE_DISK 的只读数据库。数据库文件名称通过 name 参数进行设置。

因此，上述代码也可以通过 newReadOnlyConfig 方法代替，代码如下：

```
StoreConfig config = StoreConfig.newReadOnlyConfig("test.db");
```

接下来实现创建一个数据库 test.sqlite，并在其中创建一个默认数据表 student。

2. 创建和加载数据库

开发者首先需要创建数据库配置清单 RdbConfig 对象，然后提交给 DatabaseHelper，最后由 DatabaseHelper 获取（第一次获取时需要创建）数据库并返回 RdbStore 对象。

在 RdbAbilitySlice 中，实现获取数据库 test.sqlite 的 RdbStore 对象，并在创建 test.sqlite 数据库时创建 student 表，代码如下：

```
//chapter8/Database/entry/src/main/java/com/example/Database/slice/RdbAbilitySlice.java
/**
 * 获取 test.sqlite 数据库的 RdbStore 对象
 * @return RdbStore 对象
 */
private RdbStore getTestRdbStore() {
    //实例化 DatabaseHelper 对象
    DatabaseHelper helper = new DatabaseHelper(this);
    //创建可读写的 test.sqlite 数据库
    StoreConfig config = StoreConfig.newDefaultConfig("test.sqlite");
    //获取 RdbStore 对象,版本号为 1
```

```
        RdbStore store = helper.getRdbStore(config, 1, new RdbOpenCallback() {
            @Override
            public void onCreate(RdbStore rdbStore) {
                //在创建 test.sqlite 数据库时,创建 student 数据表
                rdbStore.executeSql("CREATE TABLE IF NOT EXISTS student (" +
                        "id INTEGER PRIMARY KEY AUTOINCREMENT, " +
                        "name TEXT NOT NULL, " +
                        "age INTEGER, " +
                        "sex TINYINT, " +
                        "class TEXT)");
            }

            @Override
            public void onUpgrade(RdbStore rdbStore, int i, int i1) {
                //更新数据库时回调
            }
        });

        return store;
    }
```

在上述代码中,实例化了 DatabaseHelper 对象,并创建了名为 test.sqlite 的可读写数据库,在获取 RdbStore 对象时,指定了其版本号为 1。通过 RdbOpenCallback 接口,在创建该数据库时创建了 student 数据表。student 表包含了 id(自增主键,整型)、name(姓名,文本型且非空)、age(年龄,整型)、sex(性别,TinyInt 整型,其中 1 表示男性,0 表示女性)和 class(班级,文本型)共 5 个字段。

这里使用了 RdbStore 对象的 executeSql 方法创建了上述数据表:

- executeSql(String sql): 执行 SQL 语句。
- executeSql(String sql,Object[] sqlArgs): 通过指定的参数执行 SQL 语句。

值得注意的是,executeSql 并不能返回 SQL 语句的结果。如果需要查询数据等,则需要使用 RdbStore 的 query()等方法。

注意:数据库文件存储在应用程序沙盒中,通过 AbilitySlice 上下文对象的 getDatabaseDir()方法即可获得其数据库存储位置。通常,关系数据库文件的存储位置为/data/data/<包名>/< Ability 名>/Databases/db/。在开发过程中,读者可尝试通过 SQLiteStudio、SQLiteDatabaseBrowser 等数据库管理工具检查数据库内容。

3. 数据表的基本操作

增、查、改、删是操作数据表的基本操作。接下来分别介绍向 student 表中增加数据(增)、查询数据(查)、更新数据(改)和删除数据(删)的操作方法。

1) 增加数据

增加数据采用 RdbStore 的 insert()方法添加数据:

（1）insert（String table，ValuesBucket initialValues）：插入数据，其中 table 为表名，
ValuesBucket 为记录数据。

（2）insertOrThrowException（String table，ValuesBucket initialValues）：插入数据。
如果出现约束冲突则抛出 RdbException 异常。

（3）insertWithConflictResolution（String table，ValuesBucket initialValues，ConflictResolution
conflictResolution）：插入数据。另外，通过 ConflictResolution 定义冲突的解决方式。

（4）batchInsertOrThrowException（String tableName，List < ValuesBucket > initialValues，
ConflictResolution conflictResolution）：同时插入多条记录。

在上述方法中，除了 batchInsertOrThrowException 以外，其余的方法均返回长整型数
值 Row ID，如果返回值为－1，则说明插入失败。batchInsertOrThrowException 返回类型
为 List < Long >，开发者可分别判断各条记录是否插入成功。

ConflictResolution 定义了冲突解决方式，包括 ON_CONFLICT_FAIL（抛出异常）、
ON_CONFLICT_ABORT（抛出异常并终止操作）、ON_CONFLICT_IGNORE（跳过该记录）、
ON_CONFLICT_NONE（什么都不做）、ON_CONFLICT_REPLACE（删除出现 UNIQUE、
PRIMARY KEY 约束冲突的记录，插入此条记录）、ON_CONFLICT_ROLLBACK（终止操
作并回滚事务）。

ValuesBucket 可以定义需要插入记录的各个字段值。针对不同的字段类型，ValuesBucket
包括了 putString（）、putInteger（）、putFloat（）、putNull（）等多种字段值设置方法。

在 RdbAbilitySlice 的【插入数据】按钮单击监听事件处理方法中，插入姓名为董昱、年
龄为 30、性别为男，班级为鸿蒙基础学习班的记录，代码如下：

```java
//chapter8/Database/entry/src/main/java/com/example/Database/slice/RdbAbilitySlice.java
RdbStore store = getTestRdbStore();
ValuesBucket values = new ValuesBucket();
values.putString("name", "董昱");
values.putInteger("age", 30);
values.putInteger("sex", 1);
values.putString("class", "鸿蒙基础学习班");
long id = store.insert("student", values);
if (id == - 1) {
    Utils.showToast(this, "数据插入失败!");
} else {
    Utils.showToast(this, "数据插入成功,Row ID: " + id + "!");
}
//使用完毕后要关闭 RdbStore 对象
store.close();
```

注意：在 RdbStore 使用完毕后，需要及时通过 close（）方法关闭 RdbStore 对象。

运行上述代码后，即可在 student 表中插入该条数据，并
弹出如图 8-4 所示的提示。由于这是该数据库的第 1 条数
据，因此其 Row ID 为 1。

数据插入成功，Row ID: 1!

图 8-4　数据插入成功

当然，也可以通过 batchInsertOrThrowException 同时插入多条数据。例如，在 RdbAbilitySlice 的【批量插入数据】按钮单击监听事件处理方法中插入多条数据，代码如下：

```
//chapter8/Database/entry/src/main/java/com/example/Database/slice/RdbAbilitySlice.java
RdbStore store = getTestRdbStore();
List < ValuesBucket > students = new ArrayList <>();
ValuesBucket student1 = new ValuesBucket();
student1.putString("name", "王娜");
student1.putInteger("age", 30);
student1.putInteger("sex", 0);
student1.putString("class", "鸿蒙基础学习班");
students.add(student1);

ValuesBucket student2 = new ValuesBucket();
student2.putString("name", "董沐宸松");
student2.putInteger("age", 20);
student2.putInteger("sex", 1);
student2.putString("class", "鸿蒙基础学习班");
students.add(student2);

List < Long > ids = store.batchInsertOrThrowException("student", students,
        RdbStore.ConflictResolution.ON_CONFLICT_ABORT);
String output = "";
for(long id : ids) {
    if (id == -1) {
        Utils.log("数据插入失败!");
    } else {
        Utils.log("数据插入成功,Row ID: " + id + "!");
    }
}
//使用完毕后要关闭 RdbStore 对象
store.close();
```

运行上述代码后，不出意外即可在 DevEco Studio 的 HiLog 工具窗体中查看到以下信息：

```
23989 - 23989/ * I 00101/Database: 数据插入成功,Row ID: 2!
23989 - 23989/ * I 00101/Database: 数据插入成功,Row ID: 3!
```

上述代码均完成后，test 数据库中 student 表中的数据如图 8-5 所示。

id	name	age	sex	class
1	董昱	30	1	鸿蒙基础学习班
2	王娜	30	0	鸿蒙基础学习班
3	董沐宸松	20	1	鸿蒙基础学习班

图 8-5　student 表中的数据

2）查询数据

为了能够获得表中的数据，可以通过 RdbStore 对象的 query 方法查询数据。query()方法有 2 种基本查询方法：

- query(AbsRdbPredicatespredicates,String[] columns)：通过谓词查询数据，其中 predicates 为传入的谓词对象，columns 参数为查询的字段数组（当 columns 参数为空时表示查询所有字段）。

- querySql(String sql,String[] sqlArgs)：通过 SQL 语句查询数据，其中 sql 参数为 SQL 语句字符串，而 sqlArgs 参数为 SQL 语句字符串的占位符数组。

（1）使用谓词查询数据。

谓词是指描述实体的特性与实体之间关系的词项，用于定义数据表的操作条件。AbsRdbPredicates 包括 2 个子类，分别是 RawRdbPredicates 和 RdbPredicates。RawRdbPredicates 非常简单，就是对 SQL 语句的 where 后查询子句单独拿出来，以独立的字符串进行书写，其构造方法如下：

- RawRdbPredicates(String table)：查询 table 表内的所有数据。

- RawRdbPredicates(String table,String whereClause,String[] whereArgs)：查询 table 表的数据，其中 whereClause 表示 SQL 查询子句字符串，whereArgs 为 SQL 查询子句字符串占位符数据。

例如，可以通过 RawRdbPredicates 构建性别为男且年龄在 25～35 岁的学员的谓词对象，代码如下：

```
RawRdbPredicates rdbPredicates = new RawRdbPredicates("student",
        "sex = ? and age between ? and ? order by id asc",
        new String[]{"1", "25", "35"});
```

RdbPredicates 包括了 equals、and、or、distinct 等谓词函数（绝大多数 SQL 谓词对应了一个谓词函数），如表 8-1 所示。

表 8-1　常用谓词函数及其含义

谓 词 函 数	描　　述	谓 词 函 数	描　　述
and	逻辑与	lessThanOrEqualTo	小于或等于
or	逻辑或	between	在某范围内
distinct	每一记录均为唯一的	notBetween	在某范围外
beginWrap	左小括号	contains	包含
endWrap	右小括号	beginsWith	匹配字符串开头的子字符串
equalTo	等于	beginsWith	匹配字符串开头的子字符串
notEqualTo	不等于	endsWith	匹配字符串结尾的子字符串
greaterThan	大于	endsWith	匹配字符串结尾的子字符串
greaterThanOrEqualTo	大于或等于	in	在某离散值的范围内
lessThan	小于	notIn	在某离散值的范围外

谓 词 函 数	描　　述	谓 词 函 数	描　　述
like	模糊匹配	on	连接条件
glob	文本通配符匹配	indexedBy	建立索引
isNotNull	非空	groupBy	分组
isNull	空	orderByAsc	正排序
crossJoin	交叉连接	orderByDesc	倒排序
innerJoin	内连接	limit	限制查询结果数
leftOuterJoin	左外连接	offset	跳过指定数量的结果数
using	简化连接查询		

通过 RdbPredicates 构建性别为男且年龄在 25～35 岁的学员的谓词对象,代码如下:

```
RdbPredicates rdbPredicates = new RdbPredicates("student")
        .equalTo("sex", "1")
        .between("age", 25,35)
        .orderByAsc("id");
```

（2）使用 SQL 语句查询数据。

有了谓词方法,使用 SQL 语句查询数据就显得较为原始。不过对于特殊需求和复杂的查询条件,使用 SQL 语句也是一种好的选择。通过 SQL 语句查询性别为男且年龄在 25～35 岁的学员,代码如下:

```
ResultSet resultSet = store.querySql("select * from student where " +
        "sex = ? and age between ? and ? order by id asc",
        new String[]{"1", "25", "35"});
```

无论通过谓词还是通过 SQL 语句查询数据,其返回结果均为 ResultSet 对象。结果集 ResultSet 包含了查询结果,并以二维表的形式存储在 ResultSet 中,可以通过 getRowCount()方法获得结果记录数量。

注意：这里的 ResultSet 为 ohos. data. resultset 包下的 ResultSet 类,而不是 java. sql. ResultSet。

ResultSet 对象存在 1 个游标,游标所指的记录被称为当前记录。默认情况下,这个游标指向 −1 位置,即没有指向任何记录。这个游标位置可以通过 getRowIndex()方法获得。游标的控制方法还包括:

（1）goToFirstRow()：游标指向第 1 条记录,即指向 0。

（2）goToLastRow()：游标指向最后 1 条记录,即指向 getRowCount()−1。

（3）goToNextRow()：游标指向下一条记录。

（4）goToPreviousRow()：游标指向上一条记录。

（5）goTo(int offset)：游标向前（或向后）移动指定距离的位置。

（6）goToRow（int rowIndex）：游标指向指定的位置。

当希望通过游标来遍历结果时，可以通过 while 语句配合 goToNextRow（）方法，代码如下：

```
while (resultSet.goToNextRow()) {
    //遍历结果集
}
```

获取当前记录的信息。此时，可以通过其 getString、getInt 等方法获取其查询结果。这些方法都包括了一个整型参数，表示字段的索引。如果开发者无法确信某个字段的索引，则可以通过 getColumnIndexForName（String columnName）进行查询，通过 getColumnNameForIndex（int columnIndex）方法可以查询某个字段索引所对应的字段名称，通过 getColumnCount（）方法可以查询字段数量。

在 RdbAbilitySlice 的【查询数据】按钮单击监听事件处理方法中，通过谓词方法来查询现有数据库 student 表中的内容，并且通过 ResultsSet 对象将其输出，代码如下：

```
//chapter8/Database/entry/src/main/java/com/example/Database/slice/RdbAbilitySlice.java
RdbStore store = getTestRdbStore();
String[] columns = new String[] {"id", "name", "age", "sex", "class"};
RdbPredicates rdbPredicates = new RdbPredicates("student")
        .orderByAsc("id");
ResultSet resultSet = store.query(rdbPredicates, columns);

Utils.log("结果集行数: " + resultSet.getRowCount());
while (resultSet.goToNextRow()) {
    int id = resultSet.getInt(0);
    String name = resultSet.getString(1);
    int age = resultSet.getInt(2);
    int sex = resultSet.getInt(3);
    String _class = resultSet.getString(4);
    Utils.log("id:" + id + " 姓名: " + name + " 年龄: " + age
            + " 性别: " + (sex == 1 ? "男性" : "女性")
            + " 班级: " + _class);
}
//关闭结果集
resultSet.close();
//关闭 RdbStore 对象
store.close();
```

当通过上面介绍的增加数据方法添加了 3 条记录后，运行上述代码后会在 HiLog 工具窗体中显示以下信息：

```
5140 - 5140/ *  I 00101/Database: id:1 姓名: 董昱 年龄: 30 性别: 男性 班级: 鸿蒙基础学习班
5140 - 5140/ *  I 00101/Database: id:2 姓名: 王娜 年龄: 30 性别: 女性 班级: 鸿蒙基础学习班
```

5140-5140/＊ I 00101/Database: id:3 姓名：董沐宸松 年龄：20 性别：男性 班级：鸿蒙基础学习班

注意：使用完成 ResultSet 对象后，需要调用其 close()方法将其关闭。

3）更新数据

通过 RdbStore 对象的 update(ValuesBucket values, AbsRdbPredicates rdbPredicates)方法可更新数据。其中，values 参数用于定义更新的字段值，rdbPredicates 参数用于定义需要更新的记录范围。这两个对象在之前的学习中都已经介绍过了，这里不再赘述。update 的返回值表示在数据表中更新的记录数量，如果返回-1，则表示操作失败。

在 RdbAbilitySlice 的【更新数据】按钮单击监听事件处理方法中，将 student 表中董昱的班级类型从"鸿蒙基础学习班"修改为"鸿蒙高级学习班"，代码如下：

```
//chapter8/Database/entry/src/main/java/com/example/Database/slice/RdbAbilitySlice.java
RdbStore store = getTestRdbStore();
RdbPredicates rdbPredicates = new RdbPredicates("student").equalTo("name", "董昱");
ValuesBucket values = new ValuesBucket();
values.putString("class", "鸿蒙高级学习班");
int rowNum = store.update(values, rdbPredicates);
if (rowNum == -1) {
    Utils.showToast(this, "数据更新失败!");
} else {
    Utils.showToast(this, "数据更新成功,更新行数:" + rowNum + "!");
}
//使用完毕后要关闭 RdbStore 对象
store.close();
```

在上述代码中，通过 RdbPredicates 对象查询 student 表中姓名为董昱的记录，通过 ValuesBucket 设置修改内容。执行上述代码后，student 表的数据变化如图 8-6 所示，并弹出"数据更新成功，更新行数：1！"的提示。

id	name	age	sex	class
1	董昱	30	1	鸿蒙基础学习班
2	王娜	30	0	鸿蒙基础学习班
3	董沐宸松	20	1	鸿蒙基础学习班

id	name	age	sex	class
1	董昱	30	1	鸿蒙高级学习班
2	王娜	30	0	鸿蒙基础学习班
3	董沐宸松	20	1	鸿蒙基础学习班

图 8-6　更新 student 表中的数据

4）删除数据

通过 RdbStore 的 delete(AbsRdbPredicates rdbPredicates)方法即可删除指定的记录，需要删除的记录通过 rdbPredicates 参数进行指定。例如，与 update 方法类似，delete 的返

回值表示在数据表中删除的记录数量,如果返回 -1,则表示操作失败。

在 RdbAbilitySlice 的【删除数据】按钮单击监听事件处理方法中,删除 student 表中姓名为董昱的记录,代码如下:

```
//chapter8/Database/entry/src/main/java/com/example/Database/slice/RdbAbilitySlice.java
RdbStore store = getTestRdbStore();
RdbPredicates rdbPredicates = new RdbPredicates("student").equalTo("name", 董昱");
int rowNum = store.delete(rdbPredicates);
if (rowNum == -1) {
    Utils.showToast(this, "数据删除失败!");
} else {
    Utils.showToast(this, "数据删除成功,删除行数:" + rowNum + "!");
}
store.close();
```

在上述代码中,通过 RdbPredicates 对象指定了删除记录为 student 表中姓名为董昱的记录。执行上述代码后,student 表的数据变化如图 8-7 所示,并弹出"数据删除成功,删除行数:1!"的提示。

id	name	age	sex	class
1	董昱	30	1	鸿蒙基础学习班
2	王娜	30	0	鸿蒙基础学习班
3	董沐宸松	20	1	鸿蒙基础学习班

id	name	age	sex	class
2	王娜	30	0	鸿蒙基础学习班
3	董沐宸松	20	1	鸿蒙基础学习班

图 8-7　删除 student 表中的数据

上面介绍了数据表的增、删、改、查等基本操作,除了这些操作以外,还包括数据库备份与恢复、事务处理等高级用法,因篇幅有限不再进行详细介绍。下面列举几种常用的高级方法:

(1) backup(String destName):备份数据库。

(2) backup(String destName,Byte[] destEncryptKey):备份数据库并加密。

(3) restore(String srcName):恢复数据库。

(4) restore(String srcName,Byte[] srcEncryptKey,Byte[] destEncryptKey):解密并恢复数据库。

(5) setVersion(int version):设置数据库版本。

(6) getVersion():获取数据库版本。

(7) getPath():获取数据库路径。

(8) changeEncryptKey(Byte[] newEncryptKey):更改数据库密钥。

(9) beginTransaction():开始事务。

(10) beginTransactionWithObserver(TransactionObserver transactionObserver):开

始事务并添加监听器。

(11) endTransaction()：结束事务。

(12) isInTransaction()：判断当前是否在事务中。

(13) markAsCommit()：提交事务。

(14) replace(String table,ValuesBucket initialValues)：批量更改记录字段值。

(15) replaceOrThrowException(String table,ValuesBucket initialValues)：批量更改记录字段值,可抛出 RdbException 异常。

(16) count(String tableName,String whereClause,String[] whereArgs)：通过条件子句计数满足指定条件的记录数。

(17) count(AbsRdbPredicates absRdbPredicates)：通过谓词方式计数满足指定条件的记录数。

另外,通过 DatabaseHelper 的 deleteRdbStore()方法可删除指定的数据库,通过 releaseRdbMemory()方法可统一释放关系数据库的内容占用,通过 moveDatabase()方法可移动(重命名)数据库。

8.1.2　对象关系映射

使用 RdbStore 操作关系数据库实际上是一种非常传统的数据库操作方式,要求开发者具备一定的数据库的基础理论基础和 SQL 语言基础。如果读者对关系数据库非常熟悉,则8.1.1 节的内容阅读起来应该比较轻松,但是,这些操作方式实际上与 Java 面向对象编程(OOP)的思想具有较大的差异。对于大型项目来讲,通常还需要开发一个数据模型层来操作数据库,用于解决面向对象思想和关系数据库之间的隔阂。

对象关系映射(Object Relational Mapping,ORM)是解决这一隔阂的另外一种方式,是操作关系数据库的进一步抽象。ORM 可以根据对象的属性来自动创建具有相应字段的数据表。例如,在 Java 中定义了 Person 类,并包含 name、sex、age 等私有属性和相应的 GET/SET 方法,ORM 即可对应地创建 person 表,并包含 name、sex、age 等字段。也就是说,有了 ORM,开发者就不需要了解数据库的具体细节了,只需知道它可以将 Java 对象保存在数据库中。

注意：实际上对象关系映射所创建的数据库和 8.1.1 节中所介绍的关系数据库本质上都是 SQLite 3 数据库。这两种操作数据库的方式只是在 API 层面有所不同。8.1.1 节所述操作方式属于传统的数据库操作方式,而本节所介绍的 ORM 对于 OOP 开发者更加具有亲和力。

与 8.1.1 节类似,本节首先介绍 ORM 的配置方法,然后介绍如何创建数据库和数据表,并实现数据表的增、删、改、查等基本操作。

本节在 OrmAbility 中进行对象关系映射的学习和开发,在 OrmAbilitySlice 中创建【插入数据】、【查询数据】、【更新数据】和【删除数据】按钮,并实现其单击监听事件处理方法,如图 8-8 所示。

图 8-8　OrmAbility 的界面

1. 使用 ORM 前的配置操作

ORM 使用了 Java 的注解特性,因此,首先需要在工程中 HAP(模块)的 build. gradle 中启用注解,代码如下:

```
//chapter8/Database/entry/src/main/config.json
apply plugin: 'com. huawei. ohos. hap'
ohos {
    …
    compileOptions{
        annotationEnabled true
    }

}
```

2. 创建数据库和数据表

与关系数据库不同,在 ORM 中数据库和数据表都需要通过 Java 类进行定义:其中,定义数据库的类通过@Database 注解定义,并继承 OrmDatabase 类;定义数据表的类(被称为实体类)通过@Entity 注解定义,并继承 OrmObject 类。

为了讲解与测试方便,接下来在 Database 工程中创建 TestDatabase 类和 Picture 类,分别用于定义数据库和数据表。首先,创建 Picture 实体类,用于存放照片信息,包括照片名称、拍照时间、照片描述、拍照位置等信息,代码如下:

```
//chapter8/Database/entry/src/main/java/com/example/Database/orm/Picture.java
@Entity(tableName = "picture")
public class Picture extends OrmObject {

    //照片 ID
    @PrimaryKey(autoGenerate = true)
    private Integer pictureid;
    //照片名称
```

```
        private String name;
        //拍照时间
        private Date capturedTime;
        //照片描述
        private String discription;
        //拍照位置：经度
        private double longitude;
        //拍照位置：纬度
        private double latitude;

        …
        //开发者可根据实际情况在这里添加成员变量的 GET/SET 方法
    }
```

在上述代码中，@Entity 注解中的 tableName 参数指定了该类所对应的表名。另外，如果开发者希望类中的某些变量不作为表中的字段，则可以通过 ignoredColumns 注解参数声明。例如，如果不希望将 longitude 和 latitude 作为表中的字段，则可以使用下面的@Entity注解，代码如下：

```
@Entity(tableName = "picture", ignoredColumns = {"longitude", "latidue"})
```

@PrimaryKey(autoGenerate＝true)注解定义了 picture 表的主键，并通过 autoGenerate 参数声明该主键为自增类型。其他的代码均为各种变量的 GET/SET 方法。

注意：DevEco Studio 可以自动生成 Java 类成员变量的 GET/SET 方法。在代码编辑区域的类代码块中的任意位置右击，选择 Generate 菜单，并在弹出的菜单中选择 Getter and Setter 菜单。在弹出的对话框中选中需要生成 GET/SET 方法的成员变量，单击 OK 按钮即可。

然后，创建 TestDatabase 类，代码如下：

```
//chapter8/Database/entry/src/main/java/com/example/Database/orm/TestDatabase.java
@Database(entities = {Picture.class}, version = 1)
public abstract class TestDatabase extends OrmDatabase {
}
```

由于 TestDatabase 类仅作为数据库的声明，因此该类只需通过 abstract 声明为静态类。@Database 中的 entities 参数指明了该数据库所包含表所对应的类，version 参数指定了该数据库的版本。

最后，通过 OrmContext 类即可创建数据库和数据表。OrmContext 是 ORM 操作的"总管家"。与关系数据库中的 RdbStore 对象类似，OrmContext 对象也是通过 DatabaseHelper 获取的，代码如下：

```
//chapter8/Database/entry/src/main/java/com/example/Database/slice/OrmAbilitySlice.java
/**
 * 获取测试数据库 test.db 的 OrmContext 对象
 * @return OrmContext 对象
 */
private OrmContext getTestOrmContext() {
    DatabaseHelper helper = new DatabaseHelper(this);
    OrmContext context = helper.getOrmContext("Test", "test.db", TestDatabase.class);
    return context;
}
```

其中，DatabaseHelper 的 getOrmContext 方法中的第 1 个参数指代数据库的别名，第 2 个参数指代数据库的文件名称，第 3 个参数指代定义数据库的 ORM 类。

注意：与关系数据库的操作方法类似，ORM 也有对应的配置类 OrmConfig。DatabaseHelper 也存在对应的 getOrmContext（OrmConfig OrmConfig，Class < T > ormDatabase，OrmMigration... migrations）方法。通过 OrmConfig 类可以设置数据库的文件类型、加密密钥等。如果需要加密数据库，则可采用这种方式获取 OrmContext 对象。

3．数据表的基本操作

增、查、改、删是操作数据表的基本操作。接下来分别介绍向 picture 表中增加数据（增）、查询数据（查）、更新数据（改）和删除数据（删）的操作方法。这些方法都需要通过 OrmContext 进行操作。使用 OrmContext 需要 3 个步骤：

（1）执行对应的数据表操作方法，如增、查、改、删等。此时，这些操作被暂存在内存缓冲区中，并没有真正影响数据库。

（2）调用 flush()方法执行操作（查询数据除外）。此时，缓冲区被清空，完成数据库操作。

（3）调用 close()方法关闭 OrmContext 对象。

1）增加数据

通过 OrmContext 的 insert()方法即可增加数据。增加数据前，首先需要创建需要插入的 ORM 实体对象。在 OrmAbilitySlice 的【插入数据】按钮单击监听事件处理方法中，在 picture 表中插入 1 条记录，首先需要创建这条记录所对应的对象，然后使用 insert()方法传入这个对象即可，代码如下：

```
//chapter8/Database/entry/src/main/java/com/example/Database/slice/OrmAbilitySlice.java
//获取 OrmContext 对象
OrmContext context = getTestOrmContext();
//创建 ORM 实体对象
Picture picture = new Picture();
picture.setName("test.png");
picture.setCapturedTime(new Date());
```

```
picture.setDiscription("测试照片");
picture.setLongitude(116.445088);
picture.setLatitude(39.942821);
//插入 ORM 实体对象
boolean isSuccessed = context.insert(picture);
if (!isSuccessed) {
    Utils.showToast(this, "增加数据错误!");
    return;
}
//提交操作
isSuccessed = context.flush();
if (!isSuccessed) {
    Utils.showToast(this, "增加数据错误!");
    return;
}
Utils.showToast(this, "增加数据成功!");
//使用完 OrmContext 对象后要及时关闭
context.close();
```

执行上述代码,不出意外,界面会显示"增加数据成功!"提示。

2) 查询数据

通过 OrmContext 的 query 方法即可查询数据,包括 query(OrmPredicates predicates) 和 query(OrmPredicates predicates,String[] columns)这 2 种重载方法。通过 predicates 参数可以定义查询条件,通过 columns 参数可以定义查询字段。

OrmPredicates 类包含了各种查询谓词,其功能和方法与 8.1.1 节所介绍的 RdbPredicates 中的方法非常类似,读者可参考表 8-1,这里不再赘述。不过,创建 OrmPredicates 时不需要指定查询的表名,而是要指定查询 ORM 类的 class 对象。例如,要查询 picture 表中的数据,则在创建 OrmPredicates 对象时要传入 Picture.class 对象,代码如下:

```
OrmPredicates query = new OrmPredicates(Picture.class);
```

在 OrmAbilitySlice 的【查询数据】按钮单击监听事件处理方法中,查询并输出 picture 表中的所有数据,代码如下:

```
//chapter8/Database/entry/src/main/java/com/example/Database/slice/OrmAbilitySlice.java
//获取 OrmContext 对象
OrmContext context = getTestOrmContext();
//创建 OrmPredicates 对象,指定查询条件
OrmPredicates predicates = new OrmPredicates(Picture.class)
        .orderByAsc("pictureid");
//查询并获取结果列表
List<Picture> pictures = context.query(predicates);
//输出查询结果
```

```
Utils.showToast(this, "查询结果数:" + pictures.size());
for (Picture picture : pictures) {
    Utils.log("名称:" + picture.getName()
            + "时间:" + picture.getCapturedTime()
            + "描述:" + picture.getDiscription());
}
context.close();
```

执行上述代码,如果 picture 表中只有 1 条数据,则 HiLog 工具窗体中会输出以下内容:

18004－18004/＊Ｉ00101/Database:名称:test.png 时间:Sat Feb 13 22:27:36 GMT＋08:00 2021 描述:测试照片

在用户界面中,弹出"查询结果数：1"提示。

3)更新数据

通过 OrmContext 的 update 方法即可更新数据,其重载方法包括:

- update(OrmPredicates predicates,ValuesBucket value):通过 predicates 参数指定更新记录的范围(查询条件),而 value 参数可指定更新的字段值。
- update(T object):直接传入 ORM 实体对象,更新单条记录。

有了之前的基础知识,更新数据方法中的各个参数也就不难理解了。在 OrmAbilitySlice 的【更新数据】按钮单击监听事件处理方法中,更新 picture 表中名称为 test.png 的记录,并将其名称修改为 test1.png,代码如下:

```
//chapter8/Database/entry/src/main/java/com/example/Database/slice/OrmAbilitySlice.java
//获取 OrmContext 对象
OrmContext context = getTestOrmContext();
//创建 OrmPredicates 对象,指定更新条件
OrmPredicates ormPredicates = new OrmPredicates(Picture.class)
        .equalTo("name", "test.png");
//通过 ValuesBucket 对象指定更新字段值
ValuesBucket values = new ValuesBucket();
values.putString("name", "test1.png");
//更新数据
int count = context.update(ormPredicates, values);
boolean isSuccessed = context.flush();
Utils.showToast(this, "更新是否成功:" + isSuccessed + "更新记录数:" + count);
context.close();
```

执行上述代码,如果 picture 表中只有之前添加的 1 条数据,则用户界面会出现"更新是否成功:ture 更新记录数:1"的提示。

4）删除数据

通过 OrmContext 的 delete 方法即可删除数据。与 update 方法类似，delete 方法也存在 2 种重载方法：

- delete(OrmPredicates predicates)：通过 predicates 参数指定需要删除的记录，用于删除多条记录。
- delete(T object)：通过 ORM 实体对象删除单条记录。

在 OrmAbilitySlice 的【删除数据】按钮单击监听事件处理方法中，删除 picture 表中 Row ID 为 1 的记录，可直接将 Row ID 为 1 的 Picture 对象传入 delete 方法，代码如下：

```
//chapter8/Database/entry/src/main/java/com/example/Database/slice/OrmAbilitySlice.java
//获取 OrmContext 对象
OrmContext context = getTestOrmContext();
//Row ID 为 1 的 Picture 对象
Picture picture = new Picture();
picture.setRowId(1);
//删除数据
boolean isSuccessed = context.delete(picture);
if (!isSuccessed) {
    Utils.showToast(this, "删除数据错误!");
    return;
}
//提交操作
isSuccessed = context.flush();
if (!isSuccessed) {
    Utils.showToast(this, "删除数据错误!");
    return;
}
Utils.showToast(this, "删除数据成功!");
context.close();
```

执行上述代码，不出意外，用户界面会提示"删除数据成功!"字样。

上面介绍了数据表的增、删、改、查等基本操作，除了这些操作以外，OrmContext 还提供一些数据库备份与恢复、事务处理等高级用法，读者可参考 8.1.1 节末尾中 RdbStore 的相关方法，OrmContext 中方法与其类似，因篇幅有限不再进行详细介绍。

通过上面的学习，读者可以发现 ORM 对数据库的操作方式更加亲民。对于一般的应用程序来讲，开发者可直接在 ORM 实体类中实现业务逻辑，让实体类具有定义数据表结构和业务逻辑实现的双重功能，从而简化代码结构，方便理解和开发。

8.1.3　应用偏好数据库

应用偏好数据库采用键值对（Key Value Pairs）方式存储数据，可以用于存储整型、浮点型、字符型等常用的数据类型。每种需要存储的数据，都需要为其设置一个键（Key），这个

键通过一个字符串进行定义。当需要获取某个数据时,只需通过键名便可以定位所需要的
数据。应用偏好数据库通常用于存储应用的配置信息
等,例如是否启用省流量模式、是否打开自动下载更
新、用户的账号与登录状态等。

　　本节在 PreferenceAbility 中进行应用偏好数据库
的学习和开发。在 PreferenceAbilitySlice 中创建【保存
键值对】、【获取键值对】、【删除键值对】、【单击该按钮
count 键值加 1】等按钮和 Count:0 文本组件,并实现
各个按钮单击监听事件处理方法,如图 8-9 所示。【单
击该按钮 count 键值加 1】按钮和 Count:0 文本组件用
于测试偏好数据库中键值对的监听方法。

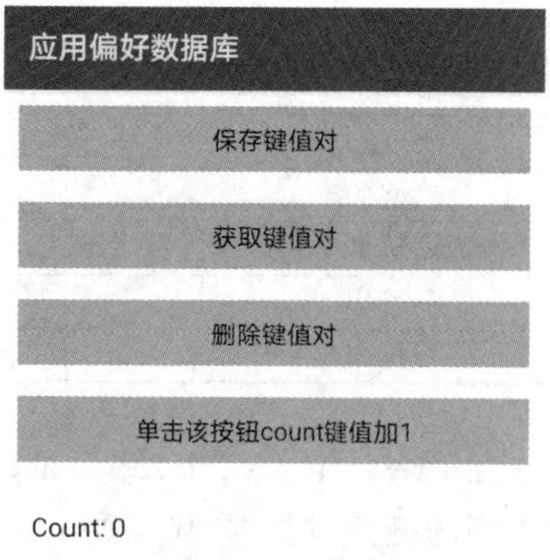

　　应用偏好数据库通过 Preferences 对象管理。与关
系数据库的 RdbStore 对象和对象关系映射的 OrmContext 对象类似,Preference 对象也
通过"老大哥"DatabaseHelper 获取,方法为 getPreferences(String name),其中 name 参数
为数据库名称。在 PreferenceAbilitySlice 中,获取名称为 test 的应用偏好数据库的代码
如下:

图 8-9　PreferenceAbility 的界面

```
//chapter8/Database/entry/src/main/java/com/example/Database/slice/PreferenceAbilitySlice.java
/**
 * 获取测试应用偏好数据库 test 的 Preferences 对象
 * @return Preferences 对象
 */
private Preferences getTestPreferences() {
    //获取 DatabaseHelper 对象
    DatabaseHelper DatabaseHelper = new DatabaseHelper(this);
    //通过数据库名称获取 Preferences
    Preferences preferences = DatabaseHelper.getPreferences("test");
    return preferences;
}
```

　　如果应用中没有 test 数据库,则系统会自动创建该数据库。

　　注意:可通过 DatabaseHelper 的 movePreferences() 和 deletePreferences() 方法分别
移动(重命名)或删除应用偏好数据库。

　　相对于前面介绍的数据库,应用偏好数据库的操作方法简单很多,即管理键值对。键值
对的操作方法主要有保存、获取、删除和监听 4 种,以下分别介绍这些用法:

1. 保存键值对

　　保存键值对采用 Preferences 对象的各种 PUT 方法。根据数据类型的不同,
Preferences 类定义了 putBoolean()、putFloat()等方法,如表 8-2 所示。

表 8-2 键值对的保存和获取方法

类　　型	设 置 方 法	获 取 方 法
布尔型	putBoolean	getBoolean
浮点型	putFloat	getFloat
整型	putInt	getInt
长整型	putLong	getLong
字符串	putString	getString
字符串集	putStringSet	getStringSet

在 PreferenceAbilitySlice 的【保存键值对】按钮单击监听事件处理方法中,保存 3 种不同类型的键值对数据,代码如下:

```
//chapter8/Database/entry/src/main/java/com/example/Database/slice/PreferenceAbilitySlice.java
//获取 Preferences 对象
Preferences preferences = getTestPreferences();
//保存布尔型数据
preferences.putBoolean("isAutoUpdate", true);
//保存整型数据
preferences.putInt("version", 1001);
//保存字符串数据
preferences.putString("currentUser", "Dong Yu");
preferences.flush();
```

这些 PUT 方法中的第 1 个参数为键名,第 2 个参数为值。当这些 PUT 方法被调用后,这些数据仅保存在内存的缓冲区,因此还需要调用 Preferences 对象的 flush()方法才可以将这些数据同步到数据库文件中。

注意:flush()方法是异步方法,开发者也可以使用其同步方法 flushSync()。flushSync()方法返回的是布尔值,可以用于判断是否同步成功。

应用偏好数据库文件实际上是一个 XML 文件,存储在应用程序沙盒中。通过 AbilitySlice 上下文对象的 getPreferencesDir()方法即可获得其数据库存储位置。通常,该文件的存储位置为/data/data/<包名>/< Ability 名>/preferences/。上述代码所创建的 test 数据库实际上就是名为 test 的 XML 文件,代码如下:

```
<?xml version = "1.0" encoding = "UTF - 8"?>
< preferences version = "1.0">
  < bool key = "isAutoUpdate" value = "true"/>
  < string key = "currentUser"> Dong Yu </string >
  < int key = "version" value = "1001"/>
</preferences >
```

如此来看,应用偏好数据库就不那么神秘了,只是提供了控制 XML 数据文件的 API 罢了。

2．获取键值对

获取键值对采用 Preferences 对象的各种 GET 方法。根据数据类型的不同，Preferences 类定义了 getBoolean()、getFloat() 等方法，如表 8-2 所示。在 PreferenceAbilitySlice 的【获取键值对】按钮单击监听事件处理方法中，获取之前保存的键值对，代码如下：

```
//chapter8/Database/entry/src/main/java/com/example/Database/slice/PreferenceAbilitySlice.java
//获取 Preferences 对象
Preferences preferences = getTestPreferences();
//获取布尔型数据
boolean isAutoUpdate = preferences.getBoolean("isAutoUpdate", false);
Utils.log("Is Auto Update: " + isAutoUpdate);
//获取整型数据
int version = preferences.getInt("version", -1);
Utils.log("Version: " + version);
//获取字符串数据
String currentUser = preferences.getString("currentUser", "NO USER");
Utils.log("Current User: " + currentUser);
```

这些 GET 方法中的第 1 个参数为键名，第 2 个参数是当数据库不存在该键值对时返回的默认值。当数据库通过上面的代码保存了这些键值对，HiLog 的输出如下：

```
17362-17362/* I 00101/Database: Is Auto Update: true
17362-17362/* I 00101/Database: Version: 1001
17362-17362/* I 00101/Database: Current User: Dong Yu
```

当数据库为空时，HiLog 的输出如下：

```
17829-17829/* I 00101/Database: Is Auto Update: false
17829-17829/* I 00101/Database: Version: -1
17829-17829/* I 00101/Database: Current User: NO USER
```

另外，还可以通过 Preferences 对象的 hasKey(String key) 方法判断某个键值对是否存在，通过 getAll() 对象获取全部键值对。

3．删除键值对

通过 Preferences 对象的 delete(String key) 方法即可删除相应的键值对。在 PreferenceAbilitySlice 的【删除键值对】按钮单击监听事件处理方法中，删除键名为 version 的键值对，代码如下：

```
//chapter8/Database/entry/src/main/java/com/example/Database/slice/PreferenceAbilitySlice.java
//获取 Preferences 对象
Preferences preferences = getTestPreferences();
//删除键名为 version 的键值对
preferences.delete("version");
```

当然,也可以通过 Preferences 对象的 clear()方法删除所有的键值对。

4. 监听键值对

通过 Preferences 对象的 registerObserver 方法可以注册观察者用于监听键值对的变化。在本例中,实现以下功能:单击【单击该按钮 count 键值加 1】按钮时,应用偏好数据库中添加 count 键值,并从 0 开始计数。每次单击该按钮,数据库中的 count 键值加 1。count 键值会被当前 AbilitySlice 所观察,并实时显示在文本组件中,如图 8-10 所示。

单击该按钮count键值加1

count: 7

图 8-10　监听 count 键值对的变化

接下来实现这一功能。首先,创建 PreferencesObserver 观察者对象。PreferencesObserver 是一个观察者接口,包含 onChange 方法,其中第 1 个参数 preferences 表示用户偏好数据库的操作对象,第 2 个参数表示键值对发生变化的键字符串。在 PreferenceAbilitySlice 中,通过 PreferencesObserver 监听 count 键值发生变化并实时显示在文本组件上,代码如下:

```
//chapter8/Database/entry/src/main/java/com/example/Database/slice/PreferenceAbilitySlice.java
private Preferences.PreferencesObserver observer = new Preferences.PreferencesObserver() {
    @Override
    public void onChange(Preferences preferences, String s) {
        if(s == "count") {
            //获取 count 值
            final int count = preferences.getInt(s, 0 );
            getUITaskDispatcher().asyncDispatch(new Runnable() {
                @Override
                public void run() {
                    mTextPreferenceCount.setText("Count: " + count);
                }
            });
        }
    }
};
```

在上述代码中,实例化了 observer 对象。当键值对发生变化的键为 count 时,则获取该 count 值,然后通过 UITaskDispatcher 的 asyncDispatch()方法回到 UI 线程,并将其显示到 mTextPreferenceCount 文本组件中。

然后,在 AbilitySlice 的声明周期函数 onStart()和 onStop()中分别注册和取消注册观察者对象。在 PreferenceAbilitySlice 中,通过 registerObserver()方法注册观察者对象的代码如下:

```
//chapter8/Database/entry/src/main/java/com/example/Database/slice/PreferenceAbilitySlice.java
@Override
public void onStart(Intent intent) {
    super.onStart(intent);
```

```
super.setUIContent(ResourceTable.Layout_ability_preference);

...
//注册观察者对象
getTestPreferences().registerObserver(observer);
}
```

在 PreferenceAbilitySlice 中，通过 unregisterObserver 取消注册观察者对象的代码如下：

```
//chapter8/Database/entry/src/main/java/com/example/Database/slice/PreferenceAbilitySlice.java
@Override
protected void onStop() {
    super.onStop();
    //取消注册观察者对象
    getTestPreferences().unregisterObserver(observer);
}
```

注意，registerObserver 和 unregisterObserver 方法必须成对调用。当调用了 registerObserver 方法时，应及时在对应的位置添加 unregisterObserver()方法，这是一个好习惯。

然后，在 PreferenceAbilitySlice 中，实现单击【单击该按钮 count 键值加 1】按钮的监听方法：当每次单击按钮时，count 键值加 1，代码如下：

```
//chapter8/Database/entry/src/main/java/com/example/Database/slice/PreferenceAbilitySlice.java
//获取 Preferences 对象
Preferences preferences = getTestPreferences();
//获取当前 count 值
int count = preferences.getInt("count", 0);
//count 值加 1，并保存到数据库中
preferences.putInt("count", count + 1);
preferences.flush();
```

这样就完成了键值对的监听功能。每当用户单击一次【单击该按钮 count 键值加 1】按钮，文本组件的内容数字就会相应地增加 1。

8.1.4 分布式数据库

分布式数据库属于 NoSQL 数据库，采用键值对的方法存储数据，因此分布式数据库不仅能像关系数据库和对象关系映射那样存储结构化数据，还能像应用偏好数据库那样存储 23min
非结构化数据。

注意：NoSQL（Not only SQL）数据库即非关系数据库，这个概念最早由 Carlo Strozzi 在 1998 年提出。随着互联网的发展，由于数据量暴增，传统的关系数据库过多的 I/O 操作

严重影响了其读写性能，因此，许多 NoSQL 数据库进入开发者的视野，例如 Redis、MongoDB 等。由于 NoSQL 采用键值对的方法存储数据，方便在多个设备间分区与同步，从先天上就更加支持分布式数据库的研发。

更加厉害的是，分布式数据库能够在多个组网的设备间进行无中心、点对点同步。这里的同步需要满足以下条件：

- 可信设备：即设备处于同一网络下且登录同一华为账号。这里的同一网络是指通过 WiFi、蓝牙等技术处于同一分布式软总线中。
- 相同应用：应用的 Bundle 名称和签名相同。
- 相同 Store ID：即相同的分布式数据库 ID。

这就实现了让数据跟随人走，而不是跟着设备走，并且保证整个数据库的安全，不被其他设备或其他应用偷取。

另外，分布式数据库还提供了非常简单和便捷的 API，屏蔽了物理传输通道和内部细节，由分布式软总线提供传输技术支撑，数据库的同步过程是透明无感的。开发者使用分布式数据库就像使用本地数据库那样简单。

本节在 DistributedAbility 中进行分布式数据库的学习和开发。在 DistributedAbilitySlice 中创建【写入键值对】、【获取键值对】、【删除键值对】、【插入数据】、【查询数据】、【更新数据】和【删除数据】按钮，并实现其单击监听事件处理方法，如图 8-11 所示。

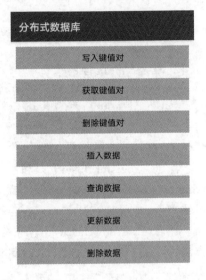

图 8-11　PreferenceAbility 的界面

1. 基本概念

在使用分布式数据库中，主要会遇到 KvManagerConfig、KvManagerFactory、KvManager、Options 和 KvStore 这 5 个类。KvManager 是分布式数据库管理器，相当于分布式数据库的"总管家"，而 KvStore 是分布式数据库的具体操作类，相当于分布式数据库的"工具人"。KvManager 对象由其工厂类 KvManagerFactory 创建，创建时需要传入其配置对象 KvManagerConfig。KvStore 对象由 KvManager 对象创建，创建时需要传入其配置对象 Options。上述 5 个类之间的关系如图 8-12 所示。

注意：KvManager 处于本地数据库中 DatabaseHelper 的地位，KvStore 则类似于关系数据库中的 RdbStore，用于管理数据库中的具体内容。

通常，我们不需要对 KvManagerConfig 对象进行配置，但是 Options 中的配置选项直接影响了数据库的性质，这些配置选项如表 8-3 所示。

表 8-3 中的 KvStore 类型由 KvStoreType 枚举类型定义，包括 SINGLE_VERSION（单版本分布式数据库）和 DEVICE_COLLABORATION（设备协同分布式数据库）两类。根据 KvStore 类型的不同，KvStore 类也包括两个子类：SingleKvStore 和 DeviceKvStore。

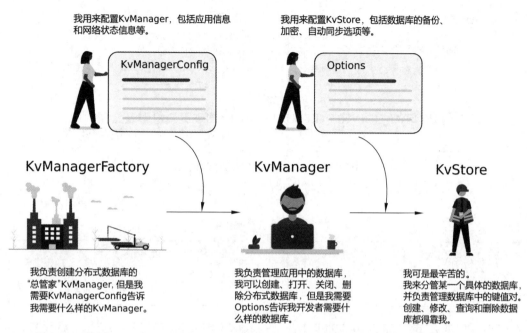

图 8-12 KvManagerFactory、KvManagerConfig、KvManager、Options 和 KvStore 之间的关系

表 8-3 Options 定义的数据库配置选项

设 置 方 法	获 取 方 法	描 述
setAutoSync(boolean isAutoSync)	isAutoSync()	是否自动同步
setBackup(boolean isBackup)	isBackup()	是否自动备份
setCreateIfMissing(boolean isCreateIfMissing)	isCreateIfMissing()	不存在数据库时是否自动创建
setEncrypt(boolean isEncrypt)	isEncrypt()	是否加密
setKvStoreType(KvStoreType kvStoreType)	getKvStoreType()	设置 KvStore 类型
setSchema(Schema schema)	getSchema()	预定义数据结构

单版本分布式数据库是指不同设备应用间会自动同步相同键的键值对,设备 A 的 key1 键值对修改后会直接同步并覆盖设备 B 的 key1 键值对,反之亦然,如图 8-13 所示。

而设备协同分布式数据库则在每个键值对上增加了设备标识符 Device ID,设备 A 的 key1 键值对虽然同样会同步到设备 B 上,但是设备 A 和设备 B 会各保留一份 key1 键值对,开发者可通过设备 ID 来区分这两个键值对,反之亦然,如图 8-14 所示。

本节仅介绍单版本分布式数据,设备协同分布式数据库的操作方法与单版本分布式数据库的操作方法非常类似,只是在获取键值对时需要传入设备 ID 参数,用于指定哪个设备上的键值对。

注意:单版本分布式数据的 Key 最大支持 896B,Value 最大支持 4MB。协同分布式数据库的 Key 最大支持 1KB,Value 最大支持 4MB。另外,一个应用程序最多打开 16 个 KvStore。

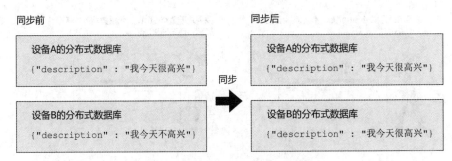

图 8-13　单版本分布式数据库的同步过程

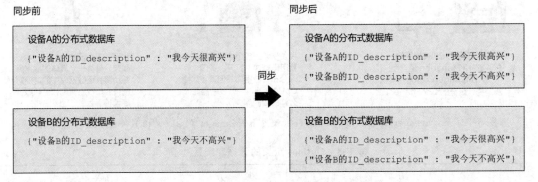

图 8-14　设备协同分布式数据库的同步过程

通过 KvManager 获取 KvStore 对象的方法为 getKvStore（Options options，String name），第 1 个参数用于指定配置选项 Options 对象，第 2 个参数用于指定数据库 ID，即 Store ID。在 DistributedAbilitySlice 中，创建 1 个 Store ID 为 myStore，自动同步、自动备份、不加密的单版本分布式数据库的代码如下：

```
//chapter8/Database/entry/src/main/java/com/example/Database/slice/DistributedAbilitySlice.java
/**
 * 获取测试数据库 myStore 的 SingleKvStore 对象
 * @return SingleKvStore 对象
 */
private SingleKvStore getMySingleKvStore() {
    //创建 KvManagerConfig 对象
    KvManagerConfig config = new KvManagerConfig(this);
    //通过 KvManagerFactory 单例创建 KvManager 对象
    KvManager kvManager = KvManagerFactory.getInstance().createKvManager(config);
    //创建数据库配置对象 options
    Options options = new Options().setCreateIfMissing(true)
            .setEncrypt(false)
```

```
                .setAutoSync(true)
                .setBackup(true)
                .setKvStoreType(KvStoreType.SINGLE_VERSION);
    //创建数据库并获得 SingleKvStore 对象
    SingleKvStore kvStore = kvManager.getKvStore(options, "myStore");
    return kvStore;
}
```

接下来,便可以通过 SingleKvStore 对单版本分布式数据库进行数据存取操作了。

2. 分布式数据库的组成

在具体操作数据库内容之前,先来了解分布式数据库的基本组成结构。分布式数据库是通过 KvStore 进行管理的,每个 KvStore 都有一个 Store ID。KvStore 是一系列键值对的集合,其中每个键值对都是一个实体 Entry,如图 8-15 所示。

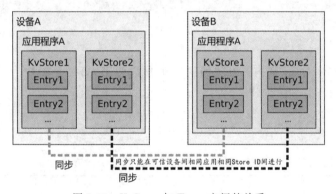

图 8-15　KvStore 与 Entry 之间的关系

Entry 的键是一个字符串,通常由前缀和标识组成,Entry 的值可以为布尔型、整型、浮点型、字符串型和二进制型。KvStore 是同步的最小单元,而 Entry 是数据的最小单元。

3. 键值对的存储

键值对即为分布式数据库中的 Entry。接下来,分别介绍键值对的存取和删除操作。

1) 存储键值对

针对键值对的不同类型,KvStore 存储键值对的 PUT 方法如表 8-4 所示。

表 8-4　KvStore 中存储键值对的 PUT 方法

方　　法	描　　述
putBoolean(String key,boolean value)	写入布尔类型键值对
putInt(String key,int value)	写入整型键值对
putFloat(String key,float value)	写入浮点型键值对
putDouble(String key,double value)	写入双精度浮点型键值对
putString(String key,String value)	写入字符串型键值对
putByteArray(String key,Byte[] value)	写入二进制类型键值对

另外,还可以通过 putBatch(List < Entry > entries)方法批量添加键值对。在 DistributedAbilitySlice 的【写入键值对】按钮单击监听事件处理方法中,通过这两种方法添加几个键值对,代码如下:

```
//chapter8/Database/entry/src/main/java/com/example/Database/slice/DistributedAbilitySlice.java
//获取 KvStore 对象
SingleKvStore kvStore = getMySingleKvStore();
//通过 PUT 方法写入浮点型键值对
kvStore.putFloat("floatValue", 0.6f);

//通过 putBatch 方法批量写入键值对
List<Entry> entries = new ArrayList<>();
Entry entry = new Entry("intValue", Value.get(2));
entries.add(entry);
Entry entry2 = new Entry("stringValue", Value.get("测试"));
entries.add(entry2);
kvStore.putBatch(entries);
```

Entry 即为实体对象,其构造方法的第 1 个参数为键,第 2 个参数为值,并且其值需要通过 Value 类的 GET 方法创建。

2) 获取键值对

单版本分布式数据库的键值对 GET 获取方法如表 8-5 所示。

表 8-5　KvStore 中获取键值对的 GET 方法

方　　法	描　　述	方　　法	描　　述
getBoolean(String key)	获取布尔类型键值	getDouble(String key)	获取双精度浮点型键值
getInt(String key)	获取整型键值	getString(String key)	获取字符串型键值
getFloat(String key)	获取浮点型键值	getByteArray(String key)	获取二进制类型键值

对于设备协同分布式数据库来讲,其相应的 GET 获取方法需要增加设备 ID 参数。例如,设备协同分布式数据库中获取布尔类型的键值的方法为 getBoolean(String deviceId, String key)。其他方法与此类似,不再赘述。

在 DistributedAbilitySlice 的【获取键值对】按钮单击监听事件处理方法中,获得上面写入的键值对信息的代码如下:

```
//chapter8/Database/entry/src/main/java/com/example/Database/slice/DistributedAbilitySlice.java
//获取 KvStore 对象
SingleKvStore kvStore = getMySingleKvStore();
try {
    float floatValue = kvStore.getFloat("floatValue");
    Utils.log("floatValue: " + floatValue);
    int intValue = kvStore.getInt("intValue");
```

```
    Utils.log("intValue: " + intValue);
    String stringValue = kvStore.getString("stringValue");
    Utils.log("stringValue: " + stringValue);
}catch (KvStoreException e) {
    Utils.log(e.toString());
}
```

在数据库中存在 floatValue、intValue 和 stringValue 键值对时,运行上述代码,在 HiLog 工具窗体中输出信息如下:

```
15784 - 15784/ * I 00101/Database: floatValue: 0.6
15784 - 15784/ * I 00101/Database: intValue: 2
15784 - 15784/ * I 00101/Database: stringValue: 测试
```

在通过 GET 方法获取键值对的值时,如果没有查询到该键值对,则会抛出 KvStoreException 异常,因此需要 try-catch 语句捕获这个异常,否则存在应用程序"闪退"的风险。

3) 删除键值对

删除键值对非常简单,只需通过 KvStore 的 delete(String key)方法便可以删除指定的键值对。在 DistributedAbilitySlice 的【删除键值对】按钮单击监听事件处理方法中,删除 floatValue 的键值对,代码如下:

```
//chapter8/Database/entry/src/main/java/com/example/Database/slice/DistributedAbilitySlice.java
//获取 KvStore 对象
SingleKvStore kvStore = getMySingleKvStore();
//删除键值对
kvStore.delete("floatValue");
```

4) 设备间同步

如果希望开启设备间同步,则需要声明数据同步的权限 ohos. permission. DISTRIBUTED_DATASYNC,即在 config. json 中添加该权限,并且该权限是敏感权限,需要在 Java 代码中动态获取。详细的权限设置可参考 2.1.5 节中的内容。在运行应用程序时,同意相应的权限后即可启用设备间同步,如图 8-16 所示。

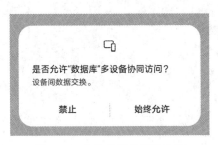

图 8-16　允许多设备协同访问

前面已经讲到,同步需要设备可信(相同网络、相同华为账号的设备)、相同应用且相同 Store ID。我们没有写任何一段同步代码,便已经实现了分布式数据库的同步。在满足上述条件的情况下,在一个设备运行"1)存储键值对"中的代码,在另外一个设备运行"2)读取键值对"中的代码,可以发现这些键值对已经在 2 个设备间进行了同步。

不过,在这里要说明2个问题:

(1) 同步的最终一致性。

如果已经满足了组网条件,但是测试时键值对似乎还没有同步过来,稍等片刻后才发现键值对已经同步。这是因为设备之间的数据库同步需要时间窗口,当经过某个时间窗口后才会完成同步,这种特性称为数据库的最终一致性。由于鸿蒙操作系统中的分布式数据库是无中心、点对点的,因此这种分布式数据库无法实现强一致性(即实时同步)。

(2) 手动同步与自动同步。

在 Options 类中,可以设置分布式数据库是否自动同步。在默认情况下,数据库会在设备间自动同步。当然也可以选择手动同步,此时需要通过 KvStore 的 sync(List < String > deviceIdList,SyncMode mode)方法进行同步。在该方法中,第1个参数可以指定同步的设备 ID 列表,第2个参数可以指定同步模式,包括仅推送(PUSH_ONLY)、仅拉取(PULL_ONLY)和双向同步(PUSH_PULL)3 种模式。

另外,还可以通过 registerSyncCallback (SyncCallback syncCallback) 方法和 unRegisterSyncCallback()方法注册和取消注册同步回调。在 SyncCallback 回调接口中,定义了 syncCompleted(Map < String,Integer > results)回调方法,当同步完成后回调。

4. 结构化管理与谓词查询

分布式数据库支持结构化管理。在分布式数据库中,结构化数据也是通过键值对方式进行存储的。不同的是,键通常由前缀和 ID 组成,值通过 JSON 字符串表达结构化数据。

例如,要通过键值对的方式存储一条学生信息,并定义其姓名、性别、年龄、班级等属性,其键可以为 student_20210122。这个键字符串包含了 student_前缀及其 ID"20210122",这里的 ID 必须唯一,可以用学号、时间戳等标识。实际上,这里的 student_前缀相当于关系数据库中的表名,说明该键值对中的信息是一条学生信息。其值需要通过 JSON 组织属性,典型的代码如下:

```
{
    "name": "董昱",
    "age": 30,
    "sex": 1,
    "class": "鸿蒙基础学习班"
}
```

为了便于数据库通过属性信息实现查询键值对,通常还需要通过 Schema 定义数据的结构。

接下来,介绍如何通过 Schema 定义数据的结构,以及如何增、查、改、删结构化数据。

1) 通过 Schema 定义数据的结构

实例化 Schema 对象后,可以通过 setSchemaMode()方法设置 Schema 模式,包括兼容模式(COMPATIBLE)和严格模式(STRICT);通过 setIndexes()方法可以设置索引;通过

getRootFieldNode()方法可以获取 JSON 的根节点,然后通过节点对象的 appendChild()方法设置该节点的属性。

在 DistributedAbilitySlice 中,创建一条上述学生信息的 Schema,代码如下:

```
//chapter8/Database/entry/src/main/java/com/example/Database/slice/DistributedAbilitySlice.java
private Schema generateStudentSchema() {
    Schema schema = new Schema();
    //兼容模式
    schema.setSchemaMode(SchemaMode.COMPATIBLE);

    //姓名属性
    FieldNode nameNode = new FieldNode("name");
    nameNode.setType(FieldValueType.STRING); //字符串类型
    schema.getRootFieldNode().appendChild(nameNode);

    //年龄属性
    FieldNode ageNode = new FieldNode("age");
    ageNode.setType(FieldValueType.INTEGER); //整型
    schema.getRootFieldNode().appendChild(ageNode);

    //性别属性
    FieldNode sexNode = new FieldNode("sex");
    sexNode.setType(FieldValueType.INTEGER); //整型
    schema.getRootFieldNode().appendChild(sexNode);

    //班级属性
    FieldNode classNode = new FieldNode("class");
    classNode.setType(FieldValueType.STRING); //字符串类型
    schema.getRootFieldNode().appendChild(classNode);

    return schema;
}
```

然后,通过 Options 配置对象的 setSchema()方法设置 Schema。创建一条用于存储学生信息的单版本分布式数据库的代码如下:

```
//chapter8/Database/entry/src/main/java/com/example/Database/slice/DistributedAbilitySlice.java
/**
 * 获取测试数据库 students 的 SingleKvStore 对象
 *
 * @return SingleKvStore 对象
 */
private SingleKvStore getStudentKvStore() {
    //创建 KvManagerConfig 对象
    KvManagerConfig config = new KvManagerConfig(this);
```

```
    //通过 KvManagerFactory 单例创建 KvManager 对象
    KvManager kvManager = KvManagerFactory.getInstance().createKvManager(config);
    //创建数据库配置对象 options
    Options options = new Options().setCreateIfMissing(true)
            .setEncrypt(false)
            .setAutoSync(true)
            .setBackup(true)
            .setKvStoreType(KvStoreType.SINGLE_VERSION)
            .setSchema(generateStudentSchema());
    //创建数据库并获得 SingleKvStore 对象
    SingleKvStore kvStore = kvManager.getKvStore(options, "students");
    return kvStore;
}
```

随后，演示如何在这个 students 数据库中增、查、改、删数据。

2）增加数据

由于结构化数据是通过 JSON 字符串保存的，因此在数据库中增加结构化数据与前面所介绍的添加键值对的方法是一样的，只不过需要构建 JSON 字符串。好在鸿蒙 API 内置了 ZSON 类库，而 ZSON 是专门用于处理 JSON 数据格式的轻量级类库。

在 DistributedAbilitySlice 的【插入数据】按钮单击监听事件处理方法中，添加一条姓名为董昱，且满足上述 Schema 的学生信息，代码如下：

```
//chapter8/Database/entry/src/main/java/com/example/Database/slice/DistributedAbilitySlice.java
//获取 KvStore 对象
SingleKvStore kvStore = getStudentKvStore();

//构建 ZSON 对象
ZSONObject obj = new ZSONObject();
obj.put("name", "董昱");
obj.put("age", 30);
obj.put("sex", 1);
obj.put("class", "鸿蒙基础学习班");
//键字符串，由前缀 student_ 和 ID 20210001 组成
String key = "student_20210001";
//添加结构化学生信息实体
kvStore.putString(key, obj.toString());
```

ZSONObject 对象初始化后，通过其 put 方法即可为 ZSON 对象添加属性，调用其 toString()方法即可将该 ZSON 对象转化为 JSON 字符串。

3）查询数据

根据查询目的的不同，查询数据的方法有好几种。接下来分别介绍这些查询数据的方法：

（1）根据键值对查询单一数据。

由于结构化数据实际上是通过字符串类型的键值对存储的，因此可以直接通过上面所

介绍的键值对方法直接获取数据。例如,获取上述写入的学生信息数据并转化为 ZSON 对象的代码如下:

```
//获取 KvStore 对象
SingleKvStore kvStore = getStudentKvStore();
//获取 JSON 字符串
String jsonStr = kvStore.getString("student_20210001");
//将 JSON 字符串转换为 ZSON 对象
ZSONObject obj = ZSONObject.stringToZSON(jsonStr);
Utils.log("姓名:" + obj.getString("name"));
```

(2)通过前缀查询数据。

如果结构化数据都规定了前缀,则可以直接通过 KvStore 的 getEntries(String prefix) 方法获取 prefix 前缀的数据。例如,查询 student_前缀的所有数据的代码如下:

```
//获取 KvStore 对象
SingleKvStore kvStore = getStudentKvStore();
List < Entry > entries = kvStore.getEntries("student_");
for (Entry entry : entries) {
    String key = entry.getKey();
    String jsonStr = entry.getValue().getString()
    ZSONObject obj = ZSONObject.stringToZSON(jsonStr);
    …
}
```

(3)通过谓词查询数据。

通过谓词查询数据能够像查询关系数据库中表记录那样进行条件查询。谓词通过 Query 类进行定义,包括 equalTo、and、or、isNull 等各种谓词。这些谓词绝大多数与关系数据库中的 RdbPredicates 非常类似,读者可参考表 8-1,这里不再进行详细介绍。然后,通过 KvStore 的 getEntries(Query query)方法即可获取查询结果的实体 Entry 列表。

例如,在符合上面的 Schema 的数据库中查询班级为鸿蒙基础学习班的代码如下:

```
//获取 KvStore 对象
SingleKvStore kvStore = getStudentKvStore();
Query query = Query.select()
        .equalTo("$.class", "鸿蒙基础学习班")
        .orderByAsc("name");
List < Entry > entries = kvStore.getEntries(query);
```

需要注意,在 Query 的谓词方法中,属性名称字符串前需要加入"$."字符串。

当然,还可以通过 KvStore 的 getResultSet(Query query)方法获得 ResultSet 对象,这样就能够像关系数据库一样操作分布式数据库的结果集了。

在 DistributedAbilitySlice 的【查询数据】按钮单击监听事件处理方法中,输出鸿蒙基础

学习班的学生信息,代码如下:

```
//chapter8/Database/entry/src/main/java/com/example/Database/slice/DistributedAbilitySlice.java
//获取 KvStore 对象
SingleKvStore kvStore = getStudentKvStore();
Query query = Query.select()
        .equalTo("$.class", "鸿蒙基础学习班");
List<Entry> entries = kvStore.getEntries(query);
for (Entry entry : entries) {
    String key = entry.getKey();
    ZSONObject obj = ZSONObject.stringToZSON(entry.getValue().getString());
    String name = obj.getString("name");
    int age = obj.getInteger("age");
    int sex = obj.getInteger("sex");
    String _class = obj.getString("class");
    Utils.log("key:" + key
            + " name:" + name
            + " age:" + age
            + " sex:" + sex
            + " class:" + _class);
}
```

4) 更新数据

更新数据没有特别的方法,需要开发者修改 ZSON 对象的属性,然后通过 KvStore 对象的 putString 或者 putBatch 更新数据。

在 DistributedAbilitySlice 的【更新数据】按钮单击监听事件处理方法中,将董昱的班级类型修改为鸿蒙高级学习班的代码如下:

```
//chapter8/Database/entry/src/main/java/com/example/Database/slice/DistributedAbilitySlice.java
//获取 KvStore 对象
SingleKvStore kvStore = getStudentKvStore();
//获得董昱学生信息的 ZSON 对象
String jsonStr = kvStore.getString("student_20210001");
ZSONObject obj = ZSONObject.stringToZSON(jsonStr);
//修改信息后转换为 JSON 字符串
obj.put("class", "鸿蒙高级学习班");
//更新数据
kvStore.putString("student_20210001", obj.toString());
```

5) 删除数据

删除数据与删除键值对方法一致,在 DistributedAbilitySlice 的【删除数据】按钮单击监听事件处理方法中,删除键为 student_20210001 的学生信息,代码如下:

```
//chapter8/Database/entry/src/main/java/com/example/Database/slice/DistributedAbilitySlice.java
//获取 KvStore 对象
```

```
SingleKvStore kvStore = getStudentKvStore();
kvStore.delete("student_20210001");
```

通过上面的介绍,便可以完成绝大多数的数据库操作了。不过,还有许多分布式数据库的特性没有介绍。例如,KvStore 是支持事务的,可以通过 startTransaction()、commit()、rollback()等方法创建、提交和回滚事务。再如,Schema 支持索引的定义,可以提高数据库查询的效率等。读者可以参考鸿蒙官方网站的 API 说明了解更多的信息。

8.2　文件存储

图片、视频、声频等较大二进制数据不便于使用数据库进行存储,因此经常以文件的方式进行存储。本节介绍文件存储的 2 种方式:本地文件存储和分布式文件系统。本地文件存储是指将文件保存到当前设备的存储方式,而分布式文件系统则可以基于分布式软总线在可信设备间进行文件共享。

本节创建一个 File 工程,并在 MainAbilitySlice 中创建【获取目录位置】、【写本地文件】、【读本地文件】、【写分布式文件】和【读分布式文件】共 5 个按钮,并实现这些按钮的单击事件监听方法,如图 8-17 所示。本节所有代码均可在示例代码的 File 工程中找到。

图 8-17　File 应用程序工程的主界面

8.2.1　本地文件管理

鸿蒙应用程序的文件可以存储在 2 个目录位置:一个是应用程序沙盒,另外一个是外部存储。在应用程序沙盒中的文件能够被当前应用程序所读写,其他任何应用程序都无法干涉,连接计算机后也无法查看沙盒的内容。外部存储则是各个应用程序的公共区域,当手机连接计算机后可以查看该区域的文件。不过即使在这个外部存储中,也有一块属于应用程序的私有目录。如果将应用程序沙盒比作你的房子,则外部存储相当于一个公司,而外部存储的私有目录相当于你的办公室。

应用程序读写沙盒和外部存储的私有目录中的数据不需要任何权限,直接通过 Java API 操作即可,但是读写私有目录以外的外部存储,则需要 Data Ability 的参与,详情可参考 8.3 节相关内容。

1.　本地文件存储位置

鸿蒙应用程序目前只能读写沙盒和外部存储私有目录的文件。沙盒目录可以通过 getDataDir()方法获取,一般处在/data/user/0/< bundle_name >/。在该目录下,还包括缓存目录(cache)、代码缓存目录(code_cache)和文件目录(files)。

外部存储私有目录一般处在/storage/emulated/0/Android/data/< bundle_name >/,该目录可通过 getExternalFilesDir(String dir)方法获取,其中 dir 参数是该私有目录的子目录名。另外,外部存储私有目录还包括一个缓存目录,可通过 getExternalCacheDir()方法获取。上述这些目录的获取方法及其路径如图 8-18 所示。

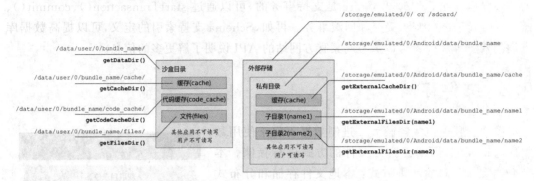

图 8-18　本地文件存储目录(bundle_name 代表 Bundle 名称)

在 File 工程 MainAbility(Bundle 名称为 com. example. file)的【获取目录位置】按钮的单击监听事件处理方法中,输出上述目录路径,代码如下:

```
//chapter8/File/entry/src/main/java/com/example/file/slice/MainAbilitySlice.java
//沙盒目录
Utils.log("Data Dir: " + getDataDir().toString());
//沙盒缓存目录
Utils.log("Cache Dir: " + getCacheDir().toString());
//沙盒代码缓存目录
Utils.log("Code Cache Dir: " + getCodeCacheDir().toString());
//沙盒文件目录
Utils.log("Files Dir: " + getFilesDir().toString());
//外部存储私有区域：缓存目录
Utils.log("External Cache Dir: " + getExternalCacheDir().toString());
//外部存储私有区域：files目录
Utils.log("External Files Dir: " + getExternalFilesDir("output").toString());
```

运行上述代码在 HiLog 工具窗体中的输出如下:

```
23639 - 23639/ * I 00101/File: getDataDir: /data/user/0/com. example. file
23639 - 23639/ * I 00101/File: getCacheDir: /data/user/0/com. example. file/cache
23639 - 23639/ * I 00101/File: getCodeCacheDir: /data/user/0/com. example. file/code_cache
23639 - 23639/ * I 00101/File: getFilesDir: /data/user/0/com. example. file/files
23639 - 23639/ * I 00101/File: getExternalCacheDir: /storage/emulated/0/Android/data/com.
example. file/cache
23639 - 23639/ * I 00101/File: getExternalFilesDir: /storage/emulated/0/Android/data/com.
example. file/files/output
```

在缓存(cache)目录中和在文件(files)目录中所存储的文件的大小在鸿蒙操作系统中是分开统计的。在打开应用详情后,用户可以看到【清空缓存】和【删除数据】2 种选项,如图 8-19 所示,因此,开发者不要将重要的数据放到缓存目录中,以防止被用户误删。

注意:建议将隐私且敏感的数据放置到沙盒中进行存储,而将数据量较大且非隐私及非敏感的数据放置到外部进行存储。例如,聊天应用中发送的表情包或图片最好放置到沙盒中,而地图应用中的地图缓存文件最好放置到外部存储中。

2. 读写文件

通过 Java API 即可在上述目录中读写文件。首先,在 MainAbilitySlice 中定义文件读写的相关方法,代码如下:

图 8-19　应用详情的存储界面

```java
//chapter8/File/entry/src/main/java/com/example/file/slice/MainAbilitySlice.java
/**
 * 读文本文件内容
 * @param path 文件路径
 * @return 文件文本内容
 * @throws IOException IO 异常
 */
private static String read(String path) throws IOException {
    //获得 BufferedReader 对象
    BufferedReader br = new BufferedReader(new FileReader(path));
    //获取文本内容
    String content = "";
    String line;
    while ((line = br.readLine()) != null) {
        content += line;
    }
    br.close();                              //关闭 BufferedReader 对象
    return content;
}

/**
 * 写文本文件内容
 * @param path 文件路径
 * @throws IOException IO 异常
 */
private static void write(String path) throws IOException {
    //获得 BufferedWriter 对象
```

```
    BufferedWriter bw = new BufferedWriter(new FileWriter(path));
    bw.write("测试数据");                              //写字符串
    bw.newLine();                                   //换行
    bw.close();                                     //关闭 BufferedWriter
}
```

在上面的代码中，采用了 BufferedReader 和 BufferedWriter 方法读写文本文件。当然也可以通过 InputStreamReader 和 OutputStreamReader 读写文本文件，还可以通过 FileInputStream 和 FileOutputStream 等方法读写文件。这些接口都是 Java API 所提供的，这里不再赘述。

在【写本地文件】按钮单击监听事件处理方法中实现写入文件，代码如下：

```
try {
    //将文件存储在沙盒中
    write(getFilesDir() + "/example.txt");
    //将文件存储在外部存储私有区域 files 目录中
    write(getExternalFilesDir("output") + "/example.txt");

} catch (Exception e) {
    Utils.log(e.getLocalizedMessage());
}
```

在外部存储中写入文件后，即可将手机连接到计算机，在相应的目录中便可以查看到 example.txt 文件，如图 8-20 所示。

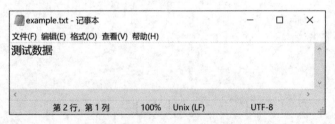

图 8-20　在外部存储中写入的 example.txt 文件

在【读本地文件】按钮单击监听事件处理方法中实现从文件中读取文本，代码如下：

```
//chapter8/File/entry/src/main/java/com/example/file/slice/MainAbilitySlice.java
try {
    //获取沙盒中的文本文件的数据
    //String content = read(getFilesDir() + "/example.txt");
    //获取外部存储私有区域 files 目录中的文本文件的数据
    String content = read(getExternalFilesDir("output") + "/example.txt");
    Utils.showToast(this, content);
} catch (Exception e) {
```

```
        Utils.log(e.getLocalizedMessage());
    }
```

运行上述代码,即可在界面上弹出【测试数据】提示。

8.2.2　分布式文件系统

分布式文件系统可以将文件在设备之间共享。与分布式数据库类似,分布式文件系统的设计目的就是让文件能够在不同设备间进行共享,让文件跟着人走,而不是跟着设备走。分布式文件系统中的文件共享的条件如下:

- 可信设备:设备处于同一网络下且登录同一华为账号。这里的同一网络是指通过WiFi、蓝牙等技术处于同一分布式软总线中。
- 相同应用:应用的 Bundle 名称和签名相同。

不过,与分布式数据库不同的是,分布式文件系统中的文件并不会在设备间同步,而仅仅提供了共享访问接口(文件元数据在设备间同步)。在多个设备间,同一个文件仅存在 1个副本。例如,设备 A 的应用创建了文件 test1.txt,设备 B 的应用创建了文件 test2.txt。如果满足了上述的文件共享条件,则无论是设备 A 还是设备 B 的应用都可以访问 test1.txt和 test2.txt,但是 test1.txt 文件仅存在于设备 A 中,test2.txt 仅存在于设备 B 中。当设备 A 和设备 B 之间的连接断开(如网络错误、关机等原因)时,设备 A 将无法查找并访问test2.txt,且设备 B 也将无法查找并访问 test1.txt,如图 8-21 所示,因此,对于用户非常重要的文件,仍然建议开发者将其存储在本地目录中。

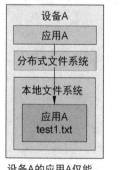 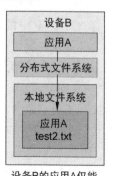 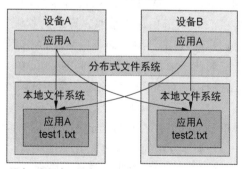

图 8-21　分布式文件系统

由图 8-21 可见,分布式文件系统实际上是基于本地文件系统的,相当于本地文件的"物流系统"和"高速公路"。分布式文件系统也具有沙盒的概念,即某个应用的文件仅能由本应用存取,其他应用无法访问,在不同设备之间也是如此,因此,不同应用之间沙盒隔离,不同设备应用之间沙盒互通。通过 getDistributedDir()方法即可获取分布式文件系统沙盒目录对象,其路径通过 VFS 的方式挂载到/mnt/mdfs 目录下。例如 BundleName 为 com. example. file 的鸿蒙应用程序中 MainAbility 存储的分布式文件的目录为/mnt/mdfs/ 53701650072550l0409/data/com. example. file_978l9070923587l62l5/MainAbility。

分布式文件的存取与本地文件的存取非常类似,几乎没有任何差别。

在【写分布式文件】按钮单击监听事件处理方法中实现分布式文件的写入,代码如下:

```
//chapter8/File/entry/src/main/java/com/example/file/slice/MainAbilitySlice.java
try {
    //将文件存储在分布式文件系统中
    write(getDistributedDir() + "/example.txt");
} catch (Exception e) {
    Utils.log(e.getLocalizedMessage());
}
```

在【读分布式文件】按钮单击监听事件处理方法中实现分布式文件的读取,代码如下:

```
//chapter8/File/entry/src/main/java/com/example/file/slice/MainAbilitySlice.java
try {
    //获取分布式文件系统中的文本文件的数据
    String content = read(getDistributedDir() + "/example.txt");
    Utils.showToast(this, content);
} catch (Exception e) {
    Utils.log(e.getLocalizedMessage());
}
```

不过如果要实现设备间共享,还需要为工程添加数据同步的权限 ohos. permission. DISTRIBUTED_DATASYNC,即在 config. json 中添加该权限,并且该权限是敏感权限,需要在 Java 代码中动态获取。详细的权限设置可参考 2.1.5 节中的内容。在运行应用程序时,同意相应的权限后即可启用文件在设备间的共享。

如此一来,在设备 A 存储的 example. txt 文件就可以直接在设备 B 中读取。

使用分布式文件系统还需要注意以下几个方面:

(1) 尽量避免文件重名。在文件共享时,如果发现了重名文件,则时间戳靠前的文件会被重命名,以解决冲突,因此在文件命名时最好为其末尾加上时间戳或者设备 ID。

(2) 并发访问时需要显式加锁。

(3) 注意捕获 IOException 异常。当访问其他设备上的文件时出现异常,可能是由于网络问题引起的。

(4) 关键文件需要使用本地文件存储,避免因断网、关机等因素无法访问所需文件。

8.3 数据的统一访问接口:Data Ability

Data Ability(以下简称 Data)提供了文件和数据库的统一访问接口,可以用于当前应用程序及其他应用程序访问数据,通常开发 Data 的目的是为了让其他应用程序访问本应用程序的数据,即数据的跨应用访问。

8.3.1　Data Ability 的基本概念

数据提供者应通过 Data 定义数据的访问接口和相应的 URI 地址,数据使用者应通过
DataAbilityHelper 及 URI 地址访问所需要的 Data,这里的 URI 相当于一个 Data 的标识,
如图 8-22 所示。

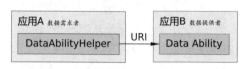

图 8-22　DataAbilityHelper 和 Data Ability

1. Data Ability

Data 的类为 Ability,当该类在 config.json 中的 type 属性被定义为 data 时,该类为
Data。虽然 Data 与 Page、Service 共用 1 个 Ability 类,但是 Data 的方法还是比较特殊的。
在生命周期方法中,通常只会用到 onStart()方法和 onStop()方法,可以分别用于打开和关
闭数据库。

对于访问文件存储来讲,常用的方法如下:

(1) openFile(Uri uri,String mode):根据 URI 和访问模式提供文件描述信息。

(2) getFileTypes(Uri uri,String mimeTypeFilter):根据 URI 和文件类型过滤字符串
获取文件类型。

对于访问数据库存储来讲,常用的方法如下:

(1) query(Uri uri,String[] columns,DataAbilityPredicates predicates):查询数据。

(2) insert(Uri uri,ValuesBucket value):插入数据。

(3) delete(Uri uri,DataAbilityPredicates predicates):删除数据。

(4) update(Uri uri,ValuesBucket value,DataAbilityPredicates predicates):更新数据。

另外,还可以通过 getType(Uri uri)方法指定 Data 的类型,通过 call(String method,
String arg,PacMap extras)方法自定义 Data 的方法。

Data 需要在 config.json 中 module 对象的 abilities 数组中注册才可以被其他应用程序
使用。Data 典型的属性如下:

```
{
    "type": "data",
    "name": "com.example.dataability.DataAbility",
    "icon": "$media:icon",
    "description": "$string:dataability_description",
    "permissions": [
        "com.example.dataability.ACCESS_FILE_AND_DATABASE"
    ],
```

```
  "uri": "dataability://com.example.dataability.DataAbility"
}
```

其中,type 属性指定了该 Ability 为 Data。然后,name 属性定义了 Data 类的全类名,icon 定义了图标,description 定义了描述信息,这些属性与前面所介绍的 Page Ability、Service Ability 中的属性是通用的。比较重要的属性为 permissions 属性和 uri 属性:

(1) permissions 属性自定义了权限名称。需要使用该 Data 的应用程序必须拥有该权限才能访问该 Data。

(2) uri 属性定义了访问该 Data 的 URI 地址。

注意:可以通过 readPermission 和 writePermission 属性分别定义 Data 的读取和写入权限。

2. URI

URI 即统一资源标识符(Uniform Resource Identifier),分为定义 Data 的 URI 和访问 Data 的 URI 两部分。

1) 定义 Data 的 URI

定义 Data 的 URI 包含协议名(必须为 dataability)和根路径(建议设备为 Data 类的全类名)。

例如,定义 DataAbility 类的 URI 代码如下:

```
dataability://com.example.dataability.DataAbility
```

2) 访问 Data 的 URI

访问 Data 的 URI 可以包含设备 ID、路径、查询参数和片段标识符等部分(中括号[ ]括起的部分为可选项),如图 8-23 所示。

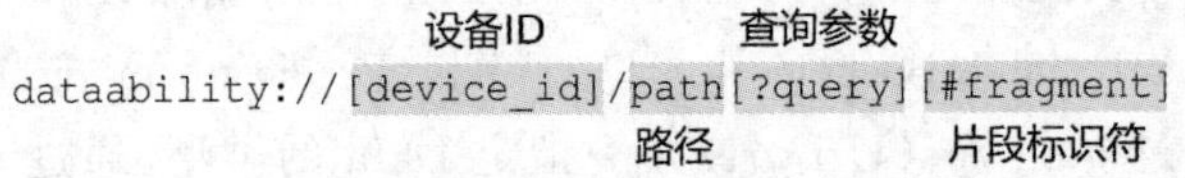

设备ID   查询参数
dataability://[device_id]/path[?query][#fragment]
                路径   片段标识符

图 8-23　访问 Data 的 URI

例如,一个比较完整的 URI 代码如下:

```
dataability://device_id/com.example.dataability.DataAbility/student?sex=1&age=30#page2
```

如果访问本地 Data,则需注意 dataability:后应为 3 条斜杠,代码如下:

```
dataability:///com.example.dataability.DataAbility/student?sex=1&age=30#page2
```

当访问 Data 中的数据时,可以在路径后加入相应的子路径,以便于指定访问的文件名、表名及字段 ID 等,例如:

```
dataability:///com.example.dataability.DataAbility/filename
dataability:///com.example.dataability.DataAbility/table1/id
```

在 Java 代码中,可以通过 Uri 类对 URI 字符串进行解析。通过 Uri 对象的 getDecodedAuthority()、getDecodedPath()、getDecodedQuery()和 getDecodedFragment() 方法可分别获取设备 ID、路径、查询参数和片段标识符字符串,代码如下:

```
Uri uri = Uri.parse("dataability://device_id/com.example.dataability.DataAbility/student?
sex = 1&age = 30♯page2");
Utils.log("设备:" + uri.getDecodedAuthority());
Utils.log("路径:" + uri.getDecodedPath());
Utils.log("查询参数:" + uri.getDecodedQuery());
Utils.log("片段标识符:" + uri.getDecodedFragment());
```

运行上述代码的输出结果如下:

```
02 - 15 18:11:10.877 3149 - 3149/? I 00101/DataAbility: 设备: device_id
02 - 15 18:11:10.877 3149 - 3149/? I 00101/DataAbility: 路径: /com.example.dataability.
DataAbility/student
02 - 15 18:11:10.877 3149 - 3149/? I 00101/DataAbility: 查询参数: sex = 1&age = 30
02 - 15 18:11:10.877 3149 - 3149/? I 00101/DataAbility: 片段标识符: page2
```

另外,还可以通过 getDecodedPathList()方法切分路径,并返回 List＜String＞对象;通过 getDecodedQueryParams()方法获取查询参数键值对 Map＜String,List＜String＞＞对象;通过 getQueryParamsByKey(String key)方法可以根据键查找参数字符串对象,这些方法非常实用。

3. DataAbilityHelper

DataAbilityHelper 是 Data 的远程调用工具。由于 DataAbilityHelper 可以远程调用 Data 中的方法,因此 DataAbilityHelper 中的方法几乎和 Data 的方法一一对应。例如,Data 中存在 openFile(Uri uri,String mode)方法,那么 DataAbilityHelper 也存在 openFile(Uri uri,String mode)方法。除此之外,DataAbilityHelper 的 query、insert、delete、update 等方法和 Data 中的方法也是一一对应的。

以下通过实例分别介绍跨应用访问文件和跨应用访问数据库的方法。

8.3.2 跨应用访问数据库

本节创建 2 个应用程序工程,分别为 EmployeeManager 和 HumanResources 工程。 EmployeeManager 应用管理着员工信息。HumanResources 应用是人事部应用,需要管理 EmployeeManager 中的员工信息。

接下来,在 EmployeeManager 应用中通过 Data 暴露操作员工信息数据库的接口,在 HumanResources 中通过 DataAbilityHelper 实现操作 EmployeeManager 中的员工数据库。

1. 实现 EmployeeManager 应用

1）创建 EmployeeDataAbility

在 DevEco Studio 中创建 EmployeeManager 手机应用工程，使用 Empty Feature Ability（Java）模板。在 Project 工具窗体中，在 com.example.emplyeemanager 包上右击，选择 New→Ability→Empty Data Ability 菜单，弹出创建 Data 窗口，如图 8-24 所示。

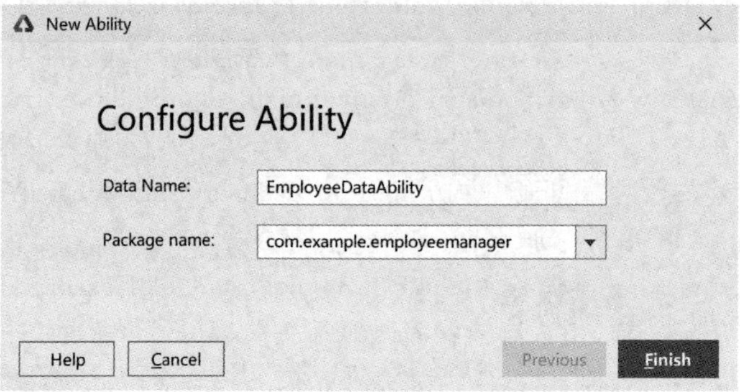

Configure Ability

Data Name: EmployeeDataAbility

Package name: com.example.employeemanager

图 8-24　创建 Data Ability

在 Data Name 中输入 Data 的名称 EmployeeDataAbility；在 Package name 中选择该 Data 所在的包名（保持默认即可），单击 Finish 按钮确认。

此时，DevEco Studio 通过模板帮我们创建了一个 Data，代码如下：

```
//chapter8/EmployeeManager/entry/src/main/java/com/example/employeemanager/
//EmployeeDataAbility.java
public class EmployeeDataAbility extends Ability {
    private static final HiLogLabel LABEL_LOG = new HiLogLabel(3, 0xD001100, "Demo");

    @Override
    public void onStart(Intent intent) {
        super.onStart(intent);
        HiLog.info(LABEL_LOG, "EmployeeDataAbility onStart");
    }

    @Override
    public ResultSet query(Uri uri, String[] columns, DataAbilityPredicates predicates) {
        return null;
    }

    @Override
    public int insert(Uri uri, ValuesBucket value) {
        HiLog.info(LABEL_LOG, "EmployeeDataAbility insert");
        return 999;
    }
```

```
    @Override
    public int delete(Uri uri, DataAbilityPredicates predicates) {
        return 0;
    }

    @Override
    public int update(Uri uri, ValuesBucket value, DataAbilityPredicates predicates) {
        return 0;
    }

    @Override
    public FileDescriptor openFile(Uri uri, String mode) {
        return null;
    }

    @Override
    public String[] getFileTypes(Uri uri, String mimeTypeFilter) {
        return new String[0];
    }

    @Override
    public PacMap call(String method, String arg, PacMap extras) {
        return null;
    }

    @Override
    public String getType(Uri uri) {
        return null;
    }
}
```

另外,该 EmployeeDataAbility 也会自动在 config.json 中注册。不过为了能够在其他应用中使用该 Data,需要为其增加 visible 属性,并设置为 true,代码如下:

```
//chapter8/EmployeeManager/entry/src/main/config.json
{
  "permissions": [
    "com.example.employeemanager.DataAbilityShellProvider.PROVIDER"
  ],
  "name": "com.example.employeemanager.EmployeeDataAbility",
  "icon": "$media:icon",
  "description": "$string:employeedataability_description",
  "type": "data",
  "uri": "dataability://com.example.employeemanager.EmployeeDataAbility",
  "visible": true
}
```

接下来,我们只需要在 EmployeeDataAbility 中实现员工数据管理功能。

2)创建 test.sqlite 数据库和 employee 表

在刚刚创建的 EmployeeDataAbility 中,创建一个关系数据库。当然,根据实际情况,也可以在 DataAbility 中创建其他类型的数据库,读者可以参考 8.1 节中的内容。创建 test.sqlite 数据库和 employee 表的代码如下:

```java
//chapter8/EmployeeManager/entry/src/main/java/com/example/employeemanager/
//EmployeeDataAbility.java
//关系数据库操作对象
private RdbStore mRdbStore;

//关系数据可回调
private RdbOpenCallback mRdbCallback = new RdbOpenCallback() {
    @Override
    public void onCreate(RdbStore rdbStore) {
        //在创建 test.sqlite 数据库时,创建 student 数据表
        rdbStore.executeSql("CREATE TABLE IF NOT EXISTS employee (" +
                "id INTEGER PRIMARY KEY AUTOINCREMENT, " +
                "name TEXT NOT NULL, " +
                "age INTEGER, " +
                "sex TINYINT, " +
                "department TEXT)");
    }

    @Override
    public void onUpgrade(RdbStore rdbStore, int i, int i1) {
        //更新数据库时回调
    }
};

@Override
public void onStart(Intent intent) {
    super.onStart(intent);
    DatabaseHelper helper = new DatabaseHelper(this);
    StoreConfig config = StoreConfig.newDefaultConfig("test.sqlite");
    mRdbStore = helper.getRdbStore(config, 1, mRdbCallback);
}

@Override
protected void onStop() {
    super.onStop();
    mRdbStore.close();
}
```

随后,即可在 query、insert、delete 和 update 方法中实现 employee 表的查、增、删、改。

3) 查询数据

查询方法 query(Uri uri,String[] columns,DataAbilityPredicates predicates)包含 3 个参数：

(1) uri：URI 对象。这里的 URI 对象可能包含查询参数、片段标识符等。开发者可以根据这些参数扩展 query 方法的功能。

(2) columns：查询字段数组。

(3) predicates：谓词对象。

query 方法的谓词对象为 DataAbilityPredicates 类的实例。该谓词对象与 8.1.1 节所介绍的关系数据库的谓词对象、对象关系映射的谓词对象非常类似。通过 DataAbilityUtils 类的 createRdbPredicates()方法或 createOrmPredicates()方法可以分别将其转换为 RdbPredicates 对象或 OrmPredicates 对象。

接下来，实现 query 方法查询员工信息，代码如下：

```
//chapter8/EmployeeManager/entry/src/main/java/com/example/employeemanager/
//EmployeeDataAbility.java
@Override
public ResultSet query(Uri uri, String[] columns, DataAbilityPredicates predicates) {
    //转换谓词对象
    RdbPredicates rdbPredicates = DataAbilityUtils
            .createRdbPredicates(predicates,"employee");
    //查询结果
    ResultSet resultSet = mRdbStore.query(rdbPredicates, columns);
    return resultSet;
}
```

4) 插入数据

插入方法 insert(Uri uri,ValuesBucket value)包含 2 个参数，分别为 URI 对象 uri 和 ValuesBucket 对象，正好对应了 RdbStore 的 insert()方法。实现 insert()方法插入员工信息的代码如下：

```
//chapter8/EmployeeManager/entry/src/main/java/com/example/employeemanager/
//EmployeeDataAbility.java
@Override
public int insert(Uri uri, ValuesBucket value) {
    int id = (int) mRdbStore.insert("student", value);
    return id;
}
```

5) 删除数据

删除方法 delete(Uri uri,DataAbilityPredicates predicates)包含 2 个参数，分别为 URI 对象和谓词对象，正好对应了 RdbStore 的 delete()方法。实现 delete()方法删除员工信息

的代码如下：

```
//chapter8/EmployeeManager/entry/src/main/java/com/example/employeemanager/
//EmployeeDataAbility.java
@Override
public int delete(Uri uri, DataAbilityPredicates predicates) {
    //转换谓词对象
    RdbPredicates rdbPredicates = DataAbilityUtils
            .createRdbPredicates(predicates,"employee");
    //删除员工信息
    int rowNum = mRdbStore.delete(rdbPredicates);
    return rowNum;
}
```

6）更新数据

更新方法 update(Uri uri, ValuesBucket value, DataAbilityPredicates predicates)包含 3 个参数，分别为 URI 对象、表示更新内容的 ValuesBucket 对象和表示需要更新的查询谓词对象，正好对应了 RdbStore 的 update()方法。实现 update()方法更新员工信息的代码如下：

```
//chapter8/EmployeeManager/entry/src/main/java/com/example/employeemanager/
//EmployeeDataAbility.java
@Override
public int update(Uri uri, ValuesBucket value, DataAbilityPredicates predicates) {
    //转换谓词对象
    RdbPredicates rdbPredicates = DataAbilityUtils
            .createRdbPredicates(predicates,"employee");
    //更新员工信息
    int rowNum = mRdbStore.update(value, rdbPredicates);
    return rowNum;
}
```

上面创建的 EmployeeDataAbility 不涉及复杂的业务逻辑，所以实现起来非常简单，但是在实际开发中，可能需要根据需求屏蔽一些隐私细节，并可能增加一些业务逻辑。开发者可以在相应的方法中实现这些功能。

2. 实现 HumanResources 应用

1）创建 HumanResources

在 DevEco Studio 中创建 HumanResources 手机应用工程，使用 Empty Feature Ability(Java)模板。

在默认的 MainAbility 的布局文件中添加【增加员工信息】、【查询员工信息】、【更新员工信息】和【删除员工信息】按钮，并分别为其设置监听方法，如图 8-25 所示。

2）为 HumanResources 工程增加权限

在 EmployeeManager 应用中，创建 EmployeeDataAbility 时默认设置了访问权限。接

图 8-25　HumanResources 主界面

下来需要在 EmployeeManager 应用的 config.json 中定义并使用该权限,代码如下:

```
//chapter8/HumanResources/entry/src/main/config.json
{
    ...
    "module": {
        ...
        "reqPermissions": [
            {
                "name": "com.example.employeemanager.DataAbilityShellProvider.PROVIDER"
            }
        ],
        "defPermissions": [
            {
                "name": "com.example.employeemanager.DataAbilityShellProvider.PROVIDER",
                "grantMode": "system_grant"
            }
        ],
        ...
    }
}
```

3) 实现员工信息的增、查、改、删

接下来,在 MainAbilitySlice.java 中实现【增加员工信息】、【查询员工信息】、【更新员工信息】和【删除员工信息】按钮的功能,代码如下:

```
//chapter8/HumanResources/entry/src/main/java/com/example/humanresources/slice/
//MainAbilitySlice.java
public class MainAbilitySlice extends AbilitySlice implements Component.ClickedListener {
    private Button mBtnEmployeeInsert;          //【增加员工信息】按钮
    private Button mBtnEmployeeQuery;           //【查询员工信息】按钮
    private Button mBtnEmployeeUpdate;          //【更新员工信息】按钮
    private Button mBtnEmployeeDelete;          //【删除员工信息】按钮
```

```
@Override
public void onStart(Intent intent) {
    super.onStart(intent);
    super.setUIContent(ResourceTable.Layout_ability_main);
    mBtnEmployeeInsert = (Button) findComponentById(ResourceTable.Id_btn_employee_insert);
    mBtnEmployeeInsert.setClickedListener(this);
    //将剩下 3 个按钮的监听器添加为当前对象
    …
}

@Override
public void onClick(Component component) {

    //定义 URI
    Uri uri = Uri.parse("dataability:///com.example.employeemanager.EmployeeDataAbility");
    //获得 DataAbilityHelper 对象
    DataAbilityHelper helper = DataAbilityHelper.creator(this);

    //增加员工信息
    if(component.getId() == ResourceTable.Id_btn_employee_insert) {
        ValuesBucket values = new ValuesBucket();
        values.putString("name", "董昱");
        values.putInteger("age", 30);
        values.putInteger("sex", 1);
        values.putString("department", "董事会");

        try {
            int id = helper.insert(uri, values);
            if (id == -1) {
                Utils.showToast(this, "数据插入失败!");
            } else {
                Utils.showToast(this, "数据插入成功,Row ID: " + id + "!");
            }
        } catch (Exception e) {
            Utils.log("调用错误:" + e.getLocalizedMessage());
        }
    }

    //查询员工信息
    if(component.getId() == ResourceTable.Id_btn_employee_query) {

        String[] columns = new String[] {"id", "name", "age", "sex", "department"};
        DataAbilityPredicates predicates = new DataAbilityPredicates()
                .orderByAsc("id");
        ResultSet resultSet = null;
```

```java
        try {
            resultSet = helper.query(uri, columns, predicates);
            Utils.log("结果集行数: " + resultSet.getRowCount());
            while (resultSet.goToNextRow()) {
                int id = resultSet.getInt(0);
                String name = resultSet.getString(1);
                int age = resultSet.getInt(2);
                int sex = resultSet.getInt(3);
                String department = resultSet.getString(4);
                Utils.log("id:" + id + " 姓名: " + name + " 年龄: " + age
                        + " 性别: " + (sex == 1 ? "男性" : "女性")
                        + " 部门: " + department);
            }
            //关闭结果集
            resultSet.close();
        } catch (Exception e) {
            Utils.log("调用错误:" + e.getLocalizedMessage());
        }

    }


    //更新员工信息
    if(component.getId() == ResourceTable.Id_btn_employee_update) {

        DataAbilityPredicates predicates = new DataAbilityPredicates()
                .equalTo("name", "董昱");
        ValuesBucket values = new ValuesBucket();
        values.putString("department", "市场部");
        try {
            int rowNum = helper.update(uri, values, predicates);
            if (rowNum == -1) {
                Utils.showToast(this, "数据更新失败!");
            } else {
                Utils.showToast(this, "数据更新成功,更新行数: " + rowNum + "!");
            }
        } catch (Exception e) {
            Utils.log("调用错误:" + e.getLocalizedMessage());
        }
    }


    //删除员工信息
    if(component.getId() == ResourceTable.Id_btn_employee_delete) {

        DataAbilityPredicates predicates = new DataAbilityPredicates()
                .equalTo("name", "董昱");
        try {
```

```
                    int rowNum = helper.delete(uri, predicates);
                    if (rowNum == -1) {
                        Utils.showToast(this, "数据删除失败!");
                    } else {
                        Utils.showToast(this, "数据删除成功,删除行数:" + rowNum + "!");
                    }
                } catch (Exception e) {
                    Utils.log("调用错误:" + e.getLocalizedMessage());
                }
            }
        }
    }
```

单击任何一个按钮后,首先会创建需要访问的 URI 对象和 DataAbilityHelper 对象。随后的增、查、改、删的方法与关系数据库的增、查、改、删方法非常类似,主要的区别如下:

(1) 这里的 insert()、query()、update() 和 delete() 方法是通过 DataAbilityHelper 对象进行远程调用的,需要加入 try-catch 语句块捕获异常。

(2) 当需要使用谓词对象时,使用的是 DataAbilityPredicates 对象,而不是 RdbPredicates 对象。DataAbilityPredicates 对象并不需要指定操作表名。

在同一个设备上先运行 EmployeeManager 应用,然后运行 HumanResources 应用。在 HumanResources 应用中单击按钮即可完成相应的数据库操作功能,如图 8-26 所示。

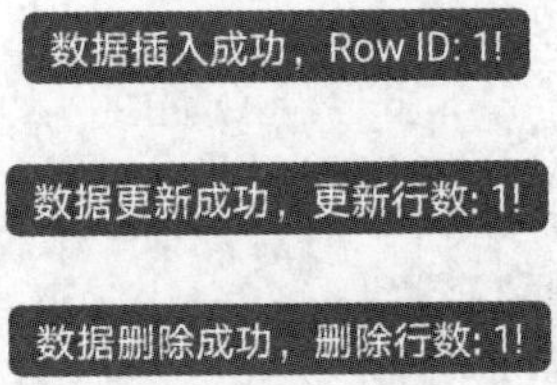

数据插入成功, Row ID: 1!

数据更新成功, 更新行数: 1!

数据删除成功, 删除行数: 1!

图 8-26 在 HumanResources 应用中对 EmployeeManager 应用中的数据库进行操作

如果需要跨设备进行数据库操作,则只需在访问 Data 的 URI 中添加设备 ID。

8.3.3 跨应用访问文件

本节在 8.3.2 节的基础上实现在 HumanResources 应用中访问 EmployeeManager 应用沙盒中存在的文件。

首先,在 EmployeeManager 的 EmployeeDataAbility 中实现 openFile() 方法,代码如下:

```
//chapter8/EmployeeManager/entry/src/main/java/com/example/employeemanager/slice/
//MainAbilitySlice.java
@Override
```

```java
public FileDescriptor openFile(Uri uri, String mode) {
    //获取文件名
    String filename = uri.getDecodedPathList().get(1);
    //文件路径
    String path = getDataDir()
            + File.separator + filename;
    //文件对象
    File file = new File(path);
    try {
        //如果文件不存在,则先创建该文本文件
        //并且加入文本"测试数据"
        if (!file.exists()) {
            createFile(path);
        }
        //获取文件描述符对象并返回
        FileInputStream fileIs = new FileInputStream(file);
        FileDescriptor fd = fileIs.getFD();
        return MessageParcel.dupFileDescriptor(fd);
    } catch (IOException e) {
        e.printStackTrace();
    }
    return null;
}

/**
 * 创建文本文件
 */
private static void createFile(String path) throws IOException {
    //获得 BufferedWriter 对象
    BufferedWriter bw = new BufferedWriter(new FileWriter(path));
    bw.write("测试数据"); //写字符串
    bw.close(); //关闭 BufferedWriter
}
```

在上面的代码中,通过 Uri 获取需要访问的文件名。如果该文件不存在,则会创建该文本文件,并添加"测试数据"文本。最后,将文件描述符 FileDescriptor 对象返回。openFile()方法包含 mode 参数,可以用于指定其打开模式,可以为 rw(读写)、r(只读)等。

然后,在 HumanResources 应用的主界面中添加【读取文件】按钮,并在其单击监听方法中添加以下代码,用于读取文本文件,代码如下:

```java
//chapter8/HumanResources/entry/src/main/java/com/example/humanresources/slice/
//MainAbilitySlice.java
//定义 URI
Uri uri = Uri.parse("dataability:///com.example.employeemanager.EmployeeDataAbility/test.txt");
```

```
//获取 DataAbilityHelper 对象
DataAbilityHelper helper = DataAbilityHelper.creator(this);

try {
    FileDescriptor fd = helper.openFile(uri, "rw");
    //获取 BufferedReader 对象
    BufferedReader br = new BufferedReader(new FileReader(fd));
    //获取文本内容
    String content = "";
    String line;
    while ((line = br.readLine()) != null) {
        content += line;
    }
    br.close(); //关闭 BufferedReader 对象
    Utils.showToast(this, "文本内容:" + content);

} catch (Exception e) {
    Utils.log("调用错误:" + e.getLocalizedMessage());
}
```

这里的 URI 字符串与之前访问数据库时的字符串有所不同：通过子路径的方式声明了需要访问的文件名。

编译并运行上述 2 个应用程序，单击 HumanResources 应用中的【读取文件】按钮，即可读取 EmployeeManager 应用中沙盒目录内 test.txt 文件的内容，并在用户界面中提示，如图 8-27 所示。

文本内容:测试数据

图 8-27　在 HumanResources 应用中读取 EmployeeManager 应用沙盒中的文件

8.4　本章小结

本章介绍了常用的数据持久化方法及应用间数据共享的方法。在本地进行数据持久化是最为传统也是应用最广泛的持久化方法，而分布式数据管理解决了同一应用在不同设备之间的数据共享问题，Data Ability 解决了不同应用(同一设备或不同设备)之间的数据共享问题。

虽然分布式数据库和分布式文件系统是鸿蒙操作系统的特色，但是并不是有了分布式技术就可以完全抛弃本地数据和本地文件存储了。由于分布式数据库仅能保证数据的最终一致性，而非强一致性，因此重要的数据还需要存储在本地数据库中。文件存储也类似，由于某个设备关机、离线等原因就无法访问该设备的文件了。分布式持久化技术是本地持久化技术的补充和扩展,不要一味地迷信其优势,开发者需要正确使用存储技术。

本章介绍的数据持久化方法及其应用范围如表 8-6 所示。不过,这个表中推荐的技术选用并不是绝对的,也要考虑应用的场景和今后的扩展能力。

表 8-6 各种数据和应用范围所推荐使用的数据持久化技术

数据应用范围	结构化数据	非结构化数据	
		字符串、数值等	图片、视频等
本设备	关系数据库对象关系映射	应用偏好数据库	本地文件管理
跨设备(分布式)	分布式数据库		分布式文件系统

Data Ability 非常类似于 Android 中的 ContentProvider,可以实现应用间的数据共享,包括数据库共享和文件共享,但是,Data Ability 以 Ability 的身份提供了数据共享能力,其功能更加强大,不仅可以实现同一设备不同应用之间的数据共享,还可以实现不同设备不同应用之间的数据共享,但是,限于篇幅没有全面介绍不同设备间的数据共享功能,但是只需要在 8.3 节所介绍的内容的基础上在 URI 中添加设备 ID。另外,Data Ability 会向外提供数据,因此有可能会产生数据泄露问题。开发者需要对每个 Data Ability 中的方法进行仔细检查,确保接口所暴露的数据是安全的。

数据是应用的灵魂,本章介绍了数据持久化,从下一章开始介绍网络访问的相关内容。互联网是应用数据的重要来源,有时候需要让应用的持久化数据和服务器的云服务器进行交流和同步,希望读者能够结合学习和应用。

第 9 章

包罗万象的网络与媒体

进入移动互联网时代以后,人们感到无聊的机会越来越少了。当无聊的时候,会打开手机,刷刷微博、看看抖音。然而,当走进钢筋水泥的地下车库、封闭的电梯间,手机信号会瞬间锐减甚至消失。这时,打开手机可能会发现,大多数的应用程序失去了它原本应有的价值,仅剩下一个 App 图标和无法打开的页面。网络对于应用程序如此重要,是大多数应用程序不可或缺的重要元素。

媒体拥有文字、图形、视频、声音等各种各样刺激感官的元素。当媒体走入信息技术的殿堂中,媒体常被称为"多媒体"。传统媒体通常以文字、视频为主,而如今走向了媒体方式的融合。当你在 bilibili 看视频时,一定要打开弹幕交流一下。当你用网易云音乐听音乐时,也一定要看一看评论。当你发个朋友圈时,也需要配几张图才行。这些事实充分体现了媒体要素对于应用程序的重要性。

网络和媒体技术非常复杂,本章不可能面面俱到地介绍网络和媒体的所有应用,仅选取较为常见的技术和用法进行介绍。

9.1 访问互联网

本节介绍访问互联网的常用方法。根据需求不同,通常可以使用以下几种方式进行网络编程:

(1) 通过 HTTP 协议(HyperText Transfer Protocol)访问互联网。HTTP 协议是互联网技术中运用最为广泛的应用层协议。在使用浏览器访问网站时,就是通过 HTTP 协议的 URL 进行访问的。例如,可以通过 http://www.harmonyos.com/访问鸿蒙操作系统的官方网站。不过,HTTP 技术的应用不仅如此,还可以进行文本(XML、JSON)、二进制等多种数据的传递。

(2) 通过 TCP 协议(Transmission Control Protocol)访问互联网。TCP 协议是可靠的传输层协议。采用 TCP 协议可以通过互联网建立设备间的稳定连接,通常用于对于响应速度要求较高的场景。套接字(Socket)即为 TCP 协议的编程接口。例如,网络游戏、社交软件中通常可以看到通过 Socket 建立 TCP 连接的身影。

（3）通过 UDP 协议（User Datagram Protocol）访问互联网。UDP 协议是无连接且不可靠的传输层协议。使用 Socket 编程接口也可以实现 UDP 的网络编程。由于 UDP 不需要建立连接的过程，并且占用系统资源少，程序结构简单，通常用于对数据的准确性要求不高，并且数据传输量较大的场景。例如，在直播、音视频通话中通常可以看到 Socket 建立 UDP 连接的场景。

当然，在应用层中还包括 FTP、SMTP 等许多其他重要协议，不过在移动设备中这些技术运用得较少。在可预见的未来，在鸿蒙物联网设备中，使用 HTTP 协议访问互联网可能仍然是主流技术。由于 HTTP 协议的广泛应用，本节以 HTTP 技术为主体，介绍网络编程的常用方法。

为了介绍和学习方便，本节创建了 Network 应用程序工程，并在其主界面中加入了【通过 HTTP 获取文本】、【通过 HTTP 获取图片】、【使用 Okhttp 进行 GET 请求】、【使用 Okhttp 进行 POST 请求】、【WebView】等按钮，如图 9-1 所示。本节所有的代码都可以在 Network 工程中找到。

本节首先介绍如何搭建 Web 服务器，并在服务器中加入一些资源，然后介绍如何在鸿蒙应用程序中与 Web 服务器进行交互，最后介绍 WebView 的基本用法。

图 9-1　Network 应用程序的主界面

9.1.1　搭建 Web 服务器

Web 服务器是指通过 HTTP 等协议提供网络服务的服务器软件，常用的 Web 服务器包括 IIS、Apache、Tomcat、Nginx 等。通常，需要根据应用领域和开发技术的不同选用不同的 Web 服务器。在本节中，选择较为简单且常用的 Nginx 服务器，并在该服务器中加入一些静态资源。

注意：Nginx 并不能提供动态页面。开发者可以使用 Tomcat 服务器提供由 Java 语言开发的 JSP 动态页面和 Servlet 应用。

1. Nginx 的下载和运行

Nginx 是提供高性能 HTTP 和反向代理的轻量级 Web 服务器。读者可以在其官方网站（http://nginx.org/en/download.html）上下载服务器程序，如图 9-2 所示。

建议选择稳定版本（Stable version）进行开发，这里选择下载其 Windows 稳定版本 nginx/Windows-1.18.0。下载并解压后，在 PowerShell 或命令提示符中进入 Nginx 目录并直接运行 Nginx 命令即可打开服务器。如果 PowerShell 没有回显任何提示信息，则说明运行成功，如图 9-3 所示。

注意：在第一次运行 Nginx 时，由于需要使用 80 端口提供服务，因此 Windows 防火墙会提示用户是否允许这一行为。此时，选择允许即可。

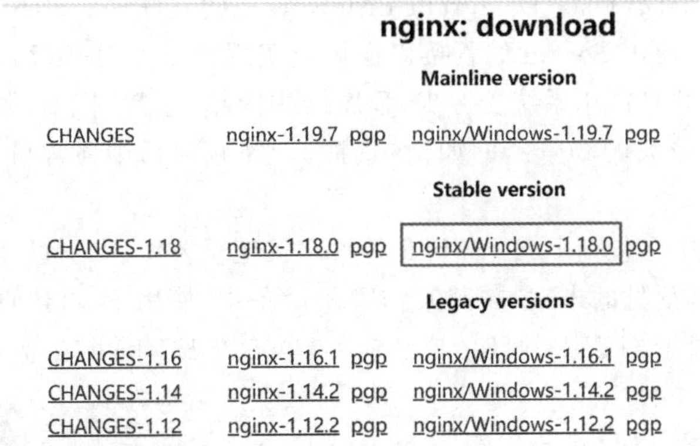

nginx: download

Mainline version

CHANGES   nginx-1.19.7 pgp   nginx/Windows-1.19.7 pgp

Stable version

CHANGES-1.18   nginx-1.18.0 pgp   nginx/Windows-1.18.0 pgp

Legacy versions

CHANGES-1.16   nginx-1.16.1 pgp   nginx/Windows-1.16.1 pgp
CHANGES-1.14   nginx-1.14.2 pgp   nginx/Windows-1.14.2 pgp
CHANGES-1.12   nginx-1.12.2 pgp   nginx/Windows-1.12.2 pgp

图 9-2   下载 Nginx 1.18.0

```
Windows PowerShell                                   —    □    ×
PS C:\Users\dongy\Desktop\nginx-1.18.0> .\nginx.exe
```

图 9-3   运行 Nginx

此时,通过浏览器访问 http://127.0.0.1 地址就可以访问 Nginx 的默认主页了,如图 9-4 所示。

2. 在 Nginx 服务器中加入静态资源

在 Nginx 服务器目录的 html 目录下可以加入 HTML、CSS、JS、JSON、图片、视频等各种静态资源。在本例中,加入一个名为 test.json 的 JSON 文件和一个名为 image.png 的图片文件,如图 9-5 所示。

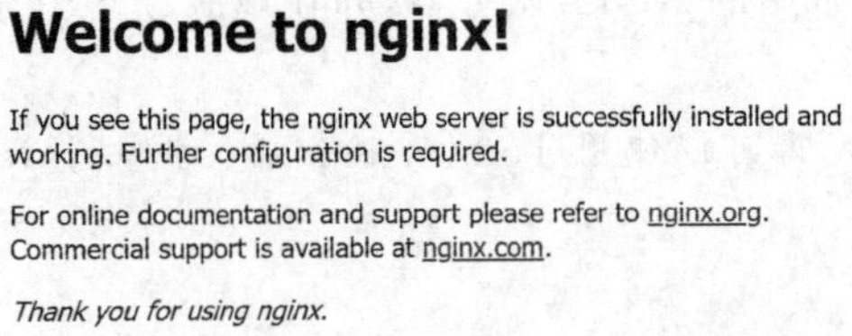

Welcome to nginx!

If you see this page, the nginx web server is successfully installed and working. Further configuration is required.

For online documentation and support please refer to nginx.org.
Commercial support is available at nginx.com.

Thank you for using nginx.

图 9-4   Nginx 默认主页

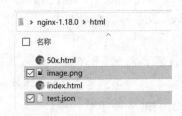

▤ > nginx-1.18.0 > html

☐ 名称

   ◉ 50x.html
   ☑ ◉ image.png
   ◉ index.html
   ☑ 📄 test.json

图 9-5   Nginx 中的静态资源

50x.html 和 index.html 是 Nginx 自带的静态页面,可以删除。test.json 的内容如下:

```
//chapter9/html/test.json
[
  {
    "name": "董昱",
    "age": 30,
```

```
  "sex": 1,
  "class": "鸿蒙应用高级学习班"
  },
  {
  "name": "王娜",
  "age": 28,
  "sex": 0,
  "class": "鸿蒙应用基础学习班"
  }
]
```

由于 Nginx 的 Web 服务默认端口为 80 端口,因此在浏览器中通过 http://127.0.0.1/test.json 和 http://127.0.0.1/image.png 地址即可访问这两个静态资源。

3. 将服务器和测试设备连接到同一网络中

之前,都是通过 127.0.0.1 这个本地地址访问 Web 服务器,但是,如果想让测试设备访问这个 Web 服务器,则需要将服务器和测试设备连接到同一网络中。最方便的连接方式就是通过 WiFi 连接:让测试设备和 Web 服务器设备连接同一个 WiFi。当然,有条件的读者也可以直接使用阿里云等云服务器,直接在互联网中提供服务。

在本例中,通过 WiFi 将服务器和测试设备连接到同一网络中,然后需要确认一下服务器的 IP 地址。在 Windows 系统中,可以通过 ipconfig 命令查询 IP 地址,如图 9-6 所示。

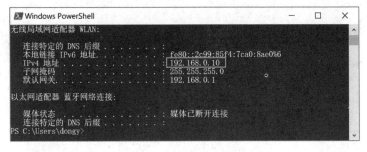

图 9-6 查询 IP 地址

接下来,Network 工程就可以通过这个 IP 地址和 HTTP 协议访问这个 Web 服务器了。

9.1.2 通过 HTTP 访问 Web 服务器

7min

默认情况下,应用程序没有权限访问互联网。如果要访问互联网,则首先需要添加 ohos.permission.INTERNET 权限。在 Network 工程中,添加这一权限,代码如下:

```
//chapter9/Network/entry/src/main/config.json
{
  ...
```

```
    "module": {
      ...
      "reqPermissions": [
        {
          "name": "ohos.permission.INTERNET"
        }
      ],
      ...
    }
}
```

添加了这个权限以后,这个应用就可以访问互联网了,但是为了安全考虑,目前只能使用 HTTPS 协议,即通过 SSH 加密的 HTTP 协议。

注意:在 HTTP 协议中,传输的数据是明文的,因此容易被非法抓包截获,所以是不安全的。使用 HTTPS 协议可以避免此类问题。

不过,对 Web 服务器配置 HTTPS 协议较为复杂。在应用程序的开发和测试中,可以通过在 config.json 中将 deviceConfig→default→network 对象的 cleartext Traffic 属性配置为允许应用程序使用 HTTP 协议,代码如下:

```
//chapter9/Network/entry/src/main/config.json
{
  ...
  "deviceConfig": {
    "default": {
      "network": {
        "cleartext Traffic" : true
      }
    }
  },
  ...
}
```

注意:还可以在 network 对象中使用 securityConfig 进行详细的网络访问配置,支持对不同的域名设置不同的网络访问策略。

有了这些配置,就可以通过 Java 中自带的 URLConnection、HttpURLConnection 和 HttpsURLConnection 访问 Web 服务器中的数据了。HttpURLConnection 是 URLConnection 的子类,针对 HTTP 协议中不同的请求类型(GET、POST 等)进行了封装。HttpsURLConnection 是 HttpURLConnection 的子类,方便对 HTTPS 协议的 Web 服务进行访问和请求。实际上,上面介绍的这些类都包含在 Java 语言自带类库中,因此其使用方法也非常灵活,读者可以参考 Java API 及其相关资料来了解这些类的使用,这里仅简单介绍 URLConnection 类获取文字和图片的用法。

不过,与一般的 Java 应用程序不同,在鸿蒙应用程序中访问网络的功能不能在主线程中使用,必须置于其他线程中,这是为了防止因网络阻塞 UI 的更新。这里可以使用任务分发器将网络访问功能模块分发到其他线程中,其具体的使用方法详见 7.1 节的内容。

1. 通过 URLConnection 获取文本

这里介绍如何通过 URLConnection 获取 Web 服务器中的 JSON 数据,并对 JSON 数据进行解析。在【通过 HTTP 获取文本】按钮的单击事件监听方法中,获取并解析 test.json中的数据,代码如下:

```java
//chapter9/Network/entry/src/main/java/com/example/network/slice/MainAbilitySlice.java
//分发到非主线程
getGlobalTaskDispatcher(
        TaskPriority.DEFAULT).asyncDispatch(() -> {
    //声明 Reader 对象
    BufferedReader reader = null;
    try {
        //打开 URL 连接
        URL URL = new URL("http://192.168.0.10/test.json");
        URLConnection connection = URL.openConnection();
        //通过数据流获取其文本数据
        InputStream inputStream = connection.getInputStream();
        reader = new BufferedReader(
                new InputStreamReader(inputStream));
        String jsonStr = ""; //结果数据
        String line; //行数据
        while ((line = reader.readLine())!= null) {
            jsonStr += line;
        }
        //jsonStr 数据读取完成,获取 JSON 数组
        ZSONArray students = ZSONArray.stringToZSONArray(jsonStr);
        //遍历数组中的每个对象
        for (int i = 0; i < students.size(); i ++) {
            //获取对象
            ZSONObject student = students.getZSONObject(i);
            //输出对象信息
            Utils.log("姓名:" + student.getString("name")
                    + " 年龄:" + student.getInteger("age")
                    + " 性别:" + student.getInteger("sex")
                    + " 班级:" + student.getString("class"));
        }
    } catch (Exception e) {
        e.printStackTrace();
    } finally {
        //关闭 Reader 对象
        if (reader != null) {
```

```
            try {
                reader.close();
            } catch (IOException e) {
                e.printStackTrace();
            }
        }
    }
});
```

在上面的代码中,首先通过全局并行任务分发器 GlobalTaskDispatcher 将网络访问部分的代码分发到非主线程的其他线程中。然后,在这个线程中,创建目标访问地址的 URL 对象,并通过 openConnection()方法获取这个 URL 的连接对象 URLConnnection。通过数据流 InputStream 和缓冲阅读器 BufferedReader 对连接中的内容进行逐行读取。读完每一行的数据后将这行的字符串连接到 jsonStr 字符串的末尾。随后,jsonStr 字符串便包含了 test.json 中的全部文本信息,并且这个文本信息是一个 JSON 数组。最后,通过 ZSON 模块对这个数据进行解析,并在 HiLog 中输出其中的内容。

单击【通过 HTTP 获取文本】按钮运行上述代码,即可在 HiLog 中出现以下提示:

```
3737 - 4524/ I 00101/Network: 姓名:董昱 年龄:30 性别:1 班级:鸿蒙应用高级学习班
3737 - 4524/ I 00101/Network: 姓名:王娜 年龄:28 性别:0 班级:鸿蒙应用基础学习班
```

2. 通过 URLConnection 获取图片

这里介绍如何通过 URLConnection 获取 Web 服务器中的图片数据,并解析为 PixelMap 对象。在【通过 HTTP 获取图片】按钮的单击事件监听方法中,获取并解析 image.png 中的数据,代码如下:

```
//chapter9/Network/entry/src/main/java/com/example/network/slice/MainAbilitySlice.java
//分发到非主线程
getGlobalTaskDispatcher(
        TaskPriority.DEFAULT).asyncDispatch(() -> {
    //声明 InputStream 对象
    InputStream inputStream = null;
    try {
        //打开 URL 连接
        URL URL = new URL("http://192.168.0.10/image.png");
        URLConnection connection = URL.openConnection();
        connection.setConnectTimeout(5 * 1000);            //超时时间
        //通过数据流获取其图片数据
        inputStream = connection.getInputStream();
        //通过数据流创建 Image 源
        ImageSource source = ImageSource.create(inputStream,
                new ImageSource.SourceOptions());
```

```
            //解码选项
            ImageSource.DecodingOptions options =
                    new ImageSource.DecodingOptions();
            //解析为 pixelMap
            PixelMap pixelMap = source.createPixelmap(options);
            Utils.log("图像宽度: " + pixelMap.getImageInfo().size.width
                    + " 图像高度: " + pixelMap.getImageInfo().size.height);
        } catch (Exception e) {
            e.printStackTrace();
        } finally {
            //关闭 InputStream 对象
            if (inputStream != null) {
                try {
                    inputStream.close();
                } catch (IOException e) {
                    e.printStackTrace();
                }
            }
        }
    }
});
```

在上面的代码中,首先通过全局并行任务分发器 GlobalTaskDispatcher 将网络访问部分的代码分发到非主线程的其他线程中。然后,在这个线程中,创建目标访问地址的 URL 对象,并通过 openConnection()方法获取这个 URL 的连接对象 URLConnnection。随后,通过数据流创建 ImageSource 对象,并通过该对象的 createPixelmap()方法即可读取数据流中的数据,并将其解析为 PixelMap 对象。最后,通过 PixelMap 对象获取图片的宽度和高度,并输出到 HiLog 中。

单击【通过 HTTP 获取图片】按钮运行上述代码,即可在 HiLog 中出现以下提示:

```
3737 - 4524/ I 00101/Network: 图像宽度: 977 图像高度: 628
```

PixelMap 对象包含了图片的全部信息,包括每个像素的像素值,因此 PixelMap 对象是非常占用内存的,开发者可以根据实际的显示需求通过 DecodingOptions 解码选项设置获取图片数据中的一部分。在不使用 PixelMap 时,要及时将对象赋空,以便于 Java 垃圾回收机制尽快将对象回收,以便释放内存。

注意:在上面的两个例子中均使用了 HTTP 协议的 GET 请求方法。如果开发者希望使用 POST 请求,则建议使用 HttpURLConnection,这样会更加方便。

9.1.3 使用 Okhttp

通过上面的学习可以发现,通过传统的 Java 类库对网络数据进行访问的代码量比较多,需要创建数据流对象。幸运的是,我们还有更好的选择:使用 Okhttp 类库。Okhttp 类

5min

库在 Java 界非常出名,是优秀的轻量级 Java 网络请求框架,不仅封装了 HTTP 访问的众多细节,还可以帮助我们简化代码,而且可以方便地维护与服务器之间的会话(Session)。

使用 Okhttp 前,需要在 entry 的 build.gradle 中加入 Okhttp 的依赖,代码如下:

```
//chapter9/Network/entry/build.gradle
apply plugin: 'com.huawei.ohos.hap'
...

dependencies {
    implementation fileTree(dir: 'libs', include: ['*.jar', '*.har'])
    testCompile 'junit:junit:4.12'
    implementation 'com.squareup.okhttp3:okhttp:4.9.0'
}
```

然后,单击 DevEco Studio 的 File→Sync Project with Gradle Files 菜单同步工程,此时 Gradle 会自动下载 Okhttp 类库并添加到工程的依赖中。

下面用两个简单的例子来介绍 Okhttp 的基本使用方法。

1. 通过 GET 请求网络数据

使用 Okhttp 的第一步是创建 OkHttpClient 对象,这个对象可以用于管理与服务器的会话和 Cookies 状态。然后,创建 Request 请求对象,设置其请求的 URL 网址。如果这里没有指定请求类型,则默认的请求类型为 GET 请求。最后,通过 OkHttpClient 对象的 newCall() 方法创建一个 Call 对象,通过 Call 对象的 execute() 方法即可访问服务器获取响应结果 Response。

在【通过 okhttp 进行 GET 请求】按钮的单击事件监听方法中,获取 test.json 中的内容并输出到 HiLog 中,代码如下:

```
//chapter9/Network/entry/src/main/java/com/example/network/slice/MainAbilitySlice.java
getGlobalTaskDispatcher(TaskPriority.DEFAULT).asyncDispatch(() -> {
    //创建 OkHttpClient 对象
    OkHttpClient client = new OkHttpClient();
    //创建请求对象
    Request request = new Request.Builder()
            .URL("http://192.168.0.10/test.json")
            .build();
    //获取结果数据
    Response response = null;
    try {
        response = client.newCall(request).execute();
        //输出结果数据
        String output = response.body().string();
        Utils.log(output);
    } catch (IOException e) {
```

```
            e.printStackTrace();
        } finally {
            //关闭 response 对象
            if (response!= null) {
                response.close();
            }
        }
});
```

编译并运行 Network 工程,单击【通过 okhttp 进行 GET 请求】按钮运行上述代码,即可在 HiLog 中出现以下提示:

```
8329 - 8685/ I 00101/Network: [
8329 - 8685/ I 00101/Network: {
8329 - 8685/ I 00101/Network: "name": "董昱",
8329 - 8685/ I 00101/Network: "age": 30,
8329 - 8685/ I 00101/Network: "sex": 1,
8329 - 8685/ I 00101/Network: "class": "鸿蒙应用高级学习班"
8329 - 8685/ I 00101/Network: },
8329 - 8685/ I 00101/Network: {
8329 - 8685/ I 00101/Network: "name": "王娜",
8329 - 8685/ I 00101/Network: "age": 28,
8329 - 8685/ I 00101/Network: "sex": 0,
8329 - 8685/ I 00101/Network: "class": "鸿蒙应用基础学习班"
8329 - 8685/ I 00101/Network: }
8329 - 8685/ I 00101/Network: ]
```

这里没有进行 JSON 字符串的解析。读者仍然可以尝试通过 ZSON 对这个字符串进行解析。

显然,通过 Okhttp 获取网络数据的代码要精简许多,十分方便。

2. 通过 POST 请求网络数据

与 GET 请求类似,POST 请求同样需要使用 Request 对象进行请求。不同的是,首先需要创建 FormBody 对象添加 POST 请求参数,然后通过 Request 对象的 post()方法设置请求参数。随后的工作和 GET 请求网络数据就非常类似了。

在【通过 okhttp 进行 POST 请求】按钮的单击事件监听方法中,获取 test.json 中的内容的同时提交 POST 请求参数,代码如下:

```
//chapter9/Network/entry/src/main/java/com/example/network/slice/MainAbilitySlice.java
//创建 OkHttpClient 对象
OkHttpClient client = new OkHttpClient();
//创建 FormBody,添加 POST 请求信息
FormBody body = new FormBody.Builder()
```

```
            .add("username", "dongyu")
            .add("password", "dy123456")
            .build();
//创建请求对象
Request request = new Request.Builder()
            .URL("http://192.168.0.10/test.json")
            .post(body)
            .build();
//下面的操作与 GET 请求方法相同
…
```

在上面的代码中,通过 FormBody 提交了 username 和 password 的 POST 请求信息。虽然在获取 test.json 内容的功能中,提交 POST 请求信息没有任何作用,但是对于 Servlet 等动态网络服务是非常有用的。

9.1.4 内嵌浏览器 WebView

5min

有时可能需要在应用程序中显示网页,虽然可以以弹出浏览器的方式打开某个网页,但是如果用户还想回到应用程序,则需要进行应用的切换,这就非常麻烦了。WebView 是一个类似浏览器的组件,可以通过 URL 将网页展示在组件之上。通过 WebView 即可在应用程序内部打开网页,能够在不切换应用程序的情况下展示网页内容。

本节创建一个新的 Page:WebViewAbility,单击主界面的【WebView】按钮即可进入 WebViewAbility。接下来,在 WebViewAbilitySlice 中介绍 WebView 的基本使用方法。

首先,通过代码的方式创建一个 WebView 对象,然后通过 load 方法加载 URL 网址。对于绝大多数的网页来讲,通常包含 JavaScript 代码实现动态页面,因此还需要通过 getWebConfig().setJavaScriptPermit(true)方法设置 WebView 以便支持 JavaScript。

接下来,在 WebViewAbilitySlice 中实现 WebView 加载 Nginx 服务器的主页,代码如下:

```
//chapter9/Network/entry/src/main/java/com/example/network/slice/WebViewAbilitySlice.java
//WebView
private WebView mWebView;

@Override
public void onStart(Intent intent) {
    super.onStart(intent);

    ComponentContainer.LayoutConfig config = new ComponentContainer.LayoutConfig(
            ComponentContainer.LayoutConfig.MATCH_PARENT,
            ComponentContainer.LayoutConfig.MATCH_PARENT);
    DirectionalLayout layout = new DirectionalLayout(this);
    layout.setLayoutConfig(config);
    layout.setOrientation(DirectionalLayout.VERTICAL);
```

```
    //实例化 WebView 对象
    mWebView = new WebView(this);
    mWebView.setLayoutConfig(config);
    //允许 JavaScript
    mWebView.getWebConfig().setJavaScriptPermit(true);
    //加载网页
    mWebView.load("http://192.168.0.10");
    layout.addComponent(mWebView);

    super.setUIContent(layout);
}
```

编译并运行程序,进入 WebViewAbilitySlice 后,即可加载 WebView 主页,如图 9-7 所示。

当然,读者也可以通过这种方式加载任何一个互联网网站。

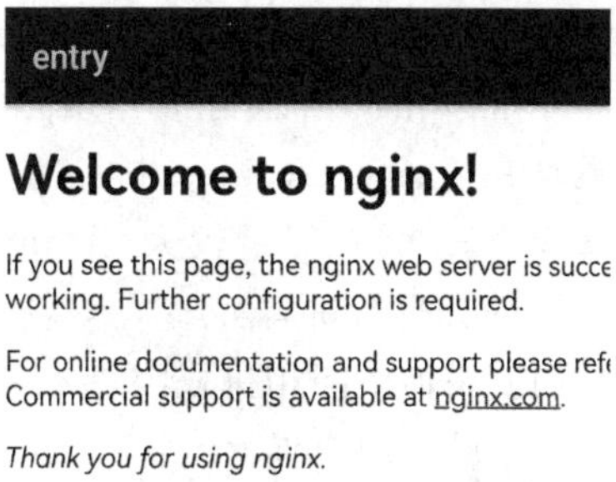

WebView 组件包括了一些基本控制方法,常用方法如下:

(1) load(String URL):通过 URL 网址加载网页。

(2) reload():刷新网页。

(3) canGoBack():判断是否可以后退。

(4) goBack():后退。

(5) canGoForward():判断是否可以前进。

(6) goForward():前进。

图 9-7　WebView

(7) getTitle():获取当前网页的标题。

(8) getFirstRequestURL():获取当前网页的 URL。

通过 WebView 组件的 getWebConfig()方法可获取 Web 配置选项,WebConfig 的主要方法如下:

(1) setDataAbilityPermit(boolean flag):是否可以访问 Data Ability。

(2) setJavaScriptPermit(boolean flag):是否允许 JavaScript。

(3) setWebStoragePermit(boolean flag):是否允许 Web Storage(一种 Web 本地存储技术)。

(4) setLocationPermit(boolean flag):是否允许获取地理位置。

(5) setLoadsImagesPermit(boolean flag):是否允许获取图像。

(6) setMediaAutoReplay(boolean flag):是否允许自动播放声频。

(7) setSecurityMode(int mode):设置安全模式。

另外,还可通过 setWebAgent 方法和 setBrowserAgent 设置 Web 代理和浏览器代理。通过 WebAgent 对象可以获取当前页面的加载状态,通过 BrowserAgent 对象可以获取页面标题的变化和页面的加载进度。

9.2 相机与拍照

从本节开始介绍使用媒体的相关内容,本节介绍如何使用相机和拍照的基本方法,9.3 节将介绍访问外部存储资源及播放声频的相关方法,9.4 节将介绍通过 Player 播放声频及视频的方法。为了介绍和学习的方便创建了 Media 应用程序工程,在其主界面中加入了【拍摄照片】、【获取媒体文件】、【播放声频】、【通过 Player 播放声频】和【通过 Player 播放视频】等按钮,如图 9-8 所示,单击按钮可分别进入 CaptureAbility、MediaAbility、AudioAbility、PlayerAudioAbility 和 PlayerVideoAbility。随后的 3 个章节所涉及的代码可以在 Media 工程中找到。

图 9-8　Media 应用程序的主界面

本节以相机拍照为例介绍相机的使用方法,所有代码均在 CaptureAbility 中实现。由于相机拍照涉及的知识点较多,代码量较大,本节将相机拍照的实现分为 6 个部分进行讲解:

(1) 添加访问相机权限。

(2) 设计用户界面。

(3) 创建相机对象。

(4) 配置相机。

(5) 通过循环帧捕获将相机实时数据显示在 Surface 中。

(6) 拍照。

1. 添加访问相机权限

使用相机的应用程序需要 ohos. permission. CAMERA 权限。除了在 config. json 中声明该权限以外,不要忘了还需要在 Java 代码中动态授权。权限申请的相关方法详见 2.1.5 节的相关内容。

注意:如果开发者需要录制视频,则还需要 ohos. permission. MICROPHONE 权限。如果在保存照片和视频时需要记录地理位置,则还需要 ohos. permission. LOCATION 权限。

2. 设计用户界面

通常,在使用相机拍照时需要将相机的实时画面显示在屏幕上,以便于取景和对焦等操作,这就需要 SurfaceProvider 组件的支持。SurfaceProvider 组件可以提供 Surface,用于实时绘制相机返回的取景数据。

1) SurfaceProvider 与 Surface

通过 SurfaceProvider 组件的 pinToZTop 方法可在组件存在叠加状态时,保持该组件仍然能够显示在屏幕的最上方。SurfaceProvider 组件的许多参数是通过 SurfaceOps 对象进行设置的,该对象可通过 SurfaceProvider 组件的 getSurfaceOps(). get()方法获取,其主要的方法如下:

(1) getSurface():获取 Surface 对象。

(2) getSurfaceDimension():获取 Surface 对象的大小。

(3) lockCanvas():锁定画布。

(4) unlockCanvasAndPost(Canvas canvas):取消画布的锁定状态。

(5) setFixedSize(int width,int height):固定 Surface 的大小。

(6) setFormat(int format):设置像素(Pixel)格式。

(7) setKeepScreenOn(boolean isOn):保持屏幕常亮。

2) 用户界面设计

在 CaptureAbilitySlice 的界面中,添加【拍摄相片】按钮组件和一个 SurfaceProvider 组件。并且,SurfaceProvider 组件占据绝大部分位置,这里通过定向布局的 weight 属性让其占据除了【拍摄相片】按钮以外的剩余空间,代码如下:

```xml
//chapter9/Media/entry/src/main/resources/base/layout/ability_capture.xml
<?xml version = "1.0" encoding = "utf - 8"?>
< DirectionalLayout
    xmlns:ohos = "http://schemas. huawei. com/res/ohos"
    ohos:height = "match_parent"
    ohos:width = "match_parent"
    ohos:orientation = "vertical">

    < SurfaceProvider
        ohos:id = " $ + id:surface_provider"
        ohos:height = "match_content"
        ohos:width = "match_parent"
        ohos:weight = "1"
        />

    < Button
        ohos:id = " $ + id:btn_capture_photo"
        ohos:height = "match_content"
        ohos:width = "match_parent"
        ohos:background_element = " #888888"
        ohos:text = "拍摄照片"
        ohos:text_size = "50"
        ohos:margin = "30px"
        ohos:padding = "30px"
        ohos:layout_alignment = "horizontal_center"
        />
</DirectionalLayout >
```

上述代码定义的用户界面显示效果如图 9-9 所示。

3) 获取 Surface 对象

通过 SurfaceOps 的 addCallback（SurfaceOps. Callback callback）方法和 removeCallback（SurfaceOps. Callback callback）方法添加和取消 Surface 回调。当 Surface 创建、销毁或属性发生变化时，会回调到这个接口的相应方法中：

- surfaceCreated(SurfaceOps holder)：创建 Surface 时回调。
- surfaceChanged（SurfaceOps holder, int format, int width, int height）：Surface 属性（如大小、格式等）发生变化时回调。
- surfaceDestroyed(SurfaceOps holder)：销毁 Surface 时回调。

这个回调非常重要，因为需要 Surface 创建完毕时才能创建相机对象，因此通常会在 surfaceCreated 方法中创建相机对象。

接下来，在 CaptureAbilitySlice 中的 onStart 方法中获取这个 Surface 对象，并赋给成员变量 mSurface，代码如下：

图 9-9　CaptureAbilitySlice 用户界面

```
//chapter9/Media/entry/src/main/java/com/example/media/slice/CaptureAbilitySlice.java
//SurfaceProvider 对象
private SurfaceProvider mSurfaceProvider;
//SurfaceProvider 提供的 Surface 对象
private Surface mSurface = null;

@Override
public void onStart( Intent intent) {
    super. onStart(intent);
    super. setUIContent(ResourceTable. Layout_ability_capture);


    ...
    //设置 SurfaceProvider 对象
    mSurfaceProvider = (SurfaceProvider) findComponentById(ResourceTable. Id_surface_provider);
    mSurfaceProvider.pinToZTop(true);
    mSurfaceProvider.getSurfaceOps().get().addCallback(
        new SurfaceOps.Callback() {
            @Override
            public void surfaceCreated(SurfaceOps surfaceOps) {
                //获取 Surface 对象
                mSurface = surfaceOps.getSurface();
            }
```

```
@Override
public void surfaceChanged(SurfaceOps surfaceOps, int i, int i1, int i2) {
}

@Override
public void surfaceDestroyed(SurfaceOps surfaceOps) {
}
});
}
```

3. 创建相机对象

CameraKit 是设备相机的"总管",通过 CameraKit 的 createCamera(String cameraId, CameraStateCallback callback, EventHandler handler)方法即可创建相机对象。createCamera() 方法包含 3 个参数:

(1) cameraId 参数:用于指定创建相机 ID。

(2) callback 参数:用户设置相机状态回调。

(3) handler 参数:用于设置事件处理器对象。

这 3 个参数在以前的章节中从未提及,下面分别介绍这 3 个参数。

1) 相机 ID

现在的许多设备单侧上的相机(摄像头)数量不止一个了。许多设备相机往往由"双摄""三摄"等多摄像头进行组合。例如,华为 P40 手机的背面就有 3 个相机,包括 1 个 5000 万像素超感知相机、1 个 1600 万像素超广角相机和 1 个 800 万像素长焦相机。从逻辑上,这几个相机是一个整体,设备可以在变焦时选择并且切换对应的相机。独立的相机被称为物理相机,由多个物理相机组成的整体称为逻辑相机,如图 9-10 所示。

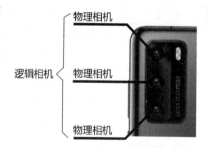

图 9-10 物理相机与逻辑相机

通过 CameraKit 的 getCameraIds()方法即可获取设备上的所有逻辑相机 ID。通过 CameraKit 的 getCameraInfo(String cameraId)方法可获取逻辑相机的 CameraInfo 对象,通过该对象可以获取逻辑相机的朝向及其所包含的物理相机 ID。CameraInfo 对象的主要方法如下:

(1) getLogicalId():获取逻辑相机 ID。

(2) getFacingType():获取相机朝向,0 代表前面,1 代表背面。

(3) getPhysicalIdList():获取物理相机 ID 列表。

(4) getDeviceLinkType(String physicalId):获取连接类型,由 DeviceLinkType 类的静态常量所定义,包括本地相机(DEVICE_LINK_NATIVE)、USB 相机(DEVICE_LINK_EXTERNAL_USB)和 MSDP 相机(DEVICE_LINK_EXTERNAL_MSDP)。

通过 CameraKit 的 getCameraAbility(String cameraId)方法可获取逻辑相机的各种参

数(静态能力),包括分辨率、变焦范围、是否含有闪光灯、是否自动对焦等。

2) 相机状态回调

相机状态回调接口 CameraStateCallback 包括以下方法:

(1) onCreated(Camera camera):相机创建成功回调。

(2) onCreateFailed(String cameraId,int errorCode):相机创建失败回调。

(3) onConfigured(Camera camera):相机配置成功回调。

(4) onPartialConfigured(Camera camera):相机配置部分成功回调。

(5) onConfigureFailed(Camera camera,int errorCode):相机配置失败回调。

(6) onReleased(Camera camera):相机释放回调。

(7) onFatalError(Camera camera,int errorCode):严重错误时回调。

(8) onCaptureRun(Camera camera):开始拍照或录像时回调。

(9) onCaptureIdle(Camera camera):拍照或录像完成后,进入空闲状态时回调。

这个回调也是非常重要的,因为后文需要创建并配置相机。到时,会使用这其中的回调方法。

3) 事件处理器 EventHandler 对象

EventHandler 对象可以利用多线程技术异步处理代码。与第 7 章所介绍的任务分发器(TaskDispatcher)不同,EventHandler 对象可以绑定到某个具体的线程上。在相机拍照中,需要通过 EventHandler 对象来保存拍摄的相片。创建 EventHandler 的方法非常简单,只需创建一个 EventRunner 对象,然后向 EventHandler 的构造方法中传入这个 EventRunner 对象,代码如下:

```
new EventHandler(EventRunner.create("CaptureProcess"));
```

通过 EventRunner 的 create()方法即可创建 EventRunner 对象,其中的字符串参数为创建并绑定的线程名称。当然,也可以将 EventRunner 绑定到当前的线程上,代码如下:

```
new EventHandler(EventRunner.current());
```

接下来,在 CaptureAbilitySlice 中创建相机对象 mCamera、事件处理器对象 mHandler 和相机状态回调对象 cameraStateCallback,然后创建相机对象方法 createCamera(),最后由 Surface 创建成功回调 surfaceCreated 方法负责调用 createCamera()方法,代码如下:

```
//chapter9/Media/entry/src/main/java/com/example/media/slice/CaptureAbilitySlice.java
//相机对象
private Camera mCamera = null;
//事件处理器对象
private EventHandler mHandler = null;

//相机状态回调
```

```java
private CameraStateCallback cameraStateCallback = new CameraStateCallback() {
    @Override
    public void onCreated(Camera camera) {
        super.onCreated(camera);
        //相机对象
        mCamera = camera;
    }

    @Override
    public void onCreateFailed(String cameraId, int errorCode) {
        super.onCreateFailed(cameraId, errorCode);
        Utils.log("相机创建错误: " + errorCode + ",需检查权限!");
    }
};

@Override
public void onStart(Intent intent) {
    super.onStart(intent);
    super.setUIContent(ResourceTable.Layout_ability_capture);
    ...
    mSurfaceProvider.getSurfaceOps().get().addCallback(new SurfaceOps.Callback() {
        @Override
        public void surfaceCreated(SurfaceOps surfaceOps) {
            //获取 Surface 对象
            mSurface = surfaceOps.getSurface();
            //创建相机对象
            createCamera();
        }
        ...
    });
}

//创建相机对象
private void createCamera() {
    //获取 CameraKit 对象
    CameraKit camerakit = CameraKit.getInstance(this);
    if (camerakit == null) {
        Utils.log("CameraKit 获取失败!");
        return;
    }
    //获取相机列表
    String[] cameraIds = camerakit.getCameraIds();
    if (cameraIds == null || cameraIds.length <= 0) {
        Utils.log("相机列表获取失败!");
        return;
    }
```

```
        mHandler = new EventHandler(EventRunner.current());

    //创建相机对象
     camerakit.createCamera(cameraIds[0],
             cameraStateCallback,
             mHandler);
}
```

在上面的代码中,使用的相机是 ID 为字符串"0"的相机。在华为 P40 手机上,该相机为手机背部的逻辑相机。

4. 配置相机

CameraConfig 对象用于配置相机,需要通过其 Builder 对象创建。Builder 对象可通过相机对象的 getCameraConfigBuilder()方法获取。Builder 对象的主要方法如下:

(1) addSurface(Surface surface):添加 Surface。

(2) removeSurface(Surface surface):移除所添加的 Surface。

(3) setFrameStateCallback(FrameStateCallback callback,EventHandler handler):设置帧状态变化回调。

(4) build():构建为 CameraConfig 对象。

必须在相机创建后进行相机配置。在本例中,在相机状态回调的 onCreated()方法中进行相机配置,代码如下:

```
//chapter9/Media/entry/src/main/java/com/example/media/slice/CaptureAbilitySlice.java
//相机状态回调
private CameraStateCallback cameraStateCallback = new CameraStateCallback() {
    @Override
    public void onCreated(Camera camera) {
        super.onCreated(camera);
        //获取相机对象
        mCamera = camera;
        //创建相机配置对象
        CameraConfig.Builder builder = camera.getCameraConfigBuilder();
        if (builder == null) {
            return;
        }
        //为相机添加 Surface
        builder.addSurface(mSurface);
        //开始配置
        camera.configure(builder.build());
    }
    ...
    @Override
```

```
    public void onConfigured(Camera camera) {
        super.onConfigured(camera);
        //配置成功后回调
    }


    @Override
    public void onConfigureFailed(Camera camera, int errorCode) {
        super.onConfigureFailed(camera, errorCode);
        //配置失败后回调
        Utils.log("相机配置错误: " + errorCode);
    }
}
```

5. 通过循环帧捕获并将相机实时数据显示在 Surface 中

通过配置循环帧捕获的目标 Surface 为 SurfaceProvider 的 Surface 后,开始循环帧捕获即可将相机实时数据显示在 Surface 中。循环帧捕获的方法为相机的 triggerLoopingCapture (FrameConfig config)方法,需要传入帧配置 FrameConfig 对象。FrameConfig 对象由其 Builder 对象进行创建,而这个 Builder 对象则由相机的 getFrameConfigBuilder 方法获取。FrameConfig.Builder 对象的配置方法众多,包括对焦模式、曝光模式、闪光灯模式等,这里略去不表。因为在调用 getFrameConfigBuilder()方法时传入 FrameConfigType.FRAME_CONFIG_PREVIEW 参数可以将该帧配置为进行画面预览默认配置,所以就省去了许多配置方面的麻烦。通过默认配置后,直接调用 FrameConfig.Builder 对象的 addSurface()方法将循环帧捕获的目标 Surface 设定为 SurfaceProvider 提供的 Surface 即可。

由于循环帧捕获必须在相机配置完成后进行,因此需要将循环帧捕获的相关代码放入相机状态回调的 onConfigured()方法中,代码如下:

```
//chapter9/Media/entry/src/main/java/com/example/media/slice/CaptureAbilitySlice.java
//相机状态回调
private CameraStateCallback cameraStateCallback = new CameraStateCallback() {
    ...
    @Override
    public void onConfigured(Camera camera) {
        super.onConfigured(camera);
        //创建帧配置对象
        FrameConfig.Builder builder =
                camera.getFrameConfigBuilder(
                        Camera.FrameConfigType.FRAME_CONFIG_PREVIEW);
        //添加 Surface
        builder.addSurface(mSurface);
        //开始循环帧捕获
        camera.triggerLoopingCapture(builder.build());
    }
    ...
};
```

编译并运行程序,同意访问相机权限后,单击【拍摄照片】按钮进入 CaptureAbilitySlice 界面。此时,在 ProviderSurface 组件中就可以显示背部相机的实时更新的数据了,如图 9-11 所示。

图 9-11   在 ProviderSurface 中显示相机数据

6. 拍照

拍照后使用图像接收器对象 ImageReceiver 接收并保存数据,因此首先需要实现 ImageReceiver,代码如下:

```java
//chapter9/Media/entry/src/main/java/com/example/media/slice/CaptureAbilitySlice.java
//拍照后使用图像接收器对象
private ImageReceiver mImageReceiver = null;

@Override
public void onStart(Intent intent) {
    super.onStart(intent);
    super.setUIContent(ResourceTable.Layout_ability_capture);

    ...
    //创建 ImageReceiver 对象
    mImageReceiver = ImageReceiver.create(1440, 1080, ImageFormat.JPEG, 5);
    //设置拍照回调
    mImageReceiver.setImageArrivalListener((ImageReceiver imageReceiver) -> {
        //文件名
```

```
        String fileName = "picture_" + System.currentTimeMillis() + ".jpg";
        //创建照片文件
        final File file = new File(getExternalFilesDir("picture"), fileName);
        //读取照片数据
        final Image image = imageReceiver.readNextImage();
        //通过异步方法保存照片数据
        mHandler.postTask(() -> {
            //通过 Component 对象读取二进制字节码
            Image.Component component = image.getComponent(ImageFormat.ComponentType.JPEG);
            Byte[] Bytes = new Byte[component.remaining()];
            component.read(Bytes);
            //通过输出流保存数据
            FileOutputStream output = null;
            try {
                output = new FileOutputStream(file);
                output.write(Bytes); //写图像数据
            } catch (Exception e) {
                Utils.log(e.getLocalizedMessage());
            } finally {
                //关闭输出流
                if (output != null) {
                    try {
                        output.close();
                    } catch (IOException e) {
                        Utils.log(e.getLocalizedMessage());
                    }
                }
                //释放照片数据
                image.release();
            }
        });
    });
}
```

在上面的代码中,mImageReceiver 对象创建完成后,紧接着通过 setImageArrivalListener 方法设置了数据接收监听器。在该监听器中首先定义了文件的存储位置,以及照片数据,然后通过 mHandler 的异步方法将照片数据保存起来。

实际上,mImageReceiver 对象也有其 Surface 对象,由其 getRecevingSurface() 方法获取,因此在相机配置时,需要将该 Surface 添加到相机配置对象中,代码如下:

```
//chapter9/Media/entry/src/main/java/com/example/media/slice/CaptureAbilitySlice.java
//相机状态回调
private CameraStateCallback cameraStateCallback = new CameraStateCallback() {
    @Override
```

```
    public void onCreated(Camera camera) {
        super.onCreated(camera);
        ...
        //为相机添加 Surface
        builder.addSurface(mSurface);
        //设置拍照的 Surface
        builder.addSurface(mImageReceiver.getRecevingSurface());
        //开始配置
        camera.configure(builder.build());
    }
    ...
};
```

与循环帧捕获类似,拍照的方法实际上为单帧捕获,即 triggerSingleCapture()方法。使用 triggerSingleCapture()方法时,也同样需要传入帧配置对象。拍照的帧配置对象,通过其 Builder 对象进行创建并传入 Camera.FrameConfigType.FRAME_CONFIG_PICTURE 参数即可完成默认的配置。在配置完成后,通过 addSurface()方法添加图像接收器 mImageReceiver 对象的 Surface 即可。

最后,实现【拍摄照片】按钮的单击监听方法,代码如下:

```
//chapter9/Media/entry/src/main/java/com/example/media/slice/CaptureAbilitySlice.java
@Override
public void onClick(Component component) {
    //拍摄照片
    //获取拍照配置模板
    FrameConfig.Builder builder = mCamera.getFrameConfigBuilder(
            Camera.FrameConfigType.FRAME_CONFIG_PICTURE);
    //配置拍照 Surface
    builder.addSurface(mImageReceiver.getRecevingSurface());
    //照片旋转 90°,更改为横向
    builder.setImageRotation(90);
    try {
        //启动单帧捕获(拍照)
        mCamera.triggerSingleCapture(builder.build());
    } catch (Exception e) {
        Utils.log(e.getLocalizedMessage());
    }
}
```

编译并运行程序,进入 CaptureAbilitySlice 界面之后,单击拍照按钮即可进行拍照动作,并且将照片保存在/sdcard/Android/data/com.example.media/files/picture 目录之中。

9.3　媒体资源与声频播放

本节首先介绍访问外部存储资源的相关方法,然后介绍如何通过 AudioRenderer 播放外部存储的声频资源,最后介绍播放短音的相关方法。

9.3.1　访问外部存储的资源

7min

本节以视频资源为例介绍访问外部存储的使用方法,所有代码均在 MediaAbility 中实现。在访问外部存储的资源前,需要在项目中使用外部存储的读写权限,即

- ohos. permission. READ_USER_STORAGE:外部存储的读取权限。
- ohos. permission. WRITE_USER_STORAGE:外部存储的写入权限。

另外,也可以通过媒体读写权限实现,即

- ohos. permission. READ_MEDIA:媒体的读取权限。
- ohos. permission. WRITE_MEDIA:媒体的写入权限。

这两对权限在访问外部存储方面是等价的,可相互替换。

媒体资源需要通过 Data Ability 进行访问,并且 Data URL 需要通过媒体存储 AVStorage 类获取。媒体包括视频(Video)、声频(Audio)、图像(Images)和下载(Downloads)等,其 URL 可分别通过以下常量获取:

- AVStorage. Video. Media. EXTERNAL_DATA_ABILITY_URI
- AVStorage. Audio. Media. EXTERNAL_DATA_ABILITY_URI
- AVStorage. Images. Media. EXTERNAL_DATA_ABILITY_URI
- AVStorage. Downloads. EXTERNAL_DATA_ABILITY_URI

通过媒体存储 AVStorage 类即可获取外部存储中的媒体文件。查找媒体文件的字段值也通过 AVStorage 相应的子类进行了定义。以视频媒体为例,下面列举了一些常见视频媒体的字段值:

- AVStorage. Video. Media. ID:Data URL 查询需要的 ID。
- AVStorage. Video. Media. DISPLAY_NAME:视频文件名称。
- AVStorage. Video. Media. DURATION:视频持续时间。
- AVStorage. Video. Media. SIZE:视频文件大小。
- AVStorage. Video. Media. TITLE:视频文件标题。

当然,图像资源、声频资源等具有类似的字段值定义,这里不再列举。通过这些字段值可以配合 Data Ability 的谓词对象对外部存储的媒体进行查找。例如,查询视频文件名称为 test. mp4 的谓词对象,代码如下:

```
//创建谓词对象,查找所需要的文件
DataAbilityPredicates predicates =
        new DataAbilityPredicates("_display_name = 'test.mp4'");
```

接下来,在 MediaAbilitySlice 的用户界面中添加【获取外部存储的视频文件】按钮,并在其单击事件监听方法中查询外部存储的所有视频文件,代码如下:

```
//chapter9/Media/entry/src/main/java/com/example/media/slice/MediaAbilitySlice.java
//DataAbilityHelper 对象
DataAbilityHelper helper = DataAbilityHelper.creator(this);
//结果集
ResultSet rs = null;
try {
    //查找文件
    rs = helper.query(AVStorage.Video.Media.EXTERNAL_DATA_ABILITY_URI,
            new String[]{AVStorage.Video.Media.ID}, null);
    Utils.log("查询视频文件数量:" + rs.getRowCount());
    //遍历被查找的文件
    while (rs != null && rs.goToNextRow()) {
        //获取 Media ID
        int mediaId = rs.getInt(0);
        //构建 URI 对象
        Uri uri = Uri.appendEncodedPathToUri(AVStorage.Video.Media.EXTERNAL_DATA_ABILITY_
URI, "" + mediaId);
        Utils.log("文件 URL : " + uri.toString());
        //打开文件
        FileDescriptor fileDescriptor = helper.openFile(uri, "r");
        //操作文件
        //new FileReader(fileDescriptor);
    }
} catch (Exception e) {
    Utils.log(e.getLocalizedMessage());
} finally {
    if (rs != null) rs.close();
}
```

开发者可以通过上述代码获取的 FileDescriptor 对象并对视频文件进行读取和处理。当外部存储存在 5 个视频文件时,单击【获取外部存储中的视频文件】按钮后 HiLog 输出的结果如下:

```
6802-6802/ I 00101/Media: 查询视频文件数量:14
6802-6802/ I 00101/Media: 文件 URL : dataability:///media/external/video/media/141
6802-6802/ I 00101/Media: 文件 URL : dataability:///media/external/video/media/147
6802-6802/ I 00101/Media: 文件 URL : dataability:///media/external/video/media/148
6802-6802/ I 00101/Media: 文件 URL : dataability:///media/external/video/media/187
6802-6802/ I 00101/Media: 文件 URL : dataability:///media/external/video/media/188
```

声频、图像、下载资源的文件获取方法与上述代码类似,不再赘述。声频资源文件的访问方法会在下一节中进行讲解。

9.3.2　播放声频资源

本节介绍如何通过声频渲染器 AudioRenderer 类播放声频资源，这是一种非常底层的播放声频资源的方法。除了通过 AudioRenderer 类播放声频，还可以通过 Player 播放器类播放声频。通过 Player 类可非常简单地播放声频，如果读者不想了解鸿蒙应用程序播放声频的众多细节，则可直接移步参考 9.4.1 节的相关内容。

接下来以播放音乐为例，在 AudioAbility 中通过 AudioRenderer 类实现声频资源的播放方法，首先在 AudioAbilitySlice 中创建【播放音乐】、【暂停音乐】和【停止音乐】按钮，如图 9-12 所示。

创建 AudioRenderer 对象时，需要声频渲染器信息 AudioRendererInfo 对象提供声频渲染器声频流信息、缓冲区大小、播放设备（AudioDeviceDescriptor 对象）等，而声频流信息则通过 AudioStreamInfo 对象提供了

图 9-12　AudioAbility 界面

编码格式、声道数量等信息，因此，在实际应用中播放声频资源的流程如下：

（1）获取播放设备 AudioDeviceDescriptor 对象。

（2）创建声频流信息 AudioStreamInfo 对象。

（3）创建声频渲染器信息 AudioRendererInfo 对象。

（4）创建声频渲染器 AudioRenderer 对象。

（5）播放声频。

（6）暂停和停止声频。

AudioDeviceDescriptor、AudioStreamInfo、AudioRendererInfo、AudioRenderer 等对象的关系如图 9-13 所示。

注意：鸿蒙 API 中 AudioRenderer 类从定位和使用方法上比较类似于 Android 中的 AudioTrack 类。

下面按照开发顺序，介绍声频渲染器。

1. 获取播放设备 AudioDeviceDescriptor 对象

声频设备由 AudioManager 管理，通过其 getDevices(DeviceFlag flag) 方法即可获取声频设备列表。根据声频设备类型的不同，flag 参数可以为 OUTPUT_DEVICES_FLAG（输出设备）、INPUT_DEVICES_FLAG（输入设备）或 ALL_DEVICES_FLAG（全部设备）。不过，通过上述方法获取的输出设备并不一定是手机的扬声器，还可能是有线耳机、蓝牙耳机及通过 HDMI 或 IP 等协议或接口连接的声频设备，因此需要先通过设备的 getType 方法判断声频设备类型才可以使用。

图 9-13　声频渲染器的使用方法

在 AudioAbilitySlice 中，创建 obtainSpeaker()方法用于获取扬声器对象，代码如下：

```
//chapter9/Media/entry/src/main/java/com/example/media/slice/AudioAbilitySlice.java
/**
 * 获取扬声器对象
 * @return
 */
private AudioDeviceDescriptor obtainSpeaker() {
    //扬声器设备
    AudioDeviceDescriptor speaker = null;
    //获取声频播放设备
    AudioDeviceDescriptor[] devices = AudioManager
            .getDevices(AudioDeviceDescriptor.DeviceFlag.OUTPUT_DEVICES_FLAG);
    if (devices == null || devices.length == 0) {
        return null;
    }
    //获取扬声器设备
    for (AudioDeviceDescriptor device : devices) {
        if (AudioDeviceDescriptor.DeviceType.SPEAKER == device.getType()) {
            speaker = device;
            break;
        }
    }
    return speaker;
}
```

在上述方法中，遍历了全部的输出设备对象，并一一判断是否为设备扬声器。最终，将扬声器的 AudioDeviceDescriptor 对象返回。AudioDeviceDescriptor 对象包含了声频设备的各种信息参数,包括 ID、名称、类型、通道、采样率等。

2. 创建声频流信息 AudioStreamInfo 对象

声频流信息由 AudioStreamInfo 的 Builder 类创建,需要通过声频流信息对象设置被播放声频的一些编码和采样属性,主要包括以下几种方法:

(1) encodingFormat(EncodingFormat format):编码格式,包括 8 位 PCM(ENCODING_PCM_8 位)、16 位 PCM(ENCODING_PCM_16 位)、浮点 PCM(ENCODING_PCM_FLOAT)、MP3(ENCODING_MP3)等。

(2) sampleRate(int rate):采样率,单位为 Hz。

(3) channelMask(ChannelMask mask):声道信息,包括单声道(CHANNEL_IN_MONO)、双声道(CHANNEL_IN_STEREO)等。

(4) streamUsage(StreamUsage usage):声频流用例,包括媒体音乐(STREAM_USAGE_MEDIA)、通知(STREAM_USAGE_NOTIFICATION)、游戏(STREAM_USAGE_GAME)、语音通信(STREAM_USAGE_VOICE_COMMUNICATION)等。

(5) audioStreamFlag(AudioStreamFlag flag):声频流标志,用于表示声频输出和混合模式。

(6) build():构建 AudioStreamInfo 对象。

在实例代码的 rawfile 资源中,包含了 music.wav 声频文件,其采样率为 44100Hz,编码格式为 16 位 PCM,声道数量为 2。接下来,创建播放该 WAV 格式的声频流信息对象,代码如下:

```
//声频流信息
AudioStreamInfo audioStreamInfo = new Builder()
        .sampleRate(44100)                                          //采样率
        .audioStreamFlag(AudioStreamFlag.AUDIO_STREAM_FLAG_DIRECT_OUTPUT)  //直接输出
        .encodingFormat(EncodingFormat.ENCODING_PCM_16 位)           //PCM 格式
        .channelMask(ChannelMask.CHANNEL_OUT_STEREO)                //双声道
        .streamUsage(StreamUsage.STREAM_USAGE_MEDIA)                //媒体音乐播放用例
        .build();
```

3. 创建声频渲染器信息 AudioRendererInfo 对象

声频渲染器信息对象由 AudioRendererInfo.Builder 对象创建,其主要方法如下:

(1) audioStreamInfo(AudioStreamInfo info):设置声频流信息。

(2) sessionID(int id):设置会话 ID。

(3) deviceId(int id):设置声频播放的设备 ID。

(4) bufferSizeInBytes(long size):声频渲染器缓冲区大小。

(5) isOffload(boolean flag):是否将声频渲染器缓冲区数据一次性输送到 HAL 层进行播放。

(6) audioStreamOutputFlag(AudioStreamOutputFlag flag):声频播放输出标志。

（7）build()：构建 AudioRendererInfo 对象。

用扬声器播放上述 AudioStreamInfo 对象所设置的声频流信息，代码如下：

```
//声频渲染器缓冲区大小
mBufferSize = AudioRenderer.getMinBufferSize(44100,        //采样率
        EncodingFormat.ENCODING_PCM_16 位,                  //PCM 格式
        ChannelMask.CHANNEL_OUT_STEREO);                   //双声道
//声频渲染器信息
AudioRendererInfo audioRendererInfo = new AudioRendererInfo.Builder()
        .audioStreamInfo(audioStreamInfo)                  //设置声频流信息
        .bufferSizeInBytes(mBufferSize)                    //缓冲区大小
        .deviceId(obtainSpeaker().getId())                 //播放设备
        .isOffload(false)                                  //是否一次性加载
        .build();
```

这里的缓冲区大小需要根据声频的采样率、声道信息及编码格式等属性决定，通过 AudioRenderer 的 getMinBufferSize()方法获取播放声频的最小缓冲区大小。

4. 创建声频渲染器 AudioRenderer 对象

有了上面的基础，创建声频渲染器对象就非常简单了，代码如下：

```
//创建声频渲染器
mAudioRenderer = new AudioRenderer(audioRendererInfo,
        AudioRenderer.PlayMode.MODE_STREAM);               //数据流模式
```

上述构造方法中的第 2 个参数为数据流模式，包括静态模式（MODE_STATIC）和流模式（MODE_STREAM）两类。静态模式下，需要通过 write()方法将声频数据全部写入 AudioRenderer 中进行播放。在流模式下，可以边读取声频流边通过 write()方法将声频数据分批写入 AudioRenderer 中，并且每次写入的字节流（Byte 流或 short 流）不能超过 AudioRenderer 的缓冲区大小，因此，流模式更加适合音乐等大声频文件的播放，而静态模式适合较短或声频文件较小的音效、背景音乐等声频的播放。

上面介绍了创建 AudioRenderer 的全流程。接下来在 AudioAbilitySlice 中整合上述代码：首先创建 mAudioRenderer 成员变量（便于暂停和停止声频），然后在【播放声频】按钮的单击事件监听方法中，判断 mAudioRenderer 是否为空，如果不为空，则按照上面的流程创建 mAudioRenderer 对象，代码如下：

```
//chapter9/Media/entry/src/main/java/com/example/media/slice/AudioAbilitySlice.java
//如果声频渲染器为空,则创建声频渲染器
if (mAudioRenderer == null) {
    //声频流信息
    AudioStreamInfo audioStreamInfo = new Builder()
        .sampleRate(44100)                                 //采样率
```

```
                .audioStreamFlag(AudioStreamFlag.AUDIO_STREAM_FLAG_DIRECT_OUTPUT)
                                                        //直接输出
                .encodingFormat(EncodingFormat.ENCODING_PCM_16位)   //PCM格式
                .channelMask(ChannelMask.CHANNEL_OUT_STEREO)     //双声道
                .streamUsage(StreamUsage.STREAM_USAGE_MEDIA)       //媒体音乐播放用例
                .build();
        //声频渲染器缓冲区大小
        mBufferSize = AudioRenderer.getMinBufferSize(44100,        //采样率
                EncodingFormat.ENCODING_PCM_16位,               //PCM格式
                ChannelMask.CHANNEL_OUT_STEREO);               //双声道
        //声频渲染器信息
        AudioRendererInfo audioRendererInfo = new AudioRendererInfo.Builder()
                .audioStreamInfo(audioStreamInfo)               //设置声频流信息
                .bufferSizeInBytes(mBufferSize)                 //缓冲区大小
                .deviceId(obtainSpeaker().getId())              //播放设备
                .isOffload(false)                               //是否一次性加载
                .build();
        //创建声频渲染器
        mAudioRenderer = new AudioRenderer(audioRendererInfo,
                AudioRenderer.PlayMode.MODE_STREAM);            //数据流模式
}
```

5. 播放声频

有了 AudioRenderer 就可以播放声频了,即调用 start 方法后通过 write()方法写入声频流数据。由于上面的代码中将 AudioRenderer 设置为流模式,因此可以将声频流分段写入。声频流的获取可通过 Java API 中的 InputStream 类获取。

在【播放音乐】按钮的单击事件监听方法中,添加用于开始播放 music.wav 声频的代码如下:

```
//chapter9/Media/entry/src/main/java/com/example/media/slice/AudioAbilitySlice.java
//开始播放
mAudioRenderer.start();
//通过异步方法打开并读取声频文件
getGlobalTaskDispatcher(TaskPriority.DEFAULT).asyncDispatch(() -> {
    try {
        //打开声频文件
        FileDescriptor fd = getAudioMediaFileDescriptor("music.wav");
        //开始读取文件(声频流)
        FileInputStream is = new FileInputStream(fd);
        Byte[] buf = new Byte[mBufferSize];
        int length = 0;
        while ((length = is.read(buf)) != -1) {
            if (mAudioRenderer == null) {
                break;
```

```
        }
        //读取声频流后,直接装入声频渲染器进行处理
        mAudioRenderer.write(buf, 0, length);
    }
    //读取完毕后关闭文件(声频流)
    is.close();
} catch (Exception e) {
    Utils.log(e.getLocalizedMessage());
}
});
```

由于 music.wav 文件较大,为了防止读取文件时阻塞主线程,通过全局并行任务分发器将读取文件的代码分发到其他线程中进行。这里通过读取外部存储的声频文件的方式读取 music.wav 文件,因此这里需要读者自行将 rawfile 中的 music.wav 文件复制到设备的外部存储中。

读取外部存储的声频文件的代码如下:

```
//chapter9/Media/entry/src/main/java/com/example/media/slice/AudioAbilitySlice.java
/**
 * 获取声频媒体文件
 *
 * @param name 文件名称
 * @return 文件描述 FileDescriptor 对象
 */
public FileDescriptor getAudioMediaFileDescriptor(String name) {
    DataAbilityHelper helper = DataAbilityHelper.creator(this);
    ResultSet rs = null;
    FileDescriptor fileDescriptor = null;
    try {
        DataAbilityPredicates predicates =
                new DataAbilityPredicates(
                        "_display_name = '" + name + "'");
        rs = helper.query(AVStorage.Audio.Media.EXTERNAL_DATA_ABILITY_URI,
                new String[]{AVStorage.Audio.Media.ID},
                predicates);
        if (rs != null && rs.goToFirstRow()) {
            int mediaId = rs.getInt(0);
            Uri uri = Uri.appendEncodedPathToUri(
                    AVStorage.Audio.Media.EXTERNAL_DATA_ABILITY_URI,
                    "" + mediaId);
            fileDescriptor = helper.openFile(uri, "r");
        }
    } catch (Exception e) {
        e.printStackTrace();
```

```
    } finally {
        if (rs != null) {
            rs.close();
        }
    }
    return fileDescriptor;
}
```

不过,这个时候不要着急调试运行。因为 mAudioRenderer 是 AudioAbilitySlice 的成员变量,如果开始播放后退出,则 AudioAbilitySlice 会导致声频的持续播放,并且这时已经无法调用 mAudioRenderer 对象的停止方法了。这个声频就像是脱缰野马无法被控制了,用户甚至只能通过重启设备的方式来停止这段声频。

因此,需要在 AudioAbilitySlice 的 onStop 生命周期方法中停止 mAudioRenderer 播放的音乐,代码如下:

```
//chapter9/Media/entry/src/main/java/com/example/media/slice/AudioAbilitySlice.java
@Override
protected void onStop() {
    super.onStop();
    //关闭 AbilitySlice 时,需要将声频渲染器关闭并释放,否则声频播放将无法控制
    if (mAudioRenderer != null) {
        mAudioRenderer.stop();              //停止播放
        mAudioRenderer.release();           //释放资源
    }
}
```

在 AudioRenderer 彻底使用完毕后,需要通过 release()方法释放 AudioRenderer 内容。

注意:读者可以尝试通过前台 Service 来播放声频,这样可以实现声频的后台播放和控制。

6. 暂停和停止声频

当然,除了可以通过停止 AudioAbilitySlice 来停止声频以外,可能还需要手动暂停和停止声频,此时分别需要通过 pause()方法和 stop()方法进行控制。通过 pause()方法暂停声频后,再次调用 play()方法就可以实现声频的继续播放了。

在【暂停音乐】按钮的单击事件监听方法中暂停声频,代码如下:

```
//chapter9/Media/entry/src/main/java/com/example/media/slice/AudioAbilitySlice.java
if (mAudioRenderer != null) {
    mAudioRenderer.pause();
}
```

在【停止音乐】按钮的单击事件监听方法中停止声频,代码如下:

```
//chapter9/Media/entry/src/main/java/com/example/media/slice/AudioAbilitySlice.java
if (mAudioRenderer != null) {
    mAudioRenderer.stop();
    mAudioRenderer.release();
}
```

编译并运行程序，就可以通过 AudioAbilitySlice 的【播放音乐】、【暂停音乐】和【停止音乐】这 3 个按钮来控制 music. wav 声频的播放。注意，不要忘了将 rawfile 中的 music. wav 文件复制到设备的外部存储中。

9.3.3　播放短音

9.3.2 节介绍了声频资源播放的基本方法，确实有些复杂，学习起来一定很累，但是，有时只需要在应用程序中播放一些简短的音效（短音），用上面的方式实现就过于复杂且低效了。

本节在 AudioAbility 中实现播放短音，首先在 AudioAbilitySlice 中创建【播放短音：声频资源】、【播放短音：tone 音效】和【播放短音：系统音效】按钮，如图 9-14 所示。

上面这 3 个按钮分别用于实现播放短音的 3 种方式：

图 9-14　AudioAbility 界面

- 播放声频资源：播放自定义的短音。
- 播放 tone 音效：频率固定的电话拨号音。
- 播放系统音效：系统预置的短音。

SoundPlayer 类封装了短音播放和管理的相关方法，大量隐藏了声频播放中的相关细节，只需经过简单的配置便可以通过 play 或 playSound 方法播放出声音。

1. 播放声频资源

通过 SoundPlayer 对象的 createSound 方法即可创建自定义短音，其中传递的对象可以是文件路径，也可以是 RawFileDescriptor 对象，还可以是 FileDescriptor 对象，相关的方法如下：

（1）createSound(String path)：通过短音资源文件路径创建短音。

（2）createSound(String path, AudioRendererInfo rendererInfo)：通过短音资源文件路径和声频渲染信息对象创建短音。AudioRendererInfo 对象的设置可参考 9.2.3 节内容。

（3）createSound(BaseFileDescriptor baseFileDescriptor)：通过 RawFileDescriptor 等 BaseFileDescriptor 类型的对象创建短音。

（4）createSound(Context context, int resourceId)：通过资源 ID 创建短音。

（5）createSound(FileDescriptor fd, long offset, long length)：通过 FileDescriptor 创建短音。

在【播放短音：声频资源】按钮的单击事件监听方法中播放 rawfile 中的 prompt.wav 短音文件,代码如下:

```
//chapter9/Media/entry/src/main/java/com/example/media/slice/AudioAbilitySlice.java
try {
    //创建 SoundPlayer 对象
    SoundPlayer soundPlayer = new SoundPlayer();
    //获取播放短音的文件描述
    RawFileDescriptor fd = getResourceManager()
            .getRawFileEntry("resources/rawfile/prompt.wav")
            .openRawFileDescriptor();
    //创建自定义短音
    int soundId = soundPlayer.createSound(fd);
    //播放自定义短音
    soundPlayer.play(soundId);
} catch (IOException e) {
    e.printStackTrace();
}
```

SoundPlayer 对象的 createSound()方法会返回短音 ID,调用 play 方法时可根据短音 ID 的不同播放出不同的音效。另外,openRawFileDescriptor()方法可能会抛出异常,需要通过 try-catch 语句捕获处理。

2. 播放 tone 音效

通过 createSound(ToneType type,int durationMs)方法即可创建 tone 音效,其中第 1 个参数为频率类型,第 2 个参数为 tone 音持续事件。tone 音都是固定频率的,例如 ToneType. DTMF_1 表示按下电话拨号键 1 的音效,oneType.DTMF_2 表示按下电话拨号键 2 的音效,依次类推。

在【播放短音：tone 音效】按钮的单击事件监听方法中播放电话拨号键 1 按下的音效(持续 0.5s),代码如下:

```
//chapter9/Media/entry/src/main/java/com/example/media/slice/AudioAbilitySlice.java
//创建 SoundPlayer 对象
SoundPlayer soundPlayer = new SoundPlayer();
//创建 Tone 音效
soundPlayer.createSound(ToneDescriptor.ToneType.DTMF_1, 500);
//播放 Tone 音效
soundPlayer.play();
```

注意,该 createSound()方法并不会返回短音 ID,播放时直接调用无参数的 play()方法即可。

3. 播放系统音效

直接通过 SoundPlayer 的 playSound()方法即可直接播放系统音效,包括 2 个重载方法:

- playSound(SoundPlayer. SoundType type)。
- playSound(SoundPlayer. SoundType type,float volume)。

SoundType 指定了系统音效的类型,包括按键音效(KEYPRESS_STANDARD)、删除键音效(KEYPRESS_DELETE)、向上导航音效(NAVIGATION_UP)、向下导航音效(NAVIGATION_DOWN)等。volume 参数用于指定播放的声音大小。

在【播放短音:系统音效】按钮的单击事件监听方法中播放键盘按下的短音,代码如下:

```java
//chapter9/Media/entry/src/main/java/com/example/media/slice/AudioAbilitySlice.java
//创建 SoundPlayer 对象
SoundPlayer soundPlayer = new SoundPlayer("package");
//播放键盘按下标准音效
soundPlayer.playSound(SoundPlayer.SoundType.KEYPRESS_STANDARD, 1.0f);
```

9.4 全能播放器 Player

在 9.3 节中介绍了通过 AudioRenderer 播放声频资源的方法,这种方法确实比较复杂,并且难以管理。好在,鸿蒙 API 提供了 Player 类对播放声频和视频的代码进行了封装,可以以非常简洁的代码实现声频和视频的播放。本节介绍 Player 类的具体使用方法。

9.4.1 通过 Player 播放声频

本节在 PlayerAudioAbility 中实现通过 Player 播放声频,首先在 PlayerAudioAbilitySlice 中创建【播放声频】、【暂停声频】和【停止声频】按钮,如图 9-15 所示。

图 9-15　PlayerAudioAbility 界面

Player 类用于控制声频的播放时主要包括如表 9-1 所示的控制方法。

表 9-1　播放器 Player 类的常用控制方法

播放器方法	描　　述
prepare()	准备播放
play()	开始播放。当声频暂停时,继续播放
pause()	暂停播放

续表

播放器方法	描　　述
stop()	停止播放
reset()	重置播放器
release()	释放播放器
setSource(Source source)	设置播放源
setSource(BaseFileDescriptor assetFD)	通过 RawFileDescriptor 对象设置播放源
setSurfaceOps(SurfaceOps surfaceHolder)	设置 Surface 配置
setPlaybackSpeed(float speed)	设置播放速度
setVolume(float volume)	设置音量
rewindTo(long microseconds)	调整播放进度,单位为 ms

在播放声频之前,首先需要调用 prepare()方法准备播放器。另外,还可以通过调用 setPlayerCallback 方法设置播放器的回调,该回调接口由 IPlayerCallback 定义,并包括以下接口方法:

(1) onPrepared():调用 prepare()方法并准备好后回调。

(2) onMessage(int type,int extra):接收到一般信息或警告信息时回调。

(3) onError(int type,int extra):接收到错误信息时回调。

(4) onResolutionChanged(int width,int height):当分辨率变化时回调。

(5) onPlayBackComplete():当播放完毕后回调。

(6) onRewindToComplete():当调整播放进度后回调。

(7) onBufferingChange(int percent):当音视频缓存进度变化时回调。

(8) onNewTimedMetaData(MediaTimedMetaData data):当获得新的定时元数据时回调。

(9) onMediaTimeIncontinuity(MediaTimeInfo info):当时间连续性被破坏时回调,如进度或速度的调整等。

接下来在 PlayerAudioAbilitySlice 中实现声频的播放。首先,创建播放器成员变量 mPlayer,并初始化播放器方法 initPlayer(),该方法由 PlayerAudioAbilitySlice 的 onStart() 生命周期方法调用。

```java
//chapter9/Media/entry/src/main/java/com/example/media/slice/PlayerAudioAbilitySlice.java
//播放器
private Player mPlayer;

@Override
public void onStart(Intent intent) {
    super.onStart(intent);
    super.setUIContent(ResourceTable.Layout_ability_player_audio);
    ...
```

```
        //初始化播放器
        initPlayer();
    }
    /**
     * 初始化 Player 对象
     */
    private void initPlayer() {
        //创建播放器对象
        mPlayer = new Player(this);
        try {
            //打开播放声频源文件
            RawFileDescriptor fd = getResourceManager()
                    .getRawFileEntry("resources/rawfile/music.wav")
                    .openRawFileDescriptor();
            Source source = new Source(fd.getFileDescriptor(),
                    fd.getStartPosition(),
                    fd.getFileSize());
            //设置声频源
            mPlayer.setSource(source);

        } catch (Exception e) {
            Utils.log("Exception : " + e.getLocalizedMessage());
        }
        //准备播放
        mPlayer.prepare();
    }
```

在初始化播放器 initPlayer()方法中,打开了 Media 工程中 rawfile 中的声频资源 music.wav 文件并创建了其 Source 对象,然后通过 Player 的 setSource()方法设置了 Player 的声频源,最后调用 Player 的 prepare()方法准备播放。

与 AudioRenderer 的使用类似,由于 mPlayer 为成员变量,如果此时退出了承载这个成员变量的 PlayerAudioAbility,则声频会持续播放,而且无法获得 mPlayer 对象进行控制了。此时的声频就像脱缰的野马不受控制,因此需要由 PlayerAudioAbility 负责管理这个 mPlayer 对象:当 PlayerAudioAbility 退出时,mPlayer 要停止播放并释放资源,代码如下:

```
//chapter9/Media/entry/src/main/java/com/example/media/slice/PlayerAudioAbilitySlice.java
@Override
protected void onStop() {
    super.onStop();
    mPlayer.stop();
    mPlayer.release();
}
```

接下来就可以对几个控制声频播放的按钮单击事件监听方法进行实现了。首先,在【播

放声频】的单击事件监听方法中播放声频,代码如下:

```
mPlayer.play();
```

然后,在【暂停声频】的单击事件监听方法中暂停声频,代码如下:

```
mPlayer.pause();
```

最后,在【停止声频】的单击事件监听方法中停止声频,代码如下:

```
mPlayer.stop();
mPlayer.release();
initPlayer();
```

在这段代码中需要注意一下,停止声频后通过 release()方法释放了 mPlayer,并重新初始化了 mPlayer,这是为了能够在停止声频后,可以实现再次通过单击【播放声频】按钮播放声频。

编译并运行程序,即可在 PlayerAudioAbility 中实现声频的播放、暂停和停止了,这比9.3.2节所介绍的 AudioRenderer 要简单许多,不过却失去了一些播放的灵活性。开发者可根据需要选择合适的方法播放声频。

9.4.2　通过 Player 播放视频

通过 Player 播放视频与通过 Player 播放声频的方法类似,只不过需要 SurfaceProvider 的支持并显示视频内容。

本节在 PlayerVideoAbility 中实现通过 Player 播放视频,首先在 PlayerVideoAbilitySlice 中创建一个SurfaceProvider 组件和【播放视频】、【暂停视频】和【停止视频】这 3 个按钮,如图 9-16 所示。SurfaceProvider 组件用于显示视频播放的内容。

接下来在 PlayerVideoAbilitySlice 中实现视频的播放。首先,创建播放器成员变量 mPlayer,并创建初始化播放器方法 initPlayer()。这个 initPlayer()方法不能由 PlayerVideoAbilitySlice 的 onStart()生命周期

图 9-16　PlayerVideoAbility 界面

方法调用了,而是在 SurfaceProvider 的 surfaceCreated 回调中调用。这是因为需要在Player 的 prepare()方法后通过 setSurfaceOps()方法设置 Surface 的配置属性,代码如下:

```
//chapter9/Media/entry/src/main/java/com/example/media/slice/PlayerVideoAbilitySlice.java
//播放器
```

```java
private Player mPlayer;

@Override
public void onStart(Intent intent) {
    super.onStart(intent);
    super.setUIContent(ResourceTable.Layout_ability_player_video);
    ...

    mSurfaceProvider.pinToZTop(true);
    mSurfaceProvider.getSurfaceOps().get().addCallback(new SurfaceOps.Callback() {
        @Override
        public void surfaceCreated(SurfaceOps surfaceOps) {
            //初始化播放器
            initPlayer();
        }

        @Override
        public void surfaceChanged(SurfaceOps surfaceOps, int i, int i1, int i2) {
        }
        @Override
        public void surfaceDestroyed(SurfaceOps surfaceOps) {
        }
    });
}

/**
 * 初始化 Player 对象
 */
private void initPlayer() {
    //创建播放器对象
    mPlayer = new Player(this);
    try {
        //打开播放视频源文件
        RawFileDescriptor fd = getResourceManager()
                .getRawFileEntry("resources/rawfile/test.mp4")
                .openRawFileDescriptor();
        Source source = new Source(fd.getFileDescriptor(),
                fd.getStartPosition(),
                fd.getFileSize());
        //设置视频源
        mPlayer.setSource(source);

    } catch (Exception e) {
        Utils.log("Exception : " + e.getLocalizedMessage());
    }
```

```
    //准备播放
    mPlayer.prepare();
    //设置 Surface 配置
    mPlayer.setSurfaceOps(mSurfaceProvider.getSurfaceOps().get());
}
```

其余的代码和通过 Player 播放声频的代码是完全一样的,这里不再赘述。编译并运行程序,即可在 PlayerVideoAbility 中实现视频的播放、暂停和停止。

9.5　本章小结

本章介绍了访问网络的基本方法,包括 HTTP 访问方法和通过 WebView 显示网页的方法,然后介绍了相机拍照、播放声频和播放视频的常用方法,这些常用方法应当能够满足日常开发的需要了。确实,多媒体的世界缤纷多彩,所涉及技术也五花八门,本章不能全面介绍这些技术,许多知识可能还需要读者参阅鸿蒙 API 文档。

用户从应用程序获取信息的途径除了网络和各种媒体信息以外,可能还需要通过设备上的传感器来获取信息,例如心率传感器、加速度计和 GPS 等,第 10 章将介绍这一部分的内容,希望读者能够有所收获。

第 10 章

传感器与地理位置

随着移动设备的广泛普及,越来越多的传感器被集成在手机、手表等设备上。这些传感器能够捕获周围越来越多的环境等信息,包括加速度、角速度、磁力、温度、气压等。设备获取信息的能力开始从"用户输入"向"主动获取"进行转变。从前需要输入密码解锁手机,现在设备能够主动判断用户的合法性。另外,通过加速度计可以判断手机的倾斜量,从而让应用程序实现自动旋转;通过光传感器可以自动调节屏幕亮度等。在游戏中,加速度传感器和陀螺仪传感器也是非常重要的输入设备,可以增强游戏体验。

在这些传感器中,有一个传感器比较特殊:那就是 GPS 传感器。GPS 传感器能够判断设备在地球上的位置,而其他传感器仅能获取周围信息。严格来讲,GPS 传感器应该称为 GNSS 传感器,因为通常它不仅使用美国 GPS 卫星信号,还会使用俄罗斯 GLONASS、中国北斗和欧洲伽利略卫星信号。这些卫星提供位置服务的编码方式非常类似,因此这些卫星系统还可以组成一个大系统,称为全球导航卫星系统(Global Navigation Satellite System,GNSS)。事实上,设备在获取位置信息时,并不一定从 GPS 传感器进行定位,还会通过基站配合定位(称为 A-GPS),也可以通过 WiFi 和蓝牙信息进行辅助定位。

上面介绍的这些传感器和定位技术能够为用户提供更加优秀的应用体验,开发者可通过这些传感器为应用程序增添许多人性化的细节,读者可以发掘用户的痛点并充分发挥想象力来使用这些技术。

10.1 形形色色的传感器

鸿蒙将设备上的所有传感器都封装在 Sensor API 中,该 API 所有的类和接口都处在 ohos.sensor 包中。所有的传感器都被封装在 6 个传感器类别中,所以传感器对象都以 Category 开头。例如,运动类传感器对象均为 CatetoryMotion。传感器对象的获取及数据的订阅都依靠传感器代理类,传感器代理类都以 Catetory 开头,并以 Agent 结尾。例如,运动类传感器代理类为 CatetoryMotionAgent。

传感器所获取的数据信息实时性非常强,因此难以用 GET/SET 的方式获取数据,而是采用订阅/退订回调的方式获取传感器信息。

注意：与所有的回调一样，订阅与退订方法要成对使用，但是由于许多传感器在获取信息时可能会消耗大量电量，因此一定要严格成对使用订阅与退订方法，并且在不使用传感器时要及时退订回调，免去不必要的能源消耗。

本节介绍传感器的基本概念和分类，并以加速度传感器和方向传感器为例介绍传感器的使用方法。为了介绍和学习的方便，首先创建了 Sensor 应用程序工程，并在其主界面中加入了【加速度传感器】和【指南针】按钮，如图 10-1 所示。单击【加速度传感器】按钮进入 AccelerometerAbility，用于 10.1.1 节获取加速度传感器的数据。单击【指南针】按钮进入 CompassAbility，用于 10.1.3 节获取方向传感器的数据，并实现一个简单的指南针功能。本节绝大多数代码可以在 Sensor 工程中找到。

图 10-1　Sensor 应用程序的主界面

10.1.1　初探传感器的应用：加速度传感器

本节先介绍一种比较简单实用的传感器：加速度传感器，读者可以对传感器的使用有个感性的认识。通过加速度传感器可获取空间 3 个垂直方向的加速度值，单位为 m/s^2。许多其他的逻辑传感器都需要加速度传感器的支持。在游戏操控、运动捕捉、导航补偿、横竖屏自动切换等领域，加速度传感器有着重要的应用。

接下来，在 AccelerometerAbilitySlice 中实现获取加速度信息，步骤如下：首先，在用户界面中加入一个支持多行显示的文本组件 mTextAccelerometer，用于显示加速度信息。然后，在 AccelerometerAbilitySlice 的 onStart()方法中创建运动类传感器的代理对象 mMotionAgent，并通过 getSingleSensor()方法获取加速度传感器对象 mMotion。最后，通过 mMotionAgent 的 setSensorDataCallback()方法设置加速度传感器的数据回调，代码如下：

```java
//chapter10/Sensor/entry/src/main/java/com/example/sensor/slice/AccelerometerAbilitySlice.java
//显示加速度的文本组件
private Text mTextAccelerometer;
//运动类传感器代理
private CategoryMotionAgent mMotionAgent;
//运动类传感器对象
private CategoryMotion mMotion;

@Override
public void onStart(Intent intent) {
    super.onStart(intent);
    super.setUIContent(ResourceTable.Layout_ability_accelerometer);
    //初始化显示加速度的文本组件
    mTextAccelerometer = (Text) findComponentById(ResourceTable.Id_text_accelerometer);
    mTextAccelerometer.setMultipleLine(true);         //支持多行显示
```

```
        //创建运动类传感器的代理对象
        mMotionAgent = new CategoryMotionAgent();
        //获取加速度传感器
        mMotion = mMotionAgent.getSingleSensor(
                CategoryMotion.SENSOR_TYPE_ACCELEROMETER);
        if (mMotion == null) {
            return;
        }
        //订阅加速度传感器回调
        mMotionAgent.setSensorDataCallback(
                mMotionDataCallback, mMotion, SensorAgent.SENSOR_SAMPLING_RATE_UI);
    }
```

通过加速度传感器代理的 getSingleSensor(int sensorType)方法即可获得传感器对象，此时需要判断该传感器对象是否为空。如果传感器对象为空，则说明该传感器在该设备上并不存在或不能使用。有些传感器可能由于冗余需要不止一个，此时可通过 getAllSensors (int sensorType)方法获取传感器列表。另外，还可以通过 getAllSensors()方法获取某个传感器类别下全部的传感器对象。

订阅加速度传感器数据回调方法 setSensorDataCallback(ICategoryOrientationDataCallback callback,CategoryOrientation sensor,int mode)的第 1 个参数为回调对象，第 2 个参数为加速度传感器对象，第 3 个参数为采样频率模式。采样频率模式通过 SensorAgent 的静态常量定义，按照采样频率由大到小排列，包括以下几种：

（1）SENSOR_SAMPLING_RATE_FASTEST：最快采样频率，适合于高精度导航补偿、运动捕捉等应用。不过在该频率下耗电量也最大，需要开发者斟酌使用。

（2）SENSOR_SAMPLING_RATE_GAME：适合游戏的采样频率，比最快采样频率稍低，适合于游戏开发。

（3）SENSOR_SAMPLING_RATE_NORMAL：正常采样频率，适合一般场景下的开发。

（4）SENSOR_SAMPLING_RATE_UI：UI 采样频率，适合在 UI 上更新的频率。

setSensorDataCallback 还包括以下重载方法，其中通过 maxDelay 可以定义更新的最大时间间隔，通过 interval 可自定义更新的频率：

- setSensorDataCallback（ICategoryOrientationDataCallback callback，CategoryOrientation sensor，int mode，long maxDelay）
- setSensorDataCallback（ICategoryOrientationDataCallback callback，CategoryOrientation sensor，long interval）
- setSensorDataCallback（ICategoryOrientationDataCallback callback，CategoryOrientation sensor，long interval，long maxDelay）

上述代码中的数据回调对象 mMotionDataCallback 的代码如下：

```
//chapter10/Sensor/entry/src/main/java/com/example/sensor/slice/AccelerometerAbilitySlice.java
//运动类传感器数据回调
private ICategoryMotionDataCallback mMotionDataCallback = new ICategoryMotionDataCallback() {
    @Override
    public void onSensorDataModified(CategoryMotionData categoryMotionData) {
        final float[] values = categoryMotionData.values;
        getUITaskDispatcher().asyncDispatch(() -> {
            mTextAccelerometer.setText("X 方向上的加速度:" + values[0]
                    + "\nY 方向上的加速度:" + values[1]
                    + "\nZ 方向上的加速度:" + values[2]);
        });
    }

    @Override
    public void onAccuracyDataModified(CategoryMotion categoryMotion, int i) {
    }

    @Override
    public void onCommandCompleted(CategoryMotion categoryMotion) {
    }
};
```

ICategoryMotionDataCallback 回调接口包括以下几种方法：

（1）onSensorDataModified：传感器数据发生变化时回调。

（2）onAccuracyDataModified：当数据精度发生变化时回调。

（3）onCommandCompleted：当传感器命令执行完成时回调（如心率传感器结束测量等）。

在上面的代码中，当 onSensorDataModified 回调时通过 CategoryMotionData 的 values 属性即可获取加速度数据。values 为浮点型数组，第 1 个值为 X 方向上的加速度值，第 2 个值为 Y 方向上的加速度值，第 3 个值为 Z 方向上的加速度值。

在加速度传感器的这 3 个方向组成了一个三维坐标系统，如图 10-2 所示。X 轴方向为屏幕平面上朝右方向；Y 轴方向为屏幕上朝上方向；Z 轴方向为垂直屏幕朝上。

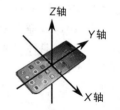

图 10-2　加速度传感器的参考坐标系

由于传感器回调的订阅和取消订阅需要成对使用，因此还需要通过 releaseSensorDataCallback()方法退订传感器回调，包括两个重载方法：

- releaseSensorDataCallback(ICategoryOrientationDataCallback callback)。
- releaseSensorDataCallback(ICategoryOrientationDataCallback callback, CategoryOrientation sensor)。

接下来，在 AccelerometerAbilitySlice 的 onStop()方法中取消加速度传感器的订阅，代码如下：

```
//chapter10/Sensor/entry/src/main/java/com/example/sensor/slice/AccelerometerAbilitySlice.java
@Override
protected void onStop() {
    super.onStop();
    //退订加速度传感器
    mMotionAgent.releaseSensorDataCallback(
            mMotionDataCallback, mMotion);
}
```

最后,由于使用加速度传感器需要 ohos. permission. ACCELEROMETER 权限,不要忘记在 config. json 文件中声明应用程序使用该权限。

编译并运行 Sensor 程序,进入 AccelerometerAbilitySlice 后即可在屏幕上显示 3 个轴方向的加速度,如图 10-3 所示。由于地球重力加速度是竖直朝下的,因此设备在 X、Y、Z 方向上的加速度的平方和再开方等于重力加速度的值。

读者可以尝试改变设备的姿态,观察加速度传感器返回数据的变化。

entry

X方向上的加速度:-0.8037048
Y方向上的加速度:6.164935
Z方向上的加速度:7.041816

图 10-3　获取加速度传感器的信息

10.1.2　传感器操作方法与分类

通过上面的学习,相信读者已经从宏观上对传感器的使用有了基本的认识了。实际上,其他的各种传感器的使用方法非常类似,主要包括以下几个步骤(＊表示传感器的类别),如图 10-4 所示。

(1) 创建＊传感器代理对象(Category＊Agent)。

(2) 获取＊传感器对象(Category)。

(3) 为＊传感器订阅/取消订阅传感器回调(ICategory＊DataCallback)。

(4) 在传感器回调的 onSensorDataModified 方法中获取传感器数据对象(Category＊ Data),并实现具体的业务功能。

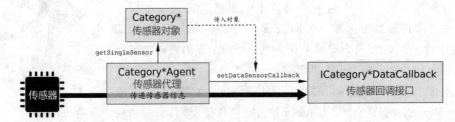

图 10-4　传感器操作方法与调用过程

鸿蒙设备上的传感器分为运动类(Motion)、环境类(Environment)、方向类(Orientation)、光线类(Light)、健康类(Body)和其他类(Other)传感器。这几种传感器都由相应的 Agent 对象管理,如表 10-1 所示。

表 10-1　传感器类型

传感器类型	Agent 对象	描　　述
运动类传感器	CategoryMotionAgent	包括加速度传感器、陀螺仪传感器、计步器等
环境类传感器	CategoryEnvironmentAgent	温度传感器、湿度传感器、磁场传感器、气压计等
方向类传感器	CategoryOrientationAgent	6 自由度传感器、屏幕旋转传感器、设备方向传感器、旋转矢量传感器等
光线类传感器	CategoryLightAgent	接近光传感器、环境光传感器、色温传感器、ToF 传感器等
健康类传感器	CategoryBodyAgent	心率传感器和佩戴检测传感器
其他类传感器	CategoryOtherAgent	包括霍尔传感器、手握检测传感器等

可见,这些传感器并不是一一对应物理设备。许多传感器是由多个传感器组成并进行抽象,用以完成独特的功能。

注意：使用加速度传感器时,需要 ohos. permission. ACCELEROMETER 权限。使用陀螺仪传感器时,需要 ohos. permission. GYROSCOPE 权限。使用计步器时,需要 ohos. permission. ACTIVITY_MOTION 权限(需要动态授权)。使用心率传感器时,需要 ohos. permission. READ_HEALTH_DATA 权限(需要动态授权)。

运动类传感器所包含的传感器如下：

(1) SENSOR_TYPE_ACCELEROMETER：加速度传感器。

(2) SENSOR_TYPE_ACCELEROMETER_UNCALIBRATED：未校准的加速度传感器,开发者可采用自定义算法进行校准。

(3) SENSOR_TYPE_LINEAR_ACCELERATION：单个方向上的线性加速度传感器。

(4) SENSOR_TYPE_GRAVITY：重力传感器,用于测量重力大小。

(5) SENSOR_TYPE_GYROSCOPE：陀螺仪传感器,用于测量角速度。

(6) SENSOR_TYPE_GYROSCOPE_UNCALIBRATED：未校准的陀螺仪传感器,开发者可采用自定义算法进行校准。

(7) SENSOR_TYPE_SIGNIFICANT_MOTION：大幅动作传感器,检测设备是否存在大幅度动作(可以应用在微信摇一摇等场景)。

(8) SENSOR_TYPE_DROP_DETECTION：跌落传感器,检测设备是否发生跌落。

(9) SENSOR_TYPE_PEDOMETER_DETECTION：计步器检测传感器,判断当前是否正在运动行走。

(10) SENSOR_TYPE_PEDOMETER：计步器步数传感器,记录用户的行走步数。

环境类传感器所包含的传感器如下：

(1) SENSOR_TYPE_AMBIENT_TEMPERATURE：温度传感器,单位为摄氏度。

(2) SENSOR_TYPE_MAGNETIC_FIELD：磁场传感器。

(3) SENSOR_TYPE_MAGNETIC_FIELD_UNCALIBRATED：未校准的磁场传感器。

（4）SENSOR_TYPE_HUMIDITY：湿度传感器。

（5）SENSOR_TYPE_BAROMETER：气压计，可用于计算海拔高度。

（6）SENSOR_TYPE_SAR：吸收率传感器，用于测量设备的电磁波能量吸收比值。

方向类传感器所包含的传感器如下：

（1）SENSOR_TYPE_6DOF：6 自由度传感器，包括 3 个轴方向的位移和 3 个角方向的旋转。

（2）SENSOR_TYPE_SCREEN_ROTATION：屏幕旋转传感器。

（3）SENSOR_TYPE_DEVICE_ORIENTATION：设备方向传感器。

（4）SENSOR_TYPE_ORIENTATION：方向传感器。

（5）SENSOR_TYPE_ROTATION_VECTOR：旋转矢量传感器，用于测量旋转矢量，由加速度传感器、磁场传感器、陀螺仪传感器计算而成。

（6）SENSOR_TYPE_GAME_ROTATION_VECTOR：游戏旋转矢量传感器，由加速度传感器、陀螺仪传感器的数据融合计算而成。

（7）SENSOR_TYPE_GEOMAGNETIC_ROTATION_VECTOR：地磁旋转矢量传感器，由加速度传感器、磁场传感器的数据融合计算而成。

光线类传感器所包含的传感器如下：

（1）SENSOR_TYPE_PROXIMITY：接近光传感器，判断物体距离设备的距离。

（2）SENSOR_TYPE_TOF：ToF 传感器，用于测量景深度等场景。

（3）SENSOR_TYPE_AMBIENT_LIGHT：环境光传感器。

（4）SENSOR_TYPE_COLOR_TEMPERATURE：色温传感器，测量环境光色温。

（5）SENSOR_TYPE_COLOR_RGB：RGB 传感器，测量环境光 RGB 颜色值。

（6）SENSOR_TYPE_COLOR_XYZ：XYZ 传感器，测量环境光 XYZ 颜色值。

健康类传感器所包含的传感器如下：

（1）SENSOR_TYPE_HEART_RATE：心率传感器，用于测量心率。

（2）SENSOR_TYPE_WEAR_DETECTION：佩戴检测传感器，判断用户是否佩戴可穿戴设备。

其他类传感器所包含的传感器如下：

（1）SENSOR_TYPE_HALL：霍尔传感器，判断周围是否存在强磁场。

（2）SENSOR_TYPE_GRIP_DETECTOR：手握传感器，判断是否手持设备。

（3）SENSOR_TYPE_MAGNET_BRACKET：磁吸传感器，判断是否将设备放置在磁力支架上。

（4）SENSOR_TYPE_PRESSURE_DETECTOR：压力传感器，判断是否对设备施压。

10.1.3　方向传感器和指南针的实现

本节介绍方向传感器的基本用法，并在 CompassAbility 界面上显示一个简单的指南针。首先，在 ability_compass.xml 布局文件中添加一个 Image 组件，并将该图像内容设置

为一个指南针的图片,随后即可通过旋转 Image 组件实现指南针的旋转,代码如下:

```
//chapter10/Sensor/entry/src/main/resources/base/layout/ability_compass.xml
<?xml version = "1.0" encoding = "utf - 8"?>
<DirectionalLayout
    xmlns:ohos = "http://schemas.huawei.com/res/ohos"
    ohos:height = "match_parent"
    ohos:width = "match_parent"
    ohos:orientation = "vertical">
    <Image
        ohos:id = " $ + id:image_compass"
        ohos:height = "match_content"
        ohos:width = "match_content"
        ohos:layout_alignment = "horizontal_center"
        ohos:image_src = " $ media:ic_compass"
        />
</DirectionalLayout>
```

然后,在 CompassAbilitySlice 的 onStart()方法中获取方向传感器代理、方向传感器等对象,代码如下:

```
//chapter10/Sensor/entry/src/main/java/com/example/sensor/slice/CompassAbilitySlice.java
//指南针 Image 组件
private Image mImageCompass;
//方向类传感器代理
private CategoryOrientationAgent mOrientationAgent;
//方向类传感器
private CategoryOrientation mOrientation;

@Override
public void onStart(Intent intent) {
    super.onStart(intent);
    super.setUIContent(ResourceTable.Layout_ability_compass);
    //获取 Image 对象
    mImageCompass = (Image) findComponentById(ResourceTable.Id_image_compass);
    //创建方向类传感器的代理对象
    mOrientationAgent = new CategoryOrientationAgent();
    //获取方向传感器
    mOrientation = mOrientationAgent.getSingleSensor(
            CategoryOrientation.SENSOR_TYPE_ORIENTATION);
    //订阅方向传感器数据回调
    mOrientationAgent.setSensorDataCallback(
            mOrientationDataCallback, mOrientation, SensorAgent.SENSOR_SAMPLING_RATE_UI);
}
```

接下来,在方向传感器的数据回调方法中,根据方向角度设置 Image 组件的角度,代码如下:

```
//chapter10/Sensor/entry/src/main/java/com/example/sensor/slice/CompassAbilitySlice.java
//方向类传感器数据回调
private ICategoryOrientationDataCallback mOrientationDataCallback = new ICategoryOrientation-
DataCallback() {
    @Override
    public void onSensorDataModified(CategoryOrientationData categoryOrientationData) {
        //获取数据
        final float[] values = categoryOrientationData.values;
        //第1个参数即为偏离正北的方向数据
        getUITaskDispatcher().asyncDispatch(() -> {
            mImageCompass.setRotation(-values[0]);
        });
    }
    @Override
    public void onAccuracyDataModified(CategoryOrientation categoryOrientation, int i) {
    }

    @Override
    public void onCommandCompleted(CategoryOrientation categoryOrientation) {
    }
};
```

通过 CategoryOrientationData 对象获取的 values 包含 3 个浮点值,分别是航向角、俯仰角和翻滚角。

(1) 航向角:以正北方向为基准,手机前方顺时针的旋转角度,范围为 $0°\sim360°$。

(2) 俯仰角:以屏幕的水平线为轴前后摇摆的旋转角度,范围为 $-180°\sim180°$。

(3) 翻滚角:以屏幕的垂直线为轴左右摇摆的旋转角度,范围为 $-90°\sim90°$。

此处更新指南针 Image 组件的旋转角度所使用的角度为航向角的相反数,这是因为航向角是手机顺时针偏离正北方向的角度,如果希望指南针能够依然指向正北,则需要反向旋转相应的角度。

另外,通过 CategoryOrientationData 对象的 getDeviceRotationMatrix()方法还可以获取设备的旋转矩阵,通过 getQuaternionValues()方法可获取四元数,通过 getQuaternionValues方法可获取设备的方向矩阵,代码如下:

```
@Override
public void onSensorDataModified(CategoryOrientationData categoryOrientationData) {
    //获取旋转矩阵
    float[] rotationMatrix = new float[9];
    CategoryOrientationData.getDeviceRotationMatrix(rotationMatrix, categoryOrientationData.
values);
    //获取四元数
    CategoryOrientationData.getQuaternionValues(categoryOrientationData.values);
    //获取设备方向
```

```
    float[] rotationAngle = new float[9];
    rotationAngle = CategoryOrientationData.getDeviceOrientation(rotationMatrix, rotationAngle);
}
```

最后,在 CompassAbilitySlice 的 onStop()生命周期方法中,退订方向类传感器数据回调,代码如下:

```
//chapter10/Sensor/entry/src/main/java/com/example/sensor/slice/CompassAbilitySlice.java
@Override
protected void onStop() {
    super.onStop();
    //退订方向传感器
    mOrientationAgent.releaseSensorDataCallback(
            mOrientationDataCallback, mOrientation);
}
```

编译并运行程序,进入 CompassAbilitySlice 后即可看到显示指南针的 Image 组件随着手机方向的改变而改变了,如图 10-5 所示。

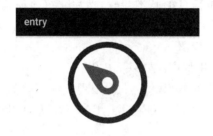

图 10-5　指南针界面

上面介绍的方向传感器的使用和加速度传感器的使用实际上非常类似,其他传感器的使用方法均类似,只不过获得的传感器数据不尽相同。

10.2　地理位置与地图应用

许多类型的应用程序都需要地理位置来提供更好的服务。通过地理位置,外卖软件可以判断周围可配送的商家,购物软件可以判断快递是否可以送达,天气软件可以提供当地的天气服务,新闻软件可以提供本地新闻服务,而导航类软件、打车类软件、旅游类软件则更高度依赖设备的地理位置提供服务。

本节首先介绍地理位置信息的获取、地理编码转换的基本用法,然后介绍如何将地理位置显示在轻量级地图组件 TinyMap 之上。为了介绍和学习的方便,在 Sensor 应用程序工程的主界面中继续加入了【定位信息的获取】和【地理编码】按钮,如图 10-6 所示。单击【定位信息的获取】按钮进入 LocatorAbility,用于 10.2.1 节获取定位信息的数据。单击【地理编码】按钮进入 GeoConvertAbility,用于 10.2.2 节进行地址和地理位置之间的转换。10.2.3 节使用新的 TinyMap 工程进行介绍。本节绝大多数代码可以在 Sensor 工程和 TinyMap 中找到。

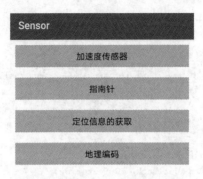

图 10-6　Sensor 应用程序的主界面

9min

10.2.1　定位信息的获取

本节首先介绍获取定位信息的基本步骤,然后介绍地理位置请求参数 RequestParam 的配置,最后在 LocatorAbilitySlice 中实现获取定位信息。

1. 获取定位信息的基本步骤

需要获取地理位置的应用程序需要以下权限:

(1) ohos. permission. LOCATION:获取地理位置。

(2) ohos. permission. LOCATION_IN_BACKGROUND(可选):在后台获取地理位置。

注意上述权限还需要在运行时动态授权。有了上述权限后,应用程序获取定位信息的步骤(如图 10-7 所示)如下:

图 10-7　通过 Locator 获取地理位置

(1) 创建地理位置"总管家"对象 Locator,只需传入当前的上下文对象便可以创建,代码如下:

```
Locator locator = new Locator(this);
```

（2）创建地理位置请求参数 RequestParam 对象，通过该对象可设置精度和更新频率等信息。例如，创建导航场景下的 RequestParam 对象的代码如下：

```
RequestParam requestParam = new RequestParam(RequestParam.SCENE_NAVIGATION);
```

（3）创建地理位置回调接口 LocatorCallback 对象。LocatorCallback 回调接口包括以下方法：

- onLocationReport(Location location)：更新地理位置，其中 Location 对象包含了最新的地理位置信息。
- onStatusChanged(int type)：位置服务状态改变，包括开始获取地理位置（Locator. SESSION_START）和结束获取地理位置（Locator. SESSION_STOP）两类状态。
- onErrorReport（int type）：位置服务错误，包括未授权（Locator. ERROR_PERMISSION_NOT_GRANTED）和系统地理位置开关关闭（Locator. ERROR_SWITCH_UNOPEN）两类错误。

如果当前系统地理位置开关关闭，则可以通过 Locator 的 requestEnableLocation()方法请求用户打开地理位置开关。另外，通过 Locator 的 isLocationSwitchOn()方法可在开始获取定位前判断打开地理位置开关是否已打开。

（4）通过 Locator 的 startLocating()或 stopLocating()方法可开始或停止获取定位，这两种方法需要成对使用。另外，通过 requestOnce 方法还可以单次获取当前的定位（这在购物、外卖等无须持续获取地理位置的场景下非常有用），通过 getCachedLocation()方法可获取系统最近一次缓存的地理位置信息。

2. 地理位置请求参数 RequestParam 的配置

通过 RequestParam 可以配置获取地理位置时的精度和更新频率等信息。这非常重要，高精度和高更新频率意味着更高的电能消耗，因此一定要和应用场景进行匹配，精度和更新频率能够满足需求即可。

RequestParam 存在两个构造方法：

（1）RequestParam(int scenario)：通过预设场景创建 RequestParam。

（2）RequestParam(int priority, int timeInterval, int distanceInterval)：通过定位优先级策略 priority、更新最短时间间隔 timeInterval 和更新最短距离间隔 distanceInterval 创建 RequestParam。

通过预设场景创建 RequestRaram 时，scenario 参数包括以下场景：

（1）SCENE_NAVIGATION：导航场景，适合高精度定位的导航应用程序。

（2）SCENE_TRAJECTORY_TRACKING：轨迹跟踪场景，适合于记录用户位置轨迹应用程序。

（3）SCENE_CAR_HAILING：网约车场景，适合于打车等应用。

（4）SCENE_DAILY_LIFE_SERVICE：生活服务场景，适合于低精度定位的购物、外卖等场景。

（5）SCENE_NO_POWER：无功耗场景，不直接获取定位，而是响应其他应用程序获得的定位信息。

当通过定位优先级策略创建 RequestRaram 时，priority 所包含的策略如表 10-2 所示。

表 10-2　定位优先级策略

策　　略	静态常量定义	使用传感器	应 用 场 景
定位精度优先策略	PRIORITY_ACCURACY	GNSS	适合于高精度定位场景
快速定位优先策略	PRIORITY_FAST_FIRST_FIX	GNSS、信号基站、WLAN定位、蓝牙定位	适合于高精度定位且快速定位的场景
低功耗定位优先策略	PRIORITY_LOW_POWER	信号基站、WLAN定位、蓝牙定位	设备于低精度定位场景

通常，开发者只需通过预设场景创建 RequestRaram，如果需要自定义场景，则可以通过定位优先级策略创建 RequestRaram。

3. 在 LocatorAbilitySlice 中获取并显示定位信息

接下来，在 LocatorAbilitySlice 中获取并显示定位信息。首先，不要忘了为 Sensor 应用程序声明动态请求 ohos.permission.LOCATION 权限。

然后，创建用于定位的 Locator 对象和定位回调 LocatorCallback，并通过对象的 startLocating()方法开始定位，代码如下：

```
//chapter10/Sensor/entry/src/main/java/com/example/sensor/slice/LocatorAbilitySlice.java
//文本组件，用于显示地理位置
private Text mTextLocation;
//地理定位"总管家"
private Locator mLocator;
//定位回调
private LocatorCallback mLocatorCallback;

@Override
public void onStart(Intent intent) {
    super.onStart(intent);
    super.setUIContent(ResourceTable.Layout_ability_locator);
    mTextLocation = (Text) findComponentById(ResourceTable.Id_text_location);
    //初始化地理定位"总管家"和定位回调
    mLocator = new Locator(this);
    mLocatorCallback = new LocatorCallback() {
        @Override
        public void onLocationReport(final Location location) {
            //将地理位置更新到用户界面中
            getUITaskDispatcher().asyncDispatch(() -> {
                mTextLocation.setText("经度:" + location.getLongitude()
```

```
                            + "纬度:" + location.getLatitude());
            });
        }

        @Override
        public void onStatusChanged(int i) {
        }

        @Override
        public void onErrorReport(int i) {
        }
    };
    //导航场景 RequestParam
    RequestParam requestParam = new RequestParam(RequestParam.SCENE_NAVIGATION);
    //开始定位
    mLocator.startLocating(requestParam, mLocatorCallback);
}
```

最后,不要忘记在 onStop 生命周期方法中调用 stopLocating()方法结束定位,代码如下:

```
//chapter10/Sensor/entry/src/main/java/com/example/sensor/slice/LocatorAbilitySlice.java
@Override
protected void onStop() {
    super.onStop();
    //停止定位
    mLocator.stopLocating(mLocatorCallback);
}
```

编译并运行程序,同意定位权限后进入 LocatorAbility 中即可看到实时刷新的定位字符串,如图 10-8 所示。

图 10-8　显示定位数据

10.2.2　地理编码

通过地理编码(Geocode)可以实现地名地址和地理坐标(经纬度)之间的转换,其中将地名地址转换为地理坐标的过程称为地理编码,反之将地理坐标转换为地名地址的过程称为逆地理编码,如图 10-9 所示。

本节在 Sensor 工程的 GeoConvertAbility 中实现地理编码和逆地理编码的过程。由于

图 10-9　地理编码与逆地理编码

地理编码和逆地理编码需要网络,因此首先需要在 Sensor 工程的 config.json 中声明网络访问权限 ohos.permission.INTERNET。

接下来,在 GeoConvertAbilitySlice 中添加【地理编码】和【逆地理编码】按钮,并分别在这两个按钮的单击事件监听方法中实现相应功能。

首先,实现地理编码功能,代码如下:

```java
//chapter10/Sensor/entry/src/main/java/com/example/sensor/slice/GeoConvertAbilitySlice.java
//创建 GeoConvert 对象
GeoConvert geoConvert = new GeoConvert(Locale.getDefault());
//访问互联网,异步处理
getGlobalTaskDispatcher(TaskPriority.DEFAULT).asyncDispatch(() ->{
    try {
        //地理编码
        final List<GeoAddress> geoAddresses =
                geoConvert.getAddressFromLocationName(
                    "长春市双阳区雕塑公园",
                    1);
        //输出经纬度
        if (geoAddresses != null && geoAddresses.size() > 0) {
            getUITaskDispatcher().asyncDispatch(() -> {
                //获取经度
                double longitude = geoAddresses.get(0).getLongitude();
                //获取纬度
                double latitude = geoAddresses.get(0).getLatitude();
                Utils.showToast(GeoConvertAbilitySlice.this,"经度:" + longitude
                        + " 纬度:" + latitude);
            });
        }
    } catch (Exception e) {
        Utils.log("异常:" + e.getLocalizedMessage());
    }
});
```

在上面的方法中,通过全局并行任务分发器分发异步任务,并在其中通过 GeoConvert 对象的 getAddressFromLocationName(String description,int maxItems)方法进行地理编码,其中 description 参数为需要逆编码的地名地址,而 maxItems 用于指定返回列表中 GeoAddress 对象的最大数量。另外,也可以通过 getAddressFromLocationName(String description，double minlat，double minlong，double maxlat，double maxlong，int maxItems）方法指定查询的范围，其中 minlat、minlong、maxlat、maxlong 分别指的是最小纬度、最小经度、最大纬度和最大经度。

GeoAddress 对象包含了地理编码信息，其主要的方法如表 10-3 所示。

表 10-3　GeoAddress 的常用方法

方　法	描　述	方　法	描　述
getLocale()	国家与语言 Locate 对象，如 zh_CN	getPlaceName()	地名，如"雕塑公园"
		getPremises()	单元房间号
getCountryCode()	国家代码，如 CN	getPostalCode()	邮编
getCountryName()	国家名称，如"中国"	getPhoneNumber()	电话号码
getAdministrativeArea()	省级行政区，如"吉林省"	hasLatitude()	是否包含纬度信息
getLocality()	地级行政区，如"长春市"	getLatitude()	纬度
getSubAdministrative-Area()	乡级行政区，如"齐家镇"	hasLongitude()	是否包含经度信息
		getLongitude()	经度
getSubLocality()	县级行政区，如"双阳区"	getDescriptions(int index)	描述信息
getRoadName()	道路名称，如"紫荆路"	getDescriptionsSize()	描述信息字符串长度
getSubRoadName()	道路字名称，如"41 号"		

然后，实现逆地理编码功能，代码如下：

```java
//chapter10/Sensor/entry/src/main/java/com/example/sensor/slice/GeoConvertAbilitySlice.java
//创建 GeoConvert 对象
GeoConvert geoConvert = new GeoConvert(Locale.getDefault());
//访问互联网,异步处理
getGlobalTaskDispatcher(TaskPriority.DEFAULT).asyncDispatch(() ->{
    try {
        //逆地理编码
        List<GeoAddress> geoAddresses = geoConvert.getAddressFromLocation(
                39.861861,
                119.253937,
                1);
        //输出地址
        if (geoAddresses != null && geoAddresses.size() > 0) {
            getUITaskDispatcher().asyncDispatch(() -> {
                Utils.showToast(GeoConvertAbilitySlice.this,
                        "地址:" + geoAddresses.get(0).getPlaceName());
            });
        }
    } catch (Exception e) {
        Utils.log("异常: " + e.getLocalizedMessage());
    }
});
```

通过 GeoConvert 对象的 getAddressFromLocation(double latitude, double longitude, int maxItems)方法即可对指定的经纬度(latitude 表示纬度，longitude 表示经度)进行逆地理编码，maxItems 用于指定返回列表中 GeoAddress 对象的最大数量。

可见，与地理编码相同，逆地理编码也返回 GeoAddress 对象列表，开发者可通过 GeoAddress 对象中的信息获取地名、地址等信息，如表 10-3 所示。

编译并运行程序后进入 GeoConvertAbility，单击【地理编码】按钮，即可将"长春市双阳区雕塑公园"地址进行地理编码，并弹出地理经纬度结果，如图 10-10 所示。

单击【逆地理编码】按钮，即可将经度为 119.253937°且纬度为 39.861861°的地理坐标进行逆地理编码，并弹出地名结果，如图 10-11 所示。

经度: 125.654607 纬度: 43.538496

图 10-10　地理编码显示结果

地址:抚宁镇秦皇岛骊城医院紫金湾景逸

图 10-11　逆地理编码显示结果

10.2.3　轻量级地图组件 TinyMap

4min

本节介绍轻量级地图组件 TinyMap。这是一个由笔者自己开发的地图组件，并且是开源免费的，其开源地址为 https://gitee.com/dongyu1009/tiny-map-for-harmony-os。该工程在本书附带的实例代码中也可以找到。在该工程中包括默认的 entry 和 tinymap 共两个模块(HAP)。如果读者希望使用这个组件，则可以直接使用该工程下的 tinymap 模块。

由于 TinyMap 支持高德在线地图，因此使用 TinyMap 之前首先需要为其声明 ohos. permission. INTERNET 权限。

然后，在 entry 模块主界面的布局文件中使用 TinyMap 组件，并添加用于测试功能的【放大】、【缩小】、【切换地图】和【添加元素】按钮，代码如下：

```xml
//chapter10/TinyMap/entry/src/main/resources/base/layout/ability_main.xml
<?xml version = "1.0" encoding = "utf - 8"?>
< DirectionalLayout
    xmlns:ohos = "http://schemas. huawei. com/res/ohos"
    ohos:height = "match_parent"
    ohos:width = "match_parent"
    ohos:orientation = "vertical">

    < com.dongyu.tinymap.TinyMap
        ohos:id = " $ + id:map"
        ohos:layout_alignment = "center"
        ohos:top_margin = "30vp"
        ohos:height = "300vp"
        ohos:width = "300vp"/>
```

```
        < Button
            ohos:id = " $ + id:btn_zoomin"
            ohos:height = "44vp"
            ohos:width = "300vp"
            ohos:layout_alignment = "center"
            ohos:background_element = " ♯ BBBBBB"
            ohos:top_margin = "20vp"
            ohos:text_size = "24fp"
            ohos:text = "放大"/>

        < Button
            ohos:id = " $ + id:btn_zoomout"
            ohos:height = "44vp"
            ohos:width = "300vp"
            ohos:layout_alignment = "center"
            ohos:background_element = " ♯ BBBBBB"
            ohos:top_margin = "20vp"
            ohos:text_size = "24fp"
            ohos:text = "缩小"/>
        < Button
            ohos:id = " $ + id:btn_changebasemaptype"
            ohos:height = "44vp"
            ohos:width = "300vp"
            ohos:layout_alignment = "center"
            ohos:background_element = " ♯ BBBBBB"
            ohos:top_margin = "20vp"
            ohos:text_size = "24fp"
            ohos:text = "切换地图"/>
        < Button
            ohos:id = " $ + id:btn_addElement"
            ohos:height = "44vp"
            ohos:width = "300vp"
            ohos:layout_alignment = "center"
            ohos:background_element = " ♯ BBBBBB"
            ohos:top_margin = "20vp"
            ohos:text_size = "24fp"
            ohos:text = "添加元素"/>
</DirectionalLayout >
```

TinyMap 对象主要包括以下方法：

（1）zoomIn()：缩小地图。

（2）zoomOut()：放大地图。

（3）refreshMap()：刷新地图。

（4）setMapSource(TinyMap. MapSource mapSource)方法：切换底图数据源，目前包括高德道路数据（MapSource. GAODE_ROAD ）、高德矢量数据（MapSource. GAODE_VECTOR)和高德卫星数据（MapSource. GAODE_SATELLITE)3 类地图。

（5）addElement（float x，float y，int resourceId）：在地图上添加地理元素。

获取了 TinyMap 对象 tinyMap 后，下面实现按钮功能：在【放大】按钮的单击事件监听方法中放大地图，代码如下：

```
tinyMap.zoomIn();
```

在【缩小】按钮的单击事件监听方法中缩小地图，代码如下：

```
tinyMap.zoomOut();
```

在【切换地图】按钮的单击事件监听方法中切换地图源，代码如下：

```
//chapter10/TinyMap/entry/src/main/java/com/example/tinymap/slice/MainAbilitySlice.java
ListDialog listDialog = new ListDialog(MainAbilitySlice.this, ListDialog.SINGLE);
listDialog.setItems(new String[]{"高德地图 - 道路",
        "高德地图 - 矢量",
        "高德地图 - 栅格"});
listDialog.setOnSingleSelectListener(new IDialog.ClickedListener() {
    @Override
    public void onClick(IDialog iDialog, int i) {
        if (i == 0)
            tinyMap.setMapSource(TinyMap.MapSource.GAODE_ROAD);
        if (i == 1)
            tinyMap.setMapSource(TinyMap.MapSource.GAODE_VECTOR);
        if (i == 2)
            tinyMap.setMapSource(TinyMap.MapSource.GAODE_SATELLITE);
        tinyMap.refreshMap();
        listDialog.hide();
    }
});
listDialog.setButton(0, "取消", new IDialog.ClickedListener() {
    @Override
    public void onClick(IDialog iDialog, int i) {
        listDialog.hide();
    }
});
listDialog.setSize(600, 600);
listDialog.show();
```

在【添加元素】按钮的单击事件监听方法中将图形元素添加到特定的地图位置，代码如下：

```
//chapter10/TinyMap/entry/src/main/java/com/example/tinymap/slice/MainAbilitySlice.java
//将经纬度转换为地理坐标
double[] coord = toMercator(116.390372, 39.991230);
//添加地理坐标
tinyMap.addElement((float) coord[0], (float)coord[1], ResourceTable.Media_dot);
```

这里的 Media_dot 资源为一个 💬 图形图片。在上面的代码中,通过 toMercator()方法将经纬度地理坐标(可通过 GNSS 传感器获取,详见 10.2.1 节)转换为墨卡托投影坐标,代码如下:

```java
//chapter10/TinyMap/entry/src/main/java/com/example/tinymap/slice/MainAbilitySlice.java
/**
 * 将经纬度坐标转换为墨卡托投影坐标
 * @param lon 经度
 * @param lat 纬度
 * @return 墨卡托投影
 */
public static double[] toMercator(double lon,double lat)
{
    double[] xy = new double[2];
    double x = lon * 20037508.342789/180;
    double y = Math.log(Math.tan((90 + lat) * Math.PI / 360))
            / (Math.PI / 180);
    y = y * 20037508.34789 / 180;
    xy[0] = x;
    xy[1] = y;
    return xy;
}

/**
 * 将墨卡托投影坐标转换为经纬度坐标
 * @param mercatorX 墨卡托投影 X 坐标
 * @param mercatorY 墨卡托投影 Y 坐标
 * @return 经纬度坐标
 */
public static double[] toLonLat(double mercatorX,double mercatorY)
{
    double[] xy = new double[2];
    double x = mercatorX / 20037508.34 * 180;
    double y = mercatorY / 20037508.34 * 180;
    y = 180 / Math.PI * (2 * Math.atan( Math.exp
            ( y * Math.PI / 180)) - Math.PI / 2);
    xy[0] = x;
    xy[1] = y;
    return xy;
}
```

编译并运行程序,进入 TinyMap 的主界面即可显示地图。单击【放大】和【缩小】按钮即可执行相应操作。单击【切换地图】按钮可将地图在道路地图、矢量地图和栅格地理数据源之间进行切换,如图 10-12 所示。单击【添加元素】可将 💬 图标添加到经度为 116.390372° 且纬度为 39.991230°的地理位置上,如图 10-13 所示。

高德地图 - 道路

高德地图 - 矢量

高德地图 - 栅格

取消

图 10-12　选择地图源　　　　图 10-13　TinyMap 显示效果

10.3　本章小结和寄语

　　本章介绍了传感器和设备定位的基本用法,更加侧重于基础能力的讲解,还需要读者根据需要进一步整合和应用。相信这些能力能为你的应用程序增添许多优秀的细节和亮点。

　　本章是全书的最后一章,非常感谢你能够陪着笔者所写的文字阅读到本书的最后。本书更加倾向于鸿蒙应用程序的入门学习,还有许多知识点和特性并没有进行介绍。到这里,笔者本来想以一个开发实例作为全书的结尾,但是相信你应该有了自己的想法了,如果再写下去可能就画蛇添足了。每次笔者读完了一本技术类的书籍通常都不会读最后的实例章节,不再跟着作者的脚步一步步编程了。有了想法就加油干吧!把自己对应用程序的设想实现出来,你一定能够对自己的作品充满骄傲。最后,祝愿各位读者能够学有所成!

常 见 缩 写

鸿蒙操作系统中特有的缩写如下：

HPM(HarmonyOS Package Manager)：鸿蒙包管理器

HVD(HarmonyOS Virtual Device)：鸿蒙虚拟机

ACE(Ability Cross-Platform Environment)：Ability 跨平台环境

AGP(Advanced Graphic Platform)：高级图形平台

HAP(HarmonyOS Application Package)：鸿蒙应用程序包

BMS(Bundle Manager Service)：Bundle 管理服务

AMS(Ability Manager Service)：Ability 管理服务

DMS(Distribute Manager Service)：分布式管理服务

FA(Feature Ability)：有界面的 Ability

SA(Service Ability)：服务 Ability

DA(Data Ability)：数据 Ability

HDF(HarmonyOS Driver Foundation)：鸿蒙驱动框架

HMS(Huawei Mobile Service)：华为移动服务

ANS(Ability Notification Service)：Ability 通知服务

CES(Common Event Service)：通用事件服务

IDN(Intelligent Distributed Networking)：智能分布式网络

MSDP(Mobile Sensing Development Platform)：移动感知开发平台

HAR(HarmonyOS Achieve)：鸿蒙库

HML(HarmonyOS Markup Language)：鸿蒙标记语言

vp(virtual pixels)：虚拟像素

fp(font-size pixels)：字体像素

DDS(Distributed Data Service)：分布式数据服务

与鸿蒙应用程序开发相关但是非鸿蒙操作系统所特有的缩写如下：

IDE(Integrated Development Environment)：集成开发环境

UI(User Interface)：用户界面

UX(User Experience)：用户体验

HAL(Hardware Abstract Layer)：硬件抽象层

DV(Device Virtualization)：设备虚拟化

JS(JavaScript)：一种前端解释性脚本语言

XML(Extensible Markup Language)：可扩展标记语言

CSS(Cascading Style Sheets)：层叠样式表

RDB(Relational Database)：关系数据库

ORMDB(Object Relational Mapping Database)：对象关系映射数据库

常用应用程序权限

鸿蒙应用程序中常用的敏感权限如附表 1 所示。

附表 1　敏感权限

权　限　名	说　明
ohos. permission. LOCATION	允许获取位置信息
ohos. permission. LOCATION_IN_BACKGROUND	允许在后台时获取位置信息
ohos. permission. ACTIVITY_MOTION	允许获取运动信息(是否正在运动及步数信息等)
ohos. permission. CAMERA	允许使用相机
ohos. permission. DISTRIBUTED_DATA	允许使用分布式数据能力
ohos. permission. DISTRIBUTED_DATASYNC	允许设备间数据交换
ohos. permission. MEDIA_LOCATION	允许获取媒体文件(如照片等)的地理位置信息
ohos. permission. MICROPHONE	允许使用话筒
ohos. permission. READ_CALENDAR	允许获取系统日历日程信息
ohos. permission. READ_HEALTH_DATA	允许获取健康数据(如心率等)
ohos. permission. READ_MEDIA	允许在外部存储中获取媒体文件
ohos. permission. WRITE_MEDIA	允许在外部存储中写入媒体文件
ohos. permission. WRITE_CALENDAR	允许在系统日历日程信息上添加、移除或修改活动

鸿蒙应用程序中常用的非敏感权限如附表 2 所示。

附表 2　非敏感权限

权　限　名	说　明
ohos. permission. INTERNET	允许连接互联网
ohos. permission. GET_NETWORK_INFO	允许获取移动数据网络信息
ohos. permission. SET_NETWORK_INFO	允许配置移动数据网络
ohos. permission. GET_WIFI_INFO	允许获取 WiFi 信息
ohos. permission. SET_WIFI_INFO	允许配置 WiFi
ohos. permission. USE_BLUETOOTH	允许获取蓝牙信息
ohos. permission. DISCOVER_BLUETOOTH	允许配置蓝牙,查找和配对蓝牙设备
ohos. permission. SPREAD_STATUS_BAR	允许在状态栏显示应用控件

续表

权 限 名	说 明
ohos. permission. COMMONEVENT_STICKY	允许发布粘性公共事件
ohos. permission. RECEIVER_STARTUP_COMPLETED	允许接收设备启动完成公共事件
ohos. permission. RUNNING_LOCK	允许申请休眠运行锁,并执行相关操作
ohos. permission. ACCESS_BIOMETRIC	允许使用生物识别能力(如指纹等)进行身份认证
ohos. permission. MODIFY_AUDIO_SETTINGS	允许修改声频设置,调整音量等
ohos. permission. SYSTEM_FLOAT_WINDOW	允许显示悬浮窗
ohos. permission. VIBRATE	允许使用发动机
ohos. permission. USE_TRUSTCIRCLE_MANAGER	允许进行设备间认证
ohos. permission. USE_WHOLE_SCREEN	允许全屏通知
ohos. permission. SET_WALLPAPER	允许设置静态壁纸
ohos. permission. SET_WALLPAPER_DIMENSION	允许设置壁纸尺寸
ohos. permission. REARRANGE_MISSIONS	允许调整任务栈
ohos. permission. CLEAN_BACKGROUND_PROCESSES	允许根据包名清理相关后台进程
ohos. permission. KEEP_BACKGROUND_RUNNING	允许服务在后台继续运行
ohos. permission. GET_BUNDLE_INFO	运行查询其他应用的信息
ohos. permission. ACCELEROMETER	允许读取加速度传感器数据
ohos. permission. GYROSCOPE	允许读取陀螺仪传感器数据
ohos. permission. MULTIMODAL_INTERACTIVE	允许订阅语音或手势事件
ohos. permission. radio. ACCESS_FM_AM	允许获取收音机相关服务
ohos. permission. NFC_TAG	允许读写 NFC 卡片
ohos. permission. NFC_CARD_EMULATION	允许实现 NFC 卡模拟功能
ohos. permission. RCV_NFC_TRANSACTION_EVENT	允许应用接收 NFC 卡模拟交易事件
ohos. permission. DISTRIBUTED_DEVICE_STATE_CHANGE	允许获取分布式组网内设备的状态变化
ohos. permission. GET_DISTRIBUTED_DEVICE_INFO	允许获取分布式组网内的设备列表和设备信息

除上述权限以外,还包括读取联系人、短信、通话记录等受限开发的权限。由于这些权限不常用,且使用这些权限需要额外向华为应用市场申请权限证书,因此这里不进行详细列举。如果开发者需要使用这些权限,可查阅鸿蒙 API 文档中 ohos. security. SystemPermission 类对各个权限名称的定义。

图书推荐

书　名	作　者
鸿蒙操作系统应用开发实践	陈美汝、郑森文、武延军、吴敬征
鸿蒙操作系统开发入门经典	徐礼文
华为方舟编译器之美——基于开源代码的架构分析与实现	史宁宁
鲲鹏架构入门与实战	张磊
华为 HCIA 路由与交换技术实战	江礼教
Flutter 组件精讲与实战	赵龙
Flutter 实战指南	李楠
Dart 语言实战——基于 Angular 框架的 Web 开发	刘仕文
Dart 语言实战——基于 Flutter 框架的程序开发	亢少军
IntelliJ IDEA 软件开发与应用	乔国辉
Vue＋Spring Boot 前后端分离开发实战	贾志杰
Vue.js 企业开发实战	千锋教育高教产品研发部
Python 人工智能——原理、实践及应用	杨博雄 主编，于营、肖衡、潘玉霞、高华玲、梁志勇 副主编
Python 深度学习	王志立
Python 异步编程实战——基于 AIO 的全栈开发技术	陈少佳
物联网——嵌入式开发实战	连志安
智慧建造——物联网在建筑设计与管理中的实践	［美］周晨光（Timothy Chou）著；段晨东、柯吉译
TensorFlow 计算机视觉原理与实战	欧阳鹏程、任浩然
分布式机器学习实战	陈敬雷
计算机视觉——基于 OpenCV 与 TensorFlow 的深度学习方法	余海林、翟中华
深度学习——理论、方法与 PyTorch 实践	翟中华、孟翔宇
深度学习原理与 PyTorch 实战	张伟振
ARKit 原生开发入门精粹——RealityKit ＋ Swift ＋ SwiftUI	汪祥春
Altium Designer 20 PCB 设计实战（视频微课版）	白军杰
Cadence 高速 PCB 设计——基于手机高阶板的案例分析与实现	李卫国、张彬、林超文
SolidWorks 2020 快速入门与深入实战	邵为龙
UG NX 1926 快速入门与深入实战	邵为龙
西门子 S7－200 SMART PLC 编程及应用（视频微课版）	徐宁、赵丽君
三菱 FX3U PLC 编程及应用（视频微课版）	吴文灵
全栈 UI 自动化测试实战	胡胜强、单镜石、李睿
软件测试与面试通识	于晶、张丹
深入理解微电子电路设计——电子元器件原理及应用（原书第 5 版）	［美］理查德·C. 耶格（Richard C. Jaeger），［美］特拉维斯·N. 布莱洛克（Travis N. Blalock）著；宋廷强　译
深入理解微电子电路设计——数字电子技术及应用（原书第 5 版）	［美］理查德·C. 耶格（Richard C. Jaeger）［美］特拉维斯·N. 布莱洛克（Travis N. Blalock）著；宋廷强　译
深入理解微电子电路设计——模拟电子技术及应用（原书第 5 版）	［美］理查德·C. 耶格（Richard C. Jaeger）［美］特拉维斯·N. 布莱洛克（Travis N. Blalock）著；宋廷强　译

图书资源支持

感谢您一直以来对清华版图书的支持和爱护。为了配合本书的使用，本书提供配套的资源，有需求的读者请扫描下方的"书圈"微信公众号二维码，在图书专区下载，也可以拨打电话或发送电子邮件咨询。

如果您在使用本书的过程中遇到了什么问题，或者有相关图书出版计划，也请您发邮件告诉我们，以便我们更好地为您服务。

我们的联系方式：

地　　址：北京市海淀区双清路学研大厦 A 座 714

邮　　编：100084

电　　话：010-83470236　010-83470237

客服邮箱：2301891038@qq.com

QQ：2301891038（请写明您的单位和姓名）

资源下载：关注公众号"书圈"下载配套资源。

资源下载、样书申请

书圈

获取最新书目

观看课程直播